全国高等职业教育园林类专业“十三五”规划教材

园林规划设计

主　编　宁妍妍　刘　军
副主编　龚守富　李　艳　郭　毅
主　审　周初梅

黄河水利出版社
·郑州·

内 容 提 要

本书是全国高等职业教育园林类专业"十三五"规划系列教材之一，是根据全国高职院校园林类专业人才培养目标以及《园林规划设计》课程标准和教学大纲的要求而编写的。

本书以园林概论、园林规划设计概述为出发点，系统介绍了城市园林绿地系统、园林规划设计基本原理、园林构成要素的设计、园林规划设计程序、各类园林绿地的规划设计等内容。从教材的内容到形式力求体现高职教育的特点和发展方向。教材中附有大量图例，并且各章都有知识要求、能力目标、小结、思考题、实训项目等，是掌握和学习园林规划设计的一本实用性非常强的教材。

本书可作为高等职业院校园林技术、园林工程、园林艺术、环境艺术等相关专业的教材，也可作为全国园林行业职工的职业鉴定培训教材，同时还可作为园林企业参考用书。本书的内容也同时符合园林绿化职业技能鉴定的标准。

图书在版编目(CIP)数据

园林规划设计/宁妍妍，刘军主编.—郑州：黄河水利出版社，2010.7 （2019.1 重印）
全国高等职业教育园林类专业"十三五"规划教材
ISBN 978-7-80734-833-7

Ⅰ.①园… Ⅱ.①宁… ②刘… Ⅲ.①园林-规划-高等学校：技术学校-教材 ②园林设计-高等学校：技术学校-教材 Ⅳ.①TU986

中国版本图书馆 CIP 数据核字(2010)第 097679 号

策划编辑：李洪良 王志宽 0371-66026352 0371-66024331

出 版 社：黄河水利出版社
地址：河南省郑州市顺河路黄委会综合楼 14 层 邮政编码：450003
发行单位：黄河水利出版社
发行部电话：0371-66026940、66020550、66028024、66022620(传真)
E-mail：hhslcbs@126.com
承印单位：河南承创印务有限公司
开本：787 mm×1 092 mm 1/16
印张：25.25
字数：583 千字
版次：2010 年 7 月第 1 版 印次：2019 年 1 月第 5 次印刷

定价：39.00 元

全国高等职业教育园林类专业“十三五”规划教材
编审委员会

出版说明

近年来，随着社会的进步和人们生活水平的提高，人类对生存环境的质量要求越来越高，园林作为生态环境建设的重要组成部分和提高人类生存环境质量的重要凭借手段，越来越受到环境决策者和建设者的重视，特别是在城市，生态园林建设已成为解决社会快速发展所带来的环境问题的主要方式之一，因而以服务和改造室内外环境为基本内容的园林专业也随之迅速发展，新观念、新技术不断涌现，社会对园林工程专业高端技能型人才的要求也不断提高。

为了配合全国高等职业教育园林类专业的教学改革与教材建设规划，按照国家对高等职业教育园林专业人才培养目标定位和市场对园林专业人才专业知识及实践技能的要求，在对现有园林工程专业教材出版情况进行深入调研并充分征求了各课程主讲老师意见的基础上，我社组织出版了这套"全国高等职业教育园林类专业'十三五'规划教材"。教材的编写立足于高起点、出精品，本着知识传授与能力培养并重的原则，以培养园林高级专业技术人才为目标，着重加强职业教育的技能培养特色，重点突出实验、实训教学环节。

本系列教材的编写和出版得到了全国多所园林类高等职业院校的大力支持，我们特别邀请了多所高等院校相关专业的老师对稿件进行了严格审查把关。正是由于他们的辛勤工作和无私奉献，才使得这些教材能够在最短的时间内付梓，并有效保证了教材的整体水平和质量。在此，对推进此次教材编写与出版工作的各院校领导、参编和审稿的老师表示衷心的感谢和诚挚的敬意。

诚然，人才的培养需要教育者长期坚持不懈的努力，好的教材也需要经过时间的考证和实践的检验。希望各院校在使用这些教材的过程中提出改进意见与建议，以便再版时不断修改和完善。

黄河水利出版社

前　言

园林规划设计是全国高等职业教育园林类专业“十三五”规划系列教材，本教材是高职院校园林技术和园林工程技术专业重要的专业骨干课程之一。

本教材在编写中，根据高等职业教育的主要任务和专业培养目标的要求，将教材分为两部分，第一部分是园林规划设计的理论知识，将重点放在介绍园林规划设计的基本知识和基本方法；第二部分是各类绿地的规划设计知识，这一部分改变过去侧重抽象的纯理论阐述，采用项目的形式，也就是符合高职教育的任务驱动型模式。教材的编写体现了以下几个特点：

一是理论知识的深度与广度的把握体现了高职教育的特点，注意强调科学性、系统性。

二是理论知识与实践技能知识的比例适度。注重实践技能知识的应用与实践技能方面的培养训练，强调实用性和操作性。

三是教材注重吸收新知识、新的规划设计成果，强调社会性和时代性，以便学生能尽快适应园林行业的工作需要。

四是在教材编写中各章都有知识要求、能力目标、小结、思考题、实训项目等，下篇每章都采用项目的形式展开，有实例分析和实训项目，从而加强和突出高职学生的实践能力培养。

五是教材内容系统完整，做到图文并茂，体现其资料性，有一定的保存价值，文字叙述详尽，便于高职高专学生和教师使用。结合课程内容，有一定数量的插图。

本书各章节编写具体分工如下：前言、第一章、第二章、项目二中的任务一和任务二、附录由宁妍妍（甘肃林业职业技术学院）编写；第三章由刘军（河南林业职业学院）编写；第四章第四节、项目三由郭毅（甘肃林业职业技术学院）编写；项目一由韩雪（黑龙江林业职业技术学院）编写；第四章第一至第三节、项目二中的优秀案例、项目四由李艳（河南牧业经济学院）编写；第五章、项目五由龚守富（信阳农林学院）编写。

全书由宁妍妍统稿，深圳职业技术学院周初梅教授担任主审。

在教材的编写中得到了甘肃林业职业技术学院、河南林业职业学院、黑龙江林业职业技术学院、信阳农林学院以及河南牧业经济学院等院校的大力支持，在此表示感谢。

在本书编写过程中，我们参考了国内外有关著作、论文及园林设计作品，未一一注明，敬请谅解，谨向有关专家、学者、单位致以衷心的感谢。

由于编写人员的认识有限，编写时间紧张，书中可能有疏漏和不妥之处，欢迎广大读者提出宝贵意见和建议，以便修正和不断补充完善。

作　者

2019 年 1 月

目　录

下　篇

上　篇

第一章　园林规划设计的基本知识

知识要求

掌握园林规划设计的基础知识；了解中外园林的发展概况。

能力目标

能够理解有关园林规划设计的概念；能够正确理解古今中外园林风格，并能应用于现代园林设计。

第一节　绪　论

一、园林、园林规划、园林设计的概念

(一)园林的概念

园林，在中国古籍里根据不同的性质也称为园、圃、苑、庭园、别业、山庄等，它们的性质、规模虽不完全一样，但都具有一个共同的特点，即在一定的地段范围内，利用并改造天然山水地貌或者人为地开辟山水地貌，结合植物的栽植和建筑的布置，从而构成一个供人们观赏、游憩、居住的环境。园林包括各类公园、花园、动物园、植物园、森林公园、风景名胜区、自然保护区以及休养胜地等。园林的规模有大有小，内容有繁有简，但都包含着四种基本的要素：地貌、道路广场、建筑和植物。

山水是园林的地貌基础。地形包括平地、坡地、山地，水体包括河、湖、溪、涧、池、沼、瀑、泉等。天然的山水需要加工、修饰、整理，人工开辟的山水讲究造型，要解决许多工程问题。因此，"筑山"（包括地表起伏的处理）和"理水"就逐渐发展成为造园的专门技艺。植物栽培起源于生产的目的，早先的人工栽植以提供生活所需的果园、菜畦、药圃为主，后来随着园艺科学的发展才有了大量供观赏之用的树木和花卉。现代园林的植物配置是以观赏树木和花卉为主，但也有辅以部分果树和药用植物而把园林与生产结合起来的情况。建筑包括房屋、建筑小品以及各种工程设施，它们不仅在功能方面必须满足游人的游憩、居住、交通和供应的需要，同时还以其特殊的形象而成为园林景观的必不可少的一部分。一座园林，可以多一些山水的成分，或者偏重于植物栽植，或者建筑的密度比较大，但是在一般的情况下总是地貌、道路广场、建筑和植物这四者的综合。因此，筑山、理水、植物配置、建筑营造就相应地成为造园的四项主要内容。这四项工作都牵涉到一系列的土木工程，需要投入一定的人力、物力和资金，也反映了一个地区、一个时代的经济发展和科学技术的水平。所以说，园林是一种社会物质财富。把山、水、植物和建筑组合成为有机的整体从而创造丰富多彩的园林景观，给人们赏心悦目的美的享受。就这个意义而言，园林又是一种艺术创作。作为社会物质财富的园林，它的建设必然受到社会生产力和生产关系的制约。随着生产的发展，园林的内容由简单而复杂、由粗糙而精致，规模从较小的范围

扩大到城镇甚至整个区域,在人们的日常生活中发挥着愈来愈大的作用。而不同的社会制度下,园林的性质、内容和服务对象也有所不同。作为艺术创作的园林,它的风格必然与文化传统、历史条件、地理环境有着密切的关系,也带有一定的阶级烙印。因此,世界上的各地区、各民族、各历史时期大都相应地形成各自的园林风格,有的则发展成为独特的园林体系。这些都是劳动人民的智慧和创造的结晶,是全人类文化遗产中弥足珍贵的组成部分。所以,园林是由山水地貌、建筑、道路广场、植物等素材,根据功能要求、经济技术条件和艺术布局等方面综合组成的统一体。

(二)园林规划设计的理解

园林规划设计包含园林绿地规划和园林绿地设计两个含义。

园林绿地规划是指对未来园林绿地发展方向的设想安排,就是按照国民经济发展需要,提出园林绿地发展的目标、规模、速度和投资等。这种规划是由各级园林行政部门制定的。它既然是对城市今后园林绿地发展的设想,就需要制定出长期规划、中期规划和近期规划,用以进行园林绿地的建设,所以这种规划也叫发展规划。另一种园林规划是指对每一个园林绿地所占用的土地进行安排和对园林要素即山水、植物、建筑、道路广场等进行合理的布局与组合,所以又可称为园林绿地构图,包括已建和拟建的园林绿地。城市的园林绿地规划,要结合城市的总体规划,确定各类绿地在城市中的位置、园林绿地在城市中占的比例等。如要建一座公园,也要进行规划,需要划分哪些景区,各布置在什么地方,需要多大面积以及投资和完成的时间等。这种规划要从时间、空间方面对园林绿地进行安排,使之符合生态、社会和经济的要求,同时又能保证园林各要素之间取得有机联系,以满足园林艺术要求。这种规划就是园林绿地设计即园林绿地构图,是由城市园林规划设计部门完成的。园林绿地设计就是为了满足一定目的和用途,在规划的原则下,围绕园林地形,利用植物、山水、建筑、道路广场等园林要素创造出满足一定功能,符合园林工程技术条件,体现园林艺术风格的园林环境;或者说园林设计就是具体实现规划中某一工程的实施方案,是具体而细致的施工计划。园林设计的内容包括地形设计、建筑设计、园路设计、种植设计及园林小品的设计等。园林规划设计就是园林绿地在建设之前的筹划谋略,是实现园林美好理想的创造过程,它受到经济条件的影响和艺术法则的指导,这也是本教材所要研究的园林规划设计。园林规划设计的最终成果是园林规划设计图和设计说明书。

二、园林规划设计的特点和要求

(一)园林规划设计的特点

1. 园林规划设计不同于林业规划设计

因为林业规划设计只考虑经济效益、社会效益和生态效益,而园林规划设计不仅要考虑经济、社会功能、工程技术条件和生态问题,还要在园林艺术上考虑“园林美”的问题,要把自然美融于生态美之中,为城市居民提供良好的生活、工作、学习的空间环境。

2. 园林规划设计还要借助其他美的形式来增强自身的表现能力

如园林与建筑美、绘画美、文学美和人文美等之间的关系。

3. 园林规划设计是一种立体室外空间艺术造型

园林绿地规划设计不同于工程上单纯绘制平面图和立面图，更不同于绘画，因为园林规划设计是以园林地形、建筑、山水、植物为材料的一种空间艺术创作。园林规划设计不但要考虑时间与空间的关系，同时还要考虑平面构图与立体层次变化以及园林的色彩搭配问题等。

(二)园林规划设计的要求

园林绿地的性质和功能规定了园林规划设计的特殊性，所以在进行园林绿地规划设计时应考虑以下几个方面的问题。

1. 在规划设计前先确定主题思想(立意)

园林绿地的主题思想，是园林规划设计的关键，主题思想通过园林艺术形象来表达，主题思想是园林创作的主体和核心，也就是园林的内容与形式。根据不同的主题，就可以设计出不同特色的园林景观来。只有内容与形式的高度统一，园林形式充分表达内容，才能体现园林主题思想。如某一公园以“松竹梅”为主题，设计为老年宫小院。在配置植物时，院外环绕草坪，草坪上种植常绿松树，并设“鹤舞”雕塑象征老年人常乐、长寿。而另一公园以“春花烂漫”为主题，则在广场中央设置喷泉、花坛及“迎新春”的雕塑。两个主题，两种景色。因此，在园林规划设计前，设计者必须巧运匠心，仔细推敲，确定园林绿地的主题思想。这就要求设计者有一个明确的创作意图和动机，也就是先立意。意是通过主题思想来表现的，意在笔先的道理就在于此。另外，园林绿地的主题思想必须同园林绿地的功能相统一。

2. 必须运用城市生态原则指导园林规划设计

随着工业的发展，城市交通的繁忙，城市人口的增加，城市生态环境受到严重的破坏，直接影响了城市人们的生存条件，所以园林规划设计的目的就是改善城市生态环境和维护城市生态平衡。园林规划设计要运用生态学的观点和手段，使园林绿地在生态上合理，构图上符合要求。城市园林绿地规划设计，应以植物造景为主，在生态原则和植物群落原则的指导下，注意选择色彩、形态、风韵、季相变化等方面有特色的植物进行绿化，使城市园林绿地景观与改善和维护城市生态环境融于一体，或以园林景观反映生态主题，使城市园林既发挥了生态效益，又表现出城市园林的景观作用。

3. 园林绿地应有自己的风格

园林风格就是每一个园林绿地的独到之处，鲜明的创作特色和鲜明的个性。园林的个性是对园林要素如地形、山水、建筑、花木、时空等在具体园林中的特殊组合，从而呈现出不同园林绿地的特色，防止千园一面的雷同现象。中国园林的风格主要体现在园林意境的创作、园林材料的选择和园林艺术的造型上。园林的主题不同、时代不同、选用的材料不同，园林风格也不相同。园林风格是多种多样的，主要表现在民族风格、地方风格、时代风格、个人风格等方面。

(1)民族风格。园林的民族风格形成受到历史条件和社会意识形态的影响，古代西方园林和东方园林就体现了不同的民族风格，西方园林以一览无余的规则式为主要形式，而以中国为代表的东方园林则以自然式的山水园为主要形式。

(2)地方风格。园林地方风格的形成，即在统一的民族风格下也受自然条件和社会条件的影响。如我国地域辽阔,南北气候差异较大,再加上长期以来造园者的主张和见解不同,所以中国北方古典园林多为宫苑园林,南方多为私家园林,加上气候条件、植物条件、风土民俗以及文化传统的不同,我国园林风格体现了北雄南秀,各不相同。

(3)时代风格。园林的时代风格形成,也受到时代变迁的影响。如唐代在园林中多种植牡丹,象征富丽堂皇;到了北宋时期就不再种植牡丹,而种荷花、菊花、梅花等,体现了当时的时代背景。也就是说,园林总能反映当时的社会内容和社会现象。当今世界,科学技术迅猛发展,世界各国的交流日益频繁,随着新技术的发展,一些新材料、新技术、新工艺、新手法在园林中得到广泛的应用,从而改变了园林的原有形式,增强了时代感。如有些广场,采用了电脑控制的音乐声光喷泉,与时代节奏合拍,体现了时代的特征。

(4)个人风格。园林风格的形成除受到民族、地方特征和时代的影响外,还受到园林设计者个性的影响。如清初画家李渔民所造的石山以瘦、漏、透为佳;而唐代白居易却善于组织大自然中的风景于园林之中。这些园林的风格,也分别反映出园林的个性。

三、园林规划设计的依据和原则

园林是反映社会意识形态的空间造型艺术,随着经济的快速发展,人们在满足物质生活的前提下,对精神文明的需要也日益增强;同时,园林又是社会的物质福利事业,还要满足人们良好休息、娱乐的物质文化生活的需要。因此,园林规划设计要有一定的依据和遵循一定的设计原则。

(一)园林规划设计的依据

1.遵循科学依据

园林规划设计的创作过程中,要依据有关工程项目的科学原理和技术要求进行。如在规划时要充分利用原有地形,做到因地制宜。对规划自然条件进行调查,如地段的水文、地质、地貌、地下水位、土壤状况等进行详细了解。可靠的科学依据,为地形改造、水体设计等提供物质基础,避免产生水体漏水、土方塌陷等工程事故。现代园林设计时以植物造景为主,在园林中种植各种花草、树木,既要满足植物的生长要求、生物学特性,也要根据不同植物的生态习性进行配植,做到适地适树,否则将导致植物种植设计的失败。遵循一定的科学依据是园林规划设计的首要问题。

2.满足社会需要

园林是为满足广大居民的精神与物质文明需要而建设的。园林设计者要了解广大人民群众对园林绿地的需要,了解他们对园林中开展活动的要求,使不同年龄、不同兴趣爱好、不同文化层次的游人到园林绿地能够各得其所,享受园林绿地给人带来的快感。

3.符合功能要求

园林规划设计要根据居民或游人的审美要求、功能要求、活动规律等方面的内容,创造出景色优美、环境卫生、情趣健康、舒适方便的园林空间,满足游人的游览、休息和开展健身娱乐活动的功能要求。不同的功能分区,选用不同的设计手法。如综合性公园的文化娱乐区,一般要靠近主要出入口,并要结合建筑特点,采用规则式设计。综合性公园的安静休息区,根据地形地貌的特点,采用自然式设计。儿童活动区应与其他区域分隔,设计时应在色彩上多采用明色调处理,比例尺度要满足儿童的需求。

4. 经济作为基础

经济条件是园林规划设计的重要依据。经济是基础,园林绿地规划设计根据不同的经济条件,可有不同的设计方案。规划设计应当在有限的投资条件下,发挥最佳设计技能,节省开支,创造出最理想的园林设计方案。

园林规划设计必须做到科学性、社会性、功能性、经济性和艺术性相结合,全面考虑,充分体现园林绿地系统的社会效益、生态效益和经济效益。

(二)园林规划设计的原则

园林规划设计必须遵循的原则是"经济、美观、适用"。园林规划设计要求做到经济、美观、适用三者之间的辩证统一。三者之间的关系是相互依存、不可分割的统一体。只有相辅相成才能设计出井然有序的最佳方案。

(1)园林规划设计首先要考虑适用的问题。适用体现在两个方面:一方面就是园林规划设计根据原有的环境条件做到因地制宜;另一方面园林绿地要满足于服务对象功能要求,但也考虑因地制宜,具体问题具体分析。例如颐和园原先的地形起伏不平,经过地形改造,建成了以万寿山、昆明湖为山水骨架,以佛香阁作为全园构图中心,造成主景突出自然式山水园。而圆明园原先地形地貌相对平坦,自然喷泉遍布,河流纵横,建成以福海为中心的集锦式的自然山水园。做到因地制宜,适合于原地形的状况,从而创造出独具特色的园林景观。

(2)园林规划设计在满足适用的前提下,其次考虑的是经济条件。所谓"相地合适,才能构图得体",正确合理的选址可以减少大量投资,园林规划设计要根据园林的性质、功能的需要确定必要的投资。

(3)园林规划设计在考虑适用、经济的前提下,要尽可能地满足园林布局、造景的艺术要求。在园林规划设计中,"适用、经济、美观"三者是紧密联系在一起的。如只考虑实用、经济而不考虑园林艺术的构图和布局要求,就不能充分展现园林的艺术水平,这样园林就不会给人美的享受;如单纯追求美观,而不考虑适用与经济条件,园林规划设计方案将成为废纸,所以园林规划设计必须在适用、经济的前提下尽可能做到美观,同时美观必须与适用、经济协调起来,才能创造出理想的园林规划设计方案,进而使规划设计方案得以实施。

四、园林规划设计的目的和内容

城市环境质量的高低,在很大程度上取决于园林绿化,而园林绿化的质量又取决于对城市园林绿地进行科学的布局。园林规划设计就是对城市园林绿地进行科学布局的一门技术。通过园林规划设计,可以使园林绿地在整个城市中占有一定的位置,在各类建筑中有一定的比例,从而保证城市园林绿地的发展和巩固,为城市居民创造一个良好的工作、学习和生活环境,并且园林规划设计是上级批准园林绿地建设费用和园林绿地施工的依据,也是对园林绿地建设检查验收的依据。所以园林绿地没有进行规划设计,不能施工。当前我国正处在改革开放的新时期,我们不仅要建设一批新城镇,而且还要改造大批旧城镇。因此,园林规划设计的对象主要是这些新建和需要改造的城镇及各类企事业单位。具体是指城镇中各风景区、公园、植物园、动物园、街道绿地等各个公共绿地的规划设计;

公路、铁路、河滨、城市道路以及工厂、机关、学校、部队等一切单位的绿地的规划设计。对于新建城镇、新建单位的绿化规划,要结合总体规划进行;对于改造的城镇和原来单位的绿化规划,要结合城镇改造统一进行。

园林规划设计内容包括中外园林发展概况,城市园林绿地系统,园林规划设计的基本原则,园林绿地规划设计程序,道路绿地规划设计、居住区绿地规划设计、专用绿地规划设计、公园规划设计、屋顶花园设计等。

五、园林规划设计课程的学习方法

(1)学习园林规划设计课程要善于吸收古今中外园林规划设计的精华,做到继承和发展相结合,不断提高自己的园林设计水平。

(2)掌握和理解园林规划设计的原则、方法及要求是学好园林规划设计课的关键。本书从不同角度、不同方面贯穿园林规划设计的原则、方法和要求,在学习时要把握好它,这样才能领会所有内容。

(3)注意对园林专业相关课程的学习。因为园林规划设计是一门综合性极强的学科,它必须以其他专业课程为基础,如园林绘画、园林制图、园林植物、园林测量等。对园林相关知识的运用就显得非常重要。若能做到这一点,就能提高园林规划设计课程的学习效率和学习效果。

(4)学习园林规划设计课程要做到"四勤"。园林规划设计课程是一门实践性很强的课程,所以在学习过程中要"勤动脑、勤动口、勤动手、勤动腿",勇于实践,敢于创新。学好园林规划设计课程除了会扎实的手工制图外,还应该具备熟练运用计算机辅助制图的能力,这样才能更全面地表达设计人员的构思。

第二节 中外园林发展概况

园林是人类社会发展到一定阶段的产物。世界园林有东方、西亚和欧洲三大系统。东方园林主要包括中国、日本、朝鲜、东南亚各国园林,其中以中国园林为代表。中国园林已有三千多年的发展历史,有优秀的造园艺术传统及造园文化传统,被称为"世界园林之母"。中国园林是以山水园林为骨架的自然式园林。西亚园林古代以阿拉伯地区的叙利亚、伊拉克及波斯为代表,主要特点是花园和教堂园形式。欧洲园林古代以意大利、法国、英国等为代表,各具特色,园林以建筑或建筑式的布局作为全园的表现主题,有明显的中轴线,多以规则式园林为主。但是到了近代、现代,东西方文化交流增多,园林风景互相渗透,又形成了混合式园林和自由式园林。

一、中国园林的发展概况

(一)中国古代园林发展概况

中国园林的历史悠久,从有文字记载的殷周的"囿"算起,中国园林已有三千多年的历史。在世界诸多园林派别中,中国园林始终保持其独特的民族形式、文化内涵,自成体系,独树一帜。

1. 商、周

在原始社会,人们以洞穴为庇护居地,过着“焚林而畋,竭泽而渔”、“不耕不稼”的渔猎生活,显然没有营造园林的可能。到了奴隶制社会,社会经济日益发展,有了剩余物质,产生了阶级。由于奴隶主财富的不断积累,刺激了他们要过奢侈享乐的生活,当时又有较高的土木工程技术和可供驱使的劳动力,奴隶主为满足享受的需要而开始营造以游憩为目的的园林。

在中国园林发展史的研究中,园林史学家们普遍认为中国最早的有文字记载的园林当属商纣王的“沙丘苑台”、“鹿台”和周文王的“灵囿”、“灵台”、“灵沼”,等等。《诗经·大雅》灵台篇记有灵囿的经营,以及对囿的描述。如“王在灵囿,鹿鹿攸伏。鹿鹿濯濯,白鸟翯翯。王在灵沼,於牣鱼跃”。灵囿除了筑台掘沼为人工设施外,全为自然景物(见图1-1-1)。从灵囿的规模与布局、命名中可见,当时已重视改造自然,并赋予景物以主观情意。周文王灵囿以其独有的文化载体,成为中国传统思想、格局、特色的典范。

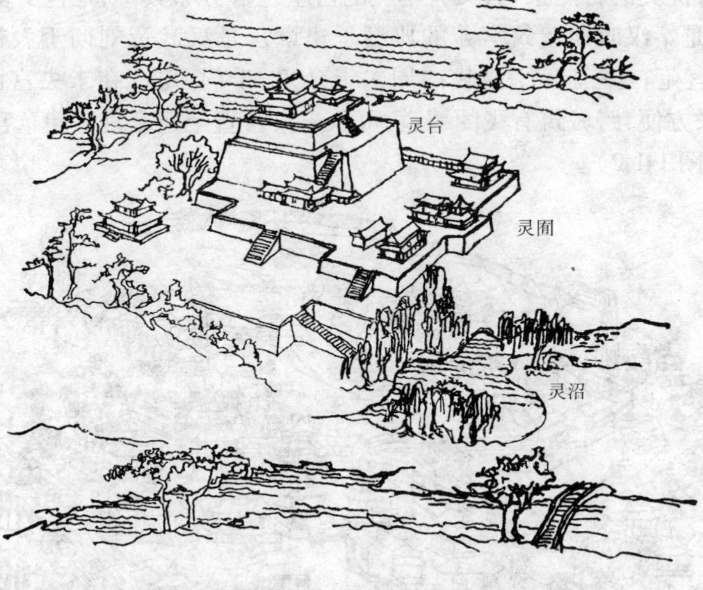

图1-1-1　周文王灵囿

2. 先秦、两汉时期的园林

到了春秋战国时期,各诸侯国相互兼并,从国君到诸侯都大兴离宫别院、营建宫室。如吴王夫差筑姑苏台,建的梧桐园、会景园,有“穿岩凿池,构亭营桥,所植花木”,可以看出以自然山水为园林形式在春秋战国时期的萌芽。秦始皇统一中国后,营造宫室,规模更加宏伟壮丽。这些宫室营建活动中也有园林建设,如“引渭水为池,筑为蓬、瀛”。秦时著名的阿房宫,《史记·秦始皇本纪》载“乃营作朝宫渭南上林苑中。先作前点阿房,东西五百步,南北五十丈,上可以坐万人,下可以建五丈旗。周驰为阁道,自殿下直抵南山。表南山之巅以为阙。为复道,自阿房渡渭,属之咸阳,以象天极、阁道绝汉抵营室也”。

汉代,在囿的基础上发展出新的园林形式——“苑”,其中分布着宫室建筑,所以又称宫苑。苑中养百兽,供帝王射猎取乐,保存了囿的传统。苑中有宫、有观,成为以建筑组群为主体的建筑宫苑。汉代最著名的建筑宫苑是上林苑。上林苑是汉武帝刘彻于建元二年(公元前138年)在秦代的一个旧苑址上扩建而成的宫苑,规模宏伟,宫室众多,有多种功能和游乐内容。上林苑地跨五县,纵横150 km,中有三十六苑、十二宫、三十五观。三十六苑中有供游憩的宜春苑,供御人止宿的御宿苑,为太子设置招宾客的思贤苑、博望苑等。上林苑中有大型宫城建章宫,还有一些各有用途的宫、观建筑,如演奏音乐和唱曲的宣曲宫,观看赛狗、赛马和观赏鱼鸟的犬台宫、走狗观、走马观、鱼鸟观,饲养和观赏大象、白鹿的观象观、白鹿观,引种西域葡萄的葡萄宫和养南方奇花异木如菖蒲、山姜、桂、龙眼、荔枝、槟榔、橄榄、柑橘之类的扶荔宫,角抵表演场所平乐观,养蚕的茧观等。

上林苑中还有许多池沼,其中昆明池周长20 km,据《三辅故事》:"昆明池三百二十五顷,池中有豫章台及石鲸,刻石为鲸鱼,长三。"又载:"昆明池中有龙首船,常令宫女泛舟池中,张凤盖,建华旗,作濯歌,杂以鼓吹。"在池的东西两岸立牵牛、织女的石像。上林苑中不仅天然植被丰富,初修时群臣还从远方各献名果异树2 000余种。

上林苑既有优美的自然景物,又有华美的宫室组群分布其中,是包罗多种多样生活内容的园林总体,是秦汉时期建筑宫苑的典型。建章宫是汉武帝刘彻于太初元年(公元前104年)建造的宫苑。《三辅黄图》载:"周二十余里,千门万户,在未央宫西、长安城外。"汉武帝为了往来方便,跨城筑有飞阁辇道,可从未央宫直至建章宫。建章宫建筑组群的外围筑有城垣(见图1-1-2)。

图 1-1-2　汉建章宫

就建章宫的布局来看,从正门圆阙、玉堂、建章前殿和天梁宫形成一条中轴线,其他宫室分布在左右,全部围以阁道。宫城内北部为太液池,《史记·孝武本纪》载:"其北治大池,渐台高二十余丈,名曰太液池,中有蓬莱、方丈、瀛洲、壶梁,象海中神山龟鱼之属。"太液池是一个相当宽广的人工湖，因池中筑有三神山而著称。这种“一池三山”的布局对后世园林有深远影响，并成为创作池山的一种模式。

3. 魏晋南北朝时期的自然山水园

魏晋南北朝长期动乱，是思想、文化、艺术上有重大变化的时代。这些变化引起园林创作的变革。早在东汉桓帝时大将军梁冀大起第舍，“又广开园囿，采土筑山，十里九坂，以象二崤，深林绝涧，有若自然，奇禽驯兽，飞走其间”。自然山水园此时已初见倪端。十六国时期，后燕帝慕容熙在平城（今大同）筑龙腾苑，广袤十余里，起景云山于苑内，基广五百步，峰高十七丈。这时期的筑山以仿真山为主，所以山必求其宏大，峰必求其高峻。

西晋时已出现山水诗和游记。当初，对自然景物的描绘，只是用山水形象来谈玄论道。到了东晋，例如在陶渊明的笔下，自然景物的描绘已是用来抒发内心的情感和志趣，反映在园林创作上，则追求再现山水，有若自然。

南朝地处江南，由于气候温和，风景优美，山水园别具一格。南齐文惠太子（萧长懋）开拓元圃园，多聚奇石，妙极山水。湘东王（梁元帝萧绎未登位前封号）造湘东苑，穿池构山，跨水有阁、斋、屋。斋前有高山，山有石洞，蜿蜒潜行二百余步。山上有阳云楼，楼极高峻，远近皆见。这个时期的园林穿池构山而有山有水，结合地形进行植物造景，因景而设园林建筑。在北朝，北魏官吏张伦在宅园中模仿自然造景阳山。这个时期植物、建筑的布局也发生了变化。如北魏官吏茹皓营华林园，“经构楼馆，列于上下。树草栽木，颇有野致”。从这些例子可看出南北朝时期园林形式和内容的转变。园林形式由粗略地模仿真山真水转到用写实手法再现山水；园林植物由欣赏奇花异木转到种草栽树，追求野致；园林建筑不再徘徊连属，而是结合山水，列于上下，点缀成景。南北朝时期园林是山水、植物和建筑相互结合组成山水园，这时期的园林可称为自然（主义）山水园或写实山水园。

同时，南北朝时佛教兴盛，广建佛寺。佛寺建筑多用宫殿形式，宏伟壮丽并附有庭园。尤其是不少贵族官僚舍宅为寺，原有宅园成为寺庙的园林部分。很多寺庙建于郊外，或选山水胜地营建。这些寺庙不仅是信徒朝拜进香的圣地，而且逐步成为风景游览的胜区。此外，一些风景优美的胜区，逐渐地有了山居、别业、庄园和聚徒讲学的精舍。这样，自然风景中就渗入了人文景观，逐步发展成为今天具有中国特色的风景名胜区。

4. 隋唐的山水建筑宫苑

隋炀帝杨广即位后，在东都洛阳大力营建宫殿苑囿。别苑中以西苑最著名，西苑的风格明显受到南北朝自然山水园的影响，采取了以湖、渠水系为主体，将宫苑建筑融于山水之中。这是中国园林从建筑宫苑演变到山水建筑宫苑的转折点。

西苑在洛阳西侧。公元605年与洛阳同建。据载西苑周一百二十里，是历史上仅次于西汉上林苑的又一座特大型皇家园林。唐代改名仙都苑，面积收缩大约一半，是洛阳城的两倍多。西苑苑址范围内是一片略有起伏的平原，北背邙山，西、南两面都有山丘作为屏障。水源十分充沛。

西苑是一座人工山水园，从文献记载来看，园内的理水、筑山、植物配置和建筑营造的工程极其浩大，而且都是按既定的规划进行的。关于此园的内容《隋书·地理志》、《海山记》、《大业杂记》言之甚详。总体布局以人工开凿的最大水域“北海”为中心。北海周长十余里，海中有蓬莱、方丈、瀛洲三岛山，高出水面百余尺。海北的水渠曲折萦回注入海中，沿着水渠建置十六院，院门紧邻水渠。

唐代国力强盛，社会经济发达，文化繁荣昌盛。长安城宫苑壮丽，是当时世界上最繁华、先进、美丽的都市。唐代的大内三苑（西内苑、东内苑、禁苑）皆富丽堂皇。大内三苑以西苑为最优美。苑中有假山，有湖池，渠流连环。长安城东南隅有芙蓉园、曲江池，一定时间内向公众开放，实为古代一种公共游乐地。唐代的离宫别苑，比较著名的有麟游县天台山的九成宫，是避暑的夏宫；临潼县骊山之麓的华清宫，是避寒的冬宫。长安宫城东北角禁苑内大明宫北有太液池，池中蓬莱山独踞，池周建回廊四百多间。兴庆宫以龙池为中心，围有多组院落。

盛唐时期，中国山水画已有很大发展，出现了寄兴写情的画风。园林方面也开始有体现山水之情的创作。盛唐诗人、画家王维在蓝田县天然胜区，利用自然景物，略施建筑点缀，经营了辋川别业，形成既富有自然之趣，又有诗情画意的自然园林。中唐诗人白居易游庐山，见香炉峰下云山泉石胜绝，因置草堂，建筑朴素，不施朱漆粉刷。草堂旁，春有绣谷花（映山红），夏有石门云，秋有虎溪月，冬有炉峰雪，四时佳景，收之不尽。唐代文学家柳宗元在柳州城南门外沿江处，发现一块弃地，斩除荆丛，种植竹、松、杉、桂等树，临江配置亭堂。这些园林创作反映了唐代自然园林式别业山居，是在充分认识自然美的基础上，运用艺术和技术手段来造景、借景而构成优美的园林境域。

"别业"一词是与"旧业"或"第宅"相对而言的，业主往往原有一处住宅，而后另营别墅，称为别业。别业和宅园的区别在于：前者位于郊区，是以家宅为主体的园林；后者位于城市，是在家宅用地中划出一部分专门布置成园林，供游憩之用，同家宅隔开。别业同庄园和宅园虽有区别，有时并不严格划分。中国园林史上最著名的别业当推唐代诗人兼画家王维的辋川别业（见图1-1-3）。

辋川别业在蓝田县西南20 km，这里山岭环抱，溪谷辐辏有若车轮，故名"辋川"。原为宋之问的庄园，后为王维所得，就天然山水地形和植被稍加整治规划并作局部的园林化处理。《辋川集》记录了20个景区和景点的景题命名，每个景区或景点都有王维和裴迪唱和的两首诗。

从晚唐到宋，士大夫们要求身居市井也能闹处寻幽，于是在宅旁葺园地，在近郊置别业，蔚为风气。唐代长安、洛阳和宋代开封都建有大量第宅园池。宋代洛阳的第宅园池多半就隋唐之旧。从《洛阳名园记》一书中可知唐宋宅园大都是在面积不大的宅旁地里，因高就低，掇山理水，表现山壑溪池之胜。点景起亭，揽胜筑台，茂林蔽天，繁花覆地，小桥流水，曲径通幽，巧得自然之趣。这些名园各具特色。多数是在唐代旧园的故址上修葺改建的。根据园中的布局和内容，分为花园、宅园和别墅。

花园，如天王院花园子，没有池、亭，独有牡丹数十万株，花开时吸引全城人士前来游赏。如归仁园，其北部有牡丹、芍药千株，中部有竹百亩，南部桃李成林。

宅园，如湖园，以开朗平远的水景为主题。园中有湖，湖中有洲，洲上有堂，称百花洲；它与北岸的四并堂、西岸的迎晖亭，鼎足而三。过横池，从开朗的湖区进入幽闭的景区，从林中沿曲径到梅台知止庵，穿过竹林小径到环翠亭，景色幽静，同开朗的湖区形成对比。园中的翠樾轩，四周遍植花卉，用色彩鲜艳的花来衬托亭轩；以池水波光反衬花卉，别有一番境地。李格非在游记中写道："洛人云，园圃之胜不能相兼者六，务宏大者，少幽邃；人

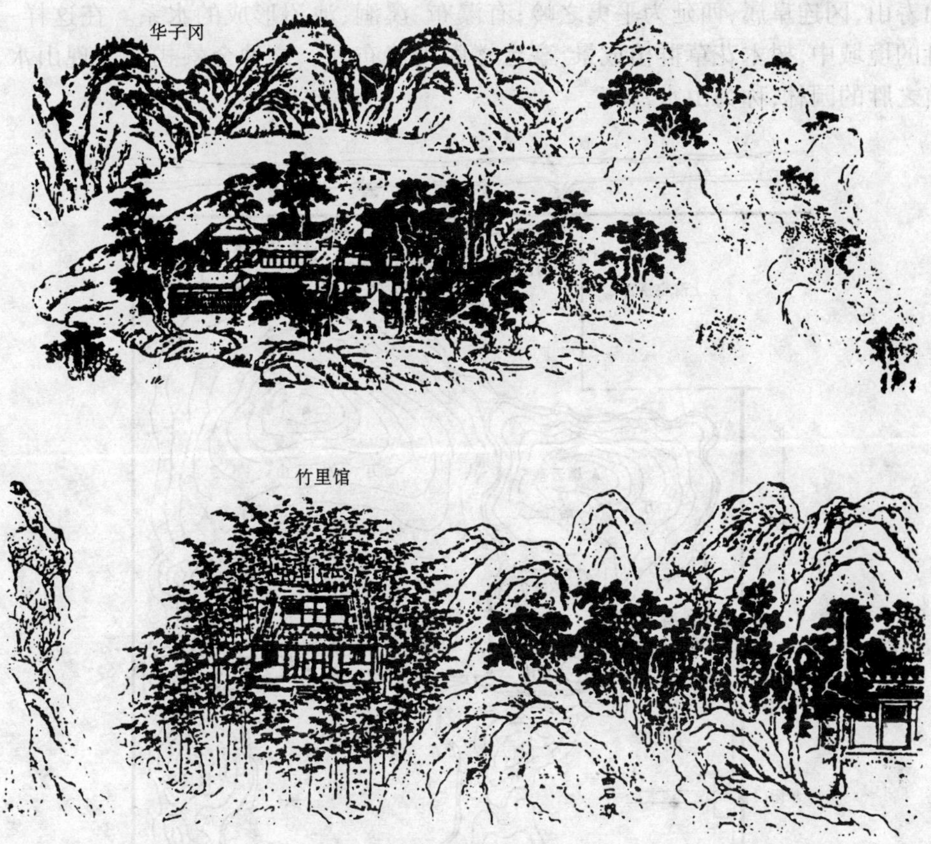

图 1-1-3　《辋川图》摹本(部分)

力胜者,少苍古;多水泉者,难眺望。兼此六者,惟‘湖园’而已。予赏游之,信然。”

别墅,如董氏西园,其布局特点是取山林之胜,亭台布置不用轴线对称方式,花木种植也不成行列。自南门入园,有三堂相望,过小桥,登高台,可略见园林全景,是引人入胜的“起”法。越台往西,竹林环抱中筑有一堂,深处有泉池,池中有石雕的荷花,水自花间涌出,此为涌泉式理水手法。再进为树木森森的一区幽深静谧,林中筑有一堂,“盛夏燠暑,不见畏日,清风忽来,留而不去”,是避暑佳处。再沿竹林中小路穿行,豁然开朗,呈现出涟漪漾漾的湖池区。池北面有高亭,南面有堂,遥相呼应;登亭可总览全园胜景,这是“结”的布局手法。

从《洛阳名园记》记述中可以看出,北宋宅园别墅都采取山水园形式。在面积不大的宅旁园地里,就低凿池,引水注沼,因高垒土为山,但很少叠石,亭廊建筑依景而设,散漫自由布置。布局的章法、借景的运用、理水的技艺较前代都有较大的进步。这种根据造园者对山水的艺术认识和生活需求,因地制宜地表现山水真情和诗情画意的园,称为写意山水园。

5. 北宋时期的山水宫苑

北宋时建筑技术和绘画都有发展,出版了《营造法式》,兴起了界画。宋徽宗赵佶先后修建的诸宫,都有苑囿。政和七年(1117 年)始筑万岁山,后更名艮岳(见图 1-1-4)。艮岳主山寿山，冈连阜属，西延为平夷之岭；有瀑布、溪涧、池沼形成的水系。在这样一个山水兼胜的境域中，树木花草群植成景，亭台楼阁因势布列。这种全景式地表现山水、植物和建筑之胜的园林，称为山水宫苑。

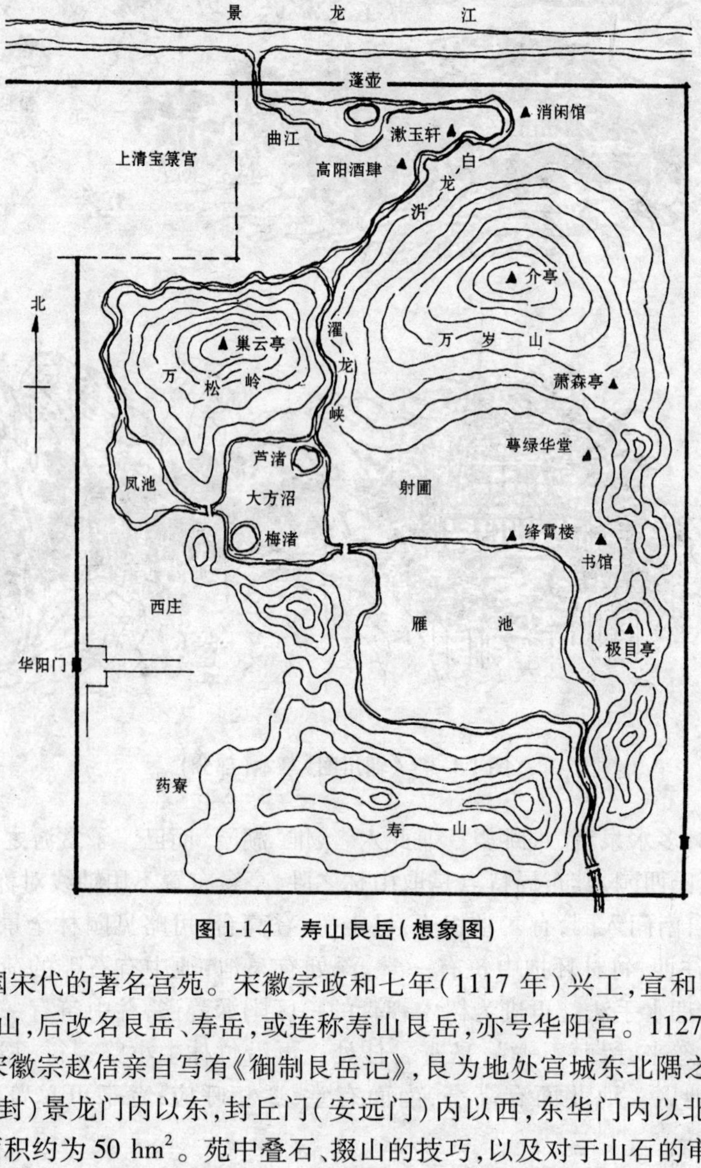

图 1-1-4　寿山艮岳(想象图)

艮岳是中国宋代的著名宫苑。宋徽宗政和七年(1117 年)兴工，宣和四年(1122 年)竣工，初名万岁山，后改名艮岳、寿岳，或连称寿山艮岳，亦号华阳宫。1127 年金人攻陷汴京后被拆毁。宋徽宗赵佶亲自写有《御制艮岳记》，艮为地处宫城东北隅之意。艮岳位于汴京(今河南开封)景龙门内以东，封丘门(安远门)内以西，东华门内以北，景龙江以南，周长约 3 km，面积约为 50 hm^2。苑中叠石、掇山的技巧，以及对于山石的审美趣味都有提高。

艮岳突破秦汉以来宫苑"一池三山"的规范，把诗情画意移入园林，以典型、概括的山水创作为主题，在中国园林史上是一大转折。

6. 元明清时期建筑山水宫苑和江南私家园林

明清宫苑都为艺术水平很高的山水宫苑，以北京为造园中心，向全国普及，是我国古代造园发展的鼎盛时期。清朝乾隆皇帝曾六下江南，浏览风景名园，见到佳处便绘图仿建在北京、热河等宫苑内。明清时代园林规模之大、分布之广、艺术手法之高超、构筑之华美是历代所不可比拟的。北京的颐和园、圆明园和承德避暑山庄等是当时皇家宫苑的代表。

颐和园在明代时称瓮山,水面称瓮山泊,当时已成为初具规模的风景区。清初开始大加修建,改称清漪园,乾隆帝为祝母寿而修建了报恩延寿寺,瓮山取名为万寿山,又将湖身深浚、湖面扩大而成为现在的昆明湖。清漪园在慈禧时重修之后,易名颐和园(见图1-1-5)。

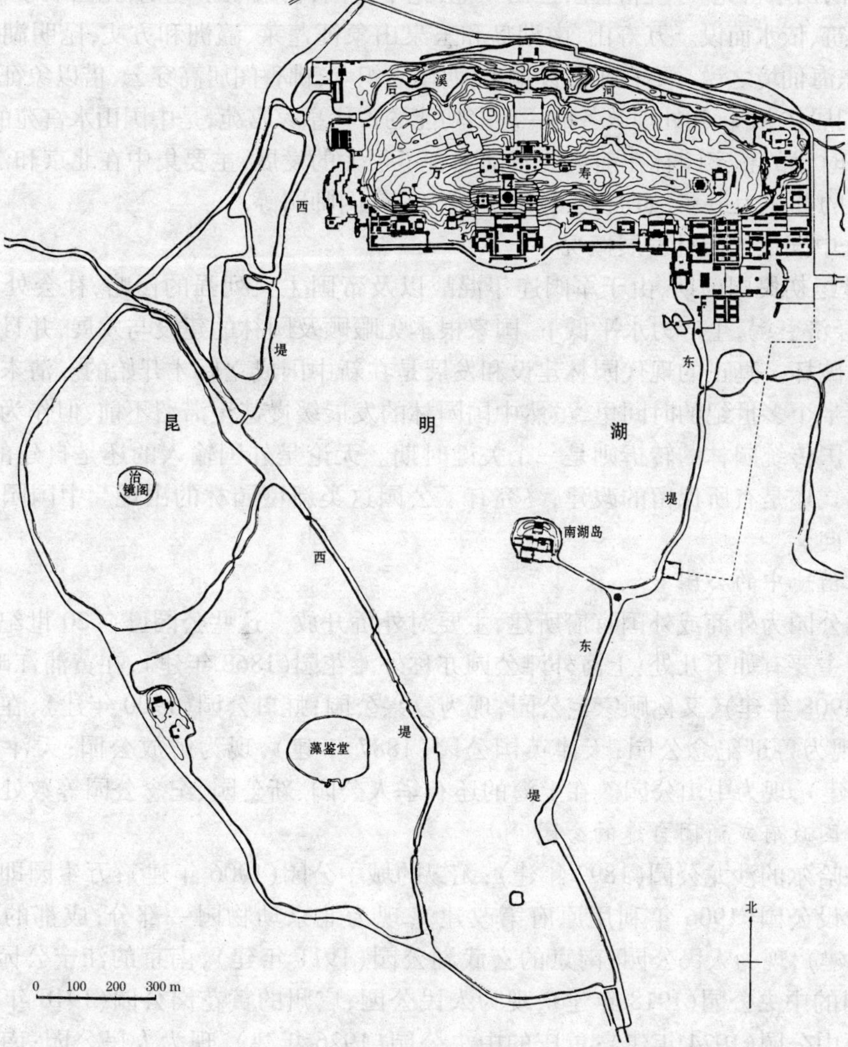

图1-1-5　颐和园

颐和园从总体上可分为宫区、山区、湖区,总面积280多 hm^2,水面与陆地之比为3∶1。陆地中平原多被宫区建筑群占用,在宫区内,满布宏伟壮丽的宫殿群;在山区,则依据地势起伏,把作为点景需要的建筑物布列于上下山阜之中,但在山前也形成了明显的中轴线,从排云门、排云殿、佛香阁到众香界,层层升高,而以佛香阁作为主体建筑控制全园风景点。背有顶峰众香界,前有山麓下的排云殿和昆明湖,左有转轮藏以东诸景点,右有宝云阁以西诸景点,山下滨湖地段一条700 m长的游廊犹如一道彩虹横贯东西,联络着各个景点。在湖区,湖中长堤亭桥,绿岸柳树,时隐时露,特别是南湖岛和涵虚堂,像一艘画舫停泊在十七孔桥头,与万寿山迢迢相对,湖光山色,美妙绝伦。颐和园景观更可取的是,将西山层层峰峦和玉泉山宝塔的远景借入园内,映衬得颐和园更加秀丽多姿。

颐和园善用原有山水,发扬了历代宫苑的优秀传统加以创造,构成自然山水与人工山水融合一体的山水宫苑。左宫右苑,三山一池,苑中有园,宫殿取于规则,苑园取于自然,各景点依山而筑、依水而设。万寿山、南湖岛和玉泉山象征蓬莱、瀛洲和方丈,昆明湖象征太液池,以应东海仙境之说。更在东岸设铜牛,西岸立织女,佛香阁居高穿云,借以象征天汉。它是帝、后们居住、游玩和处理政务的一座多功能的古代皇家宫苑,是中国山水宫苑的典范。

明清时代的私家园林在前代的基础上有了很大的发展,主要集中在北京和江南一带,尤以江南的苏州为最多,如拙政园、留园、沧浪亭、网师园等。

(二)中国近代园林发展概况

20世纪初民国前期,由于军阀连年混战以及帝国主义列强的侵略,社会处于黑暗倒退之中,经济衰竭,生产力水平低下,国家根本无暇顾及园林的建设与发展,并且大量古典园林遭到破坏。真正的现代园林建设和发展是在新中国成立后才开始的。清末至新中国成立之前半个多世纪的时间里,虽然中国园林的发展缓慢甚至滞留不前,但作为一个历史阶段对中国传统园林的转折则是一个关键时期。无论是外国输入的还是自建的,无论是全新的形式还是有所保留的改建,终究有了公园这类新型园林的出现。中国园林有了新的发展方向。

1.租借地中的公园

这类公园为外商或外国官府所建,主要对外侨开放。这些公园已在20世纪初陆续收为国有。主要有如下几处:上海外滩公园亦称外滩花园(1868年建),在黄浦江畔;上海法国公园(1908年建),又称顾家宅公园,现为复兴公园;虹口公园(1900年建),在上海北部江湾路,现为鲁迅纪念公园;天津英国公园(1887年建),现为解放公园;天津法国公园(1917年建),现为中山公园。在上海的还有华人公园、新公园、纪念公园等数处。

2.中国政府或商团自建的公园

齐齐哈尔的沙龙公园(1897年建);无锡的城中公园(1906年建);万生园即北京农事实验场附设公园(1906年利用原府第改建),现为北京动物园一部分;成都的少城公园(1910年建),现为人民公园;南京的玄武湖公园(1911年建),南京的江宁公园(1909年建);广州的中央公园(1918年建),现为人民公园;广州的黄花岗公园(1918年建);四川万县的西山公园(1924年建);重庆的中央公园(1926年建),现为人民公园;南京的中山陵(1926年建)。

3.利用皇家园林、庙宇或官署园林经过改造的公园

现有北京城南公园(原先农坛,1912年开放),北京中央公园(原社稷坛,1914年开放,现为中山公园),颐和园(1924年开放),北海公园(1925年开放);四川新繁的东湖公园(1926年开放);上海的文庙公园(1927年开放),等等。抗战前夕全国大致有数百处各类公园。尽管在形式和内容上极其繁杂,但面向市民这一点开始确立了。

(三)中国现代园林发展概况

根据我国现代园林的发展进程,可大致分为5个阶段:1949~1959年,恢复建设时

期;1960～1965 年,调整时期;1966～1976 年,损坏时期;1977～1989 年,蓬勃发展时期;1990 年至今,巩固前进期。

1985 年以来,随着我国城市经济体制改革的展开和深化,城市建设和城市生活都相应地发生了新的变化,城市公园建设又进入了新的发展阶段。全国许多大专院校都设置了园林类的专业。一些小城镇的园林建设随着经济的发展而开始起步,并取得了一定的成就。城镇公园建设正向纵深发展。居住区绿化、交通绿化、小游园、园中园的建设得到重视,出现了一大批优秀园林作品,如北京的双秀园、雕塑公园、陶然亭公园中的华夏名亭园,上海的大观园,南京的药用植物园,无锡的鹃园,洛阳的牡丹园,沈阳的芳秀园,广州的云台花园等。

二、中国园林的特点

(一)中国古典园林的类型

1. 皇家园林

综观中国皇家园林的发展,两千余年来造园艺术代代相传,水平不断提高,取得了辉煌的成就。皇家园林在布局上一般都有明确的分区,包括处理政事的部分、生活居住的部分和观赏游览的部分。清代的皇家园林还引入了一些庙宇建筑,表现了相当浓厚的宗教色彩,这是统治者宣扬皇权神佑的思想。总的来说,皇家园林在艺术风格上以庄重华丽为主,是在规则中求得变化,在华丽中求得闲雅。在它的长期发展过程中,随着社会经济、技术的进步并受到其他艺术的影响,统治阶级的美学思想也是在改变的。所以,园林风格是从密集而庄严的宫殿建筑群的园林逐渐演变为自然的山水型园林。

2. 私家园林

中国古代私家园林的出现略迟于皇家园林,最早出现于汉代,以后各代屡有发展。到了明、清,兴建私家园林之风大盛,造园艺术与文学、绘画的关系也日趋密切,达到了很高的水平。明、清两代的苏州园林最为著名,称誉海内外,是中国古代园林艺术中的明珠。

江南的私家园林一般都位于住宅的后面或侧面。居住部分有明确的轴线,组成层层的厅堂和院落;园林部分则用不对称的均衡布局代替轴线,与住宅部分形成明显对比。

3. 自然风景园林

古代自然风景园林的性质与皇家园林和私家园林不同,是具有公共性质的游憩场所。唐代长安城东南部的曲江风景区可能是这类园林较早的例子。

自然风景园林是人们把具有天然景观特点的地区经过逐渐开发建设而成的一些著名的游览点。古代人们把它称之为“景”,并常常为它起个富于诗意的名字。一个自然风景区中有许多“景”,如西湖十景、扬州瘦西湖二十四景、济南大明湖的八景等。这些景往往是在美丽的或有珍奇景观的地点,如天然洞穴、泉水、瀑布,以及最好的观赏风景的位置发展园林建筑。建筑物的布置和设计是以突出自然环境和景观的特点为目的的。如因洞设亭、临崖造阁、就泉围池等,没有一定的格局。

4. 寺庙园林

中国古代有很多寺庙、祠庙,常常选择在风景如画的自然环境中建造,与美丽的风景相结合,自身也逐渐成为人们游憩的地方,同时也就形成了寺庙园林。

（二）中国古典园林的特点

综观中国园林简史，不难看出，皇家宫苑和私家园林是中国古代造园史上并行不悖的两大壁垒，彼此之间相互吸收、渗透，共同促进，共同推演着这长达数千年之久的壮观的园林艺术发展史。中国园林的特点可以从以下 5 个方面来概括。

1. 师法自然的布局

从中国园林的总体布局来看，是以山水为骨干构成的自然山水园。在以山水为骨干的基础上，随着形势的发展和生活内容的要求，因地制宜地布置亭台楼阁、树木花草，互相协调地构成切合自然的生活境域，“虽由人作，宛自天开”，并达到“妙极自然”的艺术效果。

2. 诗情画意的构思

中国园林与诗词、书画密切相关，注重意境的创造。园林中的“景”不是单纯地模仿自然，而是高于自然，天人合一，将自然山水景物经过艺术的提炼加工，蕴诗情画意于其中，增加园林的“书卷气”，赋予园林以人一般的文化素养，呈现出自己的历史足迹，从而将景象升华到精神的高度，启迪游人丰富的想象力，使园林意境得到更进一步的开拓。

3. 小中见大的手法

中国园林的创作手法很多，如“小中见大”、“园中有园”等造园手法，使得在较大的园林中，出现园中有园、景外有景，汇演出一个个景区和空间，各具特色；较小的园中，布景层次分明，小径幽回，亭台楼阁错落有致，一草一木各领风骚，一石一山各持灵气，其精巧的安排，扩大了小园的容量，拓宽了小园的空间，使游人大有“身在小园中，神驰满天下”之感，充分展现了小园的艺术魅力。

4. 建筑为主的组景

中国园林中建筑所占比重较大，在一个园林中多为主景或起控制作用，是全园的艺术构图中心，往往成为该园的标志。

5. 因地制宜的处理

中国的地形地貌较为复杂，但中国园林善于随势生机，使造园立意在不同的环境条件下，因地制宜地体现出优美的意境，所以中国园林在其发展过程中，由于自然地理等因素的差异，逐步形成了不同风格的园林形式，如北方园林、江南园林、岭南园林等。

（三）中国现代园林的特点

（1）把过去孤立的、内向的园转变为开敞的、外向的整个城市环境。从城市中的花园转变为花园城市。

（2）园林中的建筑密度减少了，以植物为主的景观取代了以建筑为主的景观。

（3）丘陵起伏的地形和建立草坪代替大面积挖湖堆山，减少土方工程和增加环境容量。

（4）新材料、新技术、新的园林机械在园林中运用广泛。

（5）增加了相应的生产内容。

（6）强调功能性、科学性与艺术性结合，用生态学的观点去进行植物配置。

（7）体现时代精神的雕塑在园林中的应用日益增多。

三、国外园林概述

(一)国外古典园林简介

1. 日本园林

日本文化是日本本民族文化与传入日本的中国文化的一种融合,也是一种以非常独特的形式发展起来的文化。

据538年的《上宫圣德法王帝王》及552年的《日本书记》中记载,当时佛教从中国传入,中国传统建筑中一种追求华丽、富贵的建筑法式被日本所接受,日本人开始大规模兴建佛教建筑。其后,随着中国文化的不断传入,使得当初的日本庭园在很多方面受到中国的影响。

平安时代(784~1185年),日本的造庭法式受佛教传入的影响形成了寝殿式庭园,随后在镰仓时代(1185~1333年),由于中国禅宗思想的广泛传播,作为寺庙庭园和回游式的山水庭园大量出现。室町时代(1333~1568年),山水庭园最为兴旺。到了桃山时代(1573~1603年),人们又开始追求豪华、气派的庭园,那个时候是在公元15~16世纪,相当于欧洲的文艺复兴时代。这一风尚流行了大约200年,建造了大量优秀的庭园,著名的桂离宫庭园就是那个时代的作品,如今京都的名园有很多是这个时代建造的。从17世纪的江户时代(1603~1867年)开始,虽然营造了大量的庭园,但是真正被称为名园的作品并不多。日本传统庭园主要有三种形式,即筑山庭、平庭和茶庭。根据精致程度有真、形、草三种格式。

2. 古埃及与西亚园林

埃及是欧洲文明的摇篮,19世纪中期以来的史学家们,把自公元前3000年至公元前1000年之间的古代埃及分成三个大阶段:古王国时期、中王国时期、新王国时期。而这期间的埃及早已经进入了阶级社会。在埃及国土中央,尼罗河纵贯南北,每年7月到11月,定期泛滥的河水给两岸带来了肥沃的土壤,使这里的居民过着丰裕的生活。然而这一自然条件却不适于树木的生长。有史以来,该地区仅在洪水不易淹没的高台地带有过少数森林。对于地处热带的埃及人来说,树木自然备受珍视,由此也促成了埃及发达的园艺业。古王国时期的第四、第五王朝(公元前2613年至公元前2345年)及中王国时期的第十二王朝(公元前2000年至公元前1786年)都是园艺水平相当发达的时期,不少记载着当时有关树木、葡萄及蔬菜种植情况的资料在后世广为流传。许多墓室中的壁画也提供了极好的参考。不过当时的树木园、葡萄园及蔬菜园等种植园仍然没有摆脱实用功能。

大约从新王国时期(约公元前1567年至公元前1085年),埃及的种植园开始从实用园向具有美的享乐与宗教意义的庭园转化。

西亚地区的叙利亚和伊拉克也是人类文明的发祥地之一。早在公元前3500年时,已经出现了高度发达的古代文化。奴隶主在宅园附近建造各式花园,作为游憩观赏的乐园。奴隶主的私宅和花园一般都建在幼发拉底河沿岸的谷地草原上,引水注园。花园内筑有水池或水渠,道路纵横方直,花草树木充满其间,布置非常整齐美观。《圣经》中记载的伊甸园被称为“天国乐园”,它就建在叙利亚首都大马士革城附近。在公元前2000年的巴比伦、大马士革等西亚广大地区有许多美丽的花园。尤其距今3000年前新巴比伦王国宏大的都城，有无数组宫殿，这些宫殿不仅异常华丽壮观，而且还在宫殿上建造了被誉为世界七大奇观之一的屋顶花园——悬空园（见图 1-1-6）。

图 1-1-6　巴比伦悬空园

3. 古希腊庭园、柱廊园

古希腊是欧洲文化的发源地。希腊半岛与埃及、西亚隔海相望，因此在文化上走在前边的埃及和西亚对希腊当然会产生一定影响。不过地处欧洲的古代希腊文化又自有其独具的特征、渊源和发展。

希腊文化的前身是爱琴海文化，而后者是由诞生在克里特（Crete）时期（约公元前 2600 年至约公元前 1400 年）和迈锡尼时期（公元前 1500 年至公元前 1100 年）的两种文化组合而成的。这两种文化因地理条件和社会状况而具有不同的性质，其区别在建筑方面的表现也十分明显。从遗址来看，克里特的宫殿采用住宅式的开敞形态，体现了其时代生活的安定和平；而在战乱频发的迈锡尼时期，宫殿则为城堡式，壁垒森严，各房向中庭敞开，前门直达中庭，完全是封闭式构造。古希腊的建筑、雕塑对于西方文明的影响是巨大的，这使人们很自然地就想到了造园。然而关于希腊的造园情况，目前几乎没有有关的文字或绘画，当然更不会有任何可视的实物存在。但荷马（Homer，公元前 10 世纪左右）史诗《奥德赛》、《伊利亚特》以及其他古希腊文学中，却有大量的有关树木、花卉、圣林及各种各样所谓公园或花园的描述。当时柏拉图或其他学者们的学术讲堂也被称为花园。

4. 文艺复兴时期的意大利园林

文艺复兴运动将欧洲的园林艺术带入了一个新的发展时期。意大利地处欧洲南部风景秀丽的阿尔卑斯山南麓，是一个半岛国家，山岭起伏，植被丰富，山泉颇多。意大利是古罗马的中心，受古罗马时期的建筑、雕塑艺术影响深远，意大利园林继承了古罗马的传统，文艺复兴又给它注入了新的人文主义，取得了很高的艺术成就。文艺复兴之后，修建园林在意大利成为一种时尚，佛罗伦萨和意大利北部其他城市的郊外乡间遍布着贵族富商们的别墅庄园。这些花园别墅大都建造在景色秀丽的丘陵山坡上，花园顺地形分成几层台地，从而形成了独具特色的台地园。造在广阔的自然环境中的台地园，其空间向自然敞开、延伸，人工化的园林与其周围的自然景观相互渗透。这种自然环境中的人工园林，力求以园林来美化和丰富自然景观，并起到在自然环境中限定自然本身的作用，反映了自然美与人工美并行不悖的观点。比较典型的是埃斯特庄园。

意大利多山泉，故水在园林中是重要的造园素材，为园林主景之一。理水的方法很多，如喷泉、壁泉、水池、瀑布、溢流等，使格局整齐的台地园园景富有变化，而雕塑往往成为水池或喷泉的中心，常常是留世的艺术珍品。

5. 17 ~ 18 世纪法国园林

法国的古典主义园林使欧洲的规则式园林艺术达到了一个不可逾越的高峰。萌芽于高卢时期的法国园林，在 16 世纪初受到意大利文艺复兴园林的影响，加之法国地形平坦，因此它的规模更宏大而华丽。17 世纪下半叶，法国成为全欧洲首屈一指的强国，路易十四(Louis ⅩⅣ,1643 ~ 1715 年在位)是欧洲君主专制政体中最有权势的国王，古典主义文化成了路易十四的御用文化。体现古典美学原则的规则式园林，在这样的社会土壤里得到了空前的发展，形成了影响欧洲园林艺术长达一个世纪之久的法国勒诺特尔式园林。勒诺特尔设计的园林，以其恢弘的气势，开阔的视线，严谨均衡的构图，丰富的花坛、雕像、喷泉等装饰，体现出一种庄重典雅的风格，把规则式园林的人工美发挥到了极致。在勒诺特尔式园林中，极目所至，都是经过人工改造的自然之物，这种在自然环境中创造完全人工化的园林的设计方法，反映的是唯理主义者强调的人力能够改变自然本身、人工美高于自然美的哲学思想。典型代表就是凡尔赛宫。

6. 18 世纪的英国风景园林

18 世纪英国自然风景园的出现，改变了欧洲由规则式园林统治的长达千年的历史，是西方园林艺术领域一场深刻的革命。16 ~ 17 世纪，英国资本主义的发展已取得很大成就，17 世纪的英国资产阶级革命导致了资本主义制度的形成。随着从封建社会向资本主义社会的过渡和启蒙运动(17 ~ 18 世纪)的影响，18 世纪欧洲文学艺术领域内兴起浪漫主义运动，英国的作家、艺术家崇尚自然之美，他们将规则式花园看做是对自然的歪曲，认为造园应以自然为目标。这些舆论为风景园的产生奠定了理论基础。同时，英国丘陵起伏的地形、大面积的牧场风光也为风景园的产生提供了理想的自然条件。此外，一些到过中国的商人、传教士对中国园林的介绍，引起了一些英国造园者的兴趣，这对英国风景园的发展和它的艺术风格的形成产生了一定的影响。英国风景园以开阔的草地、自然式种植的树丛、蜿蜒的小径、自然弯曲的湖岸为特色，取消了园林与自然风景之间的界限，也不再考虑人工与自然之间的过渡，而是将自然作为主体，将自然引入到园林之中，并排除一切不自然之物，自然美成为园林美的最高境界，可以说是用自然之物来美化自然本身。这反映出人工美应服从于自然美、造园应与自然相协调的观念(见图 1-1-7)。

7. 美国园林

美国虽然历史不长，但在漫长的西方园林发展史中，却占有独特的地位，尤其对近代、现代园林的发展，有着十分积极的影响。

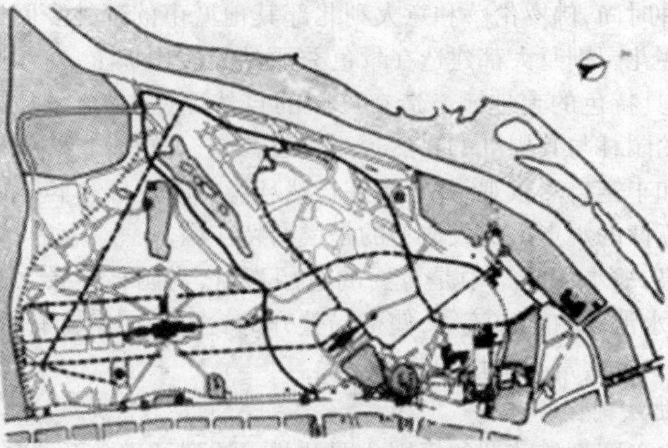

图 1-1-7　邱园平面图

由于美国的地理环境及气候条件较好,森林与植物资源丰富,具有发展天然公园的良好自然基础,所以美国的现代公园和庭园比较注重自然风景。园林中的园路和水池形状为自然曲线形,植物设计采取自然式种植,建筑物周围起步用规则式绿篱或半自然的花径作为过渡,园林中较注意草坪铺设,以防止尘土飞扬和改善小气候。在私人庭园中,对花卉运用较多,以点缀草坪和庭园,有时也常用枯树、雕塑、喷泉、水池等来增加园林景观。

时至今日,美国仍在努力开辟更多的城市公园绿地,以改善生活环境。在建设过程中,不断吸收他国园林艺术的优点。同时,美国园林利用本国的自然特色和在营造技术及材料上的优势,不断创新,使其园林在表现手法上趋于多样化,且注重天然风景与人文建筑的有机组合;在规模上趋于宏大等。这些主要特点正逐步形成美国园林艺术的风格。

(二)国外近代、现代园林绿化

国外近代、现代园林沿着公园、私园两条线发展,而以城市公园、私园为主体,并且与城市绿化、生态平衡、环境保护逐渐结合起来,扩大了传统园林学的范围,提出了一些新的造园理论艺术。园林规划、设计及建造也与城市总体规划、建设紧密结合起来,并纳入其中,园林绿化事业获得了空前规模的迅速发展。

1. 公园的出现和发展

公园是公共游观、娱乐的一种园,也是城市公共绿地的一种类型。最早的公园多由政府将私园收为公有并对外开放形成。西方从 17 世纪开始,英国就将贵族私园开辟为公园,如伦敦的海德公园;欧洲其他公园也相继仿效,公园遂普遍成为一种园林方式。19 世纪中叶,欧洲及美国、日本开始规划设计与建造公园,标志着近代公园的产生。如 19 世纪 50 年代美国纽约的中央公园;70 年代日本大坂市的住吉公园、美国的黄石国家公园。

现代世界各国公园,除开辟新园、古典园林、宫苑外,主要是由国家在城市或市郊、名胜区专门建造的国家公园或自然保护区。美国 1872 年建立的黄石国家公园是世界上第一座国家公园,面积为 89 万 hm^2,开辟了保护自然环境、满足公众游观需要的新途径。而后世界各国相继效法,建立国家公园。有些国家还制定了自然公园法令,以保证国土绿化与城市美化。国家公园的面积很大,规模大,有成千、成万公顷的,也有几百万公顷的。一般都选天然状态下具有独特代表性自然环境的地区进行规划、建造,以保护自然生态系统、自然地貌的原始状态,其功能多种多样,有科学研究、科学普及教育的,有公众游览、观赏大自然奇景的,等等。如美国黄石公园,富有湖光、山色、悬崖、峡谷、喷泉、瀑布等特色,满山密布森林,园内百花争艳,野生动物奔翔其间。目前,全世界已有100多个国家建立了各有特色的国家公园1 200多座。如美国有48座,面积共有880万 hm^2;日本有27座,总面积为199万 hm^2;加拿大有31座;法国有7 000个自然保护区、3 500个风景保护区;英国有131个自然保护区、25个风景名胜区;坦桑尼亚有7座国家动物园、11个野生动物保护区等。

2.城市绿地

城市绿地指公园、林荫路、街心花园、绿岛、广场草坪、赛场或游乐场、居住区小公园、居住环境及工矿区等,统称为城市园林绿地系统。

西方产业革命后,随着工业的发展,工业国家的城市人口不断增加,工业、交通对城市环境的污染日益严重,1858年美国建立纽约中央公园后,多方面的专家纷纷从事改造城市环境的活动,把发展城市园林绿地作为改造城市物质环境的手段。1892年,美国风景建筑师F·L·奥姆斯特德编制了波士顿城市园林绿地系统方案,将公园、滨河绿地、林荫道连接为绿地系统。而后一些国家也相继重视公共绿地的建设,国家公园就是其中规模最大的一项建设工程。近几十年来,各国新建城市或改造老城,都把绿地纳入城市总体规划之中,并制定了绿地率、绿地规范一类的标准,以确保城市有适宜的绿色环境。

3.私园的新发展

西方资产阶级为追求物质、文化享受,比过去的剥削者更重视园林建设,而且除继承园林传统外,特别注重园林的色彩与造型的艺术享受,建筑富有自由奔放的浪漫情调,造景讲究自然活泼、丰富多彩。自然科学技术的发展,使园林植物通过驯化、繁育良种、人工育种、无性繁殖等方法不断涌现,适应性强,应用广泛,为园林植物布置提供了取之不尽的资源,促进了以花卉、植物为主的私园迅速发展。近代,尤其现代产生了诸多专类花园,如芍药园、蔷薇园、百合园、大丽花园、玫瑰园及植物园等。

私园拥有者以大资本家、富豪为多,一个大资本家、富豪可拥有多座私园,在城市里建有华贵富丽的宅馆与花园,或工厂、宾馆的园林绿地,在郊外选风景区建别墅,甚至在异乡建修养别馆。如英国19世纪后,私人的自然风景园,城内、郊外都比过去为多,且不再是单色调的绿色深浅变化,而注重富丽色彩的花坛建造与移进新鲜花木;建筑物的造型、色彩也富有变化,舒适美观。英国私园中花坛的基本格局是:坛形有圆、方、曲弧、多角等,组成花坛群,周围饰步道,坛中植红、蓝、黄各种花卉,以草类花纹图案为背景。除花坛外,园中多铺开阔草地,周围种植各种形态的灌木丛,边隅以花丛点缀;另有露浴池、球场、饰瓶、雕塑之类。英国的这类私园是近现代西方私园的典型,对欧美各国影响极大。欧美私园基本仿英国建造。

现代,城市中、小资产者与富裕市民也掀起建小庭园的热潮。以花木或花丛、小峰石、花坛、小水池及盆花、盆景装饰庭院,改善与美化住宅小环境。这类园虽小,无定格,但也不乏精品,而且人数众多,普及面广,交流频繁,对园林绿化的发展具有不可忽视的促进作用。

四、21世纪世界园林绿化发展的总趋势

21世纪,人类更多地关注经济增长过程中的自身发展和自我选择,重视对个人生活质量的关怀。因此,园林绿化建设所要创造的人居环境是一种可持续景观,要遵循以下原则:

(1)以生态发展为基础,加强社会、经济、环境与文化的整体协调。

(2)加强区域、城乡发展的整体协调,维持区域范围内的生态完整性。

(3)促进土地利用综合规划,形成土地利用的空间体系,确保开发的持续性和保护的有效性。

(4)建立区域空间协调发展的规划机制与管理机制,加强法制意识与普及教育,加强当地人民的参与,从整体协调中取得城乡的可持续发展。

(5)提倡生态建筑,尽量减少活动对自然界产生不良的影响,达到生态的稳定性和植物群落的多样性。

(6)各国既要保持自己优秀的传统园林艺术和特色,又要有鉴别学习别国先进的造园技法和手段。

(7)综合运用各种新技术、新材料、新工艺、新艺术、新手段,对园林进行科学规划、科学施工,创造丰富多彩的新型园林。

(8)在园林的规划布局上,普遍以植物造景为主,建筑比重逐渐减少,崇尚并追求真实、朴素的自然美。

(9)在园林规划设计、园林工程施工、养护管理等方面广泛采用先进的技术设备和科学的管理手段。

(10)世界各国在园林方面的交流越来越广泛,极大地促进了园林绿化事业的发展。

小 结

园林是人类社会发展到一定阶段的产物,中国被誉为"世界园林之母",是世界上最早出现园林的国家,世界园林有三大体系,即东方、西亚和欧洲。东方园林以中国为主要代表,具有优秀的造园传统和艺术风格,形成了以山水为骨架的自然式园林;欧洲园林以法国和意大利为主要代表,在园林中以建筑为主体,强调轴线对称,形成了以几何图案美的规则式园林。随着东西方文化的交流、科技的发展,各国园林相互学习、相互取长补短,从而又形成了混合式园林和自由式园林。

思考题

1. 简述园林与绿地的异同。
2. 简述园林规划、园林设计、园林规划设计的异同。
3. 简述园林规划设计的作用和对象。
4. 简述园林规划设计必须遵循的原则。

5. 商周的囿有哪些内容和功能?

6. 秦汉的建筑宫苑有哪些特点?

7. 魏晋南北朝的自然山水园有哪些特点?

8. 唐宋的写意山水园有哪些特点?

9. 总结明清皇家园林和江南私家园林的特点。

10. 中国古典园林的类型有哪些?

11. 简述中国古典园林的特点。

12. 总结概括中国现代园林的特点。

13. "中国园林是人工中见自然,日本园林是自然中见人工",结合所学知识和查阅相关资料,试论述中国园林和日本园林的异同。

14. 试论述21世纪世界园林绿化发展的总趋势。

第二章　城市园林绿地系统

知识要求

了解城市园林绿地的作用、类型；熟悉城市绿地主要定额指标的计算方法；掌握城市绿地系统的布局形式。

能力目标

能够进行城市绿地指标计算，能运用各项指标对城市绿地进行合理地评价。

城市是由许多系统组成的一个综合性社会系统，而城市园林绿地系统建设是一个不可缺少的重要环节。具有特定功能的绿色系统规划是城市规划中的一个组成部分，与城市工业、交通、商业等系统的规划同等重要，必须同步进行。

城市园林绿地系统，是由一定数量和质量的各类绿地组成相互联系、相互作用的绿色有机整体。它具有城市其他系统不能代替的特殊功能，并为其他系统服务。

第一节　城市园林绿地系统的功能

为了做好园林规划设计，科学地评价园林绿地的质量标准，必须对园林绿地的功能有一个清晰的了解和认识。

一、生态功能

园林绿地在生态方面的功能主要表现在以下两个方面。

（一）改善城市气候环境

园林绿地对整个城市或城市局部的气候在温度、湿度、气流等方面有一定的影响。

1. 调节温度

园林绿地对温度的影响主要表现在空气气温、物体表面温度以及太阳辐射强度。园林绿地对空气气温以及物体表面温度的调节表现在：夏季的绿地表面温度比裸露的土地、铺装路面、建筑物等低，气温效应也是如此；冬季其表现则相反。根据测定，夏季林地树荫下的气温比无林地的气温低 3 ~ 5 ℃，比建筑物区域温度低 10 ℃左右，草坪上气温比裸露土地低 2 ℃左右；而冬季林地气温较无林地区域的气温高 0.1 ~ 0.5 ℃。夏季草坪表面温度比裸露的地表面温度低 6 ~ 7 ℃，比柏油路面低 8 ~ 20.5 ℃，墙面在垂直绿化后表面温度降低 5.5 ~ 14 ℃；而冬季草坪足球场的表面温度比泥土足球场的表面温度高 4 ℃。辐射温度计测定的温度表明，夏季树荫下的太阳辐射温度比阳光直射温度低 3 ~ 4 ℃。

2. 调节湿度

绿色植物，尤其是乔木林，具有较强的蒸腾能力，使绿地区域范围内空气的相对湿度和绝对湿度都比没有绿化的区域要大。据测定，1 hm^2 阔叶林在夏季可蒸腾 2 500 t 水，比同等面积的裸露土地蒸发量高20倍。夏季园林绿地的相对湿度较未绿化土地高10%～20%，因为夏季温度高，植物通过较强的蒸腾作用向空气中散发水蒸气使得湿度增大。冬季园林绿地的相对湿度较未绿化的土地高10%～20%，因为城市有园林绿地可以降低风速，风速小了当然气流交换就弱，空气中原有的水分不容易散失。可见，城市园林绿地中凉爽而舒适的气候环境与绿色植物对空气湿度的调节作用有关系。

3. 调节气流

城市带状绿地包括城市道路和滨河绿地，是城市绿色的通气走廊。特别是当城市带状绿地走向与夏季风风向一致时，在炎热夏季可将城郊凉爽的气流引入城市内部，为城市创造良好的通风条件。在寒冷的冬季季风风向与城市带状绿地相垂直，可将寒冷的气流减弱，可见城市园林带状绿地调节和改善城市气流方面的作用是显著的。

(二)保护和改善城市生态环境

随着城市现代工业的迅速发展和人口密度的不断增加，城市生态环境污染破坏严重，所以保护和改善城市生态环境已刻不容缓。园林绿地对城市环境保护、防止污染有着明显的作用，主要表现在以下几个方面。

1. 吸收二氧化碳，放出氧气

人类的生存时刻都离不开氧气。在日常生活中，如呼吸、物质燃烧等，不但要消耗大量的氧气，而且排出大量二氧化碳气体。大气中的二氧化碳气体含量一般在0.03%左右，当含量达到0.05%时，人就感到呼吸不适；含量达到0.2%时，人就会感到头昏耳鸣；超过10%时，就可导致人停止呼吸而死亡。大气中的氧气含量通常为21%，当其含量降到10%时，人就会恶心呕吐。汽车所排出的尾气主要是一氧化碳，它与空气中的氧气结合生成二氧化碳，这样使得空气中的二氧化碳增加而氧气的含量逐渐减少。绿色植物在解决空气中二氧化碳过量而氧气不足方面有着显著的作用。

绿色植物通过光合作用，能从空气中吸收二氧化碳，放出氧气，所以绿色植物是氧气的天然制造工厂。根据测定，每公顷公园绿地每天能吸收900 kg二氧化碳并生产600 kg氧气；每公顷阔叶林在生长季节每天可吸收1 000 kg的二氧化碳和生产750 kg氧气，可供1 000人一天呼吸所用。因此，增加城镇中的绿地面积能有效地解决城镇中的二氧化碳过量和氧气不足等问题。

2. 吸收有害气体

由于工业的发展，工厂常常排放出很多有害气体污染空气，影响人类的健康。这些有害气体种类很多，如二氧化硫、氯气、氟化氢、氨气等，其中以二氧化硫的污染最为广泛。这些有害气体对植物生长是不利的，甚至引起植物枯萎死亡。而当有害气体的浓度较低时，某些植物对它则有吸收和净化作用，且不会导致其自身枯死。根据实验数据，松林每天可从1 m^3 空气中吸收20 mg的二氧化硫；每公顷柳杉每天能吸收60 kg的二氧化硫。还有臭椿、夹竹桃、罗汉松、龙柏等树种对二氧化硫气体都有一定的吸收能力，特别是臭椿最为显著。因此，在有害气体的污染源附近，选择对其吸收和抗性强的树种作为绿化主栽树种，可降低污染程度，达到净化空气的目的(见图1-2-1、图1-2-2)。如刺槐、丁香、女贞、大叶黄杨、泡桐、垂柳、榉树、榆树、桑树、紫薇、石榴、广玉兰、夹竹桃、紫穗槐等。

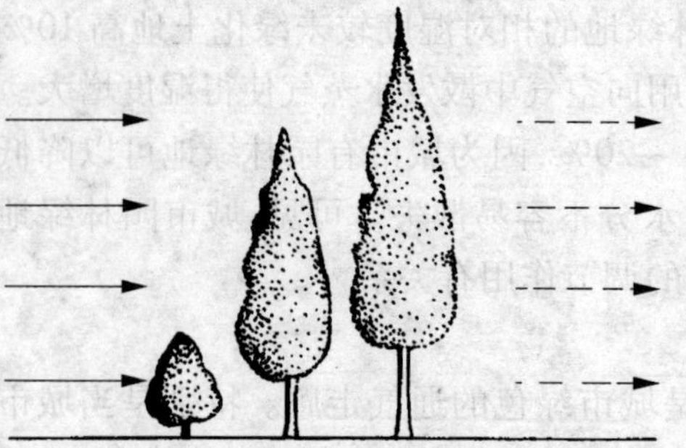

图 1-2-1 树木起净化器作用

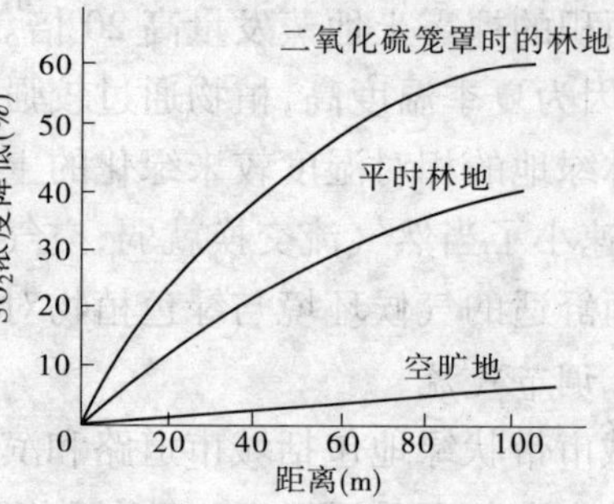

图 1-2-2 绿化树木吸收二氧化硫的效应

3. 吸滞尘埃

城镇空气中含有大量的粉尘、烟尘等尘埃。它们的存在大大降低了太阳的照明度和辐射强度,减弱了紫外线,给人们的健康带来了不利影响,如当人呼吸时,尘埃进入肺部,并附着于细胞壁上,就容易发生气管炎、尘肺、矽肺等疾病。

绿色植物具有阻挡、吸附尘埃的作用。树木由于枝冠茂密,能较大程度地减低风速,控制尘粒的飞扬和扩散。植物的叶面不平或有绒毛,有的还能分泌黏液,当空气流动受叶面阻挡时,叶面可吸收大量的飘尘;植物黏附的尘埃,经雨水冲洗后,叶面又能恢复其吸尘功能。根据研究,裸露的土地易扬起飞尘。如某工厂区粉尘($d>10\ \mu m$)降尘量较其附近公园高达 6 倍,而绿地中的含尘量比城镇街道少 1/3 ~ 2/3,可见,草坪或地被植物可以固定尘土,滞留尘埃。因此,多种植树木、花卉,铺设草坪,尽可能地扩大绿地面积,可达到防止尘埃污染、净化空气的目的。如刺槐、国槐、泡桐、木槿、悬铃木、臭椿等。

4. 杀菌作用

空气尘粒中含有大量的细菌,而绿地植物能有效地吸附尘埃,进而减少细菌在空气中的传播;还有一些植物本身可分泌某种杀菌素,所以增加园林绿地可减少空气中的细菌含量。据法国的一个测定数据,百货商店内每立方米空气含菌量达 400 万个,林荫道为 58 万个,公园内为 1 000 个,而林区只有 55 个,可见绿化对杀伤和滞留空气中的细菌有着重要的作用。

具有较强杀菌能力的树种有悬铃木、紫薇、圆柏等,所以在疗养院的选址及树种设计上,应充分考虑绿化效能,以求更大程度地发挥杀菌功能。有的花卉和草本植物也能分泌一定的杀菌素,如景天科的植物和红狐茅草等。

5. 降低噪声

现代城市交通运输繁忙,工程建设不断增加,使得城市噪声不断扩大,已成为现代化大城市的一大公害,严重影响城市居民的生活和工作环境。噪声影响人的情绪、听力,使人容易疲劳,严重时可引起心血管、中枢神经系统等方面的疾病。

城镇绿化对降低噪声有一定的作用,因为当声波投射到树木叶片上后,有的被吸收,有的被反射到各个方向,造成树叶微振,使声的能量消耗而减弱。据统计,40 m 宽的林带可减低噪声 10 ~ 15 dB,30 m 宽的林带可减低 6 ~ 8 dB。一般说来,城镇街道上散植的树木无显著的降低噪声作用;分枝低、枝叶茂盛的乔木降低噪声的效果能力较好;而叶茂疏松的树群其减噪效能尤为显著(见图 1-2-3)。如金银木、白桦、红瑞木、连翘等。

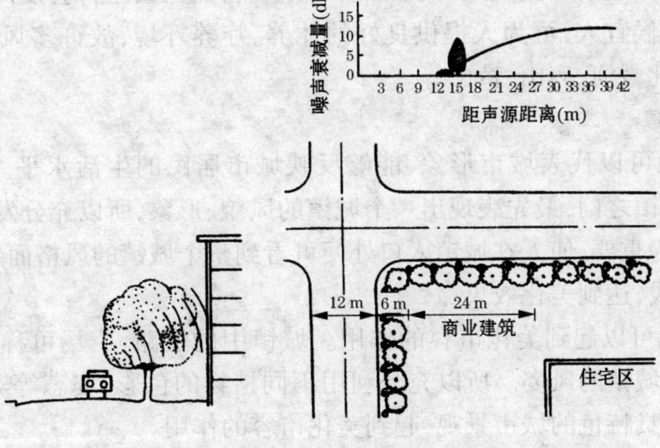

图 1-2-3　园林植物降低噪声示意图

6. 净化水体

研究证明，园林植物可以吸收水中的溶解质，减少水中含菌数量，如芦苇、泽泻、水生薄荷、田蓟等。30～40 m 宽的林带树根可将 1 L 水中的含菌量减少 1/2。水葱可吸收污水池中的有机化合物，水葫芦（凤眼莲）能从污水中吸取汞、银、金、铅、铬等重金属物质，并能降解酚、苯等有机化合物。

7. 净化土壤

园林植物的根系能吸收土中的有害物质，起到净化土壤的作用。植物根系能分泌使土壤中大肠杆菌死亡的物质，并促进好气细菌增多几百倍甚至几千倍，使土壤中的有机物迅速无机化，提高了土壤肥力。

二、社会功能

城镇园林绿地的使用与其社会制度、历史传统、民族习惯、科学文化、经济生活以及地理环境等因素密切相关。园林绿地为民众的社会生活服务，表现出了明显的社会效益。

（一）日常游憩活动

人们在紧张的工作之后，需要消除疲劳、恢复体力、振奋精神，以便更好地工作学习，而城镇园林绿地为之提供了一个良好场所。园林绿地中的游憩活动内容丰富多彩，文艺活动有弈棋、音乐、戏剧、电影、绘画、摄影等；体育活动有游泳、球类、划船、溜冰等；儿童活动如滑梯、电动飞船、碰碰车、荡秋千、钻洞、戏水池等；安静休息如散步、钓鱼、品茶、赏景等。

（二）文化宣传、科普教育

城镇园林绿地是进行文化宣传、科普教育的良好场所，在综合性公园、名胜古迹风景点可设置展览馆、陈列室、宣传廊、园林题咏等，进行多种形式的活动。

（三）为旅游服务

我国历史悠久，风景资源丰富，文物古迹众多，园林艺术饮誉天下，这些均是发展旅游业的优越条件。近年来，城镇园林绿地、自然风景区的游客人次正逐年增多，随着物质文化水平的提高，旅游业的日益发展，城镇园林绿地和自然风景区将会发挥更大的作用。风景区景色优美，气候宜人，可为人提供良好的休养、疗养环境，故许多风景区都开发了休养、疗养项目，如北戴河、庐山、黄山等。

(四)美化城镇

(1)园林绿地可以代表城市形象，能够反映城市居民的生活水平。城镇的车站、码头、机场等可谓城镇之门，最先表现出一个城镇的风貌、形象，所以充分发挥园林绿地的美化作用就显得尤为重要，使人在城镇入口处便可看到整个城镇的风格面貌，并可丰富城镇建筑群体的轮廓线，达到美化效果。

(2)园林绿地可以起到美化市容的作用。城镇中的道路、广场可称为城镇的风景走廊，通过它可饱赏城镇的风姿。所以充分利用不同植物的色彩、姿态等对城镇进行道路、广场绿化，形成各具特色的城市景观，起到美化市容的作用。

(3)园林绿地还可以衬托建筑，对城市建筑起到立体的装饰作用，增加其艺术效果，通过采取园林艺术的各种对比手法，利用植物来突出建筑物的个性，增加建筑物的艺术感染力。

三、经济功能

城镇园林绿地在保护环境、满足社会效益的前提下，可结合生产，直接增加城市经济效益。城市园林绿地的生态效益、社会效益和经济效益三者是不可分割的统一体，在城市园林绿地系统的规划中，三大效益的体现成为园林建设策略和园林工作者的共识。经济效益包括直接经济效益和间接经济效益。

(一)直接经济效益

1. 大力发展种植业、养殖业

种植果树，如柿子、枇杷等植物，不仅观赏价值高，而且还有一定的经济价值；还可以利用园林饲养动物等，同样具有双重效益。

2. 搞好园林服务行业

搞好园林服务行业既能丰富游园活动内容，又有经济效益。城市园林绿地的经济效益还表现在园林门票、服务等直接经济收入上。园林与旅游业的有机结合，使各种类型的园林在全国各地应运而生，主题文化园、游乐园、缩景园、科普园、体育公园、民族风情园、海滨休闲园等相继出现在各大中城市。随着旅游业的迅猛发展，园林投资回收较快，经济效益也越来越好。

(二)间接经济效益

城市园林绿地的间接经济效益是指在城市中园林绿地所形成的良好的生态环境而带来的生态效益和社会效益。城市环境的改善为人们提供的生产、生活、工作、学习环境所能够发挥的价值效益是不可代替的，城市环境的改善对吸引国内外企业的投资可以产生积极的推动作用。这些最终都将反馈到经济效益上来。

在城市园林绿地规划时，应根据城市特点，合理布局城市各类绿地，使其最大限度地发挥生态效益、社会效益及经济效益。

第二节 城市园林绿地的类型及特征

一、城市园林绿地的分类

城市园林绿地的分类方法,各国没有一个统一标准,各种分类方法很多。在园林绿化的生产实践中常用的分类方法有以下几种。

(一)按绿地位置分类

(1)城区绿地:指城区范围内的绿地。

(2)郊区绿地:指郊区范围内的绿地。

(二)按规模分类

(1)大型绿地:面积在 50 hm^2 以上的绿地。

(2)中型绿地:面积在 5 ~ 50 hm^2 的绿地。

(3)小型绿地:面积在 5 hm^2 以下的绿地。

(三)按服务范围分类

(1)全市性绿地:指为全市市民服务的公园绿地。

(2)区域性绿地:指为地区服务的公园绿地。

(3)局部性绿地:指为小地区局部服务的绿地。

(四)按绿地类型分类

目前,根据我国城镇绿地系统规划及城镇园林绿化工作的需要,一般将城镇各类绿地分成 6 大类型:

(1)公共绿地;

(2)居住区绿地;

(3)交通绿地;

(4)单位附属绿地;

(5)生产防护绿地;

(6)风景名胜区绿地。

二、各类城市园林绿地的特征

(一)公共绿地

公共绿地指为全城镇居民提供休息、游览的公园绿地。它包括市、区级综合性公园,花园,动物园,植物园,儿童公园,体育公园,纪念性园林,名胜古迹园林,游憩林荫带,城市广场等。

1. 市、区级综合性公园

市、区级综合性公园是市、区范围内供居民进行游览休息、文化娱乐活动的具有综合性功能的大中型绿地。大城市可设置几个为全市居民服务的市级公园,中小城市可能只有一个市级的综合性公园。市级公园面积一般在 10 hm^2 以上,服务半径为 2 ~ 3 km,乘车 30 分钟可至,步行 30 ~ 50 分钟可至,可供居民一天的活动。区级公园在 10 hm^2 左右,服务半径为1.5 km,步行15分钟可达,可供居民半天的活动。一般综合性公园规模较大,内容、设施较为完备,质量较好,园内功能分区明确,如文化游乐区、体育活动区、安静休息区、儿童游戏区、园务管理区等。它要求有风景优美的自然条件、丰富的植物种类、开阔的草坪与浓郁的林地,四季景观丰富。

2. 花园

花园是指比公园规模次一级的绿地,比区级综合公园小,它不属于某一居住区,又比居住区小游园面积大,设施简单,可供居民作短时休息之用,面积在5 hm^2 左右,步行10分钟可达,服务半径为1.5 km左右;零散均匀地分布在城镇各地区。

3. 动物园

动物园是集中饲养和展览种类较多的野生动物及品种优良的家禽家畜的城镇公园的一种。主要供游览休息、文化教育、科普科研及保护珍稀濒危的动物种源之用。在大城市一般独立设置,而在中小城市多附设在综合性公园之中。动物园根据规模可分为以下几类:

(1)全国性动物园:展出动物种类可达1 000种以上,如北京、上海、广州动物园属此类。

(2)综合性动物园:展出动物种类可达500种左右,如天津、哈尔滨、昆明等城市的动物园。

(3)特色动物园:展出以本地区特产动物为主,种类在500种以下,一般设在各省省会城市。如杭州动物园、南宁动物园等。

(4)附属动物园:中小城市有条件的应该在综合性公园中附设动物园。如西宁市儿童公园内的动物角、咸阳市渭滨公园内的动物区等。

4. 植物园

植物园是广泛收集和栽培植物种类,并按生物学要求种植、布置的一种特殊的绿地。它既是科普科研场所,又供人们游览之用,不同于苗圃和农林园艺场。其主要任务是广泛收集植物种类,进行引种驯化、培养新品种和进行综合利用及保存珍稀濒危植物种源等方面的工作,为生物科学研究及教学服务;同时也向群众开放,供游览、科普之用。植物园的布局既要考虑到植物分类、生态和地理分布特点,又要符合园林艺术的要求,形成科学内容与园林外貌于一体,内置必要的园林设施,以方便游览。植物园的类型按性质可分为综合性植物园和专业性植物园。如南京中山植物园、杭州植物园、上海植物园等为综合性植物园;浙江农业大学植物园、广州中山大学标本园为专业性植物园。

5. 儿童公园

儿童公园是独立的儿童专类公园,其服务对象主要是少年儿童。公园中的一切娱乐设施、运动器械等,首先要考虑到少年儿童的安全和心理,力求达到尺度合适、色彩明亮、造型活泼、装饰丰富,植物无刺、无毒、无臭味,同时还应根据儿童的生理特点分设学龄前儿童活动区、学龄儿童活动区和幼儿活动区等。公园位置应接近居民区,并避免穿越交通频繁的干道。儿童公园的类型有综合性儿童公园、特色性儿童公园、一般性儿童公园、儿童乐园等。

6. 体育公园

体育公园主要是进行各类体育活动比赛和练习的园林绿地,它具有符合一定技术标准的体育运动设施,又有较充分的绿化布置,供全民健身活动和游憩之用。体育公园用地面积较大，其投资、建设、经营管理由各级体育部门负责，或与园林部门共同管理养护。属社会体育设施与城市公园两者的融合。

7. 纪念性园林

纪念性园林是以革命活动故址、烈士陵园、历史名人活动旧址及墓地等内容为中心的园林绿地，供人们瞻仰、凭吊及游览之用。功能分区包括两部分：纪念区和园林区。如南京中山陵及雨花台、广州烈士陵园、成都杜甫草堂等。

8. 名胜古迹园林

名胜古迹园林是有悠久历史文化、有较高艺术水平、有一定价值的古典名胜园林绿地，常是各级文物保护单位。如北京的颐和园、北海、天坛；苏州的拙政园、沧浪亭、留园、网师园等。

9. 游憩林荫带

游憩林荫带是指城镇中有一定宽度，与车行道相平行的带状公共绿地，供城镇居民游憩之用。其中可有小型的游憩设施，还可有简单的服务设施等。许多游憩林荫带是设在城镇水域边的，如杭州湖滨绿地、上海外滩绿带等。

10. 城市广场

城市广场是城市空间环境中最具有公共性、最富有艺术魅力、最能反映城市文化特征的开放空间。城市广场是城市中公共活动的场所，也是城市建筑艺术及园林艺术的集中表现。城市广场按性质、功能可划分为集会广场、纪念性广场、文化娱乐休闲广场、交通广场、商业广场等（见图 1-2-4）。

图 1-2-4　城市商业广场效果

（二）居住区绿地

居住区绿地是城市园林绿地系统的重要组成部分，在城市中分布最广、与人的关系最密切、服务对象最广泛、服务时间最长的一类绿地。居住区绿地是居住用地的一部分。它包括居住区公园、小游园、居住区组团绿地、宅旁绿地、居住区道路绿地等，其功能是改善居住区的环境卫生条件和小气候，美化环境，为居民日常游憩活动创造良好的条件。它是衡量城市现代化水平和居民生活环境质量的重要标志。

（三）交通绿地

城市道路是一个城市的骨架，而城市道路绿化水平的高低，影响着整个城市面貌，更能反映城市绿化的整体水平，道路交通绿地在改善城市气候、保护环境、丰富城市艺术形象、组织城市交通有着积极作用。交通绿地包括街道绿地和公路、铁路防护绿地。

1. 城市街道绿地

城市街道绿地是城市园林绿地系统的重要组成部分，它是城市文明的重要标志之一。街道绿地在城市中以线条的形式广泛分布于全城，连接城市中分散的“点”和“面”的绿地，从而形成完善的城市园林绿地系统。城市街道绿地包括人行绿化带、行道树、分隔带、交通岛、街头绿地、滨河绿化带、立交桥绿地等。行道树与分隔带绿地和其他各类绿地组成城镇的绿地网络，对改善城镇卫生条件、美化市容起到积极作用，并有利于延长路面的使用寿命。

2. 公路、铁路防护绿地

公路、铁路防护绿地是指对外交通用地的一部分，特别是穿越城区的铁路线两侧，沿线设置一定宽度的林带，对于减小噪声和保证安全都有很大的作用。

（四）单位附属绿地

单位附属绿地指专属某一部门、单位使用的，不对城镇居民开放的绿地，由本单位投资、建设、使用、管理，所以又叫专用绿地。单位附属绿地分布广、范围大，可改善城市气候、防止污染、减弱和保护生态环境，同时可美化环境，体现单位面貌和形象。它有以下几种。

1. 单位绿地

它可以减轻有害物质对人体和附近居民的危害，能调节内部气温和湿度，降噪、防风等，所以这类绿地有利于改善小气候条件（见图1-2-5）。

2. 公用事业绿地

如公共交通车辆停车场、水厂、污水及污物处理厂等的内部绿地，功能是净化空气、改善卫生条件、减少细菌和病菌繁殖等。

3. 公共建筑庭园绿地

如机关、学校、医院、商业服务、影剧院、体育馆等的绿地，功能是丰富城市景观、衬托建筑、突出个性、增加建筑艺术感染力。

（五）生产、防护绿地

生产、防护绿地对于调节和改善城市气候、减弱和防止环境污染、抵御水旱风沙等自然灾害的侵袭、保护生态环境平衡发挥着重要作用。生产、防护绿地包括苗圃、花圃、卫生防护林等，其中苗圃、花圃是城镇绿化的生产基地，包括各单位自用的苗圃和属于城镇园林部门的大片苗圃、花圃。有的花圃布置成园林式的，可供人们游憩之用。防护绿地的主要功能是改善城镇的自然条件和卫生条件，包括防风林带、防尘林带、水土保持林带、降低噪声林带等。

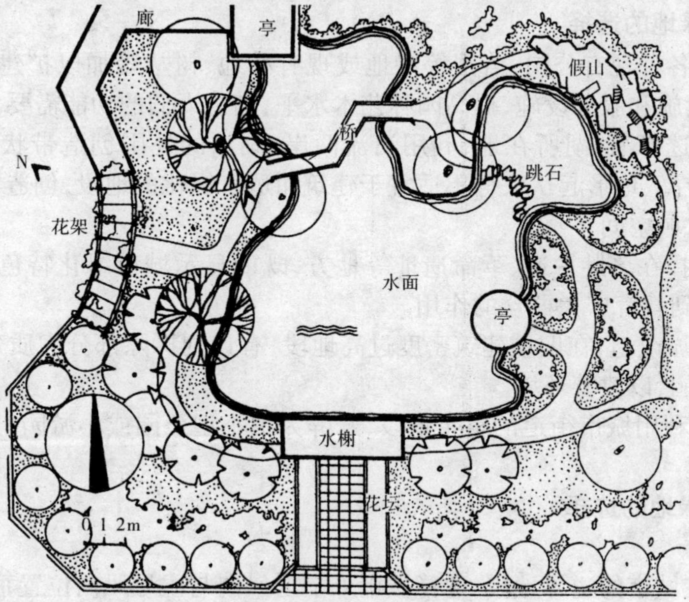

图 1-2-5　工厂小游园

(六)风景名胜区绿地

风景名胜区指具有特色的大面积自然风景,多位于郊外,经开发修整可供游人进行一天以上游憩的大型绿地,如安徽黄山、山东泰山、江西庐山、南京钟山、四川九寨沟、无锡太湖、杭州西湖等。有的风景地内划有休养、疗养区。另外,在我国建立了大量的自然保护区绿地,是为保护天然生态条件和珍贵的稀有野生动植物以及原始森林等而专门设立的。这些自然保护区的部分地区经整理后,可供人们有组织地游览参观,如云南的西双版纳、湖北的神农架、四川的卧龙等地。

风景名胜区与其他绿地类型有所不同,主要表现在以下几个方面:

(1)城市的区位性不同。风景名胜区一般位于城市郊区,其他绿地类型一般位于城区。

(2)景观的组成有所不同。风景名胜区一般以自然景观为主,其他绿地类型一般以人工景观为主。

(3)规模有所不同。风景名胜区一般面积比较大,其他绿地类型面积比较小。

(4)为游人提供的活动时间不同。风景名胜区一般为人们最少提供一天的活动时间,其他绿地类型为人们最多提供一天的活动时间。

(5)所属部门有所不同。风景名胜区一般隶属于林业局或旅游局,其他绿地类型一般隶属于园林局或城市建设局。

三、城市绿化用地的选择

城市公共绿地、防护绿地、生产绿地与地形、地貌、用地现状和功能关系密切,应根据条件认真考虑,合理布局。街道、广场、滨河绿地、工厂区、居住区、公共建筑地段上的绿地必须充分利用周围的环境条件,做到因地制宜。

(一)公共绿地的选择

(1)应选用各种现有公园、苗圃等绿地或现有林地、树丛等加以扩建、充实、改造,增加必要的活动设施和服务设施,提高园林艺术水平,满足人们的功能需要。

(2)要充分选择河、湖所在地,利用河流两岸、湖泊的外围创造带状、环状的公园绿地。因地下水位高、地形起伏大等不适宜于建筑而适宜绿化的地段,创造丰富多彩的园林景色和开阔的水域空间。

(3)尽量选择在名胜古迹、革命遗址等地方,既能显示城市绿化特色,又能丰富园林的内容,同时起到教育广大群众的作用。

(4)结合旧城改造,在旧城建筑密度过高地段,有计划拆除部分劣质建筑,规划、建设为公共绿地、花园,以改善环境。

(5)要充分利用城市街道的空余地段,开辟为中小型公园或小游园,方便居民就近休息、散步赏景等。

(二)防护绿地的选择

1. 防风林

一般布置在城市的边界地段,选择城市外围上风向与主导风向位置垂直的地方,以利阻挡风沙对城市的侵袭。可分为透风结构、半透风结构、不透风结构。

2. 卫生防护林

根据工厂排放的有害气体、噪声等对环境影响程度不同,选定有关地段设置不同宽度的防护隔离带。隔离带应选择对有害气体或物质抗性强或吸附作用强的树种。通过树木的过滤和吸附作用,可以减少污染,净化空气。

3. 农田防护林

选择在农田附近、利于防风的地段营造林网。

4. 水土保持林带

应在河岸、山腰、坡地等植树造林,固土、护坡、涵蓄水源,减少地表径流,防止水土流失。种植树冠大、深根性的乔木或分枝点低、枝叶繁茂的灌木,并在树冠下种草或地被植物,多层次配置作用显著。宽度一般不能小于 10 m。

(三)郊区风景名胜区、森林公园绿地的选择

尽可能地利用原有自然山水、森林地貌,即原有植被类型丰富、地形复杂、交通方便地段,规划风景旅游区、休养所、森林公园、自然保护区等。

第三节　城市园林绿地的指标及其计算

城市园林绿地定额指标指城市中平均每个居民所占有的城市公共园林绿地面积。它是衡量一个城市绿化数量和质量水平高低的一个尺度,是一个时期的城市经济发展、城市居民生活水平的反映,也是评价城市环境质量的标准和城市居民精神文明的标志之一。

一、城市园林绿地指标的表示方法

(一)城市园林绿地总面积

城市园林绿地总面积就是城市各类绿地面积的总和。

城市园林绿地总面积 = 公共绿地面积 + 专用绿地面积 + 道路交通绿地面积 + 居住区面积 + 郊区风景名胜区绿地面积 + 防护绿地面积 + 生产绿地面积

(二)城市绿地率

城市绿地率指城市中各类园林绿化用地总面积占城市总用地面积的百分比，表示了全市绿地总面积的大小，是衡量城市规划的重要指标。

城市绿地率 = 绿地面积/城市总面积 ×100%

环境学家认为，绿地率50%以上才有舒适的休养环境。城乡建设环境保护部门有关文件中规定：城乡新建区绿化用地应不低于城市总用地面积的30%；旧城改建区绿化用地应不低于总用地面积的25%；一般城市的绿地率以40% ~60%比较好。

(三)城市绿化覆盖率

城市绿化覆盖率指城市中各类绿地的绿色植物覆盖面积占城市用地面积的百分比，是衡量一个城市绿化现状和生态效益的重要指标，它随着时间的推移、树冠的大小而变化。

城市绿化覆盖率 = 植物的垂直投影面积/区域总面积 ×100%

林学上认为，一个地区的绿色植物覆盖率至少应在30%以上，才能对改善气候发挥作用。

(四)人均绿地面积

人均绿地面积指城市绿地的总面积与城市人口数之比。

人均绿地面积 = 城市绿地总面积 / 城市人口数

我国人均公共绿地面积的指标要求从观赏角度不低于6 m^2/人，从改善二氧化碳和氧气的平衡角度人均绿地面积不低于30 ~40 m^2/人，从吸收有害气体方面人均绿地面积不低于72 m^2/人。

(五)城市苗圃拥有量

城市苗圃拥有量指城市苗圃的总面积占城市建成区总面积的百分比。

城市苗圃拥有量 = 城市苗圃的总面积/城市建成区总面积 ×100%

二、影响城市园林绿地指标的因素

(一)国民经济发展水平

随着国民经济的发展，人们的物质文化生活水平的改善与提高，对环境绿地的要求会不断提高，这就促使我国城镇园林绿地在数量和质量上要向更高的水平发展。

(二)城镇性质

不同性质的城镇对园林绿地的要求不甚相同，如旅游城市或园林城市以风景游览为主，为了满足旅游和绿化功能的要求，绿化指标应高些；工业城市或交通枢纽城市等，从其功能及环境的要求，绿地面积需要大些，绿化指标应高些；以农业生产或农副产品加工为主的城市，因为周边自然环境条件好，当然绿化指标可低些。

(三)城镇规模

从理论上讲，大中城镇由于市区人口密集，建筑密度高，应在市区内有较多的绿地，指标应比小城镇高。在大中城市中绿地的类型应丰富,绿地面积较大,绿化指标应高些;目前我国大中城镇在用地都较紧张的情况下,开辟大面积的绿地还有一定难度。小城市绿地类型不会像大城市那样齐全,绿化指标可低些。

(四)城镇自然条件

我国地域辽阔,南北气候差异较大。南方城镇气候温暖,土壤肥沃,水源充足,树种丰富,所以绿地面积应较大一些;而北方城镇气候寒冷,干旱多风,树种较少,所以绿地面积总体上要比南方城镇小些。

(五)城市用地的分布现状

当城市用地为带状分布,为了使居民能方便利用园林绿地,绿地应分布在较长地段上,同时能够保证居民在最短的时间内享受到绿地效益,为了满足功能要求每块绿地还应有一定面积,所以这样的城市绿地面积会比用地紧凑的城市大。如兰州市、西宁市都属于狭长地带的城市类型。

第四节　城市园林绿地系统布局的形式

一、城市园林绿地系统的概念

"系统"一词经常见到,如工业系统、农业系统、文教系统、人体的消化系统等。一个系统是由若干个要素组成的。科学家钱学森把系统定义为由互相作用和互相联系的若干部分结合而成的,具有特定功能的整体。

园林绿地是一个系统,因为园林绿地是由若干个要素(植物、建筑、山水等)组成的,各要素之间有机地结合在一起,互相联系,互相制约,并提供人们游憩的场所。如一座公园,它就是由景观子系统、游客子系统、管理子系统所组成的复杂系统,其结构模式如图1-2-6所示。

一块绿地,几个公园或几条林荫道是很难发挥其保护环境的功能的,必须按照客观规律科学地规划、安排各类绿地,使它们之间相互联系,协调配置。通过一次性规划,分期实施,逐步形成园林绿地系统,才能更好地发挥园林绿地的重要作用。园林绿地系统规划也是城镇总体规划的一个重要组成部分。

二、城市园林绿地系统规划的目的和任务

(一)城市园林绿地规划的目的

城市园林绿地系统规划的最终目的是调节城市小气候,保护和改善城市环境,维护城市的生态平衡,丰富城市景观效果,从而创造优美自然、清洁卫生、安全舒适、科学文明的现代城市的最佳环境系统,为城市提供生产、生活、娱乐、健康所需要的优越条件。现代工业、商业、科学技术的发展,社会结构的不断更新,城市规模的扩大,人口的集中,自然环境质量逐渐下降,给城市生活造成很大压力与威胁。这就对城市园林绿地的规划提出了客观要求。要求城市园林绿地形成完整的系统,才能发挥其三大效益的作用。

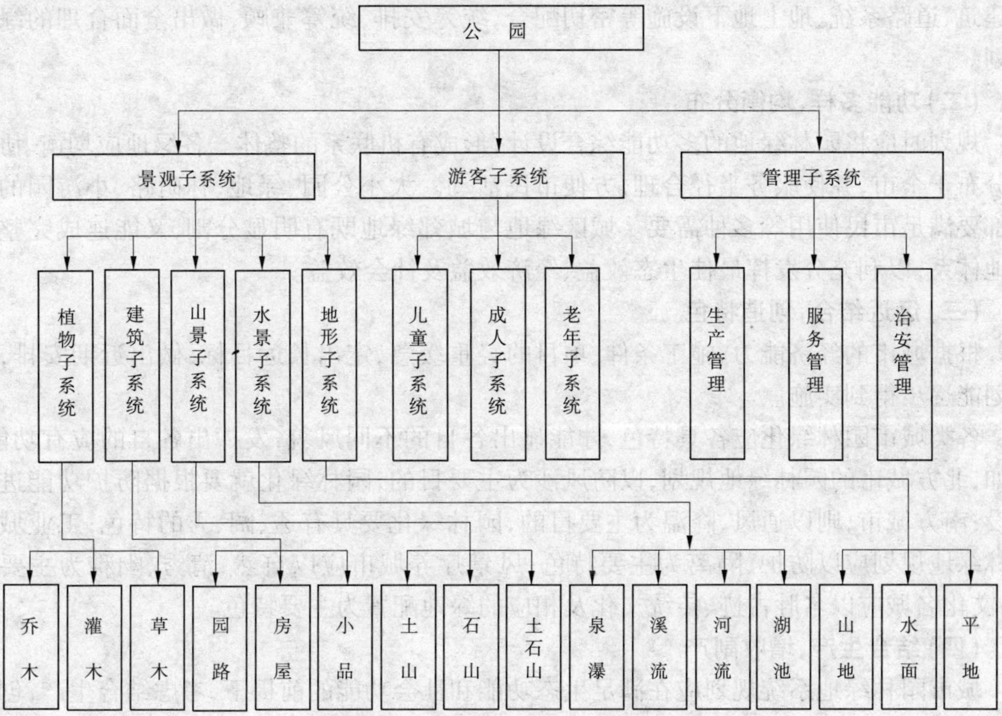

图 1-2-6　公园绿地系统结构模式

(二)城市园林绿地规划的任务

规划目的决定了规划任务。总的任务是规划出切实可行的适应现代化城市发展的最佳绿地系统。具体任务有如下几方面：

(1)根据本城市实际条件与发展需求,确定本市园林绿地系统的总原则、总目标。

(2)根据国民经济发展计划、发展规模、建设速度和水平,决定园林绿地的性质,并拟定园林绿地分期建设的各项指标。

(3)根据要求合理选择和布局城市各类绿地,确定各类绿地的位置、范围、面积。

(4)提出全市绿地调整、充实、改造与提高的设想,划出应控制、保留的绿化用地,定出分期建设与项目的实施计划。

(5)制订出规划方案,绘出绿地系统规划示意图,写出规划设计任务书等。

三、城市园林绿地系统规划的原则

城市园林绿地系统规划要以城市总体规划为基础,必须按照国家和地方有关城市园林绿化的法规,根据城市的特点和要求,因地制宜,综合考虑,全面安排,合理布局。在城市园林绿地规划中应考虑以下原则。

(一)全面考虑,合理规划

城市园林绿地类型多样,分布广,无论是总体规划还是局部规划,都要从实际出发,紧密结合当地自然条件,以原有树林、绿地为基础,充分利用山丘、坡地、水旁、沟谷等处,尽可能少占粮田,节约人力、物力,并与城市总体规划的城市规模、性质、居住区、工业区、公共建筑、道路系统、地上地下设施等密切配合，统筹安排，统筹兼顾，做出全面合理的绿地规划。

（二）功能多样，均衡分布

规划时应将园林绿地的多功能综合设计，形成有机联系的整体。各绿地应均衡、协调地分布于全市，并使服务半径合理，方便市民活动。大小公园、绿地、林荫路、小游园的布局都要满足市民使用等多种需要。城区绿地与城郊绿地既有明显分割，又能连成完整的绿地体系，以利充分发挥最佳生态效益、经济效益及社会效益。

（三）远近结合，创造特色

根据城市的经济能力、施工条件、项目的轻重缓急，定出长远目标，做出近期安排，使规划能逐步得到实施。

各类城市园林绿化应各具特色，才能显出各自的不同风貌，发挥出各自的应有功能。例如，北方城市的园林绿地规划，以防风沙为主要目的，园林绿化就要根据防护功能进行建设；南方城市，则以通风、降温为主要目的，园林绿化要具有透、阔、秀的特色；工业城市园林绿地规划应以防护、隔离为主要特色；风景疗养城市应以自然、清秀、幽雅为主要特色；文化名城应以名胜古迹、传统文化及相应的绿地配置为主要特色。

（四）结合生产，增收副产

城市园林绿地系统规划应在满足生态功能和社会功能的前提下，考虑结合生产，创造经济效益。

四、城市园林绿地布局手法

城市园林绿地布局应采用点、线、面结合的方式，把绿地形成一个统一的整体，才能充分发挥其改善气候、净化空气、美化环境等功能。

（一）“点”

“点”是指城市中的公园、花园布局，一般绿化质量要求较高。首先，在规划时必须做到因地制宜，充分利用原有公园，加以改建或扩建并增设活动内容，功能分区明确，具有良好的景观效果。其次，在自然条件较好的具有开阔水域空间的河、湖沿岸和交通方便之处，新开辟公园、动物园、植物园、体育公园、儿童公园或纪念性陵园等。但要注意使各个公园均匀分布、合理布局在城市的各个区域。一般来说，服务半径以居民步行10～20分钟能达到为宜。儿童公园要注意安排在居住区附近，便于儿童们就近游玩。动物园要稍远离城市，布局在城市的下风向、河流的下游，防止污染城市和传染疾病。植物园要远离工矿区，布局在城市的上风向、河流的上游，防止污染城市和保证植物的正常生长。在街道两旁、湖滨河岸，可适当多布置一些小花园等，供人们就近休息、散步，做轻微体育锻炼。

（二）“线”

“线”主要指城市道路两旁、滨河绿带、城市防护林带等，将它们相互联系组成纵横交错的绿带网，丰富城市景观，美化街道，保护路面，具有防风、防尘、防噪声等功能。

（三）“面”

“面”指城市中专用绿地和风景游览绿地，城市中的居住区、工厂、机关、学校、卫生等单位专用的园林绿地，是城市园林绿地中面积最大、分布最广、使用频率最高的部分。

城郊风景游览绿地绿化布局在规划时应尽量少占用郊区农田，充分利用郊区的山、川、河、湖等自然条件和风景名胜，因地制宜地创造出各具特色的绿地；应与农、林、牧的规划相结合，将城郊土地尽可能地披上绿装，形成围绕城市的绿色环带，使城区绿地和城郊绿地形成一个完整的系统，从而发挥更大的作用。

五、城市园林绿地布局的形式、方法和要求

(一)园林绿地布局的形式

常见城市绿地的布局有 8 种基本模式(见图 1-2-7)。从绿地与城市其他用地关系来分析(见图 1-2-8)，我国的城市绿地系统从形式上可以归纳为下列 4 种。

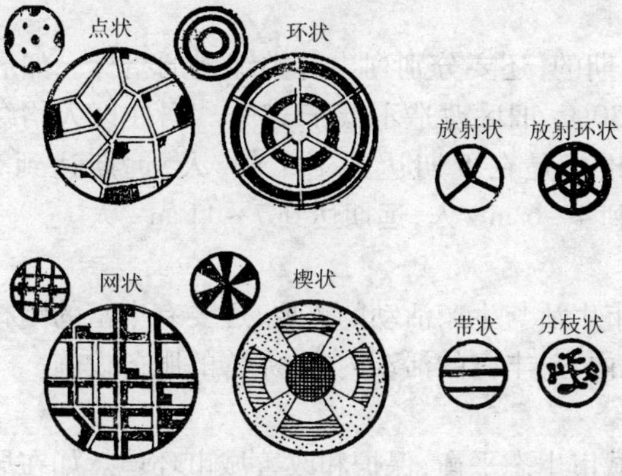

图 1-2-7　城市绿地布局的 8 种基本模式

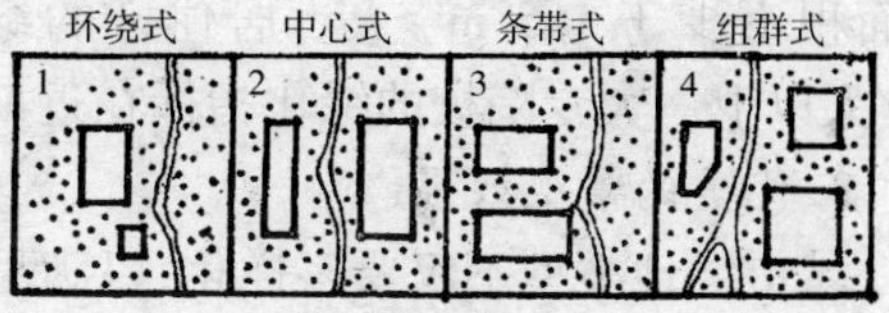

图 1-2-8　绿地分布形式

1. 块状绿地布局

在城市绿地系统规划中公园、城市广场绿地多数为块状绿地布局。这种绿地布局形式，均匀分布，方便居民使用，但对构成城市整体的景观效果作用不大，对改善城市小气候条件的作用也不显著。这类情况都出现在旧城改建中，如上海、天津、武汉、大连、青岛等。

2. 带状绿地布局

沿城市河、湖水系布局的滨河绿化带和城市道路绿化带等都属于此类，构成城市绿地的骨架，形成纵横向绿带、放射状与环状绿地交织的绿地网。如哈尔滨、苏州、西安、南京等地。带状绿地的布局形式容易表现城市的艺术面貌。

3. 楔形绿地布局

凡城市中由郊区伸入市中心的由宽到狭的绿地，称为楔形绿地，如合肥市。一般都是利用河流、起伏地形、放射干道等结合市郊农田防护林来布置。优点是能够调节城市气流，改善城市通风条件，能够很好地把城区绿地和郊区绿地结合起来，有利于城市艺术面貌的体现。

4. 混合式绿地布局

混合式绿地布局是前 3 种形式的综合运用，可以做到城市绿地点、线、面结合，组成较完整的绿地体系。其优点是：可以使居住区得到最大的绿地接触面，方便居民游憩，有利于调节小气候、改善城市环境卫生条件，有利于丰富城市总体与各部分的景观体现。如北京市的绿地系统规划布局即按此种形式来发展的。

(二)绿地布局的目的与要求

随着城市建设的发展,绿地布局也要符合城市生态系统原理的要求。城市园林绿地的多样化,不仅体现在绿地面积的增加,而且体现在布局有明确的目的性。因此,城市园林绿地布局首先应从功能上考虑形成系统,而不是单从形式上考虑。城市园林绿地布局总的目标是要保持城市生态系统平衡,其基本要求是要达到下列几个条件。

1. 布局合理

按照合理的服务半径,均匀分布各级公共绿地和居住区绿地,使居民都可以在最短的时间内到达绿地,各得其所,享受绿地的效益。城市道路与水系相结合,开辟纵横分布于城区的带状绿地,把各类绿地联系起来,相互衔接,组成完整的绿地系统。

2. 达到绿化指标

城市绿地各项指标不仅要分别近期与远期的,还要分别列出各类绿地的指标。如居住区绿地的指标:新建居住区绿地率不低于30%,旧区改造不低于25%。居住区人均绿地面积不少于1.5 m^2/人。居住区的绿化指标是在近期达到1.5 m^2/人,远期达到3 m^2/人以上。大专院校的绿化指标在近期达到4～6 m^2/人,远期达到7～11 m^2/人。

3. 优美的景观效果

城市绿地类型不仅要多样化,以满足城市生活与生产活动的需要,还要有丰富的园林植被类型、较高的园林艺术水平、充实的文化内容、丰富的活动内容、完善的服务设施。

4. 良好的环境条件

通过合理布局城市各种绿地形式,维护城市生态平衡,保护和改善城市环境。如在居住区与工业区之间要设置卫生防护林带,设置改善城市气候的通风林带,以及防止有害风向的防风林带,起到保护与改善环境的作用。

5. 要有防灾避难措施

在城市规划中需要考虑城市防灾避难绿地,在居住区或工业区需要设计隔离缓冲绿地,以保证在灾害发生时有利于保护居民生命安全和财产安全。

第五节　城市园林绿化树种规划

树种规划是城市园林绿地系统规划的重要内容之一。它关系到绿化建设的成败、绿化成效的快慢、绿化质量的高低、绿化效应的发挥。树种规划合理,可以提高绿化速度,有效地改善城市环境质量,丰富城市景观效果。反之,不仅会影响绿化建设的时间和绿化效应的发挥,而且还会造成经济上的重大损失。所以树种规划是城市绿化建设的关键,树种规划要遵循一定的原则。

一、树种规划的一般原则

(一)因地制宜,满足生态要求

我国幅员辽阔,南北气候各不相同,各地城镇内土壤状况更是复杂,而树木种类繁多,生态特性各异,因此树种规划必须根据本城市的自然条件、环境条件,从当地实际情况出发,遵循城市生态学原则,运用植物生态学原理,因地制宜、因树制宜地进行。

(二)应以乡土树种为主

乡土树种最适应当地的自然条件,生长健壮,具有抗性强、耐旱、抗病虫害等特点,也能体现地方风格,并且管理粗放。但是为了丰富城市绿化景观效果,还要注意对外来树种的引种驯化和试验,对当地生态条件比较适应的也应积极地采用。但不能盲目引种不适于本地生长的树种。

(三)能够充分表现地方风格

根据城市的性质,树种的选择要能够体现城市的特点和要求。即选择当地人们所喜爱的树种,来表现地方特色。应选择树形美观,色彩、风韵、季相变化有特色和抗性较强的树种,以更好地美化市容,改善环境。

(四)展示植物的立体层次和季相变化

要根据植物群落学的原则进行规划,使城市绿地具有丰富的林冠线和林缘的变化,在不同的季节能够有不同的植物景观效果。所以在树种规划时应以乔木、灌木为主,乔木、灌木和草本相结合形成复层绿化;应着眼于慢生树种和速生树种合理配置,既可取得绿化效果,又能保证绿化长期稳定。注意常绿树和落叶树的比例,应以常绿树为主,以达到四季常青又富于变化的景观。

(五)要有经济效益

在提高各类绿地质量和充分发挥其各种功能的情况下,还要注意选择那些经济价值较高的树种,以便今后获得木材、果品、油料、香料、种苗等经济收益。

二、树种规划的准备与规划程序

(一)调查研究

调查研究是树种规划的重要准备工作。主要调查自然条件、环境条件以及社会条件等。调查当地原有树种和引种驯化的外地树种,主要是这些树种的生态习性、对环境条件的适应性、抗污染性和生长情况。除了调查本地区外,还应调查相邻近地区,以便作为进一步扩大树种应用的可行方案的基础资料,因为不同的小气候条件下,各种树种的生长情况也不同。但调查的范围应以本城市中各类园林绿地为主。调查的重点是各种绿化植物的生长发育状况、生态习性、对环境污染和病虫害的抗性以及在园林绿化中的作用等。具体内容有:城市乡土树种调查、古树名木调查、外来树种调查、边缘树种调查、特色树种调查、抗性树种调查、附近的自然保护区森林植被调查或附近城市郊区山地野生树种调查。

(二)树种选定,确定骨干树种

在广泛调查研究及查阅历史资料的基础上,准确、稳妥、合理地根据当地自然条件选择骨干树种和基调树种。一般确定1~4种基调树种,5~12种骨干树种作为重点植物材料。骨干树种名录的确定需经过多方面的慎重研究才能制定出来。另外,根据本地区中不同生境类型分别提出各区域中的重点树种和主要树种。与此同时,还应进一步做好草坪、地被及各类攀缘植物的调查和选用,以便进行裸露地表的绿化和建筑物上的垂直绿化。

(三)制定主要的树种比例

由于各个城市所处的自然气候不同,土壤水文条件各异,各城市树种选择的数量比例也应具有各自的特色。制定合理的树种比例,主要是有计划地生产苗木,使苗木的种类及

数量都能符合各类型绿地的需要,需要考虑安排好下面几个比例:

(1)乔木、灌木、藤本、草本、地被物之间的比例。乔木与灌木的比例,以乔木为主,一般占70%。

(2)落叶树与常绿树的比例。落叶树一般生长较快,对保护和改善城市环境作用明显而且适应城市环境能力较强。常绿树则能使城市具有良好的绿化效果及防护作用,具有丰富的季相变化,但常绿树生长较慢,投资也较大。因此,一般在城市中落叶树比重应大些。当前各地有逐步提高常绿树比重的趋向,可根据各地自然条件、经济和施工力量来确定比例。

(3)阔叶树种数与针叶树种的比例。

(四)树种规划报告编制

(1)前言。

(2)城市自然地理条件概述。

(3)城市绿化状况分析说明。

(4)城市园林绿化树种调查。

(5)城市园林绿化树种规划。

(6)附件。

三、城市园林绿化常用树种选择

由于我国土地广阔,各个城市所处的气候不同,各类树木生长的生态习性不同和表现的观赏价值不同,各类园林绿化功能不同,因此各城市选择树种也应不同。下面列举的城市园林绿化常用树种仅供参考。

(一)不同气候带的城市园林绿化常用树种

1. 热带(海南、广东、广西、台湾南部)

南洋杉、肉桂、秋枫、刺竹、海南松、相思树、荔枝、菩提树、麻竹、水松、凤凰木、龙眼、幌伞枫、青皮竹、羊蹄甲、石粟、椰子、芭蕉、软荚红豆树、槟榔、银桦、木麻黄、榅树、红千层、蒲葵、缅树、白兰花、孔雀豆、胡桐、棕株、榕树、象牙树、橄榄、菠萝蜜、人心果、仙丹花、黄槿、木棉、香荔枝、番茉莉、桃金娘、朱槿、缅栀子、硬骨凌宵、夜香树、吊钟花、番石榴、一品红、蜡烛树、桉树、蒲桃、杨桃、马缨丹、变叶木、柚、素馨、黄皮树、望江南、黄花夹竹桃。

2. 亚热带(南亚热带、中亚热带、北亚热带)

(1)南亚热带(台湾中北部,福建,广东东南部,广西中部,珠江流域,云南中南部)。

马尾松、菠萝蜜、油橄榄、银桦、湿地松、台湾相思、柑橘、火炬松、榕树、南洋榅、棕榈、木麻黄、南亚松、羊蹄甲、木荷、孔雀豆、苏铁、云南松、黄槿、山茶、石粟、桃金娘、南洋杉、朱槿、南山茶、荔枝、杉木、象牙树、龙眼、水松、吊钟花、乌榄、槟榔、水杉、柚、蝴蝶果、红千层、池杉、橄榄、八角、一品红、落羽杉、木棉、肉桂、杨桃、芭蕉、竹柏、蒲葵、黄皮树、棕株、罗汉松、番石榴、青皮竹、大叶桉、蒲桃、兰花榅、刺竹、柠檬桉、素馨、红豆树、九里香、红椿、黄花夹竹桃。

(2)中亚热带(广东,广西北部,福建中北部,浙江,江西,四川,湖南,湖北,长江以南,安徽,江苏南部,云贵高原,台湾北部)。

马尾松、水杉、青冈栎、香樟、柳杉、水柏、红叶青岗、柑橘、杉木、小叶青岗、天竺桂、油橄榄、罗汉松、栲树、檫树、棕榈、柏木、相思树、桢楠、广玉兰、银桦、木麻黄、白玉兰、粗榧、羊蹄甲、甜槠、厚朴、苏铁、香榧、刺柏、幌伞枫、红豆杉、火炬树、紫楠、肉桂、红千层、银杏、湿地松、红润楠、蒲葵、芭蕉、棕竹、油茶、木香、刚竹、含笑、虎刺、蓝果树、珍珠梅、木莲、茶树、茉莉、孝顺竹、鹅掌楸、木荷、八仙花、海棠花、青皮竹、石楠、厚皮香、金缕梅、贴梗海棠、茶、杆竹、枇杷、榕树、枫香、西府海棠、慈竹、红豆树、垂丝海棠、箬竹、花榈木、瑞香、木芙蓉、珊瑚树、凤尾竹、夏蜡梅、映山红、梅、榆树、大叶桉、杨梅、马银花、碧桃、榉树、柠檬桉、山茶、云锦杜鹃、蔷薇、毛竹、红椿、茶梅、冬青、月季。

(3)北亚热带(秦岭山脉,淮河流域以南,长江中下游以北)。

马尾松、北樟、紫荆、壳树、溲疏、黑松、白楠、蜡梅、南天竹、重阳木、华山松、红桦、夹竹桃、十大功劳、刺槐、火炬松、亮叶桦、紫薇、黄杨、中国槐、台湾松、鹅耳枥、结香、雀舌黄杨、皂荚、湿地松、栓皮栎、金丝桃、糙叶树、香椿、秦岭冷杉、麻栎、木槿、朴树、四川冷杉、亮叶水青岗、木绣球、白榆、梓树、柳杉、米心水青岗、荚迷、榔榆、楸树、大果青杆、栾树、珊瑚树、黄檀、苔木、日本柳杉、七叶树、海仙花、青檀、构树、水杉、稠李、金银花、榉树、皂荚、池杉、落羽杉、红桦、金钟花、红椿、梧桐、桧柏、山合欢、桂花、山茶、黄金树、龙柏、麻叶绣球、铜钱树、千年桐、泡桐、侧柏、喷雪花、雪柳、南酸枣、垂柳、刺柏、绣线菊、大叶女贞、乳源木莲、棕榈、珍珠梅、石榴、刚竹、罗汉松、杏、枫香、无花果、桂竹、广玉兰、樱花、乌桕、薜荔、紫竹、白玉兰、碧桃、杜仲、罗汉竹、紫玉兰、紫叶李、栀子花、海桐、青冈栎、榆叶梅、六月雪、细叶青岗、棣棠、水杨梅、美竹、苦槠、玫瑰、凌宵。

3. 暖温带(沈阳以南,山东辽东半岛,秦岭北坡,华北平原,黄土高原东南,河北北部等)

油松、锦带花、蜡梅、大果榆、杏、云杉、天目琼花、灯台树、梨、冷杉、香荚、枸杞、苹果、太白红杉、金银木、柿树、楸树、梅、白皮松、华北忍冬、黄栌、杜荆、花楸、华北落叶松、白榆、臭椿、中国槐、紫荆、华山松、栾树、核桃楸、紫藤、黑松、黑榆、黄连木、毛泡桐、细叶小檗、日本赤松、小叶朴、黄栌、刺楸、南天竹、侧柏、大叶朴、火炬树、十大功劳、锦鸡儿、圆柏、平基槭、山楂、杜松、柳、五角枫、多花栒子、海棠果、牡丹、茶条槭、绣线菊、山荆子、板栗、紫椴、夏叶槭、榆叶梅、红瑞木、麻栎、鄂椴、丁香、七叶树、楝木、槲栎、小叶椴、黄刺玫、黄菠萝、花曲柳、连翘、鸡爪槭、毛白杨、石榴、小叶杨、桂香柳、紫槭、白桦、箭杆杨、胡子、秦岭白蜡、棣棠、元宝枫、银白杨、牛奶子、马鞍树、血皮槭、池杉、旱柳、玉兰、大叶林、木瓜、落羽杉。

4. 温带(沈阳以北松辽平原,东北东部,燕山、阴山山脉以北,北疆等)

獐子松、千金榆、毛榛、梓树、鸡条树、红松、玉铃花、疣皮卫矛、榆叶梅、鱼鳞云杉、天女花、马鞍树、连翘、红皮云杉、灯台树、蔷薇、山葡萄、冷杉、元宝槭、黄花忍冬、绣线菊、北五味子、落叶杉、槲栎、小花溲疏、珍珠梅、杜松、蒙古栎、花楷槭、山梨、刺楸、紫杉、辽东栎、东北山梅花、玫瑰、赤杨、紫椴、春榆、小檗、山杏、刺槐、花楸、荚迷、京桃、银白杨、新疆杨、水曲柳、白桦、接骨木、樱花、花曲柳、岳桦、山楂、黄檗、大青杨、黄栌、锦带花、松毛翠、五角枫、火炬松、小叶女贞、圆叶柳。

5. 寒温带(大兴安岭山脉以北,小兴安岭北坡,黑龙江省等)

红松、杜松、紫椴、丁香、兴安落叶松、兴安桧、香杨、赤杨、红皮云杉、白桦、矮桦、榛子、黄花松、黑桦、朝鲜柳、兴安杜鹃、糠椴、鱼鳞松、山杨、蒙古栎、越橘、獐子松、胡桃楸、沼柳、柳叶绣线菊、臭冷杉、长果刺玫、北极悬钩子、黄檗。

(二)不同生态习性的树种

1. 喜光树种

马尾松、油松、青杨、海棠花、柽柳、黑松、雪松、长叶松、五针松、赤松、火炬松、翠柏、杜松、银白杨、钻天杨、小叶杨、旱柳、馒头柳、垂柳、核桃、白桦、槲树、垂丝海棠、枣、梨、红叶李、杏、桃、梅、樱花、合欢、瑞香、梧桐、相思树、紫藤、蜡梅、海棠、胡颓子、茉莉、桉树、栀子花、一品红、扶桑、桂香柳、无花果、凌宵、金钟花、牡丹、水松、板栗、皂荚、连翘、蜡梅、南洋杉、侧柏、龙柏、栓皮树、刺槐、桑树、木芙蓉、白蜡树、槐树、大花紫薇、金缕梅、糠椴、蒙椴、绣线菊、白玉兰、榉树、椿树、喜树、珍珠梅、大叶桉、榆树、香树、刺楸、白杜鹃、蓝桉、榔榆、楝树、灯台树、山楂、银桦、朴树、油桐、柿树、花楸、落叶松、鹅掌楸、重阳木、白蜡树、贴梗海棠、构树、檫木、乌柏、泡桐、木瓜、枫香、黄连木、毛泡桐、月季、杜仲、三角枫、梓树、玫瑰、金钱松、悬铃木、七叶树、楸树、榆叶梅、银杏、苹果、栾树、毛白杨、海棠果、无患子、火棘、紫荆、金丝梅、龙爪槐、紫穗槐、枸杞、小叶女贞、山桃、榔榆、枸桔、木绣球、华山松、毛樱桃、沙枣、黄栌、蝴蝶树、獐子松、台湾相思、黄檗、丝绵木、云南松、凤凰木、葡萄、苦楝、金银木、长白落叶松、枫香、锦带花、池杉、新疆杨、复叶槭、木芙蓉、飞蛾槭、白千层、河北杨、扁桃、木麻黄、蓝桉、小青杨、胡桃、石榴、观光木、柠檬桉、滇杨、薄壳山胡桃、四照花、油橄榄、胡杨、水曲柳、红瑞木、相思树、梧桐、箭杆杨、丁香、连翘、木棉、北京杨、暴马丁香、金钟花、榕树、石粟、黑桦、雪柳、紫丁香、日本桦柏、小叶朴、椰子、迎春、桧柏、金老梅、白榆、油棕、醉鱼草、九里香、稠李。

2. 耐阴树种

香榧、云南山茶、波缘冬青、黄栀子花、铁杉、冷杉、红背桂、瑞香、蚊母树、桂花、云杉、海桐、丝兰、桃叶珊瑚、紫杉、结香、珠兰、棕株、冬青、十大功劳、罗汉松、茶花、蒲葵、栀子花、阔叶十大功劳、竹柏、棕榈、杜鹃、南天竹、珊瑚树、肉桂、楠木、紫金牛、锦熟黄杨、八角金盘、杨梅、三尖杉、天目琼花、小叶黄杨、交让木、厚皮香、鸡爪槭、马银花、山茶、常春藤、棣棠花、南方红豆杉、接骨木。

3. 耐湿树种

水松、垂柳、桑树、皂荚、乌柏、旱柳、丝绵木、棕榈、胡颓子、枫杨、杞柳、水竹、白蜡、龙爪柳、木芙蓉、木竹、楸树、池杉、雪柳、白桦、金缕梅、水杉、水曲柳、接骨木、三角枫、紫穗槐、卫矛、枫香、黄连木、小檗、夹竹桃、水杨梅、喜树、柽柳、河柳、六月雪、榉树、枸杞、朴树、栀子花、青檀、栾树、紫藤、化香、马甲子、石榴、糙叶树、构树、山楂。

4. 耐瘠薄土壤的树种

赤松、女贞、苦楝、相思树、胡杨、桧柏、杜松、刺柏、马尾松、白皮松、油松、黑松、侧柏、铅笔柏、棕榈、石楠、桑树、柳树、臭椿、枣、合欢、紫薇、泡桐、黄杨、蜡梅、海桐、南天竹、九里香、银白杨、小叶女贞、旱柳、杨梅、木麻黄、丝兰、獐子松、榔榆、火棘、柽柳、白榆、刺槐、木棉、丝绵木、槐树、柠檬桉、沙枣、麻栎、巴旦杏、花椒、黄檀、小青杨、元宝枫。

5. 喜酸性土的树种

红松、银杏、栀子花、九里香、杜仲、马尾松、云南松、湿地松、金钱松、龙柏、赤松、油松、罗汉松、柳杉、华山松、雪松、香榧、瑞香、池杉、红豆杉、杉木、油茶、山茶、南山茶、小叶女贞、悬铃木、广玉兰、白玉兰、丝兰、黑桦、白桦、椰榆、女贞、飞蛾槭、冬青、苦楝、鹅掌楸、木菠萝、观光木、阴香、小叶榕、枇杷、白千层、黄葛榕、杨梅、蓝桉、黄檗、苦槠、直干桉、芒果、马醉木、樟树、檫树、油橄榄、柠檬桉、薄壳山核桃、相思树、梧桐、珊瑚树、桂花、油桐、金银木、冷杉、云杉、红皮松、长白落叶松、紫杉、三尖杉、茉莉、含笑、石楠、苏铁、杜鹃、桉树、银桦、棕榈、楠木、榕树、乌桕、石斑木、金老梅、元宝枫、赤杨、枫香、大叶桉。

6. 耐盐碱土的树种

黄杨、柽柳、棕榈、丝兰、银杏、胡杨、龙舌兰、白蜡、桑树、旱柳、杞柳、毛白杨、新疆杨、箭杆杨、泡桐、黑松、侧柏、枸杞、紫荆、元宝枫、胡颓子、合欢、苦楝、梧桐、构树、榉树、木麻黄、刺柏、枣树、花楸、红树、巴旦杏、白榆、铅笔柏、红海榄、乌桕、紫薇、皂荚、沙枣、桃叶珊瑚、木榄、刺槐、椿树、夹竹桃、木麻黄、柳树、槐树、柿树、海桐、椰子、臭椿、紫穗槐、水曲柳、槟榔。

7. 钙质土的树种

侧柏、黄荆、君迁子、鸡麻、白蜡树、黄檀、青檀、刺榆、铜钱树、黄连木、五角枫、三角枫、南天竹、酸枣、棠梨、马甲子、刺楸、朴树、榆树、八角枫、苦木、牛鼻栓、卫矛、胡颓子、野花椒、竹叶椒、珊瑚椒、苦参、锦鸡儿、臭椿、刺槐、栾树、雪柳、山麻杆、枸杞、金银木、山楂、圆叶乌桕、柏木、杜松。

(三)不同观赏价值的树种

1. 观花树种

春季:桃、牡丹、泡桐、含笑、笑靥花、梅、杏、金缕梅、丁香、玫瑰、樱花、月季、连翘、梨、金钟花、杜鹃、木香、迎春花、雪柳、黄槐、山茶、棣棠、素馨、木莲、四照花、紫荆、瑞香、白玉兰、忍冬、红千层、榆叶梅、紫玉兰。

夏季:紫薇、扶桑、石榴、月季、夏鹃、枸杞、锦带花、木槿、白玉兰、六道木、茉莉花、木本夜来香、米兰、六月雪、广玉兰、木芙蓉、夹竹桃、栀子花、凌宵、九里香、合欢金丝桃、夏蜡梅、木槿。

秋季:月季、扶桑、茉莉、米兰、紫薇、石榴山茶、木芙蓉、早蜡梅、九里香、木本夜来香、凤尾兰、白兰花、桂花。

冬季:茶梅、油茶、山茶、蜡梅。

2. 观果树种

柑橘、桃类、无患子、木瓜、秤锤树、桃叶珊瑚、栾树、天目琼花、紫金牛、红豆杉、山栀子、枸骨、红豆树、胡颓子、冬青、石榴、丝绵木、西府海棠、华中刺叶冬青、青桐、铁冬青、刺梨、小果蔷薇、海桐、葡萄、杏、乌桕、湖北海棠、南天竹、小檗、卫矛、紫竹、金丝海棠、柿子类、枸杞、枇杷、毛樱桃、山茱萸、石楠、山楂、海棠花、枣、四照花、荚迷、铜钱树。

3. 观叶树种

野漆树、石楠、杏、山麻杆、胡颓子、木蜡树、红叶李、鹅掌楸、野鸦椿、红叶桑、红枫、银杏、黄栌、鸡爪槭、榉羽毛枫、地锦、四照花、火炬树、枸骨、柿树、青桐、落羽杉、刺楸、盐肤木、乌桕、金钱松、池杉、无患子、白蜡、枫香、黄连木、桃叶珊瑚、三角枫、五角枫、丝绵木、七叶树、水杉、丁香、红瑞木、海桐、元宝槭。

(四)不同绿化功能的树种

1. 行道树或庭荫树

重阳木、垂柳、枫杨、鹅掌楸、枫香、槐树、白榆、榉树、椿树、油松、黑松、柳杉、广玉兰、白玉兰、香樟、大花紫薇、银桦、白千层、木棉、蓝桉、柠檬桉、大叶桉、紫椴、糠椴、石栗、乌桕、合欢、台湾相思、羊蹄甲、洋紫荆、凤凰木、皂荚、刺槐、青桐、杜仲、新疆杨、毛白杨、银白杨、小青杨、胡杨、箭杆杨、北京杨、垂柳、黑桦、白桦、柿树、木麻黄、悬铃木、榔榆、木菠萝、小叶榕、黄葛榕、苦楝、栾树、元宝枫、七叶树、芒果、薄壳山核桃、皇后葵、银杏、槟榔、水曲柳、白蜡、泡桐、梓树、椰子、油棕、樟树、鱼尾葵、矮穗鱼尾葵、王棕、桂花、假槟榔、小叶朴。

2. 抗风树种

黑松、竹、飞蛾槭、棕榈、海桐、赤松、银杏、冬青、马尾松、加拿大杨、圆柏、龙柏、樟树、楮、广玉兰、女贞、青冈枥、杨梅、相思树、油松、侧柏、獐子松、箭杆杨、木麻黄。

3. 防火用树种

交让木、厚皮香、臭椿、枥树、山茶、金松、楠、槐树、八角金盘、女贞、罗汉松、铁冬青、柳树、芭蕉、海桐、麻栎、杜仲、白杨、黄杨、棕榈、槲树、油茶、悬铃木、泡桐、珊瑚树、青冈栎、青桐、八角茴香、木荷、银杏、夹竹桃、枸骨、苦楝、壳菜果、柳树。

小　结

城市园林绿地系统是城市各类绿地相互联系、相互作用的统一体,具有其他城市系统不可代替的作用和功能,并为其他城市系统服务。城市园林绿地系统的功能是:调节城镇小气候,改善和保护城市环境,为城市居民提供生活、工作、学习和日常游憩活动的空间境地。所以,园林具有明显的生态功能、社会功能和经济功能。

思考题

1. 简述城市园林绿地系统的概念。
2. 简述城市园林绿地的分类。
3. 简述城市园林绿地系统规划的任务。
4. 简述城市园林绿地系统规划的原则。
5. 简述城市园林绿地树种规划的方法。
6. 论述城市园林绿地的功能。
7. 论述城市各类园林绿地的特征。
8. 论述城市园林绿地规划布局的形式、方法和要求。

第三章　园林规划设计基本原理

知识要求

园林美的含义、特征及其内容；园林构图艺术的基本要求，形式美的法则在园林中的应用；园林空间布局的基本形式及艺术特点；景的含义、赏景与造景艺术手法；园林色彩艺术构图。

能力目标

掌握园林美的组成与特点；掌握园林构图的基本形式，熟练运用形式美的法则对园林构图、园林空间布局进行分析；掌握景的含义、赏景与造景艺术手法，综合运用相关知识对园林景观进行分析总结；了解园林色彩的基本知识及其处理方法。

第一节　园林美的特征

一、园林美的含义

园林美是园林美学的基本概念，是园林思想内容的外部表现形式，它直接反映人们有目的、有意识、自由地创造园林的实践活动。

所谓园林美是指应用天然形态的物质材料，依照美的规律来改造、改善或创造环境，使之更自然、更美丽、更符合时代社会审美要求的一种艺术创造活动。它们所创造的不仅是建筑美、雕塑美、植物美、绘画美，而且是包括各种不同风格的、表现不同审美理想和审美情趣的花园、庭园、公园、绿地、大小山水风景名胜区等。

园林美实质上是一种艺术美。

艺术是生活的反映，生活是艺术的源泉。这决定了园林艺术美有其明显的客观性。造园艺术家裁取自然界现存的美，依照审美规律、审美价值和审美法则，来改善和改造环境，创造环境美，所进行的社会实践即艺术创造活动，也就是以大地作纸，以花草树木、山石湖水为客观物质材料，来表现艺术构思的一种实践活动。其整个过程是符合客观规律的，又是愉悦身心的；其创造出来的成果是美的，是符合时代和社会的审美要求与审美理想的。从某种意义上说，园林美是一种自然与人工、现实与艺术相结合的融哲学、心理学、伦理学、文学、美术、音乐等于一体的综合性艺术美。

园林美源于自然美，又高于自然美。正如歌德所说："既是自然的，又是超自然的。"

二、园林美的内容

园林美是设计者对生活（自然）的审美意识（思想感情、审美情趣、审美理想）和优美的园林形式的有机统一，是自然美、生活美、艺术美的高度融合，是衡量园林艺术作品表现力强弱的主要标志。

(一)园林艺术中的生活美

园林既是一处艺术空间,又是一处人们可以进入其中的现实物质生活空间,必须使其能保证游人在游园时感到非常舒适。

首先应保证园林的空气清新,不受烟尘污染,卫生条件良好,水体清洁。其次园林应该创造最适于人生活的小气候,使园林在温度、湿度、气流综合作用下所形成的环境达到比较理想的要求。冬季要防风,提高气温;夏季则又要有良好的气流交换的规划,以及降温的措施,规划一定的水面、空旷草地及大面积的庇荫的密林。因此,在这个空间里,常常设有若干可以挡风沙、避寒暑、遮风雪的园林建筑物,人们可在其中眺望、品茗、下棋、抚琴、阅读……形成一个具有浓郁生活气息的令人赏心悦目的美好环境。

园林在生活美的方面,还应该有方便的交通、完善的生活福利设施,有广阔的户外活动场地,有进行安静休息的散步、垂钓、阅读、休息的场所,有划船、游泳、溜冰等各种体育活动的设施,有各种展览、舞台艺术、音乐演奏等丰富的文化生活。

(二)园林艺术中的自然美

园林作为一个现实生活境域,营建时就必须借助于物质造园材料,如自然山水、树木花草、假山叠石,乃至物候天象等,这些自然事物是构成园林艺术作品的基础。将这些造园材料精心设计,巧妙安排,创造出一个优美的园林景观。因此,园林的美还表现在这些可视的形象实体上。园林中山清水秀、桃红柳绿、鸟语花香,处处呈现出生机盎然的自然美景。园林中的自然美可归纳为以下几点。

1. 天象美

大自然的晦明、阴晴、晨昏、昼夜、春秋,以及风云雨雪、日月星辰,能产生诸如雾中景、雨中花、云间佛光、烟雨细柳、"水光潋滟晴方好,山色空濛雨亦奇"等虚实相生、扑朔迷离的美感。天象美是一种特殊的表现形态,它给游赏者留有较大的虚幻空间和思维余地。

2. 声音美

园林中的声音也是一种自然美,这种自然美与园林的艺术布局有很大关系,这和纯艺术的音乐有着本质的区别。

园林里真正发出的声音是很多的,海潮击岸的咆哮声、瀑布发出的雷鸣声、峡谷溪涧的哗哗声、清泉石上流的淙淙声、雨打芭蕉的嗒嗒声、小河流水的潺潺声、水滴深潭的咯咯声,山里的空谷传声、风摇松涛声、林中蝉鸣、树上鸟语、池边蛙奏、麋鹿长啸等,都是大自然的演奏家给予游人的音响享受。

3. 色彩美

色彩将形体从纯形态的组合提升到丰富的色彩变化之中,从而形成新的视觉互补关系,使景物趋于完美。色彩具有联想性、象征性和感情性,园林植物色彩丰富,如红色意味着热情、奔放、活泼、勇敢等,使人联想到红日、鲜血与火等;蓝色使人想到蓝天和碧海,显得平和、稳重、冷静;绿色在色感上居于两者之间,"绿杨烟外晓寒轻",给人以安宁、清爽、放松的感觉,是生命和友谊的象征。

4. 姿态美

园林中的植物为适应环境,自然形成了各种各样优美的姿态,如黄山松的奇特、大王椰子的挺拔、雪松的秀丽等。

5. 芳香美

园林中还有很多香花、香叶植物,它们能产生特性各异的芳香气味,如茉莉花的清香、兰花的幽香、含笑的甜香、桂花的浓香、紫罗兰的醉香等,还有松柏类、桉树、樟树等树木散发出来的香气,都能引起游人美好的嗅觉感受。

(三)园林艺术中的艺术美

尽管园林艺术的形象是具体而又实在的,但是,园林艺术的美又不仅仅局限于这些可视的形象实体上,而是借山水花草等形象实体,运用种种造园手法和技巧,合理布置造园要素,巧妙安排园林空间,灵活运用形式美的法则,来传述人们的特定思想感受,抒写园林意境,创造艺术美。园林艺术中的艺术包括造型艺术美、联想意境美等内容。

1. 造型艺术美

园林中的建筑、雕塑、瀑布、喷泉、植物等都讲求造型,这一点在西方古典园林中体现得尤为显著。正如黑格尔在阐述西方古典园林中所说:"最彻底地运用建筑原则于园林艺术的是法国的园林,它们照例接近高大的宫殿,树木是栽成有规律的行列,形成林荫大道,修剪得很整齐,围墙也是用修剪整齐的篱笆造成的,这样就把大自然改造成一座露天的广厦。"

2. 联想意境美

重视意境的创造,这是中国古典园林在美学上的最大特点。中国古典园林的美可以说主要是园林意境的美。许多园林景观都有自己的主题,而这些主题往往又是富有诗情画意的。例如承德避暑山庄,其中包括康熙三十六景和乾隆三十六景,这些"景"就是按照各自主题和意境的不同而命名的,康熙、乾隆还分别题有诗文。例如"万壑松风"建筑群(见图 1-3-1),即因近有古松、远有岩壑、风入松林而发出瑟瑟的涛声而得名的。鉴于这种意境,康熙曾诗云:"云卷千松色,泉如万籁吟。"

图 1-3-1 承德避暑山庄"万壑松风"

再如扬州个园的"四季假山",也是运用联想意境美的一个佳例。造园家通过对四季自然景物的典型提炼和概括,使游赏者产生"春山淡冶而如笑,夏山苍翠而如滴,秋山明净而如妆,冬山惨淡而如睡"的联想意境美(见图 1-3-2)。同时,由于园内游览路线呈环形布局,春、夏、秋、冬四季景色巧妙地安排在其中,好似经历着周而复始的四季循环变化,因而使游赏者领悟到四季的轮回、时间的永恒,体验到某种人生哲理。

园林的艺术美在中国古典园林中还有很多体现,如在有限的园林空间里,缩影无限的自然,造成咫尺山林的感觉,产生"小中见大"的效果,艺术空间被巧妙地拓宽了。

园林在处理生活美、自然美和艺术美等因素时,必须作为一个整体来考虑,它不是各

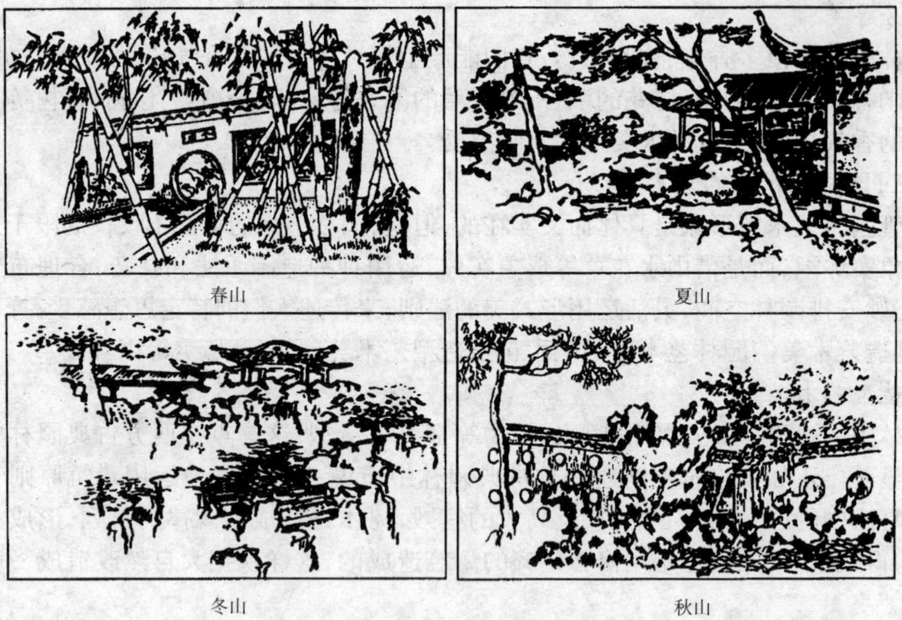

图 1-3-2　扬州个园“四季假山”

种造园素材单体美的简单拼凑，更不能理解为生活美、自然美和艺术美的累加，而是一个综合的美的体系。各种素材的美、各种类型美的相互融合，从而构成一种特殊美的形态——园林美。

第二节　园林构图的艺术基本法则

一、园林构图的概念与特点

所谓构图即组合、联系和布局的意思。绘画叫“经营位置”，造园叫“园林章法”，都含有构图的原意，但陈旧的构图含义仅局限于平面构图，这对于园林规划设计是极其忌讳的。园林绿地构图是在工程、技术、经济可能的条件下，组合园林物质要素（包括材料、空间、时间），联系周围环境，并使其协调，取得美的绿地形式与内容高度统一的创作技法，也就是规划布局。这里，园林绿地的内容，即性质、功能用途是园林绿地构图艺术的依据，园林绿地建设的材料、空间、时间是构图的物质基础。就园林构图艺术而言，具有以下几个特点。

（1）园林构图是一种立体空间艺术。园林绿地构图是以自然美为特征的空间环境规划设计，绝不是单纯的平面构图和立面构图。因此，园林绿地构图要善于利用山水、地貌、植物、园林建筑、构筑物，并以室外空间为主又与室内空间互相渗透的环境创造景观。

（2）园林构图是综合的造型艺术。园林美是自然美、生活美、艺术美的综合。它以自然美为特征，有了自然美，园林绿地才有生命力。因此，园林绿地常借助各种造型艺术加强其艺术表现力。

(3)园林构图与时间的关系。园林绿地构图的要素如园林植物、山、水等的景观都随时间、季节而变化,春、夏、秋、冬植物景色各异,山水变化无穷。

(4)园林构图受自然条件的制约性很强。不同地区的自然条件,如日照、气温、湿度、土壤等各不相同,其自然景观也不相同,园林绿地只能因地制宜,随势造景,景因境出。

二、园林构图的基本要求

(1)首先立意,经过构思做到意在笔先。还必须与园林绿地的实用功能相统一,要根据园林绿地的性质、功能用途确定其设施与形式。

(2)从总体构图上要进行分区,各区要各得其所。景色分区要各有特色,互相提携,又要多样统一,既分隔又联系,避免杂乱无章。

(3)主次分明,做到主客揖让、层次分明,避免喧宾夺主。

(4)因地制宜,要根据地貌特点,结合周围景色环境,巧于因借,做到"虽由人作,宛自天开",避免矫揉造作。

(5)要具有诗情画意,寓情于景,它是我国园林艺术的特点之一。把诗画联赋雕刻或史料典故等文学造型艺术结合到园林构图之中,做到园林不仅景美,意更美,诗情画意,触景生情。

(6)园林构图不仅从需要出发,还要看条件的可能性,经济是否允许,工程技术力量是否能达到,生物生态要求是否相适应。从实际出发,是构图的基本立足点。

三、形式美法则与应用

园林艺术与其他艺术门类一样,其作品的形式(园林景象)总是按照美的规律创造出来的。园林艺术的构图规律都有哪些呢?这里概括为:多样与统一、对比与调和、均衡与稳定、比例与尺度、节奏与韵律等5个方面。

(一)多样与统一

多样与统一又称统一与变化原则。园林艺术应用统一的原则是指园林中的组成部分,它们的体形、体量、色彩、线条、形式、风格等,要求有一定程度的相似性或一致性,给人以统一的感觉。由于一致性的程度不同,引起统一感的强弱也不同。十分相似的一些园林组成部分产生整齐、庄严、肃穆的感觉,但过分一致又觉呆板、单调、乏味。所以园林中常要求统一中有变化,或是变化中有统一,才使人感到优美而自然,而"自然"则是构图的最终要求。纪念公园、陵园、墓园、寺庙等场所,常在主干道两旁种植成列的松柏树,使人肃然起敬,产生一种庄严的统一感。北京天坛的西门入口干道、卧佛寺山门外都是如此。至于其他性质的公共园林则要求变化中的统一。自然山水中,有生物也有非生物,长期以来都是协调统一的。它们以各种不同的内容互相组合起来,形成各种类型的风景,如沙漠风景、沼泽风景、高山草原风景等。每一种具有明显特性的风景,都给人以不同的感受和情感反应,其中凡是真正使人感到愉快的风景,都是由于它的各个组成部分之间具有明显的协调统一。这个协调统一的程度是衡量美的质量标准。如何创造统一感呢?

1.形式的统一

首先,应当明确园林的主题与格调,然后决定切合主题的局部形式,选择对这种表现主题最直接、最有效的素材。比如,在西方规则式园林中,常运用几何式花坛,修剪成整齐的树木来创造园林,元素与园林、局部与总体之间便表现出形状上的统一。而在自然式的园林中,园林建筑必须围绕"自然"的性质,作自然式布局、自然的池岸、曲折的小径、树木的自然式栽植和自然式整形,即便在旧有自然式花园中,出于某种经济要求而建造的大楼,也在其墙基采取了"自然化"的补救措施,一环绿水,数块碎石,以求得风格的协调统一。再如颐和园谐趣园的建筑布局,其中许多亭台楼阁、曲廊水榭,在色彩上、法式上、材料上都是相同的,十分和谐,但其中每一单独的建筑,其体形和体量又各不相同,和谐之中又有明显的差异,建筑布局多样统一(见图1-3-3)。

图1-3-3　颐和园谐趣园

2. 材料的统一

园林中非生物性的造景材料,以及由这些材料形成的景物,也要求统一。例如堆假山的石料,指路牌、灯柱、宣传画廊、坐椅、栏杆、花架等,常常是具有功能和艺术两重效果,点缀在园内都要求制作的材料是统一的。美国明尼苏达州有一座"风景树木园",从入口处的告示牌到内部的许多指路牌、荫棚、花架、眺望台、灯柱、栏杆、格子架等,一律用木料构成,造型上一律用方形斜尖的柱头,全用棕色涂料,但在高矮、大小、粗细等方面,依功能的需要变化十分丰富,看起来朴素大方,有明显的统一感(见图1-3-4)。

图1-3-4　材料与造型的统一

3. 线条的统一

在假山上尤其要注意线条的统一,成功的假山是用一种材料堆成的,它的色调比较统一,外形比较接近,但是互相堆叠在一起,就要注意整体上的线条问题。自然界的石山,表面的纹理相当统一。如云南石林各峰的纵线条十分明显(见图 1-3-5)、人工假山也要遵循这个规律,求得线条的统一。苏州偶园的东园假山全部用黄石堆叠,在横线条的统一上是比较成功的。

图 1-3-5 云南石林石峰的纵线条

4. 园林植物的多样与统一

园林中除了建筑、假山叠石等均要求多样化统一外,花木也要求多样化的统一。例如杭州花港观鱼公园,全园应用了 200 多个树种,因此其多样性不必多言。但是花木一多,就容易杂乱无章,不容易取得协调。但该园在全园的树种上,选用了常绿大乔木广玉兰作为基调,全园分布数量最多,园林的树种布局造成了多样统一的构图。

5. 局部与整体的统一

一块公共园林在城市范围内,无论市区或郊区都不是孤立的。不管这块园林的性质如何,都要当它是一个局部,而与四周结合起来一并进行规划和设计。例如颐和园,如果没有西部的群山环抱和玉泉山的塔影,整个昆明湖的景致将会减色。美国造园家西蒙兹在他的《园林建造》一书中指出,"园林中各局部的视觉协调才能给人以视觉美,各局部的功能协调才能产生功能美"。风景的变化又称多样化,只有在统一的基础上变化才不致凌乱。变化的程度过大就会失去了统一。闻名中外的北京郊区永定河上的卢沟桥,它的石栏杆上刻有变化丰富的各种造型、不同大小的石狮子,首先它的材料统一,高矮统一,柱头上一个大狮子也是统一的,可以变化的范围是大狮子周围小狮子的数量、位置和姿态等,结果匠师们极尽智巧,每个柱头上大小狮子的造型变化无穷,在坚持统一求变化的原则下,创作出十分惊人的艺术作品,受到中外人士的高度评价。

园林中的变化是产生美感的重要途径,通过变化才使园林美具有协调、对比、韵律、节奏、联系、分隔、开朗、封闭等许许多多造型艺术的表现手法,而且都有一些原则和方法。所以说"多样统一"这个原则是其他原则的理论基础,没有变化的园林将如荒漠秃岭,园林艺术则无从谈起。

(二)对比与调和

对比与调和是布局中运用多样与统一的基本规律,创作景物形象的具体表现。对比,是运用两种或多种性状有差异的景物之间的对照,使彼此不同的特色更加明显,提供给观赏者一种新鲜兴奋的景象,给人以生动鲜明的印象,从而增强作品的艺术感染力。空旷的绿茵草坪,由于竖向高耸的密林对比,水平或缓坡的草坪显得更加广阔和爽朗。园林设计中,对比手法主要应用于空间对比、虚实对比、疏密对比、方向对比、大小对比、色彩对比、质感对比、布局对比等。

1. 空间对比

苏州留园出入口的处理,是空间对比的一个佳例(见图1-3-6)。留园的入口既曲折又狭长,且十分封闭,但由于处理得巧妙,充分利用其狭长、曲折、忽明忽暗等特点,应用对比的手法,使其与园内主要空间构成强烈的反差,使游人经过封闭、曲折、狭长的空间后,到达园内中心水池,感到空间的豁然开朗。同时,由于入园门以后,内厅的暗与天井的亮的对比,小院天井与曲廊的明与暗的对比,还有园门后游览路线西→北→西北→西→北→西……不断的方向变化,加上大天井、小曲廊、小天井、小院、内院……之间空间大小的变化,使游人处于明暗对比、方向对比、空间大小对比的变化之中,从而没有沉闷、单调的感觉。相反,通过对比的原理,最终进入主空间时,顿觉留园中心水池的主空间明朗而宽阔。

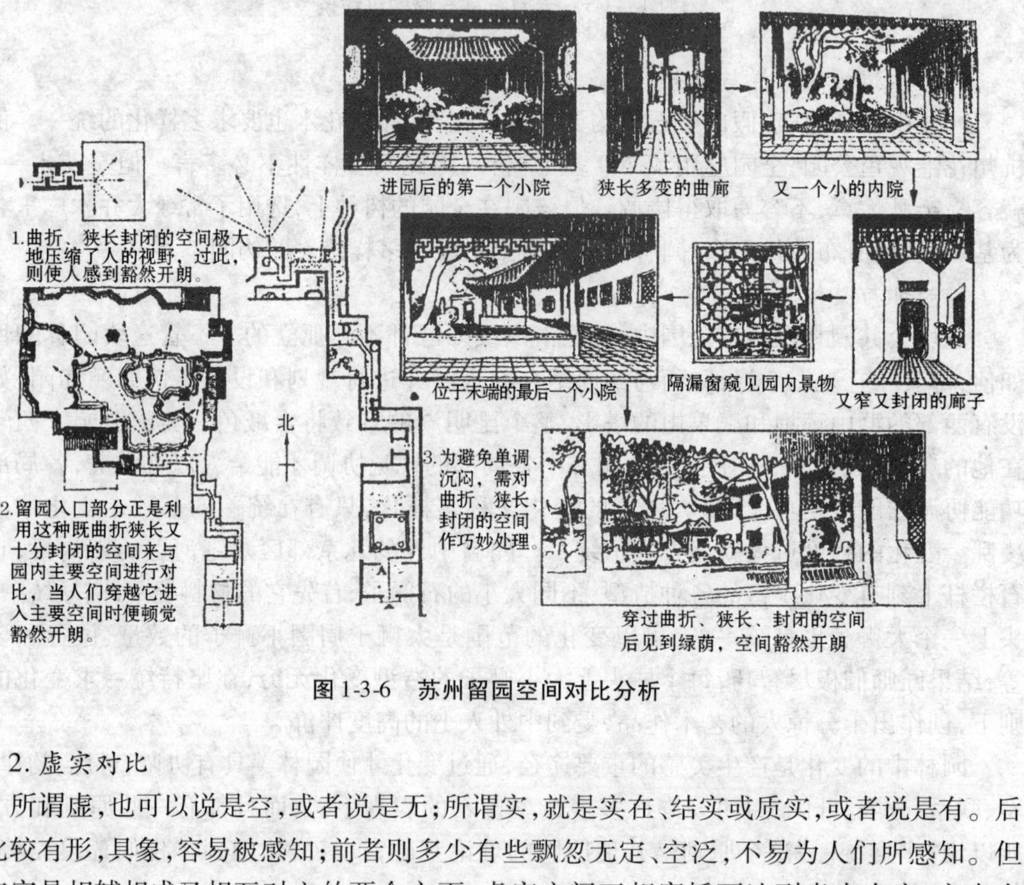

图1-3-6 苏州留园空间对比分析

2. 虚实对比

所谓虚,也可以说是空,或者说是无;所谓实,就是实在、结实或质实,或者说是有。后者比较有形,具象,容易被感知;前者则多少有些飘忽无定、空泛,不易为人们所感知。但虚与实是相辅相成又相互对立的两个方面,虚实之间互相穿插而达到虚中有实、实中有虚,使园林的景观变化万千、玲珑生动。

山与水来讲,山表现为实,水表现为虚,所谓虚实对比,就是通过山与水的关系处理来求得的。通常所说的山环水抱,就意味着虚实两种要素的萦绕与结合。就山本身来讲,其突出的部分如峰、峦为实,而凹入的部分如沟、壑、洞、穴则为虚。为了达到美的要求,这两者也应当有适当的比例与组合关系。例如以瘦、透、漏作为评价山石优劣的标准,虽然乍看起来似乎是只强调了虚的方面,但实际上却是虚实关系的处理。

水中建岛是常见的虚实对比手法。如,杭州西湖堤岛三潭印月(见图1-3-7),从湖面上看,岛的四周绿树成荫,好似水面上浮着一颗实实的绿珠,一旦游人上了堤岛,堤内湖光水色美不胜收;再往前,只见湖水中的岛又产生一幅幅画面倒影,真可谓"湖中有岛,岛中有湖,湖中又有岛","虚中有实,实中有虚,虚中又有实"。杭州西湖三潭印月的园林景观正如《浮生六记》所指出:"园林的妙处不仅在迂回曲折,而且还表现在虚中有实,实中有虚,或藏或露,或深或浅……"

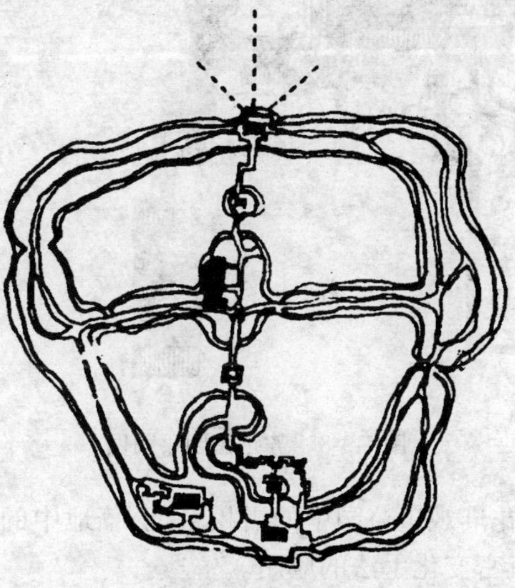

图1-3-7　杭州西湖三潭印月平面图

古典园林中,构成建筑物立面的要素也可以分为虚、实两大类。实的部分主要是墙垣,对于江南园林来讲就是白粉墙,它在立面处理中占有特别重要的地位。虚的部分主要是门窗孔洞以及透空的廊子,它与粉墙之间所构成的虚实对比异常强烈。还有一些要素如隔扇、漏窗,介于两者之间,可看做半虚半实的要素,可起调和与过渡的作用。园林建筑立面的处理常可借以上三种要素的巧妙组合而获得优美动人的效果。

3. 疏密对比

篆刻艺术的布局处理曾讲到,为求得气韵生动,在位置经营上必须有疏有密,而不能平均对待。所谓"疏可走马,密不透风"的提法就是讲究疏密对比的艺术手法。在园林艺术中,这种疏与密的关系突出表现在景点的聚散上,聚处则密,散处便疏。例如苏州留园,其建筑分布很不均匀,疏密对比极其强烈。它的东部以石林小院为中心建筑高度集中,景观内容繁多,步移景异,因而人的心理和情绪必将随之兴奋而紧张,但有些部分的建筑则稀疏、平淡,空间也显得空旷和缺乏变化,人的心情自然恬静而松弛(见图1-3-8)。

疏密对比反映在用水方面,主要表现在集中与分散的关系处理上;疏密对比反映在树木的配置方面则表现在群植、丛植与孤植的关系处理上。密林、疏林、草地,就是疏密对比

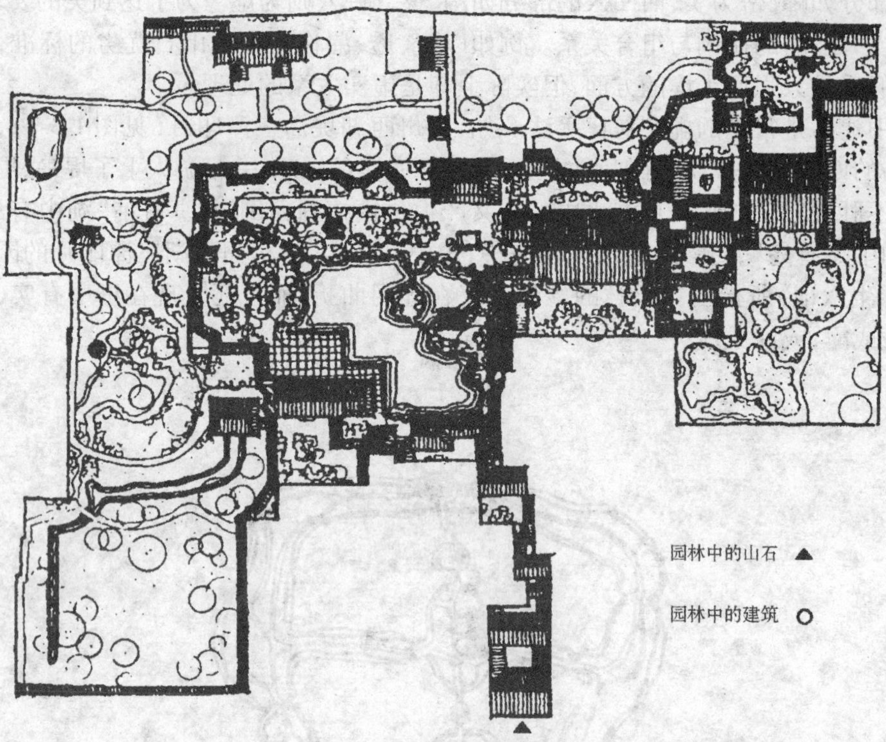

图 1-3-8　苏州留园平面图

手法的具体应用,如杭州花港观鱼公园中的雪松草地,草地中的树丛,树丛中又间留出小的草地,就是疏密对比、疏密变化手法的应用。

4. 方向对比

山势高耸是垂直方向,水面平坦是水平方向,山水结合形成方向的对比。颐和园的长廊和佛香阁(见图 1-3-9),北海的白塔与延楼一横一立(见图 1-3-10),同处一个画面中,更突出了自己的个性。现在园中攒尖亭周围不主张用雪松、龙柏等尖顶状树,以免产生亭尖、树冠争夺高度的弊端。古典园林中常常石竹并存,以立竹配卧石,以卧竹配立石。在方向对比中,往往较高的一方占主要地位,较矮的一方作为陪衬。

图 1-3-9　颐和园的长廊与佛香阁

5. 大小对比

中国园林要在方寸之地、咫尺山林之中,表现多方胜景,不运用以大观小、以小观大的

图 1-3-10　北海的白塔与延楼

对比手法，是很难达到设计意图的。一株亭亭华盖的古树下散点山石数块，愈显得古木参天高大；一座假山基部设置一个体量很小的亭子，亦可显现山势雄伟……例如，苏州残粒园仅 150 m²，虽布置了丰富景观但并不显得拥挤，反显得空间更大一些，原因就在于将景物控制在一个较小的尺度内，即使是园内唯一的构图中心括苍亭也和假山结合在一起，倚立在住宅的山墙上，以半亭的形式出现，布局紧凑，小巧精致。江南私家园林面积常为北方皇家园林的几分之一甚至几十分之一，其园林建筑的尺寸也远小于后者。留园舒啸亭直径仅 1 m 多，为的是在不大的山水空间中烘托自然景物的地位（见图 1-3-11）。

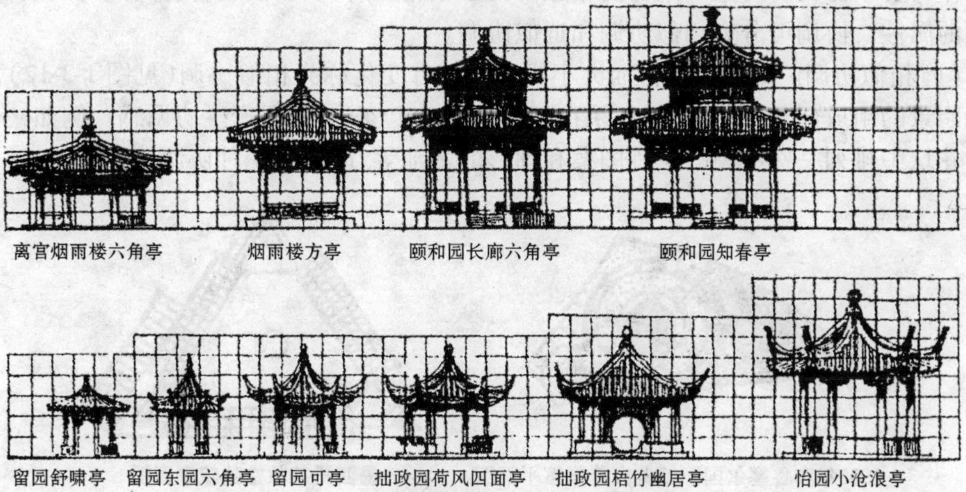

图 1-3-11　留园舒啸亭与其他亭子的大小对比

古典园林水面的处理也是同样如此。例如颐和园和北海两园的水面处理，都是在湖中的一侧设岛，这样就把水面划分为大、小极为悬殊的两个部分，大的部分异常辽阔开朗，小的部分则曲折幽深，两者对比颇为分明。特别是颐和园，由于对比极其分明，遂使后山显得格外幽静，同时反衬出昆明湖的浩瀚无垠。

6. 色彩对比

“万绿丛中一点红”，例如纪念性构筑物、园林雕塑的色彩宜与四周环境或背景的色彩成对比，因为这些景物一般色块较小，对比虽强烈，但也容易调和。互为补色的色相如红和绿、蓝和橙、黄和紫等能产生强烈的对比。例如我国皇家园林的红色宫墙和绿色树木的对比往往给人以鲜明印象。在我国一般只有皇家宫苑才能使用纯黄琉璃瓦，它和红色的墙面在蓝天的映衬下格外醒目。这便是红、黄、蓝成功搭配的一例。常绿树前的白色大理石雕像，无论色彩或质地都是恰当的对比，使主题十分突出。以常绿树为背景衬托花灌木，体形色彩均能产生对比，效果很好。

7. 质感对比

磨砖对缝的厅堂和乱石砌筑的山居，在游客未能环顾其周围环境时本身就已提供了足够的信息。颐和园乐寿堂西北面的“扬仁风”，位于华丽的建筑庭园和山林的交界点上，靠近乐寿堂的西墙面采用细磨过的青砖，与东面的虎皮石墙隐含出各自背景特点，“扬仁风”和两侧围墙的上半部均是白色粉墙，使其在对比之中略有调和之意。

华美的大理石路面如果和天然质朴的山石在一起出现就会缺乏统一感。质地细、尺寸小的景物有“退缩感”，看上去如同在远处，将其布置在远端可以使空间显得更大。精心修剪过的草坪、苔藓，质地细密的大理石等也可产生平面扩张的感受。

8. 布局对比

协调的意思是指事物和现象的各方面相互之间的联系与配合达到完美的境界和多样化中的统一。在园林中协调的表现是多方面的，如体形、色彩、线条、比例、虚实、明暗等，都可作为要求协调的对象。景物的相互协调必须相互有关联，而且含有共同的因素，甚至相同的属性。协调可分为相似协调和近似协调。

(1)相似协调。如形状相似而大小或排列上有变化称为相似协调(见图 1-3-12)。当一个园景的组成部分重复出现，如果在相似的基础上变化，即可产生协调感。例如一个大圆的花坛中排列一些小圆的花卉图案和圆形的水池等，即产生一种协调感。

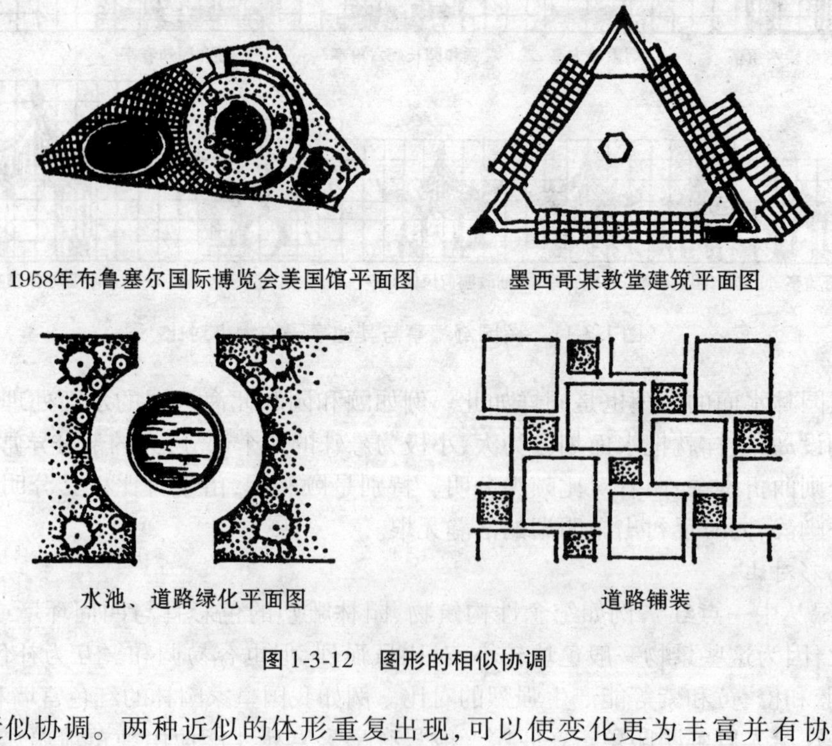

1958年布鲁塞尔国际博览会美国馆平面图　墨西哥某教堂建筑平面图

水池、道路绿化平面图　道路铺装

图 1-3-12　图形的相似协调

(2)近似协调。两种近似的体形重复出现，可以使变化更为丰富并有协调感(见

图 1-3-13),如方形与长方形的变化、圆形与椭圆形的变化都是近似协调。以上两种比较起来,后者更为常用而且富于变化。自然式的园林中蕴藏着许多美景,如果细加分析,其中有许许多多近似的协调。植物体叶片之间大同小异,本身就是一个近似协调的整体;枝条的开张度和匀称的分布形成整个树冠的体形轮廓,它与附近的同种树木又形成近似的协调。

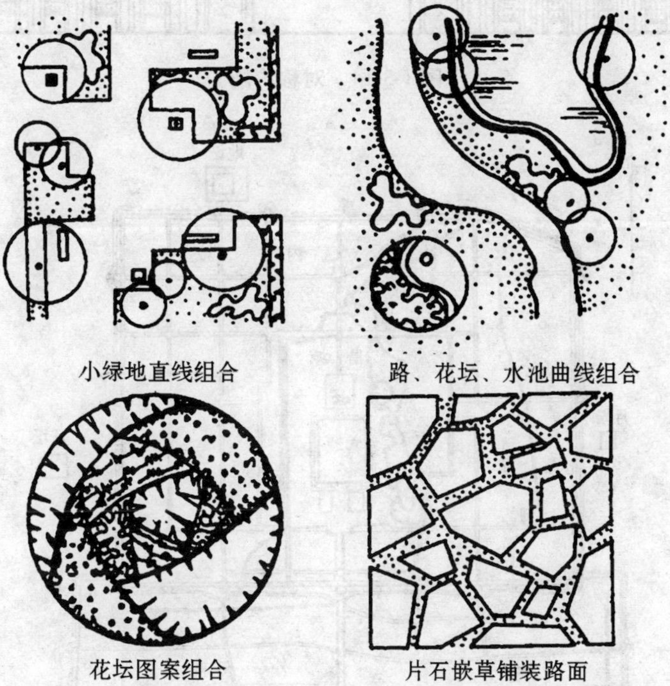

图 1-3-13　近似的协调

(三)均衡与稳定

在园林布局中均衡可以分为对称均衡、不对称均衡和质感均衡,一般在主轴线两边以相等距离、体量、形态组成均衡称为对称均衡,不对称均衡是主轴不在中线上,两边的景物在形体、大小、与主轴的距离都不相等,但景物又处于动态的均衡中。

1. 对称均衡

西方造园,尤其是古典造园中,园林艺术与其他各类建筑所遵循的都是一个原则。因而,西方古典园林讲究明确的中轴、对称的构图,形成了图案式的园林格局(见图 1-3-14)。

中国传统的审美趣味虽然不像西方那样一味地追求几何美,但在对待城市和处理宫殿、寺院等建筑的布局方面,却也十分喜爱用轴线引导和左右对称的方法而求得整体的统一性。例如明清北京故宫,它的主体部分不仅采取严格对称的方法来排列建筑,而且中轴线异常突出(见图 1-3-15)。这种轴线除贯穿于紫禁城内,还一直延伸到城市的南北两端,总长约 7.8 km,气势之雄伟实为古今所罕见。

2. 不对称均衡

不对称的构图可以使园林显得多样化和无限生动,使单纯变得复杂,或是产生空白的

图 1-3-14　对称均衡

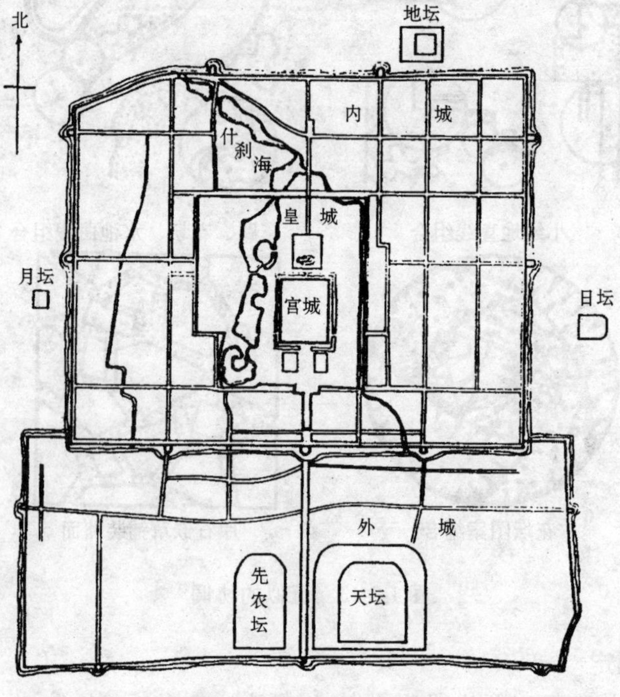

图 1-3-15　明清北京城

构图而耐人寻味等。人们早期在追求对称均衡的同时也注意到了一些不对称却也能保持平衡的现象。在自然景观中，山峦的起伏、河流的曲折、植物的群落、云霞的飘移，都绝少构成天然对称和几何规整的形式，但它们都统一在大自然的美妙韵律当中，具有内在的和谐。因此，自然景观的非对称画面，能够深深地拨动人们的心弦(见图 1-3-16)。

3. 质感均衡

苏州园林中主体建筑和堆山、小亭常常各踞一端，隔湖相望，大而虚的山林空间和较为密实的建筑空间分量基本相等。在重量感觉上一般认为建筑、石山分量大于土山、树木。同一要素内部给人的印象也是有区别的，如大小相近时，石塔重于木阁，松柏重于杨柳，实体重于透空材料，色彩深的重于浅的，粗糙重于细腻……例如一块顽石可以平衡一个树丛，体形上的差异虽大，但从质感上却使人觉得平衡，因为人们经验上都熟悉石头重于树木，本来二者是不平衡的，但是经过园林艺术家的权衡之后，石头不多放，树木成丛种

图 1-3-16　不对称均衡

植，结果感觉上就均衡、和谐了。

4. 稳定

所谓稳定，是指园林景物的整体或局部上下所呈现的轻重关系构图。我国古典园林中的高层建筑物如颐和园的佛香阁、西安的大雁塔等都是通过下大上小来体现稳定。除此以外还可以通过材料、质地、色彩等方面来体现稳定感。

(四)比例与尺度

园林中所谓"比例"是指园林中的景物在体形上具有适当美好的关系，其中既有景物本身各部分之间长、宽、高的比例关系，又有景物与景物、景物与整体之间的比例关系，这两种关系并不一定用数字来表示，而是属于人们感觉上、经验上的审美概念。在园林空间中具有和谐的比例关系，是园林美必不可少的重要特征，它对园林的形式美具有决定性的作用。

园林中的尺度，指园林空间中各组成部分具有一定自然尺度的物体的比较。功能、审美和环境特点决定园林设计的尺度。园林是供人休憩、游乐、赏景的现实空间，所以要求尺度能满足人的需要，令游人感到舒适、方便，这种尺度可称为适用尺度。如踏步一般高为 15 cm，栏杆为 80 cm，坐凳为 40 cm，月洞门为 2 m，儿童坐凳为 30 cm 等，都是按一般人体的常规尺寸确定的尺度。另外一种是夸张尺度，园林里经常用到。夸张尺度往往是将景物放大或缩小，以达到造园意图或造景效果的需要。体量较大的景物与较小的景物相并列，便会使较大景物的尺寸显得更大。设计比人的习惯稍大些的景物单元，常常产生壮观和崇高的感觉。这种尺度形式往往被运用于一些为宗教或政治服务的建筑或园林中。在园林中，如果景物超越人们习惯的尺度，可使人感到雄伟而壮观；如果景物尺度与习惯见到的相似或一致，可使人感到亲切；如果景物尺度与一般习惯要求较小，则会使人感到小巧紧凑。

(五)节奏与韵律

节奏与韵律指园林景物出现有规律的重复。园林的韵律是多种多样的，可分为简单韵律、交替韵律、渐变韵律和交错韵律等处理方法(见图 1-3-17)。

1. 简单韵律

简单韵律指一种组成部分的连续使用和重复出现的有组织排列所产生的韵律感。例

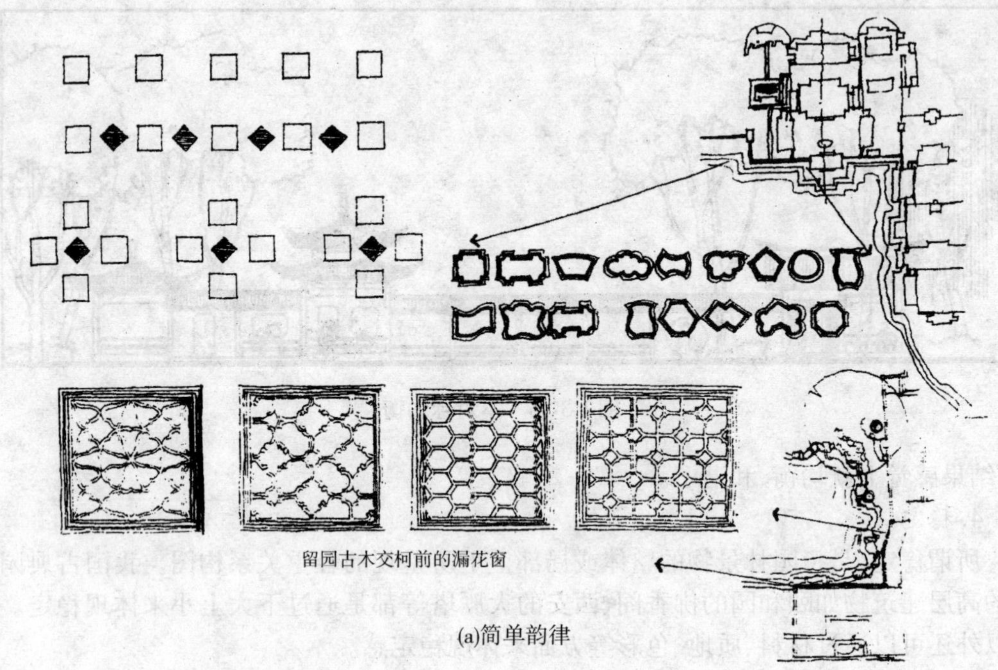

(a)简单韵律

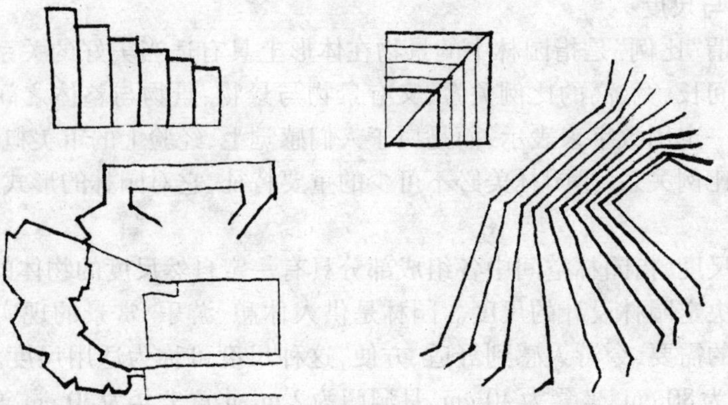

(b)渐变韵律

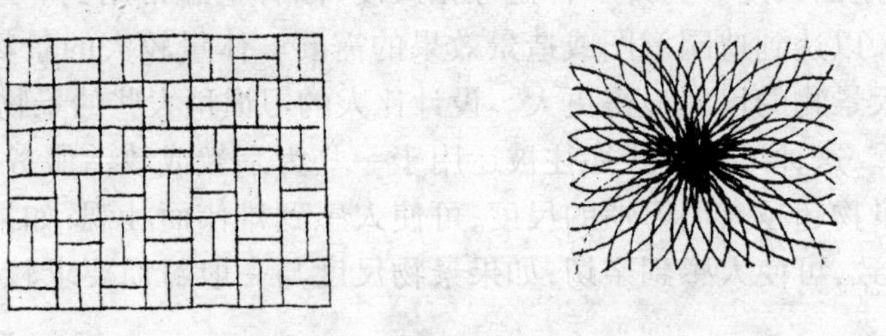

(c)交错韵律

图 1-3-17　韵律的形式

如，路旁的行道树用一种树木等距离排列便可形成连续韵律。栏杆、长廊也是连续韵律。颐和园乐寿堂粉墙上形形色色的景窗，距离相等，体量相似，但图案不同，方形、五角形、六边形、圆形、宝瓶状、书卷状……每个图案都不重复，虽然图案没有一个重样，但总的感觉多而不乱，多样统一于连续韵律的构图之中。

2. 交替韵律

交替韵律是运用各种造型因素作有规律的纵横交错、相互穿插等手法，形成丰富的韵律感。仍以行道树为例，上述的简单韵律比较单调，如果两种树木，尤其是一种乔木及一种花灌木（如悬铃木和海桐）相间排列，便构成"交替韵律"，这显然要活泼丰富得多。"苏堤春晓"景中"株杨柳间株桃"就是因此脍炙人口的。

3. 渐变韵律

渐变韵律是某些造园要素在体量大小、高矮宽窄、色彩浓淡等方面作有规律的增减，以造成统一和谐的韵律感。例如，我国古式桥梁中的卢沟桥，桥孔跨径就是按渐变韵律设计的。颐和园十七孔桥的桥孔，从中间往两边逐渐由大变小，形成递减趋势。中国传统的塔式建筑，如西安的大雁塔、小雁塔，杭州的六合塔等和十七孔桥的原理是一样的，是渐变韵律的具体应用。再如植物中的七叶树，其掌状复叶的七枚小叶就是由相同形状的重复和从小到大又从大到小的有规律的渐变相结合而形成的。中国木结构房屋的开间一般是中间最大，向旁边依次减小一定长度，从一端看来是小—中—大—中—小的韵律。西方卷草纹式柱头和模纹花坛也是同样的做法。

4. 交错韵律

交错韵律是利用特定要素的穿插而产生的韵律感。例如中国传统的铺装道路，常用几种材料铺成四方连续的图案，形成交错韵律。人们可一边步游，一边享受这种道路铺装的韵律。传统建筑的木棂窗就是利用水平和垂直的木条纵横交织形成韵律感。有时韵律感是在人的安排下随机产生的，园林中的冰裂纹就是因不规则的交错纹理而引人注目，广泛用在窗、地纹样的布置上。园林中窗格式样极为复杂，便是自古以来人们追求的韵律感的例证之一。无论是木构架的天花藻井，还是石砌的拱券扶壁，结构构件在满足使用功能的同时，也以完美的韵律感成为审美的对象。

当然，园林中的韵律感不仅仅归纳的这几种形式，山峦的起伏、道路的曲折、季相的交替、植物的修剪、花坛的色彩和图案、曲廊的回折、栏杆的花纹、斗拱、屋檐的重复……乃至空间的组合、整体的布局，都有着十分复杂而又活泼多样的韵律，往往给人们带来一种鲜明、生动、富有活力的美感。

第三节　园林空间艺术

园林空间布局，即在园林选址、构思（立意）的基础上，设计者在孕育园林作品过程中所进行的思维活动。主要包括选取、提炼题材，酝酿、确定主景和配景，功能分区，景点、游赏路线分布，探索所采用的园林形式。

立意，即主题思想的确定。主题思想通过园林艺术形象来表达，主题思想是园林创作的主体和核心。立意和布局，其关系实质就是园林的内容与形式。只有内容与形式高度统一，形式充分地表达内容，表达园林主题思想，才能达到园林创作的最高境界。

园林的内容是其内在诸要素的总和，园林的形式是其内容存在的方式，内容与形式之间是矛盾的统一体。没有无形式的内容，也没有无内容的形式。园林的内容决定其形式，园林的形式依赖于内容，表达主题。

内容和形式的关系又是相对的，作为一定内容的园林形式，可以成为另一种园林形式的内容。有时，由于内容发展的需要，必须及时破除旧的园林形式，创立新的园林形式。

一、园林空间布局的基本形式

园林布置形式的产生和形成，是与世界各民族、国家的文化传统、地理条件等综合因素的作用分不开的。可以把园林的形式分为三类：自然式、规则式和混合式。

(一)自然式园林

自然式园林又称风景式、不规则式、山水派园林(见图 1-3-18)。

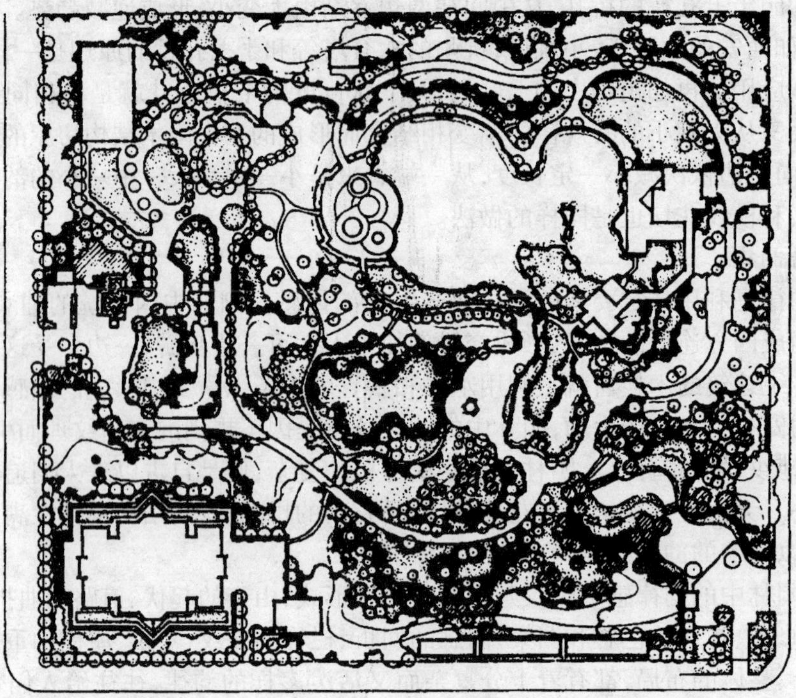

图 1-3-18　自然式园林(北京丽都公园平面图)

颐和园、承德避暑山庄、圆明园、苏州的拙政园、网师园等都是自然山水园的代表作品。

自然式园林的主要特征如下。

1. 地形

自然式园林的创作讲究"相地合宜，构园得体"。主要处理地形的手法是"就低挖池，就势造山"，做到因地制宜。自然式园林的主要特征是"自成天然之趣"，所以，在园林中，要求再现自然界的山峰、山巅、崖、岗、岭、峡、岬、谷、坞、坪、洞、穴等地貌景观。在平原，要求自然起伏、和缓的微观地形。地形的剖面为自然曲线。

2. 水体

园林水景的主要类型有湖、池、潭、沼、汀、泊、溪、涧、洲、渚、港、湾、瀑布、跌水等。总之,水体要再现自然水景。水体的轮廓为自然曲折,水岸为自然曲线的倾斜坡度,驳岸主要用自然山石驳岸、石矶等形式。在建筑附近或根据造景需要也部分用条石砌成直线或折线驳岸。

3. 种植

自然式园林种植要求反映自然界植物群落之美,不成行成列栽植。树木不修剪,配置以孤植、丛植、群植、密林为主要形式。花卉的布置以花丛、花群为主要形式。庭院内也有花台的应用。

4. 建筑

单体建筑多为对称或不对称的均衡布局;建筑群或大规模建筑组群,多采用不对称均衡的布局。全园不以轴线控制,但局部仍有轴线的处理。中国自然山水园的建筑类型有亭、廊、榭、舫、楼、阁、轩、馆、台、塔、厅、堂、桥等。

5. 广场与道路

除建筑前广场为规则式外,园林中的空旷地和广场的外轮廓为自然式的。道路的走向、布列多随地形,道路的平面和剖面多由自然起伏曲折的平曲线和竖曲线组成。

6. 园林小品

园林小品包括假山、石品、盆景、石刻、砖雕、木刻等。

(二)规则式园林

规则式园林又可以称为“几何式”、“整形式”、“对称式”和“建筑式”园林(见图1-3-19)。其中以文艺复兴时期意大利台地园和19世纪法国勒诺特平面几何图案式园林为代表。这类规则式园林有以下主要特征。

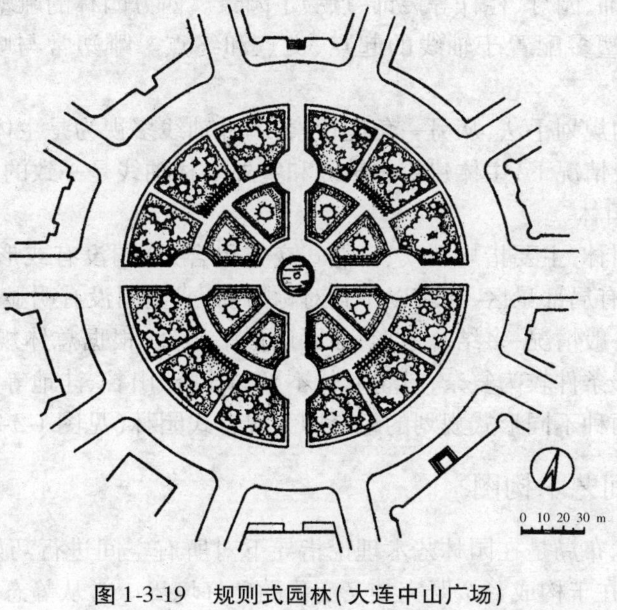

图1-3-19　规则式园林(大连中山广场)

1. 中轴线

全园在平面规划上有明显的中轴线，并大抵依中轴线的左右前后对称或拟对称布置，园地的划分大都成为几何形体。

2. 地形

在开阔较平坦地段，由不同高程的水平面及缓倾斜的平面组成；在山地及丘陵地段，由阶梯式的大小不同水平台地倾斜平面及石级组成，其剖面均为直线所组成。

3. 水体

其外轮廓均为几何形，主要是圆形和长方形，水体的驳岸多整形、垂直，有时加以雕塑；水景的类型有整形水池、喷泉、壁泉及水渠运河等。

4. 广场与道路

广场多呈规则对称的几何形，主轴和副轴线上的广场形成主次分明的系统；道路均为直线形、折线形或几何曲线形。广场与道路构成方格形式、环状放射形、中轴对称或不对称的几何布局。

5. 建筑

主体建筑组群和单体建筑多采用中轴对称均衡设计，多以主体建筑群和次要建筑群形成与广场、道路相组合的主轴、副轴系统，形成控制全园的总格局。

6. 种植设计

配合中轴对称的总格局，全园树木配置以等距离行列式、对称式为主，树木修剪整形多模拟建筑形体、动物造型，绿篱、绿墙、绿门、绿柱为规则式园林较突出的特点。园内常运用大量的绿篱、绿墙和丛林划分和组织空间，花卉布置常为以图案为主要内容的花坛和花带，有时布置成大规模的花坛群。

7. 园林小品

园林雕塑、瓶饰、园灯、栏杆等装饰、点缀了园景。西方园林的雕塑主要以人物雕塑布置于室外，并且雕塑多配置于轴线的起点、交点和终点。雕塑常与喷泉、水池构成水景主景。

规则式园林的规划手法，从另一角度探索，园林轴线多视为是主体建筑室内中轴线向室外的延伸。一般情况下，主体建筑主轴线和室外园林轴线是一致的。

（三）混合式园林

所谓混合式园林，主要指规则式、自然式交错组合，全园没有或形不成控制全园的中轴线和副轴线，只有局部景区、建筑以中轴对称布局，或全园没有明显的自然山水骨架，形不成自然格局。一般情况，多结合地形，在原地形平坦处，根据总体规划需要安排规则式的布局。在原地形条件较为复杂，具备起伏不平的丘陵、山谷、洼地等，结合地形规划成自然式。类似上述两种不同形式规划的组合即为混合式园林（见图 1-3-20）。

二、园林空间艺术构图

园林空间艺术布局是在园林艺术理论指导下对所有空间进行巧妙、合理、协调、系统安排的艺术，目的在于构成一个既完整又变化的美好境界。常从静态、动态两方面进行空间艺术布局（构图）。

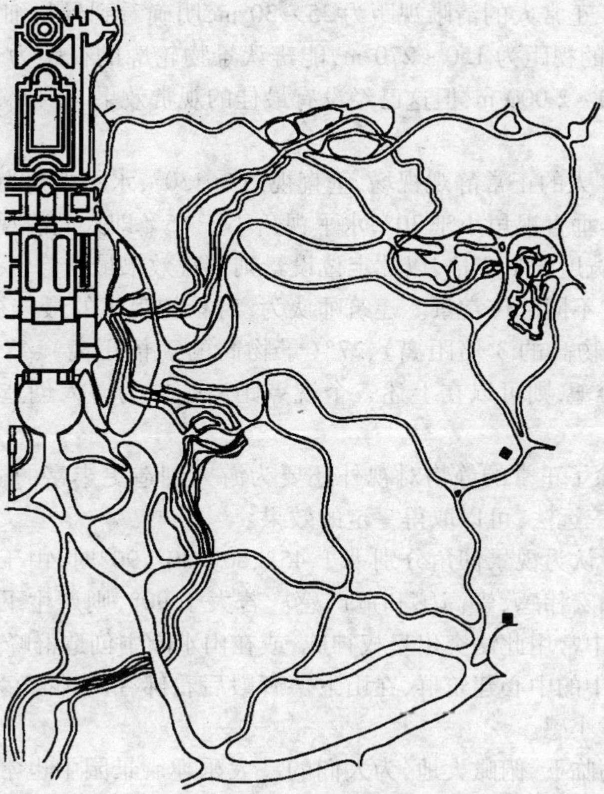

图 1-3-20　混合式园林(巴黎钢琴曲园平面示意图)

(一)静态空间艺术构图

静态空间艺术是指相对固定空间范围内的审美感受,静态风景是指游人在相对固定空间内所感受到的景观。

1. 风景界面与空间感

局部空间与大环境的交接面就是风景界面。风景界面是由天地及四周景物构成的。以平地(或水面)和天空构成的空间,有旷达感,所谓心旷神怡。以峭壁或高树夹峙,其高宽比为6∶1～8∶1的空间有峡谷或夹景感。由六面山石围合的空间,则有洞府感。以树丛和草坪构成的比例≥1∶3的空间,有明亮亲切感。以大片高乔木和低矮地被组成的空间,给人以荫浓景深的感觉;一个山环水绕、泉瀑直下的围合空间则给人清凉世界之感。一组山环树抱、庙宇林立的复合空间,给人以人间仙境的神秘感;一处四面环山、中部低凹的山林空间,给人以深奥幽静感;以烟云水域为主体的洲岛空间,给人以仙山琼阁的联想。还有,中国古典景园的咫尺山林,给人以小中见大的空间感;大环境中的园中园,给人以大中见小(巧)的感受。

由此可见,巧妙地利用不同的风景界面组成关系,进行景园空间造景,将给人们带来静态空间的多种艺术魅力。

2. 静态空间的视觉规律

利用人的视觉规律,可以创造出预想的艺术效果。

(1)最宜视距。正常人的清晰视距为25～30 m,明确看到景物细部的视野为30～50 m,能识别景物类型的视距为150～270 m,能辨认景物轮廓的视距为500 m,能明确发现物体的视距为1 200～2 000 m,但这已经没有最佳的观赏效果。因此,不同的景物应有不同的视距。

(2)最佳视域。人的正常静观视场,垂直视角为130°,水平视角为160°。但按照人的视网膜鉴别率,最佳垂直视角小于30°,水平视角小于45°,即人们静观景物的最佳视距为景物高度的2倍或宽度的1.2倍,以此定位设景则景观效果最佳。但是,即使在静态空间内,也要允许游人在不同部位赏景。建筑师认为,对景物观赏的最佳视点有三个位置,即垂直视角为18°(景物高的3倍距离)、27°(景物高的2倍距离)、45°(景物高的1倍距离)。如果是纪念雕塑,则可以在上述三个视点距离位置为游人创造较开阔平坦的休息欣赏场地。

(3)远视景。除了正常的静物对视外还要为游人创造更丰富的视景条件,以满足游赏需要。借鉴画论三远法,可以取得一定的效果。

仰视高远:一般认为视景仰角分别大于45°、60°、80°、90°时,由于视线的不同消失程度可以产生高大感、宏伟感、崇高感和危严感。若大于90°,则产生下压的危机感。中国皇家宫苑和宗教园中常用此法突出皇权神威,或在山水园中创造群峰万壑、小中见大的意境。如北京颐和园中的中心建筑群,在山下德辉殿后看佛香阁,仰角为62°,产生宏伟感,同时,也产生自我渺小感。

俯视深远:居高临下,俯瞰大地,为人们的一大乐趣。景园中也常利用地形或人工造景,创造制高点以供人俯视。一般俯视角<45°、<30°、<10°时,则分别产生深远、深渊、凌空感。当<0°时,则产生欲坠危机感。登泰山而一览众山小,居天都而有升仙神游之感,也产生人定胜天感。

中视平远:以视平线为中心的30°夹角视场,可向远方平视。利用创造平视观景的机会,将给人以广阔宁静的感受、坦荡开朗的胸怀。因此,景园中常要创造宽阔的水面、平缓的草坪、开敞的视野和远望的条件,这就把天边的水色云光、远方的山廓塔影借来身边,一饱眼福。

远视景都能产生良好的借景效果,根据"佳则收之,俗则屏之"的原则,对远景的观赏应有选择,但这往往没有近景那么严格,因为远景给人的是抽象概括的朦胧美,而近景才给人以具象细微的质地美。

(二)动态空间艺术布局

园林对于游人来说是一个流动空间,一方面表现为自然风景的时空转换,另一方面表现在游人步移景异的过程中。不同的空间类型组成有机整体,并对游人构成丰富的连续景观,就是园林景观的动态序列。

景观序列的形成要运用各种艺术手法,例如风景景观序列的主调、基调、配调和转调。风景序列是由多种风景要素有机组合,逐步展现出来的,在统一基础上求变化,又在变化之中见统一,这是创造风景序列的重要手法。以植物景观要素为例,作为整体背景或底色的树林可谓基调,作为某序列前景和主景的树种为主调,配合主景的植物为配调,处于空间序列转折区段的过渡树种为转调,过渡到新的空间序列区段时,又可能出现新的基调、主调和配调，如此逐渐展开就形成了风景序列的调子变化，从而产生不断变化的观赏效果（见图1-3-21）。

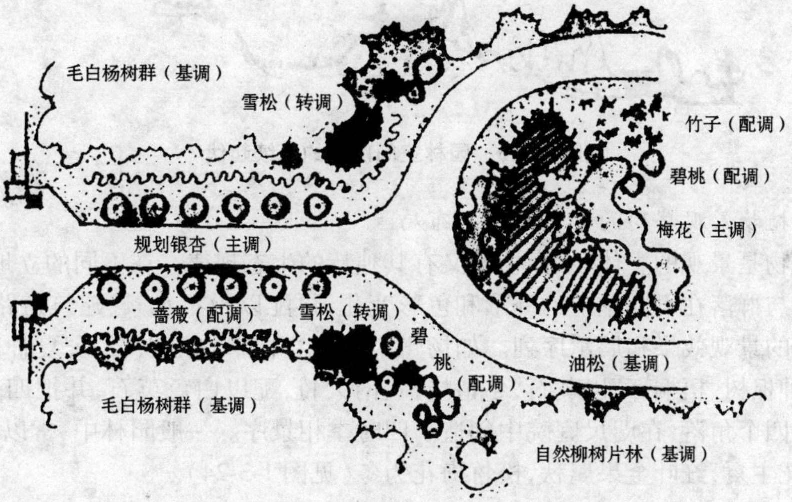

图1-3-21 某公园入口区绿化基调、主调、配调、转调示意

1. 风景序列的起结开合

作为风景序列的构成，可以是地形起伏，水系环绕，也可以是植物群落或建筑空间，无论是单一的还是复合的，总应有头有尾，有放有收，这也是创造风景序列常用的手法。以水体为例，水之来源为起，水之去脉为结，水面扩大或分支为开，水之溪流又为合。例如北京颐和园的后湖，承德避暑山庄的分合水系，杭州西湖的聚散水面等（见图1-3-22）。

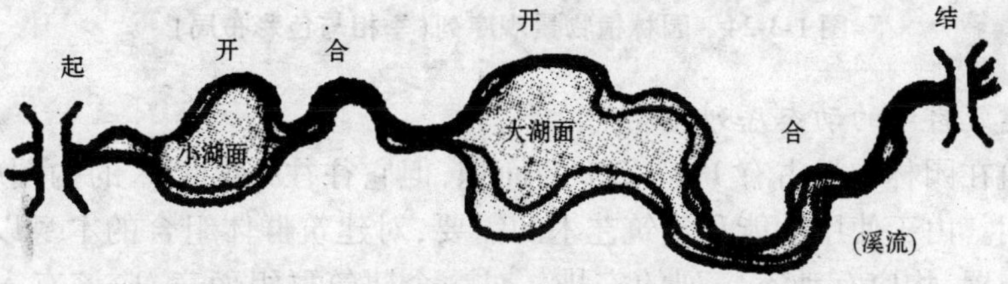

图1-3-22 园林中水体空间的开合变化

2. 风景序列的断续起伏

这是利用地形地势变化而创造风景序列的手法之一，多用于风景区或郊野公园。一般风景区山水起伏，游程较远，我们将多种景区景点拉开距离，分区段设置，在游步道的引导下，景序断续发展，游程起伏高下，从而取得引人入胜、渐入佳境的效果。例如泰山风景区从山门开始，路经斗母宫、柏洞、回马岭来到中天门就是第一阶段的断续起伏序列；从中天门经快活三里、步云桥、对松亭、异仙坊、十八盘到南天门是第二阶段的断续起伏序列；又经过天街、碧霞祠，直达玉皇顶，再去后石坞等，这是第三阶段的断续起伏序列（见图1-3-23）。

图 1-3-23　园林空间序列的断续起伏

3. 园林植物景观序列的季相与色彩布局

园林植物是景观的主体,然而植物又有其独特的生态规律。在不同的立地条件下,利用植物个体与群落在不同季节的外形和色彩变化,再配以山石水景、建筑道路等,必将出现绚丽多姿的景观效果和展示序列。如扬州个园内春植翠竹配以石笋,夏种广玉兰配以太湖石,秋种枫树、梧桐,配以黄石,冬植蜡梅、南天竹,配以白色英石,并把四景分别布置在游览线的四个角落,在咫尺庭院中创造了四时季相景序。一般园林中,常以桃红柳绿表春,浓荫白花主夏,红叶金果属秋,松竹梅花为冬(见图 1-3-24)。

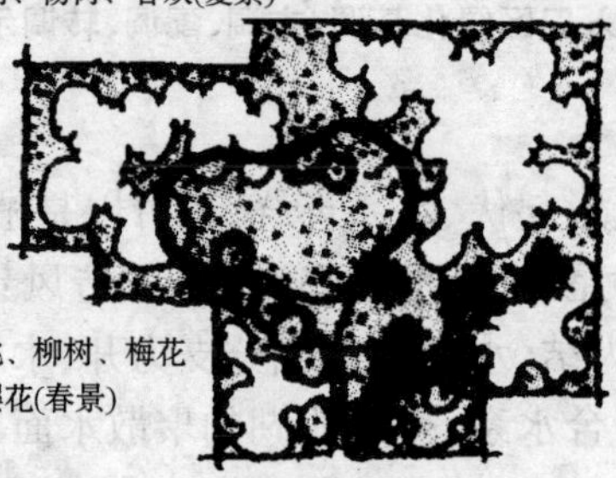

图 1-3-24　园林植物景观序列(季相与色彩布局)

4. 园林建筑群组的动态序列布局

园林建筑在园林中只占有 1% ~2% 的面积,但它往往是某园区的构图中心,起到画龙点睛的作用。由于使用功能和建筑艺术的需要,对建筑群体组合的本身以及对整个园林中的建筑布置,均应有动态序列的安排。对一个建筑群组而言,应该有入口、门庭、过道、次要建筑、主体建筑的序列安排。对整个园林而言,从大门入口区到次要景区,最后到主景区,都有必要将不同功能的景区,有计划地排列在景区序列轴线上,形成一个既有统一展示层次,又有多样变化的组合形式,以达到应用与造景之间的完美统一。

第四节　景与造景艺术手法

一、景的形成

(一)景的含义

我国园林中,常有"景"的提法,如燕京八景、西湖十景、关中八景、圆明园四十景、避暑山庄七十二景等。所谓"景"即风景、景致,是指在园林绿地中,自然的或经人为创造加工的、以能引起人的美感为特征的空间环境。这些环境,不论是天然存在的还是人工创造的,多是由于人们按照此景的特征命名、题名、传播,而使景色本身具有更深刻的表现力和强烈的感染力而闻名于天下。景根据形成可分为自然景观、人工景观、综合景观;根据景观特征可分为以建筑为主体的景观、以山水为主体的景观、以声音为主体的景观、以香味为主体的景观、以植物为主体的景观、以气象要素为主体的景观等。泰山日出、黄山云海、桂林山水、庐山仙人洞等是自然的景。江南古典园林,使一峰有太华千寻,一勺有江湖万里之意,以及北方的皇家园林都是人工创造的景。

(二)景的感受

景是通过人的眼、耳、鼻、舌、身这五个功能器官而感受的,而大多数的景主要是在视觉方面的欣赏,这就是所谓的观景。如北京香山的红叶、杭州西湖的花港观鱼等。但在园林中也有许多景必须通过耳听、鼻闻、试味以及身体活动才能感受到。广州的兰圃,每当兰花盛开的季节,馨香满园。杭州闻名中外的"虎跑泉水龙井茶"必须通过试味品茶才能真正地感受到。而西安的华清池和青岛的海滨浴场,都得泳浴其间才能领略。但景的感受往往不是单一的,而是随着景色的不同,侧重一至几种感官为主,如鸟语花香、月色江声、北海泛舟等均为多种感官的景色意境。

不同的景引起不同的感受,即所谓触景生情。杭州的平湖秋月,给人平静深远的感受。广州起义烈士陵园的陵墓,给人以庄严肃穆的感受。哈尔滨的滨江绿带配以卡通式的小建筑,面对太阳岛,濒临松花江,给人以轻快活泼的感受。黄山有嶙峋之感,华山有险峻之感,庐山有朦胧之感,桂林山水有秀丽之感,张家界则有神奇之感。所以不同的景,必然有不同的感受,尤其景的特色显著者,其不同的感受就更强烈。

同一景色也可能有不同的感受,这是因为景的感受是随着人的职业、年龄、性别、文化程度、社会经历和当时情绪的不同而有差异的,但只要我们把握其中的"共性",就可驾驭见景生情的关键。

所以,园林中的景,是客观存在的供游憩的空间环境,它可通过人的器官感受到,它要求可观、可用、可游,而对景的感觉则受到环境条件、文化历史过程,以及内在情绪影响,特别是具有诗情画意的中国园林,情的影响则更为深远。

二、景的观赏

景可供游览观赏,但不同的游览观赏方法会产生不同的景观效果,给人以不同的景的感受。

(一)动态观赏与静态观赏

景的观赏可有动静之分,动态观赏就是游,静态观赏主要是憩,游而无憩使人筋疲力尽,憩而不游又失去游览意义。因此,在实际情况中,往往是动静结合。在园林绿地规划时,常在动的游览路线下,分别而有系统地布置各种景观。在某些景点,游人在停歇之地,对四周景物可进行细致观赏。所以,动态观赏,其视点与景物产生相对位移,如看风景片立体电影,一景一景地不断向后移去,成为一种动态的连续构图。动态观赏可采用步行或乘车、乘船以及索道缆车等。不同赏景方式观景效果不同。乘车的速度快,视野较窄,多注意景观的体量、轮廓和天际线。而乘船视野较开阔,视线的选择较自由,效果较乘车为好。而缓步漫游,既能注意前方,又能左顾右盼,视线选择更为自由。静态观赏,其视点与景物位置不变,如看一幅立体风景画,整个画面是一幅静态构图,主景、配景、背景、前景、空间组织、构图的平衡轻重固定不变,所以静态观赏也正是摄影和画家写生的地方。静态观赏除主要方向的主要景物外,还要考虑其他方向,各有所宜。

实际上观赏任何一个园林,动和静的欣赏不能完全分开,常是动中有静,静中有动,主要由游人各自选择。

(二)观赏点与景物的视距

无论动、静观赏,游人所在的位置称为观赏点或视点,观赏点与被观赏景物之间的距离,称为观赏视距。观赏视距适当与否与观赏的艺术效果关系很大。

人的视力各有不同,正常人的视力,明视距离为 25 cm,4 km 以外的景物就不易看到。在大于 500 m 时,对景物存在有模糊的形象,要看清景物的轮廓时,则距离要缩短到 250 ~ 270 m。如要看清树木、建筑的细部线条,则要在几十米内。在视域方面静止时能看到总视场垂直方向约 130°,水平方向约为 160°。超过以上视域则要转动头部进行观察,这时景物的整体构图印象不够完整,需要转动头部,这种观赏容易引起疲劳。因此,产生了"合适视距"的概念,常用下列公式计算(见图 1-3-25、图 1-3-26)。

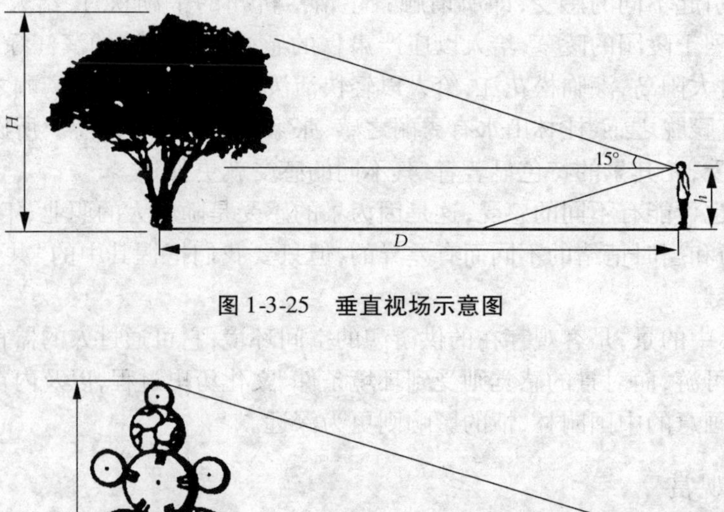

图 1-3-25　垂直视场示意图

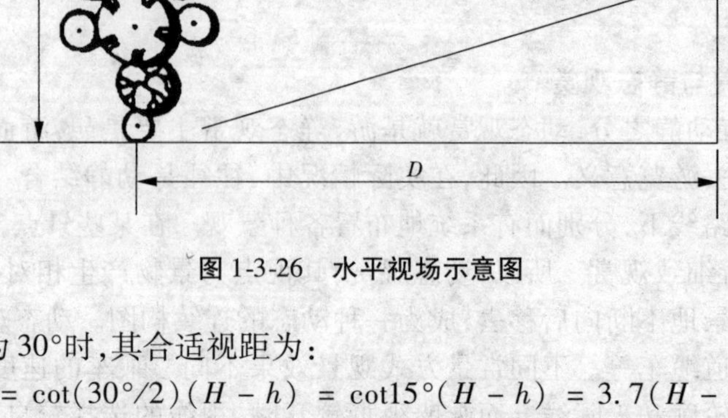

图 1-3-26　水平视场示意图

当垂直视域为 30°时,其合适视距为:

$$D = \cot(30°/2)(H - h) = \cot15°(H - h) = 3.7(H - h)$$

式中　H——景物高；

　　　h——人眼高。

粗略估计，大型景物的合适视距约为景物高度的 3.5 倍；小型景物，则视距为景物高的 3 倍。

当水平视域约为 45°时，其合适视距为：

$$D = \cot(45°/2) \times b/2 = \cot 22°30' \times b/2 = 1.2b$$

式中　b——景物宽度。

所以水平景物合适视距为景物宽度的 1.2 倍，当景物的高度大于宽度时，依垂直视距来考虑；当景物的宽度大于高度时，依据宽度和高度综合考虑。北京颐和园的谐趣园中，由饮绿亭展望涵远堂，仰角为 13°，垂直视域为 26°，有良好的观赏效果，是经过精心安排的。关于纪念碑的观赏，垂直视角如分别按 18°、27°、45°处理，则视距分别为纪念碑高度的 3 倍、2 倍和 1 倍。18°仰角观赏时，碑身和周围环境能同时看到，27°时主要观察碑的整个体形，45°时则只能观察碑的局部和细部。园林建筑也是如此，应分别在建筑高度的 1、2、3、4 倍等处，按需要留出空场，使人能在不同情况下，不同视距内来观赏景物，并应根据具体条件，考虑不同的景观效果，使同一景物能收到移步换景之妙。

(三)俯视、仰视、平视的观赏

观景因视点高低不同，可分为平视、仰视、俯视。居高临下，景色全收，这是俯视。有些景区险峻高耸，只能在低处瞻望，有时观景后退无地只能抬头，这是仰视。在平坦草地或河湖之滨进行观景，景物深远，此为平视。不同观赏条件对游人感受各异，效果不一。

1. 平视观赏

视线与地面平行向前，游人头部不必上仰下俯，可以舒展地平望出去，不易疲劳。平视风景中与地面垂直的线条，在透视上均无消失感，故景物高度的变化效果小，不与地面垂直的线条，均有消失感，表现出较大的差异，因而对景物的深度有较强的感染力。所以，平视观赏使人有平静、深远、安宁的气氛。为了加强这种气氛，平视和透视线要较长较远，并结束于安静的环境，或安静休息区的亭、榭附近，使气氛更加安宁。西湖风景的恬静感觉与多为深远的平视景观分不开。

2. 俯视观赏

游人视点高，景物在视点下方，必须低头俯视才能看清景物，此时中视线与地平线相交，景物中垂直于地面的线条，产生向下消失感，故景物愈低就显得愈小，“登泰山而小天下”就是这种境界。俯视常造成开阔和惊险的风景效果，增强人们的信心、雄心。在地势险峻的高山，可以俯览深沟峡峪、江河大地；无地势可借者可建楼台高塔，也可收到俯览的效果。杭州六和塔、颐和园佛香阁、高山山顶等，都有展望河山、胸襟开阔的好效果。

3. 仰视观赏

景物高度很大，视点距离景物很近，当仰角超过 13°时，就要把头微微扬起，这时与地面垂直的线条有向上消失感，故景物的高度感染力强，易形成雄伟、庄严、紧张的气氛。在园林中，有时为了强调主景的崇高伟大，常把视距安排在主景高度的 1 倍以内，不让有后退余地，运用错觉，感到景象高大。中国园林中假山的堆叠不从假山的绝对真高去考虑，采用仰视手法将视点安排在较近的距离内，假山收脚较小，好像山峰插入蓝天白云。

平视、俯视、仰视的观赏,有时不能截然分开,如登高山峻岭,先自下而上,一步一步攀登,抬头观看是一组一组仰视景物;登上最高处展望脚下,又为俯视景观,同时攀登过程中又有俯、仰、平视画面。故各种视觉的风景观赏应统一考虑,使四面八方、高低上下都有景可赏。

三、造景手法

造景,即人为地在园林绿地中创造一种既符合一定使用功能又有一定意境的景区。造景要根据园林绿地的性质、功能、规模、构图要求,因地制宜地运用。造景的手法分述如下。

(一)主景与配景

景无论大小均有主景与配景之分,就整个园林而言,主景是全园的重点、核心,它是空间构图中心,往往体现园林的功能与主题,是全园视线的控制焦点,在艺术上富有感染力。园林的主景,按其所处空间的范围不同,一般有两个方面的含义:一个是指整个园子的主景,一个是指园子中由于被园林要素分割的局部空间的主景。以颐和园为例,前者全园的主景是佛香阁排云殿一组建筑,后者如谐趣园的主景是涵远堂。配景起衬托作用,可使主景突出,在同一空间范围内,许多位置、角度都可以欣赏主景,而处在主景之中,此空间范围内的一切配景,又成为欣赏的主要对景,主景与配景相得益彰。

突出主景的方法有以下几种。

1. 主体升高

为了使构图的主题鲜明,常常把集中反映主题的主景,在空间高程上加以突出,使主景主体升高。升高的主景,由于背景是明朗简洁的蓝天,使主景的造型、轮廓、体量鲜明地衬托出来,而不受或少受其他环境因素的影响。但是升高的主景,在色彩上和明暗上,一般和明朗的蓝天取得对比。如颐和园的佛香阁、北海的白塔、南京中山陵的中山灵堂、广州越秀公园的五羊雕塑等,都是运用了主体升高的手法来强调主景。

2. 运用轴线和风景视线的焦点

轴线是园林风景或建筑群发展、延伸的主要方向,一般常把主景布置在中轴线的终点。此外,主景常布置在园林纵横轴线的相交点,或放射轴线的焦点或风景透视线的焦点上。

3. 对比与调和

对比是突出主景的重要技法之一。园林中,作为配景的局部,对主景要起对比作用。配景对于主景在线条、体形、体量、色彩、明暗、动势、性格、空间的开朗与封闭、布局的规则与自然,都可以用对比的手法来强调主景。

首先应该从规划上来考虑,如主要局部与次要局部的对比关系。其次考虑局部设计的配体与主体的对比关系。如昆明湖开朗的湖面,为颐和园水景中的主景;有了闭锁的苏州河及谐趣园水景作为对比,就显得格外开阔。

在局部设计上,白色的大理石雕像应以暗绿色的常绿树为背景;暗绿色的青铜像,则应以明朗的蓝天为背景;秋天的红枫应以暗绿色的油松为背景;春天红色的花坛应以绿色的草地为背景。

单纯运用对比，能把主景强调和突出，但是，突出主景仅是构图的一方面要求，构图尚有另一方面的要求，即配景和主景的调和与统一。因此，对比与调和常是渗透起来综合运用，使配景与主景达到对立统一的最高效果。

4. 动势向心

一般四面环抱的空间，如水面、广场、庭院等，其周围次要的景色往往具有动势，趋向于视线集中的焦点上，主景最宜布置在这个焦点上。为了不使构图呆板，主景不一定正对空间的几何中心，而偏于一侧。如西湖四周景物，由于视线易达湖中，形成沿湖风景的向心动势，因此西湖中的孤山便成了“众望所归”的焦点，格外突出。杭州玉泉观鱼，则是利用这种环拱空间动势向心的规律，突出了观鱼的水池。

5. 渐层

在色彩中，色彩由不饱和的浅级到饱和的深级，或由饱和的深级到不饱和的浅级，由暗色调到明色调，由明色调到暗色调所引起的艺术上的感染，称为渐层感。

园林景物，由配景到主景，在艺术处理上，级级提高，步步引人入胜，也是渐层的处理手法。

颐和园佛香阁建筑群，游人进入排云门时，看到佛香阁的仰角为 28°；进一层到了排云殿后，看佛香阁仰角为 49°，石级上升 90 步；再进一层，到德辉殿后，看佛香阁时仰角为 62°，石级上升 114 步。游人与景物之间，关系步步紧张，佛香阁主体建筑的雄伟感随着视角的上升而步步上升。把主景全置在渐层和级进的顶点，把主景步步引向高潮，是强调主景和提高主景艺术感染力的重要处理手法。此外空间的进一重又一重，所谓“园中有园，湖中有湖”的层层引人入胜的手法，也是渐层的手法。杭州的三潭印月，为湖中有湖、岛中有岛；颐和园的谐趣园为园中有园。

6. 空间构图的重心

为了强调和突出主景，常常把主景布置在整个构图的重心处。规则式园林构图，主景常居于构图的几何中心，如天安门广场的人民英雄纪念碑，居于广场的几何中心。自然式园林构图，主景常布置在构图的自然重心上，如中国传统假山，主峰切忌居中，即主峰不设在构图的几何中心，而有所偏，但必须布置在自然空间的重心上，四周景物要与其配合。

7. 抑扬

中国园林艺术的传统，反对一览无余的景色，主张“山重水复疑无路，柳暗花明又一村”的先藏后露的构图。中国园林的主要构图和高潮，并不是一进园就展现在眼前，而是采用欲“扬”先“抑”的手法，来提高主景的艺术效果。如苏州拙政园中部，进了腰门以后，对门就布置了一座假山，把园景屏障起来，使游人有“疑无路”的感觉，可是假山有曲折的山洞，仿佛若有光，游人穿过了山洞，所得的印象豁然开朗，别有洞天的境界，使主景的艺术感染力大大提高。

综上所述，主景是强调的对象，为了达到目的，一般在体量、形状、色彩、质地及位置上都被突出。为了对比，一般都用以小衬大、以低衬高的手法突出主景。但有时主景也不一定体量很大、很高，在特殊条件下低在高处、小在大处也能取胜，成为主景，如西湖孤山的“西湖天下景”，就是低在高处的主景。

(二)景的层次

景就距离远近、空间层次而言,有前景、中景、背景之分(也叫近景、中景与远景)。一般前景、背景都是为了突出中景而言的。这样的景,富有层次的感染力,给人以丰富而无单调的感觉。

在绿化种植设计中,也有前景、中景和背景的组织问题,如以常绿的桧柏(或龙柏)丛作为背景,衬托以五角枫、海棠花等形成的中景,再以月季引导作为前景,即可组成一个完整统一的景观。

有时因不同的造景要求,前景、中景、背景不一定全部具备。如在纪念性园林中,需要主景气势宏伟,空间广阔豪放,以低矮的前景、简洁的背景烘托即可。另外在一些大型建筑物的前面,为了突出建筑物,使视线不被遮挡,只用一些低于视平线的水池、花坛、草地作为前景,而背景借助于蓝天白云。

(三)借景

有意识地把园外的景物"借"到园内可透视、感受的范围中来,称为借景。借景是中国园林艺术的传统手法。一座园林的面积和空间是有限的,为了扩大景物的深度和广度,丰富游赏的内容,除了运用多样统一、迂回曲折等造园手法外,造园者还常常运用借景的手法,收无限于有限之中。

1.借景的内容

1)借形组景

主要采用对景、框景、渗透等构图手法,把有一定景观价值的远、近建筑物,以至山、石、花木等自然景物纳入画面。

2)借声组景

自然界声音多种多样,园林中所需要的是能激发感情、怡情养性的声音。在我国园林中,远借寺庙的暮鼓晨钟,近借溪谷泉声,林中鸟语,秋借雨打芭蕉,春借柳岸莺啼,凡此均可为园林空间增添几分诗情画意。

3)借色组景

夜色中对月色的因借在园林中十分受到重视。如杭州西湖的"三潭印月"、"平湖秋月",避暑山庄的"月色江声"、"梨花伴月"等,都以借月色组景而得名。皓月当空是赏景的最佳时刻。

除月色之外,天空中的云霞也是极富色彩和变化的自然景色。云霞在许多名园佳景中作用是很大的,如在武夷山风景区游览的最佳时刻莫过于"翠云飞送雨"时,在雨中或雨后远眺"仙游"满山云雾萦绕,飞瀑天降,亭、阁隐现,顿添仙居神秘气氛,画面非常动人。

植物的色彩也是组景的重要因素,如白色的树干、红色的树叶、黑色的果实等。

4)借香组景

在造园中如何运用植物散发出来的幽香以增添游园的兴致是园林设计中一项不可忽视的因素。广州兰圃以兰花著称,每当微风轻拂,兰香馥郁,为园林增添了几分雅韵。苏州拙政园中"荷风四面亭"就是借花香组景的佳例。

2. 借景的方法

1) 远借

远借就是把园林远处的景物组织进来,所借物可以是山、水、树木、建筑等。成功的例子很多,如北京颐和园远借西山及玉泉山之塔(见图 1-3-27),承德避暑山庄借僧帽山、罄锤峰,无锡寄畅园借惠山,济南大明湖借千佛山等。为使远借获得更多景色,常常需登高远眺。要充分利用园内有利地形,开辟透视线,也可堆假山叠高台,山顶设亭或高敞建筑(如重阁、照山楼等)。

图 1-3-27 颐和园远借西山景色及玉泉山塔

2) 邻借(近借)

邻借就是把园子邻近的景色组织进来。周围环境是邻借的依据,周围景物只要是能够利用成景的都可以利用,不论是亭、阁、山、水、花木、塔、庙。如苏州沧浪亭园内缺水,而临园有河,则沿河做假山、驳岸和复廊,不设封闭围墙,从园内透过漏窗可领略园外河中景色,园外隔河与漏窗也可望园内,园内园外融为一体,就是很好的一例。再如邻家有一枝红杏或一株绿柳、一个小山亭,亦可对景观赏或设漏窗借取。如“一枝红杏出墙来”、“杨柳宜作两家春”、“宜两亭”等布局手法。

3) 仰借

仰借是利用仰视借取的园外景观,以借高景物为主,如古塔、高层建筑、山峰、大树,包括碧空白云、明月繁星、翔空飞鸟等。如北京的北海借景山,南京玄武湖借鸡鸣寺均属仰借。仰借视觉较疲劳,观赏点应设亭台坐椅。

4) 俯借

俯借是指利用居高临下俯视观赏园外景物,登高四望,四周景物尽收眼底。俯借所借景物甚多,如江湖原野、湖光倒影等。

5) 应时而借

应时而借是利用一年四季、一日之时,由大自然的变化和景物的配合而成。对一日来说,日出朝霞、晓星夜月,以一年四季来说,春光明媚,夏日原野,秋天丽日,冬日冰雪。就是植物也随季节转换,如春天的百花争艳,夏天的浓荫覆盖,秋天的层林尽染,冬天的树木姿态,这些都是应时而借的意境素材。许多名景都是应时而借而成名的,如"苏堤春晓"、"曲院风荷"、"平湖秋月"、"断桥残雪"等。

(四)对景与分景

为了满足不同性质园林绿地的功能要求,达到各种不同景的欣赏效果,创造不同的景观气氛,园林中常利用各种景观材料来进行空间组织,并在各种空间之间创造相互呼应的景观。对景和分景就是两种常用的手法。

1. 对景

凡位于园林绿地轴线及风景透视线端点的景叫对景。为了观赏对景,要选择最精彩的位置,设置供游人休息逗留的场所,作为观赏点。如安排亭、榭、草地等与景相对。景可以正对,也可以互对,位于轴线一端的景叫正对景,正对可达到雄伟、庄严、气魄宏大的效果。正对景在规则式园林中常成为轴线上的主景,如北京景山万春亭是天安门—故宫—景山轴线的端点,成为主景。在轴线或风景视线两端点都有景则称互为对景。互对很适于静态观赏,互成对景,互对景不一定有严格的轴线,可以正对,也可以有所偏离。如颐和园佛香阁建筑与昆明湖中龙王庙岛上涵虚堂即是。

2. 分景

我国园林多含蓄有致,忌"一览无余",所谓"景愈藏,意境愈大。景愈露,意境愈小"。为此目的,中国园林多采用分景的手法分割空间,使之园中有园,景中有景,湖中有湖,岛中有岛,园景虚虚实实,实中有虚,虚中有实,半虚半实,空间变化多样,景色丰富多彩。

分景按其划分空间的作用和艺术效果,可分为障景和隔景。

1)障景(抑景)

在园林绿地中凡是抑制视线、引导空间的屏障景物叫障景。障景一般采用突然逼进的手法,视线较快受到抑制,有"山重水复疑无路"的感觉,于是必须改变空间引导方向,而后逐渐展开园景,达到豁然开朗、"柳暗花明又一村"的境界,即所谓"欲扬先抑,欲露先藏"的手法。如拙政园中部入口处为一小门,进门后迎面一组奇峰怪石,绕过假山石,或从假山的山洞中出来,方是一泓池水,远香堂、雪香云蔚亭等历历在望。障景还能隐藏不美观和不求暴露的局部,而本身又成一景。

障景务求高于视线,否则无障可言。障景常应用山、石、植物、建筑(构筑物)等,多数用于入口处,或自然式园路的交叉处,或河湖港汊转弯处,使游人在不经意间视线被阻挡和组织到引导的方向。

2)隔景

凡将园林绿地分隔为不同空间、不同景区的手法称为隔景。隔景与障景不同,它不单抑制某一局部的视线,而是组成各种封闭或可以流通的空间。它可以用多种手法和材料,如实隔、虚隔、虚实隔等。实墙、山丘、建筑群、山石等为实隔;水面、漏窗、通廊、花架、疏林等为虚隔;水堤曲桥、漏窗墙等为虚实隔。中国园林利用多种隔景手法,创造多种流通空间,使园景丰富,各有特色。同时园景构图多变,游赏其中深远莫测,从而创造出"小中见大"的空间效果(见图1-3-28)。

(五)框景、夹景、漏景、添景

园林绿地在景观的前景处理上,还有框景、夹景、漏景和添景等。

图 1-3-28　拙政园中的枇杷园

1. 框景

凡利用门框、窗框、树框、山洞等，有选择地摄取另一空间的优美景色，恰似一幅嵌于镜框中的立体风景画，称为框景（见图 1-3-29）。

图 1-3-29　框景

框景的作用在于把园林绿地的自然美、绘画美与建筑美高度统一，高度提炼，最大限度地发挥自然美的多种效应。由于有简洁的景框为前景，可使视线集中于画面的主景上，同时框景讲求构图和景深处理，又是生机勃勃的天然画面，从而给人以强烈的艺术感染力。

框景必须设计好入框之对景。如先有景而后开窗，则窗的位置应朝向最美的景物；如先有窗而后造景，则应在窗的对景处设置，窗外无景时，则以“景窗”代之。观赏点与景框的距离应保持在景框直径 2 倍以上，视点最好在景框中心。

2. 夹景

为了突出优美景色，常将左右两侧贫乏景观以树丛、树列、土山或建筑物等加以屏障，形成左右较封闭的狭长空间，这种左右两侧的前景叫夹景。夹景是运用透视线、轴线突出对景的方法之一，还可以起到障丑显美的作用，增加园景的深远感。同时也是引导游人注意的有效方法。

3. 漏景

漏景由框景发展而来，框景景色全现，漏景景色则若隐若现，有"犹抱琵琶半遮面"的感觉，含蓄雅致，是空间渗透的一种主要方法。漏景不仅限于漏窗看景，还有漏花墙、漏屏风等(见图 1-3-30)。除建筑装修构件外，疏林树干也是好材料，但植物不宜色彩华丽，树干宜空透阴暗，排列宜与景并列，所对景物则要色彩鲜艳，亮度较大为宜。

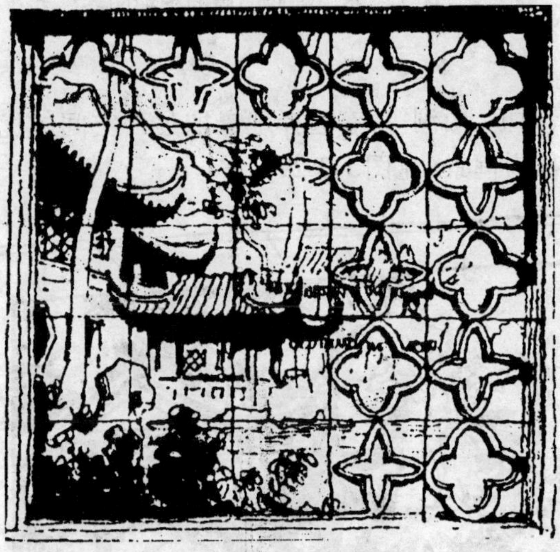

图 1-3-30　漏景

4. 添景

当风景点与远方对景之间没有其他中景、近景过渡时，为求对景有丰富的层次感，加强远景"景深"的感染力，常做添景处理。添景可用建筑的一角或树木花卉等。用树木做添景时，树木体形宜高大，姿态宜优美。如在湖边看远景常有几丝垂柳枝条作为近景的装饰就很生动。

(六)景题

我国园林善于抓住每一景观特点，根据它的性质、用途，结合空间环境的景象和历史，高度概括，常做出形象化、诗意浓、意境深的园林题咏。其形式多样，有匾额、对联、石碑、石刻等。它不但丰富了景的欣赏内容，增加了诗情画意，点出了景的主题，给人以艺术联想，还有宣传装饰和导游的作用。各种园林题咏的内容和形式是造景不可分割的组成部分，我们把创作设计园林题咏称为点景手法，它是诗词、书法、雕刻、建筑艺术等的高度综合。

第五节　园林色彩艺术构图

一、色彩的感觉

（一）温度感

温度感或称冷暖感，通常称之为色性。

在园林运用色彩时，春秋宜多用暖色花卉，严寒地带更宜多用，而夏季宜多用冷色花卉，炎热地带用多了，还能引起退暑的凉爽联想。在公园举行游园晚会时，春秋可用暖色照明，而夏季的游园晚会照明宜多用冷色。

（二）涨缩感

暖色调不仅使我们感到特别明亮和清晰，也似乎格外膨大，靠我们很近；冷色调则感觉到比较幽暗、模糊，似乎被收缩了，离我们较远。因此，它们之间形成了巨大的色彩空间，增强了生动的情趣和深远的意境，令人十分神往。

色彩的冷暖与涨缩感也有一定关系。冷色背景前的物体显得较大，暖色背景前的物体则显得较小，园林中的一些纪念性构筑物、雕塑等则常以青绿、蓝绿色的树群为背景，以突出其形象。

（三）距离感

由于空气透视的关系，暖色系的色相在色彩距离上有向前及接近的感觉；冷色系的色相，有后退及远离的感觉。大体上光度较高、纯度较高、色性较暖的色，具有近距离感，反之，则具有远距离感。在互补的两色中，面积较小的为近色，面积较大的则为远色，六种标准色的距离感按由近而远的顺序排列是：黄、橙、红、绿、青、紫。

在园林中，如实际的园林空间深度感染力不足，为了加强深远的效果，作背景的树木宜选用灰绿色或灰蓝色树种，如毛白杨、银白杨、桂香柳、雪松等。

（四）重量感

不同色相的重量感与色相间亮度的差异有关，亮度强的色相重量感小，亮度弱的色相重量感大。例如，红色、青色较黄色、橙色厚重，白色的重量感较灰色轻，灰色又较黑色轻。

同一色相中，明色调重量感轻，暗色调重量感最重，饱和色调比明色调重，比暗色调轻。

色彩的重量感对园林建筑的设色关系很大，一般来说，建筑的基础部分宜用暗色调，显得稳重，建筑的基础栽植也宜多选用色彩浓重的种类。

（五）面积感

运动感强烈、亮度高、呈散射运动方向的色彩，在我们主观上有扩大面积的错觉，运动感弱、亮度低、呈收缩运动方向的色彩，相对地有缩小面积的错觉。橙色系的色相主观感觉上面积较大，青色系的色相主观感觉上面积较小；白色及色相的明色调主观感觉上面积较大，黑色及色相的暗色调主观感觉上面积较小；亮度强的色相，面积感觉较大，亮度弱的色相，面积感觉较小；色相饱和度大的色相面积感觉大，色相饱和度小的色相面积感觉小；互为补色的两个饱和色相配在一起，双方的面积感更扩大；物体受光面积感觉较大，背光则较小。

园林中水面的面积感觉比草地大，草地又比裸露的地面大，受光的水面和草地比不受光的面积感觉大，在面积较小的园林中水面多，园林的色彩构图中白色和色相的明色调成分多，也较容易产生扩大面积的错觉。

（六）兴奋感

色彩的兴奋程度也与光度强弱有关，光度最高的白色，兴奋感最强；光度较高的黄、橙、红各色，均为兴奋色；光度最低的黑色，感觉最沉静；光度较低的青、紫各色，也都是沉静色；黑色当量的灰，以及绿、紫色，光度适中，兴奋与沉静感觉亦适中。在这个意义上，灰色与绿、紫色是中性色。

色彩的兴奋感，与其色性的冷暖基本吻合。暖色为兴奋色，以红橙为最强烈；冷色为沉静色，以青色为最弱。

二、色彩的感情

色彩的美主要是情感的表现，就是色彩的感情问题。领会色彩的美，主要是领会一种色彩所表现的感情。不过，色彩的感情是一个复杂而又微妙的问题，它不具有绝对的固定不易的因素，因人、因时、因地及情绪条件等的不同而有差异，同一色彩可以引起这样的感情，也可引起那样的感情，因此这里只就通常的、一般的、传统习俗的情况作大概的列述。

红色：给人以兴奋、欢乐、热情、活力及危险、恐怖之感。

橙色：给人以明亮、华丽、高贵、庄严及焦躁、卑俗之感。

黄色：给人以温和、光明、快活、华贵、纯净及颓废、病态之感。

青色：给人以希望、坚强、庄重及低贱之感。

蓝色：给人以秀丽、清新、宁静、深远及悲伤、压抑之感。

绿色：给人以青春、和平、朝气、兴旺及衰老之感。

紫色：给人以华贵、典雅、娇艳、幽雅及忧郁、恐惑之感。

褐色：给人以严肃、浑厚、温暖及消沉之感。

白色：给人以纯洁、神圣、清爽、寒凉、轻盈及哀伤、不祥之感。

灰色：给人以平静、稳重、朴素及消极、憔悴之感。

黑色：给人以肃穆、安静、坚实、神秘及恐怖、忧伤之感。

三、园林色彩构图

色彩是物质的属性之一，因此，组成园林构图的各种要素的色彩表现，就是园林色彩构图。园林色彩归纳起来有三大类，即：一是天然山水和天空的色彩；二是园林建筑、道路和广场的色彩；三是园林植物的色彩。

（一）天然山水和天空的色彩（天然色彩）

在园林设计中天然山水和天空的色彩不是人们能够左右的，因此这些要素一般只能作背景使用。天空的色彩大家十分熟悉，以早晚和傍晚的色彩最为丰富，故朝霞、晚霞往往成为园林借景对象之一。水面除本身的色彩外，还会反射天空和周围景物的色彩，一正一倒，往往产生出特殊的艺术效果。

(二)园林建筑、道路和广场的色彩(人为色彩)

这此要素在园林中所占比例不大,但它们在园林构图中起着重要的作用,其色彩可以人为控制。

园林建筑的色彩一般要注意以下几个方面:

(1)结合气候条件设置色彩;

(2)考虑群众爱好与民族特点;

(3)与园林环境关系取得既有协调、又有对比;

(4)与建筑的功能相统一。

道路与广场的色彩多为灰色及暗色,其色彩是由建筑材料本身的特性决定的。一般来说,道路的色彩应结合环境设置,不宜将其色彩过于突出刺眼。道路、广场的色彩,一般较温和、暗淡。假山石的色彩宜选灰、灰白、黄褐为主,能给人以沉静、古朴稳重的感觉。

(三)园林植物的色彩

1. 园林植物色彩构图的处理方法

(1)单色处理:以一种色相布置于园林中,但必须通过个体的大小、姿态上取得对比。

(2)多种色相配合:植物群落给人一种生动、欢快、活泼的感受。如在花坛设计中的应用。

(3)对比色配合:两种对比色配合,给人一种特别醒目的感觉。如在大面积草坪中,配置少量红色花卉更具有良好的景观效果。

(4)类似色的配合:常用在从一个空间向另一个空间过渡的阶段,给人一种柔和安静的感觉。

2. 观赏植物配色

(1)观赏植物补色对比应用:如红色与绿色、黄色与绿色、橙色与蓝色等。

(2)邻补色对比应用:如金黄色与大红色、青色与大红、橙色与绿色等。

(3)冷色花卉与暖色花卉的应用。

(4)类似色的植物应用:如红色与橙色、橙色与黄色、黄色与绿色等。

(5)白色花卉的应用:如在暗色调花卉中混入白色花卉可使整体色调变得明快,对比强烈的花卉配合中加入白色花卉可以使对比趋于缓和。

(6)夜晚的植物配置:在夜间植物多用亮度、明度较高的色彩,可用白色、淡黄色、淡蓝色的花卉,如白玉兰、白丁香、玉簪、茉莉、瑞香等。

小　结

园林美是人们在社会生活中对事物的审美不断积累形成的,对园林形式和风格的形成影响深远。园林艺术作品,不论它的内容如何,必定有一个完善的艺术形式表现它的内容,形式与内容要协调一致。园林艺术按照形式美的规律来创造园林景观,形式美法则在园林艺术设计中具有重要意义。园林风景是在园林绿地上,以自然美为特征的经人为加工的游憩空间环境。游人对园林景观的欣赏方式可自由选择,但观赏方式的适当与否对观赏效果影响较大。园林景观处理是园林设计的基础,适宜的造景手法对园林布局起到锦上添花的作用。

思考题

1. 简述园林美的特点及园林美在园林中的表现。
2. 园林构图的基本要求有哪些?
3. 什么是形式美的原则?
4. 园林构图中怎样运用尺度原则?
5. 简述节奏韵律的表现形式及其特征。
6. 园林空间布局的基本形式有哪些?
7. 举例说明平视、仰视、俯视的景观效果及其在园林中的应用。
8. 简述借景的内容及形式。
9. 简述题景手法在园林中的作用。
10. 园林中的色彩有哪几类?

第四章　园林构成要素的设计

知识要求

了解园林构成要素的类型、功能和作用；掌握园林各构成要素的设计原则、设计要点和方法。

能力目标

能够进行园林各构成要素的独立设计及其综合设计。

第一节　园林地形设计

园林地形是指园林绿地中各种起伏形状的地貌，在规则式园林中一般表现为不同标高的地坪、层次；在自然式园林中，可形成平原、丘陵、山峰、盆地等不同的地貌。起伏最小的地形叫“微地形”。

一、园林地形设计的一般原则

（一）因地制宜，顺其自然

因地制宜就是要“高方欲就高台，低凹可开池沼”，以利用为主，结合造景及使用需求进行适当的改造，减少土方工程量，降低工程造价。

（二）满足园林的功能要求

地形设计应满足各种使用功能的需求。在园林绿地中，开展的活动丰富多样。不同类型、不同使用功能的园林绿地对地形的要求各异。如游人集中的地方和体育活动场所，要求地形平坦；安静休息和游览观赏则要求有山林、溪流等。

（三）满足园林的景观要求

在地形设计时，要考虑利用地形组织空间，创造不同的空间景观效果。地形的变化可将空间划分成大小不等的开朗或封闭的类型，使景观的立面轮廓富于变化。山水之间是相依相抱、水随山转的自然依存关系，要达到“虽由人作，宛自天开”的艺术效果。

（四）满足园林工程技术的要求，土方尽量平衡

地形设计要符合稳定合理的技术要求。土方最好就地平衡，根据需要和可能，全面分析，使土方工程量达到最小限度，节约成本。

二、园林地形

（一）地形的类型

1. 平地

平地是指坡度比较平缓的地形，在视觉上给人以强烈的连续性和统一性。该地形便于园林绿地设计和施工、园林建筑的建造、草坪的整形修剪，便于组织集会及文体活动等。

园林绿地中的平地大致有草地、广场、建筑用地、体育活动用地等。为了有利于排水，平地一般也要保持0.5% ~2%的坡度。

2. 坡地

坡地是倾斜的地面。根据地面的倾斜角度不同可分为缓坡和陡坡。

坡地一般用做种植观赏，围合空间，提供界面，塑造多级平台等。在园林绿地中，坡地常见的表现形式有土丘、丘陵、山峦等。坡地常作为山地与平地间的过渡地形，从缓坡逐渐过渡到陡坡与山体连接；在临水的一面以缓坡逐渐深入水中，在园林中常运用这样变化的地形形成丰富的景观，是游人游览休息、欣赏风景的好去处。

3. 山地

山地包括自然的山地和人工的堆山叠石。山地可以构成自然山水园的主景，组织空间，丰富园林的观赏内容，提供建筑和种植需要的不同环境，改善小气候。在园林中起主景、背景、障景、隔景等作用。园林中常用挖湖堆山的方法改变地形，人工堆叠的山称为假山，不同于自然景观中的真山，但它是自然景观的浓缩、提炼和概括，力求达到“一峰则太华千寻，一勺则江河万里”的效果。

4. 谷地

谷地是一系列连续的凹面地形，具有方向性，常伴有小溪、河流以及湿地等地形特征。

（二）地形的功能和作用

1. 骨架作用

地形是园林景观的基本骨架。植物、建筑、水体等景观常常以地形作为依托。地形的起伏产生了林冠线的变化，形成了起伏跌宕的建筑立面和丰富的视线变化。借助于地形的高差建造跌水、瀑布或溪流等，则具有自然感。

2. 分隔空间

利用地形可以有效地划分空间，使之形成不同功能或景色特点的区域。利用地形不仅能分隔空间，而且还能获得空间大小对比的艺术效果。

3. 控制视线

在景观中，利用地形可以起到控制视线的作用。若地形比周围环境的地形高，则视线开阔，具有延伸性，空间呈发散状，可组织成为观景之地，高处的景物明显，又可成为造景之地。若地形比周围环境的地形低，则视线较封闭，空间呈积聚性，低凹处能聚集视线，可精心布置景物。

4. 美学功能

地形的起伏不仅丰富了园林景观，还创造了不同的视线条件，形成了不同性格的空间。地形可以形成具有美感的形状，能在光照和气候的影响下产生不同的视觉效应。

5. 改善小气候

地形可以影响园林绿地某一区域的光照、温度、湿度、风速等生态因子，在景观中可用于改善小气候。

（三）地形的处理及设计

1. 地形的利用与改造

在地形设计中首先必须考虑的是对原有地形的利用。合理安排各种坡度要求的内容,使之与基地地形条件相吻合。如利用地形起伏,形成“隔景”;适当加大高差至超过人的视线高度,设置“障景”。地形改造应与园林总体布局同时进行,使改造的基地地形条件满足造景的需要,满足各种活动和使用的需要。

2. 排水和坡面稳定

地形起伏应适度,坡长应适中。当地形过陡、空间局促时可设挡土墙;较陡的地形可在坡顶设排水沟,在坡面上种植树木、覆盖地被物,布置一些有一定埋深的石块,若在地形谷线上,石块应交错排列。

3. 坡度

地形坡度不仅关系到地表水的排水、坡面的稳定,还关系到人的活动、行走和车辆的行驶。一般来讲,坡度小于1%的地形易积水,不太适合安排活动和使用的内容,若稍加改造即可利用;坡度介于1% ~5%的地形排水较理想,适合安排绝大多数的内容,特别是需要大面积平坦地的内容,如运动场、停车场等;坡度介于5% ~10%的地形仅适合于安排用地范围不大的内容,但这类地形的排水条件很好,而且有起伏感;坡度大于10%的地形只能局部小范围地加以利用。

4. 地形造景

将地形改造与造景结合起来,在有景可赏的地方可利用坡面设置坐憩、观望的台阶;将坡面平整后做成主题或图案的模纹花坛或树篱坛;利用挡土墙做成落水或水墙等水景,挡土墙的墙面应充分利用起来,设计成与设计主题有关的叙事浮雕、图案(见图1-4-1、图1-4-2)。

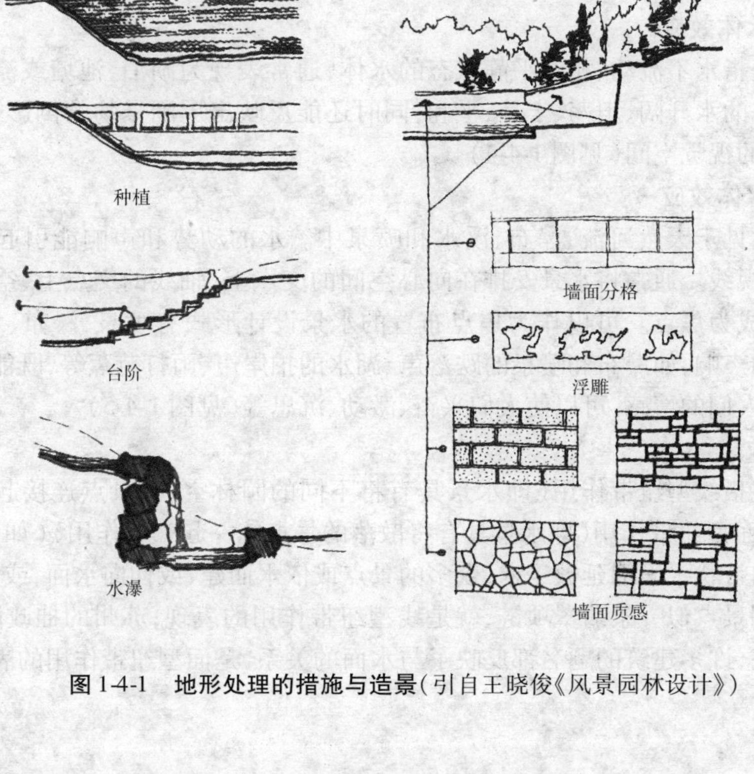

图1-4-1　地形处理的措施与造景(引自王晓俊《风景园林设计》)

在利用地形本身造景方面，国外一些设计师提出的一些设想颇有新意，他们用点状地形加强场所感，用线状地形形成连绵起伏的空间，用地形的柔软、自然形态和其坚硬、人造状态，创造不同规模、不同特点的“大地环境雕塑作品”，如西班牙巴塞罗那北站广场“落下的天空”（见图1-4-3）。

图1-4-2　汉口江滩公园挡土墙处理

图1-4-3　大地艺术——落下的天空

第二节　园林水体设计

水是园林中最活跃的要素，极富有变化和表现力。在设计地形时，山水应该同时考虑，山水相依，山得水活，水依山转，相得益彰。

一、水体在园林中的景观效应

（一）静态水体效应

静态水体是指水不流动、相对平静状态的水体，通常表现为湖泊、池塘或流动缓慢的河流。这种状态的水开阔、坦荡、宁静、平和，同时还能反映出周围景物的倒影，丰富景观层次，扩大景观的视觉空间（见图1-4-4）。

（二）动态水体效应

动态水体常见于天然河流、瀑布、溪水和喷泉中。水的动势和声响能引起人们的注意，吸引人们的视线。通常将水景安排在向心空间的交点上、轴线的交点上、空间的醒目处，使其突出并成为焦点。可以作为焦点布置的水景设计形式有喷泉、瀑布、水墙、壁泉等。动态水体的声响，如瀑布和喷泉的跌落声、湖水的拍岸声、雨打芭蕉等，既能完善水体景观，又能影响人们的情感，可以使人们兴奋、激动、沉思等（见图1-4-5）。

（三）纽带效应

纽带效应包括线型纽带作用（即水景具有将不同的园林空间、景点连接起来产生整体感的作用）和面型纽带作用（即水景具有将散落的景点统一起来的作用）（如图1-4-6）。如扬州瘦西湖的带状水面绵延数千米，众多的景点或依水而建，或伸向水面，或几面环水，整个水面和两侧景点似一条翡翠项链，就是线型纽带作用的表现；苏州的拙政园，众多景点均以水面为底，许多建筑的题名都反映了与水面的关系，是面型纽带作用的表现。

图 1-4-4　静水

图 1-4-5　动水

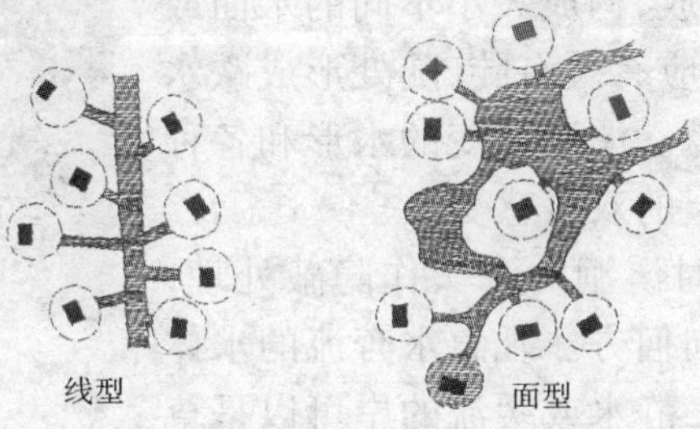

图 1-4-6　水体的纽带作用示意图（引自王晓俊《风景园林设计》）

（四）小气候效应

由于水体的热容量、导热率等不同于陆地，使水域附近的气温变化和缓、湿度增加，小气候更加宜人，尤其在夏季，故有“夏地树常荫，水边风最凉”之说。

二、水体的分类

（一）自然式水体

自然式水体指边缘不规则、变化自然的水体。如保持天然的或模拟天然形状人工再造的河、湖、溪、涧、泉、瀑布等，水体在园林中随地形变化，有聚有散，有直有曲，有动有静。

（二）规则式水体

规则式水体指外形轮廓为有规律的直线或曲线闭合而成几何形的水体。如规则式水池、运河、水渠，以及几何体的喷泉、叠水、壁泉、瀑布等，常与山石、雕塑、花坛、花架等园林小品组合成景。

（三）混合式水体

混合式水体是规则式水体与自然式水体有机结合的一种水体类型，吸收了前两种水体的特点，富于变化，比规则式水体更灵活自由，又比自然式水体易于与建筑空间环境相协调。

三、水景设计要点

（一）湖、池

湖、池属于静水，有人工、天然两种，多按自然式布置，水岸线曲折多变，常作为构图中心。湖、池的水面宜有聚有分，聚分得体。小水面应以聚为主；较大的湖泊中可设堤、岛、桥，或种植水生植物分隔，增加水面的层次与景深，扩大空间感。堤、岛、桥不宜设在水面正中，应设于偏侧，使水面有大小对比变化。岛的数量不宜过多且忌成排设置，形体宁小勿大，轮廓形状应自然而有变化。

利用水中的倒影，扩大视觉空间，增加空间韵味，造成“虚幻之境”。在种植上注意不能让水生植物占据整个水面，以免妨碍倒影的产生，选用水生植物，种类宜简不宜杂。

（二）溪涧

自然界中，溪涧是泉瀑之水从山间流出的一种动态水景（见图1-4-7）。水流平缓者为溪，湍急者为涧。园林中溪涧的布置讲究师法自然，平面上要求蜿蜒曲折，有分有合，有收有放，构成大小不同的水面或宽窄各异的水流。竖向上应有缓有陡，陡处形成跌水或瀑布，落水处可构成深潭。溪涧多变的水形和各种悦耳的水声，给人以视听上的双重感受。

图1-4-7　溪涧

在设计上，还要注意对溪涧的源头作隐蔽处理，使游者不知源在何处，流向何方。凡急水奔流的水体都为岩岸，以免水土流失。静水或缓流的岸可以是草岸或卵石浅滩。

（三）河流

在园林中的河流应有宽有窄，有收有敛，有开阔和郁蔽之分。两岸的风景，应有意识地安排一些对景、夹景等，并留出一定的透视线，使沿岸景致丰富。河流可多用土岸，配置适当的植物，形成丰富的植物群落；局部可用整形的条石驳岸和台阶。窄处可架桥，从纵向看，能增加风景的幽深和层次感。

（四）瀑布

由河床横断面突然向下倾泻的水景称为瀑布（见图1-4-8、图1-4-9）。自然界的瀑布一般由五个部分构成：上游水流、落水口、瀑身、承水潭、下游泄水。其中，落水口的形态特征决定瀑布景观，当然也受水量大小的影响。因此，在瀑布的设计上，通过水泵来设计水量，设定落水口的大小，决定预期的瀑布景观。

图1-4-8　宽瀑

图1-4-9　细瀑

瀑布按其形象和态势分为直落式、叠落式、散落式、水帘式、喷射式，按其大小分为宽瀑、细瀑、高瀑、短瀑、洞瀑。

(五)喷泉

喷泉是由压力水喷出后形成各种喷水姿态，用于观赏的动态水景(见图1-4-10)。城市园林绿地中的喷泉以人工喷泉为主，一般布置在城市广场、交通绿岛中心和公共建筑前庭中心等。喷泉设计时，多风处，使用短而粗的水柱；弱风处，可造成高远和戏剧性的喷水效果。

图1-4-10　喷泉的实例

喷泉是以喷射优美的水形取胜，整体景观效果取决于喷头嘴形及喷头的平面组合形式。现代喷泉的水姿多种多样，有水幕形、半球形、圆弧形、斜坡形、牵牛花形、蒲公英形等。随着现代技术的发展，出现光、电、声控以及电脑自动控制的喷泉，如音乐喷泉、间歇喷泉、激光喷泉等形式。

(六)驳岸

驳岸是一面临水的挡土墙，维持地面和水面的固定关系，防止地面被冲刷。不同形式的驳岸，可丰富水景的立面层次，增加景观的艺术效果。一般驳岸有自然山石驳岸、土石基草坪驳岸、钢筋混凝土驳岸、木桩驳岸等。

第三节　园林建筑及构筑物设计

在现代园林中强调以植物造景为主，园林建筑则退到次要地位，起点景、观景的作用。

园林建筑是在园林中既有使用功能，又可供观赏的景观建筑或构筑物。

一、园林建筑类型

(一)服务建筑

服务建筑主要为游人提供一定的服务，同时具有一定的观赏作用，如摄影服务部、小卖部、茶馆、餐厅、厕所等。

(二)游憩性建筑

游憩性建筑主要是指具有较强的公共游憩、休息的功能和观赏作用的建筑，如亭、台、楼、阁、轩、榭、舫、廊、塔等。

(三)专用建筑

专用建筑主要是指使用功能较为单一，为满足某些功能而专门设计的建筑，如办公室、展览馆、博物馆、仓库等。

二、园林建筑的基本单元

中国古典园林建筑的特点是化大为小，融于自然，形成一个建筑群，风格一致；西方园林建筑的特点是建筑集中，类型变化少，占比重小，位置显露，体量大。

(一)亭

亭，特指一种有顶无墙的小型建筑物，是供人停留休息之所。亭的空间构成的最大特点就在于它的“空”，即“虚”，是一种内心境界。亭作为人与自然空间的媒体，使人充分融汇于大自然当中，是一种沟通自然景物和人的内心感受的中介空间。

1. 亭的功能

亭是供游人休憩和观景的园林建筑，主要是为了满足人们在游赏活动中驻足休息、纳凉避雨、眺望景色的需要，同时又是园林中一景。

2. 亭的类型

亭从平面形状分为正多边形、不等边形、曲边形、半亭、双亭、组合亭、不规则形平面等(见图 1-4-11)。

3. 亭的位置

(1)山上建亭。视野开阔，适于登高远眺。在小山建亭，亭宜设在山顶，以丰富山形轮廓，但不宜设在山形几何中心之顶；中等高度的山建亭，宜在山脊、山顶、山腰；大山建亭，宜在山腰台地、次要山脊、崖旁峭壁之顶、蹬道旁等地。

(2)临水建亭。小水面建亭宜低临水面；大水面建亭，宜设置临水高台，在台上建亭或在较高的石矶上建亭。

(3)平地建亭。一般建于道路的交叉口、路侧的林荫之间。有的为一片花木山石所环绕，形成一个小的私密性空间环境；有的在自然风景区的路旁或路中筑亭作为进入主要景区的标志。

(二)廊

廊是亭的延伸，是上有屋顶，周无围蔽，下无居处，供人行走的立体的路。

六角亭(拙政园荷风四面亭)

圆亭(拙政园笠亭)

半亭(网师园冷泉亭)

欧式亭

图 1-4-11　亭的实例

1. 廊的功能

在园林中,廊作为各个建筑之间联系的通道,能引导视角多变的导游交通路线,成为园林内游览路线的组成部分。它既有遮阳避雨、休憩、交通联系的功能,又能划分景区空间,丰富空间层次,增加景深,本身也可成为园中之景。

2. 廊的类型

按位置分为平地廊、水走廊、桥廊、爬山廊等(见图 1-4-12),按平面形式分为直廊、曲廊、回廊等,按剖面分为双面空廊、单面空廊、双层廊、暖廊、复廊、单支柱廊等形式。

3. 廊的体量尺度

廊开间不宜过大,宜在 3 m 左右,柱距 3 m 上下,而一般廊净宽在 1.2 ~ 1.5 m,现在有 2.5 ~ 3.0 m,适应游人客流量增长后的需要。廊顶为平顶、坡顶、卷棚均可。廊柱设计一般柱径 150 mm,柱高 2.5 ~ 2.8 m,柱距为 3 m,方柱截面控制在 150 mm × 150 mm ~ 250 mm × 250 mm,长方形截面柱长边不大于 300 mm。

(三)榭

榭是建在水面岸边紧贴水面的小型园林建筑。供人休息、观赏风景,用平台深入水面,以提供身临水面的开阔视野。

平地廊

水走廊

桥廊

爬山廊

图 1-4-12　廊的实例

榭的设计要点：榭的典型形式是在水边架起平台，平台一部分架在岸上，一部分深入水中。平台跨水部分以梁、柱凌空架设于水面上，临水围绕低平的栏杆或设靠椅供休息依凭。平台靠岸部分建有长方形的单体建筑，建筑四周开敞通透，或四面作落地长窗。典型的榭如苏州拙政园的芙蓉榭。

水榭应尽可能地突出于池岸，水榭造型及与水面、池岸的结合，以强调水平线条为宜，水榭宜尽可能贴近水面。位置宜选在水面有景可借之处，并以在湖岸线突出的位置为佳，要考虑好确切的对景、借景视线；建筑朝向切忌朝西，因建筑物深向水面，且又四面开敞，难以得到绿树遮阳，尤其夏季为游览旺季，忌西晒；建筑地坪以低临水面为佳，当建筑地面离水面较高时，可将平台作上下层处理，以取得低临水面的效果。榭的建筑风格应以开朗、明快为宜，要求视线开阔，立面设计应充分体现这一特点。

（四）舫

舫是依照船的造型在园林湖泊中建造起来的一种船形建筑物，也称旱船，因其不能划动，又称“不系舟”。供人们在内游玩饮宴，观赏水景，身临其中有乘船荡漾于水上的感受。

舫的设计要点：舫建在水边，一般两面或三面临水，其余面与陆地相连，有条件的可四面临水，其一侧设有平桥与湖岸相连；注意舫的体量应与所处环境协调，选址宜在水面开阔处；应注意水面的清洁，避免设在易积污垢的水区。

舫由船头、中舱及尾舱三部分组成。船头前部有跳台,似甲板,船头常做敞棚,供赏景用。中舱是主要空间,是休息、饮宴的场所,其地面比船头要低 1 ~ 2 级,有入舱之感,两侧常做长窗,坐着休息可有宽阔的视野,其屋顶一般做成船篷式样或卷棚顶。尾舱一般为两层建筑,下实上虚,上层状似楼阁,四面开窗以便远眺,其屋顶常做成歇山顶,轻盈舒展,典型的舫如拙政园香洲(见图 1-4-13)。

(五)楼阁

园林中的楼与阁相似,都是一种多层建筑,体量较大。楼阁凌空高耸,造型精美,在园林中的作用是赏景和控制风景视线,常成为全园艺术构图中心和该园的标志。现代园林中楼阁多为茶室、餐厅、接待室等。

(六)厅堂

东方古典园林中,厅堂作为主体建筑,在园林中占据主导地位。厅是古时会客、治事、礼祭的建筑,一般坐北向南,体形高大,厅有大厅、四面厅、鸳鸯厅等。

(七)轩、馆、斋、室

轩:类似古代的车子,取其空敞而又居高之意,无特定形制。在园林中,一般指地处高旷、环境幽静的建筑物,如拙政园"与谁同坐轩"(见图 1-4-14)。

图 1-4-13　香洲

图 1-4-14　与谁同坐轩

馆:古代是房舍建置的通称,后来主要指接待宾客或供饮宴娱乐的房舍。如北京颐和园的"听鹂馆"、苏州网师园的蹈和馆等。

斋:本来是宗教用语,用到园林上,主要取它"静心养性"之意,一般指用做书房、学舍的房屋,常建在较幽静的地方。

室:多为辅助性用房,位于园林边隅处或主体建筑翼侧。

三、园林建筑小品

园林建筑小品是指在一定的环境条件下,经过设计者艺术加工处理,具独特的观赏和使用功能的小型建筑设施。

(一)花架

花架是园林中以绿化材料做顶的廊,是攀缘植物的棚架,是建筑与植物结合的构筑物(见图 1-4-15)。

单片式花架

直廊式花架

环形花架

组合式花架

图 1-4-15　花架的实例

1. 花架的形式

(1)单片式。这种花架是最简单的网格式,其主要作用是为攀缘植物提供支架,在高度上可根据需要而定,在长度上可以任意延长,材料可用木材或钢铁制作,一般布置在面积较小的环境中,特别是一些庭院。

(2)独立式。这种花架在园林中一般是作为独立观赏的景物,在造型上要求较高,顶盖由攀缘植物的叶与蔓组成,架条由中心向外放射,一般布置在视线的焦点处。

(3)直廊式。这种花架在园林中是一种最为常见的形式。先立柱,再沿柱子排列的方向布置梁,在两排梁上按照一定的间距布置花架条,两端向外挑出悬臂,在柱与柱之间布置坐凳或花窗隔断,不但为游人提供休息场所,还具有良好的装饰效果。

(4)组合式。一般是直廊式花架与亭、景墙或独立式花架结合,形成一种更具观赏性的组合式建筑。

2. 花架的位置

(1)地形起伏处布置花架,随地形变化,形成一种类似山廊的效果。

(2)环绕花坛、水池、山石布置圆形的单挑花架,可为中心的景观提供良好的观赏点。

(3)园林或庭院中的角隅布置花架,采用俯建式或独立式。

(4)与亭廊、大门结合,形成一组内容丰富的小品建筑,使之更加活泼。

3. 设计要点

(1)花架与植物的搭配。在设计花架时,应注意环境与土壤条件,使其适应植物生长的要求;要考虑植物与花架的适应性,合理设置花架的高度、栅格的粗细、间距以及种植池的位置及大小,以利植物的生长和攀缘。

(2)花架的材料。常用的建筑材料有竹、木、石、钢筋混凝土、金属材料等;植物材料选择多为蔓性且有观赏价值的植物,如紫藤、凌霄、葡萄、金银花等。

(3)花架尺度与空间。花架尺度要与所在空间及观赏距离相适应,每个单元的大小要与总的体量相配合。

(4)花架造型。花架式样要与环境建筑协调,如西方建筑,花架可用柱式的造型。为了结构稳定及形式美观,柱间要考虑设花格与挂落等装饰,同时也能有助于植物的攀缘。

(二)台阶、蹬道

台阶、蹬道是游人在变化的地形中游览时重要的游览路线,可增加游人视线的竖向变化。在构图上可以分隔空间,打破水平构图的单调感,使游人产生美好的韵律感。

1. 类型

(1)开敞式。一般设置在景观效果良好的位置,游人在行走的过程中,随着视点的升高,周围的景物不断发生变化,有一种步移景异之感。

(2)半开敞式。一般设置在地势较险要的位置,其一面为其他物体所遮挡,而另一侧则设有围栏,游人可通过此面观赏景色。

(3)全封闭式。主要设置在山体的中部,两面均为山石,视线封闭,常常会创造出"山重水复疑无路,柳暗花明又一村"的景观效果。

2. 设计要点

当路面坡度超过12°就应设台阶,超过20°就必须设台阶,而且应有所提示,超过35°时在其一侧应设扶手栏杆,超过60°时应做蹬道。一般踏面宽为28～38 cm,步高15 cm左右,但不得低于10 cm或高于16 cm。若坡面较长、坡度较小而又必须做台阶时,可加大踏面宽度。考虑排水、防滑等的问题,踏面应做成稍有坡度,其适宜的坡度在1%左右。蹬道上升15～20级,应留出1～3 m作为平台供游人小憩。传统园林中多将石级或蹬道与池岸和假山结合起来,随地势起伏高下,与建筑楼阁相接,成为云梯。

(三)园路

1. 园路的功能

(1)组织交通。园路承担着游人的集散、疏导、组织交通的作用。此外,还满足园林绿化建设、养护、管理等工作的运输任务。

(2)划分空间。园林中常常利用道路把全园划分成各种不同功能的景区,同时又通过道路把各景区景点联系成一个整体。

(3)引导游览。园路中的主路和一部分次级路被赋予明显的导游性,能引导游人按照预定路线进行游赏,使景观像一幅连续的画呈现在游人面前。

(4)构成景观。利用园路的铺装形式进行某种园林意境的创造。如在一些古典园林中,通过中国化的吉祥图案铺地,带给人美好的祝愿。

2. 园路的类型

(1)主干道。联系园内各个景区、主要风景点和活动设施的路。宽 6 m 左右,转弯半径较大,路线相对较直,中小型绿地一般路宽 3 ~5 m,大型绿地一般路宽 6 ~8 m。

(2)次干道。设在各个景区内的路,它联系各个景点,对主路起辅助作用。考虑到游人的不同需要,在园路布局中,还应为游人由一个景区到另一个景区开辟捷径,一般宽 2 ~3 m,自然曲度稍大,有优美舒展的曲线线条。

(3)小路。又叫游步道,是深入到山间、水际、林中、花丛供人们漫步游赏的路。宽 0.8 ~2 m,把游人引向景观深处,给人以幽静、幽深的感觉。

(4)专用道。为便于园务运输、养护管理等的需要而建造的路。这种路往往有专门的入口,直通公园的仓库、餐馆、管理处、杂物院等处,并与主环路相通,以便把物资直接运往各景点。在有古建筑、风景名胜处,园路的设置应考虑消防的要求。

3. 设计要点

(1)回环性。园林中的路多为四通八达的环行路,游人从任何一点出发都能遍游全园,不走回头路。

(2)疏密适度。园路的疏密度同园林的规模、性质有关,在公园内道路大体占总面积的 10% ~12%,在动物园、植物园或小游园内,道路网的密度可以稍大,但不宜超过 25%。

(3)因景筑路。园路与景相通,所以在园林中是因景得路。

(4)曲折性。园路随地形和景物而曲折起伏,若隐若现,“路因景曲,境因曲深”,造成“山重水复疑无路,柳暗花明又一村”的情趣,以丰富景观,延长游览路线,增加层次景深,活跃空间气氛。

(5)多样性。园林中路的形式是多种多样的。在人流集聚的地方或在庭院内,路可以转化为场地;在林间或草坪中,路可以转化为步石或休息岛;遇到建筑,路可以转化为“廊”;遇山地,路可以转化为盘山道、蹬道、石级、岩洞;遇水,路可以转化为桥、堤、汀步等。路又以它丰富的体态和情趣来装点园林,使园林又因路而引人入胜。

4. 园路的铺装设计

园路进行铺装艺术设计,包括铺地的艺术形式、图案设计、材料设计、结构设计等。常见的园路铺装材料有石材、砖块、瓦、水泥预制块等。常见的园路铺地形式分为花街铺地、卵石路面、雕砖卵石路面、嵌草路面、块料路面、整体路面等。中国园林强调“寓情于景”,在面层设计时,有意识地根据不同主题的环境采用不同的纹样、材料来加强意境。路面上铺有以寓言故事、民间剪纸、吉祥用语、花鸟鱼虫等为题材的图案来装饰园林(见图 1-4-16)。

(四)园桥、汀步

园桥是跨越水面及山涧的园路;汀步是园桥的特殊形式,也可看做点(墩)式园桥。

1. 园桥的类型

按建筑材料可分为木桥、竹桥、石桥、铁桥、钢筋混凝土桥。按建筑形式可分为平桥、拱桥、曲桥、亭桥、廊桥、吊桥、铁索桥、浮桥等。

2. 园桥的设计要点

在园林中,园桥的位置、材料和体形要与周围环境相协调。园桥在设计时最好选在水

图 1-4-16　园路的铺装形式

面最窄处，桥身与岸线应垂直。一般大水面下方要过船或欲让桥成为园中一景时多选拱桥，宜宏伟壮丽，重视桥的体形和细部的表现；小水面多选平桥，宜轻盈质朴，简化其体形和细部；引导游览或丰富水中观赏内容时多选曲桥。水面宽广或水流湍急者，桥宜较高并加以栏杆；水面狭窄、水深较浅或水流平缓者，桥宜低并可不设栏杆。水陆高差相近处，平桥贴水，过桥有凌波信步之感；水位不稳定的可设浮桥。

3. 汀步

汀步又称步石。浅水中以游人步伐为尺度，按一定的间距布设块石，微露水面，供游人信步而过。汀步有时用钢筋混凝土创造出荷叶形、树桩或仿石板形，质朴自然，别有情趣。

（五）景门、景窗

景门、景窗具有进出交通及采光通风的作用，还可以联系和分隔空间，形成园林空间的渗透，达到园内有园、景外有景、变化丰富的意境效果。

1. 景门的形式

（1）仿生形，如月洞门、葫芦门、梅花门、汉瓶门、如意门等。

（2）几何形，如圆门、方门、多角形门等（见图 1-4-17）。

图 1-4-17　景门

2. 景窗的类型

(1)空窗,指不装漏花的空洞,常作为景框,与其后的竹丛、花木、山石等形成框景,起到扩大空间、增加景深的作用(见图 1-4-18)。

图 1-4-18　空窗

(2)漏窗,指在窗洞中设分格,透过漏窗看景物给人一种空间似隔非隔、景物似隐非隐的效果,增添园林的意境。漏窗分为花纹式和主题式(见图 1-4-19)。

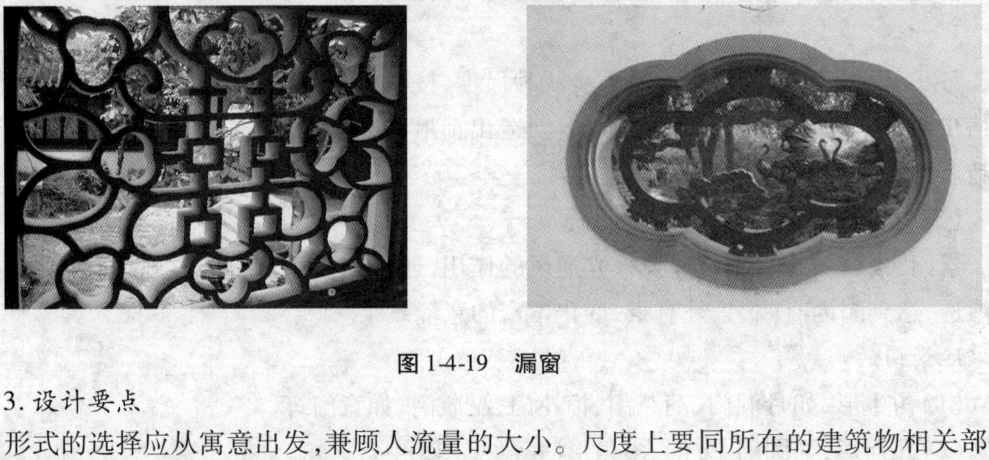

图 1-4-19　漏窗

3. 设计要点

形式的选择应从寓意出发,兼顾人流量的大小。尺度上要同所在的建筑物相关部分的尺度相协调,与周围环境相统一,丰富景观效果。

（六）园凳、园桌

1. 功能

园桌、园凳不仅是提供休息、赏景的设施，还点缀园林环境，成为园林装饰性小品。

2. 位置

（1）在路的两侧设置时，宜交错布置，切忌正面相对，会影响游人的交谈。

（2）在园路的拐弯处设置坐凳时应开辟出一小空间，以免影响游人的通行。

（3）在规则式广场设置坐凳时，宜布置在周边，以免影响他人的活动。

（4）在路的尽头设置坐凳时应在尽头开辟一小场地，将园凳布置在场地周边。

（5）在选择园凳位置时，必须考虑游人的使用要求，特别是在夏季，园凳应安排在落叶阔叶树下。夏季乘凉，冬季晒太阳，在北方尤为重要。

3. 设计要点

常见的形式有长条直凳、圆凳、仿动植物造型凳、自然山石桌凳等（见图1-4-20）。为了互不干扰，坐凳间一般要保持10 cm以上的距离。如能利用地形、植物山石等适当分隔空间，创造一些相对独立的小环境，以适应各类游人的需要。坐凳的尺度要适当，符合人体的尺度，高度宜在30 cm左右，使人感到舒适。

图1-4-20　园凳的实例

（七）园林围栏

1. 功能

园林围栏不仅具有防护的功能，还点缀装饰园林环境，用于园林景观的需要；分隔园林空间，组织疏导人流及划分活动范围；改善城市园林绿地景观效果，能从视觉上扩大绿地空间，美化市容。

2. 设计要点

园林围栏的材料常见的有竹材、钢筋混凝土、木材、金属材料等。围栏的尺寸包括围栏的高度和每组围栏的长度。以防范作用为主的围栏应高一些，一般为 1.5 ~ 2.0 m；用于分区边界及危险处、水边、山崖边，高 0.8 ~ 1.2 m；而以观赏或陪衬作用为主的围栏可低一些，一般为 0.3 ~ 0.5 m。围栏的长度分为单组长度和总长度，总体长度和高度要求保持一定的比例关系。一般来讲，如果总体长度较长且高度在 1 m 以上时，要求每组围栏的长度在 2.5 ~ 3 m；而高度较低的每组长度要短些，可以在 1.5 ~ 2 m。

（八）雕塑小品

园林雕塑以观赏、装饰性为主，是一种具有三维空间、有强烈感染力的造型艺术。现代园林中，利用雕塑艺术充实造园意境。雕塑小品的题材不拘一格，形体可大可小，刻画的形象可具体、可抽象，表达的主题可严肃、可轻松，根据园林造景的性质、环境条件而定。

1. 类型

（1）具象雕塑，是一种较易被接受和理解的艺术形式，基本上以写实和再现客观对象为主，也有在保证真实形象的基础上，适当夸张变形。具象雕塑具有形象语言明晰，指导意义确切，容易与观赏者沟通的特点（见图 1-4-21）。

图 1-4-21　具象雕塑的实例

（2）抽象雕塑，指打破自然中的真实形象，多运用点、线、面、体块等抽象符号加以组合，具有强烈的感情色彩和视觉震撼力的一种艺术形式（见图 1-4-22）。

2. 设计要点

（1）应考虑与周围环境的关系，既要保持协调，又要有良好的观赏距离和角度。园林小品雕塑可配置于规则式园林的广场、花坛、林荫道上，也可点缀在自然式园林的山坡、草地、池畔或水中。

图 1-4-22　抽象雕塑的实例

(2)尺度要有合适的比例,并考虑雕塑本身的朝向、色彩及背景关系,使雕塑与园林环境相得益彰。

第四节　园林植物设计

植物是绿化的主体,植物造景是园林工程的主要手段。配植是植物造园的基本手法,因此绿化工程就会自然成为园林工程技术方面不可缺少的部分。绿化工程即栽种工程,是造园的主要工程。园林植物配植包括两个方面:一方面是各种植物之间的艺术配植,另一方面是园林植物与其他园林各要素(如山石、水体、园林建筑和小品、园路等)之间的巧妙配合。绿化工程是按照园林植物种植设计施工图或一定的计划,根据植物生态特性和栽培技术条件完成植物栽植任务和养护的过程。要保证植物成活和正常生长,并且达到园林景观设计效果,绿化工程必须遵循一定的操作规程,才能保证工程质量。

一、园林植物的类型

园林植物是指能绿化、美化、净化环境,具有一定观赏价值、生态价值和经济价值,适用于人们生活环境、丰富人们精神生活和维护生态平衡的栽培植物。

(一)依生物学特性分类

1. 木本园林植物

(1)乔木类。主干明显而直。如广玉兰、悬铃木、樟树等。

(2)灌木类。无明显主干,一般植株较矮小,分枝从接近地面的节上开始,呈丛生状。如月季、铁梗海棠、栀子花、珍珠梅等。

(3)藤本类。茎木质化,长而细软,不能直立,需缠绕或攀缘其他物体才能向上生长。如紫藤、凌霄、地锦、常春藤等。

2. 草本园林植物

(1)一年生草本园林植物。在一年内完成其生命周期。如鸡冠花、百日草、万寿菊、一串红等。

(2)二年生草本园林植物。在两年内完成其生命周期。如金盏菊、紫罗兰、飞燕草、虞美人等。

(3)球根园林植物。均为多年生草本。具有地下茎或根变态形成的膨大部分。如唐菖蒲、美人蕉、百合、石蒜等。

(4)宿根园林植物。地下部分形态正常,不发生变态,宿根存在于土壤中,冬季可在露地安全越冬。如芍药、香石竹、蜀葵、文竹等。

3. 水生园林植物

生长发育在沼泽地或不同水域中的植物。如荷花、浮萍、芦苇等。

4. 多浆、多肉类园林植物

具有旱生、喜热的生理特点,以及植物含水分多,茎或叶特别肥厚,呈肉质多浆的形态。如仙人掌、芦荟、虎刺梅、长寿花等。

(二)依植物观赏部位分类

1. 观花类

包括木本观花植物和草本观花植物。如玉兰、杜鹃、碧桃、大丽花、唐菖蒲、一串红等。

2. 观叶类

以观赏叶形、叶色为主的园林植物。颜色鲜艳,观赏期长,观赏价值较高。如黄栌、红枫、橡皮树、苏铁等。

3. 茎类

茎干因色泽或形状不同于其他植物而具有独特的观赏价值。如佛肚竹、白皮松、红瑞木、紫薇等。

4. 观果类

果实色泽美丽,经久不落,果实奇特,色形俱佳。如石榴、火棘、山楂、金橘等。

5. 观姿态类

以观赏园林树木的树形、树姿为主。如雪松、合欢、龙柏、龙爪榆等。

6. 观芽类

芽特别肥大美丽。如银柳、结香等。

（三）按栽培方式分类

1. 露地园林植物

在自然条件中生长发育的园林植物。

2. 温室园林植物

必须使用温室栽培或越冬养护的园林植物。

（四）按植物对环境的要求分类

1. 耐寒性园林植物

0 ℃以下的低温能安全越冬。如三色堇、金鱼草、玉簪、雏菊等。

2. 半耐寒性园林植物

能耐0 ℃以下需保护才能安全越冬。如石竹、福禄考、紫罗兰、美女樱等。

3. 不耐寒性园林植物

在北方不能露地越冬，10 ℃以上的温度条件才能安全越冬。如富贵竹、竹芋、叶子花、扶桑等。

（五）按植物对光周期的要求分类

1. 短日照植物

每天光照时数在12 h以下才能进行花芽分化和开花，而在长日照条件下不能开花、结果。如菊花、一品红、叶子花、大丽花等。

2. 长日照植物

与短日照植物相反，日照时数在12 h以上才能正常进行花芽分化、开花、结果。如唐菖蒲、八仙花、瓜叶菊等。

3. 中日照性植物

花芽分化和开花不受光照时数长短的限制。如仙客来、月季、一串红、矮牵牛等。

（六）按植物对光照强度的需求分类

1. 阳性植物

在阳光充足的条件下才能生长。如鸡冠花、石榴、半支莲等。

2. 中性植物

一般喜阳光充足，但在微阴下生长良好。如扶桑、天竺葵、仙人掌等。

3. 阴性植物

只有在一定荫蔽环境下才能生长良好的植物。如秋海棠、杜鹃、万年青等。

4. 强阴性植物

要求荫蔽度在80%左右，500～1 000 lx光照强度下才能正常生长的植物。如蕨类植物、兰科花卉等。

（七）按植物对水分的要求分类

1. 旱生植物

适应干旱环境下生长的植物。如仙人掌类植物、景天类植物等。

2. 中生植物

既能适应干旱环境，也能适应多湿环境的植物。如月季、牡丹、山茶花等。

3. 湿生植物

喜欢土壤疏松和空气多湿环境的花卉。如兰花、马蹄莲、杜鹃花等。

4. 水生植物

植物体或根部必须生活在水中或潮湿地带，遇干旱则枯死。如荷花、凤眼莲、浮萍等。

(八)按园林应用方式分类

1. 花坛植物

如鸡冠花、金盏菊、矮牵牛、美女樱等。

2. 绿篱植物

如侧柏、小叶黄杨、贴梗海棠、南天竹等。

3. 防护植物

如火炬树、栾树、刺槐等。

4. 地被植物

如三叶草、黑麦草、结缕草等。

5. 庇荫植物

如龙爪槐、七叶树、悬铃木等。

6. 攀缘绿化植物

如爬墙虎、常春藤、牵牛花等。

7. 棚架植物

如葫芦、葡萄、野荞麦花等。

8. 行道树

如银杏、国槐、女贞等。

9. 盆景植物

如罗汉松、五针松、迎春等。

10. 室内装饰植物

如龟背竹、茉莉、水仙花等。

(九)按树木的性状分类

1. 针叶树类

(1)常绿针叶树，如雪松、柳杉、罗汉松等。

(2)落叶针叶树，如金钱松、水杉落叶松等。

2. 阔叶乔木类

(1)常绿阔叶乔木，如广玉兰、香樟、楠木等。

(2)落叶阔叶乔木，如悬铃木、榉树、泡桐等。

3. 阔叶灌木类

(1)常绿阔叶灌木，如海桐、黄杨、栀子花等。

(2)落叶阔叶灌木，如紫荆、贴梗海棠、蜡梅等。

4. 藤本类

(1)常绿藤本，如常春藤、络石、扶芳藤等。

(2)落叶藤本，如地锦、凌霄、紫藤等。

5. 匍匐类

如铺地柏、迎春等。

6. 竹类

如凤尾竹、毛竹、刚竹、紫竹等。

(十)按树木的实用价值分类

1. 行道树

如悬铃木、槐树、重阳木、合欢、三角枫、银杏、栾树、泡桐、白蜡树、鹅掌楸、七叶树、榉树、椰子、蒲葵等。

2. 绿荫树

如常绿树种石楠、广玉兰、女贞、冬青等,落叶树种槐树、合欢、银杏、栾树等,藤本植物紫藤、地锦、络石、常春藤等。

3. 隐蔽树

如千头柏、侧柏、女贞、木槿、石楠、夹竹桃、棕榈、芭蕉、凤尾竹等。

4. 绿篱树种

如南天竹、大叶黄杨、金叶女贞、榆叶梅、火棘、月季等。

5. 孤植树

如白皮松、鸡爪槭、元宝枫、樱花、海棠、碧桃、银杏、合欢、七叶树、雪松、鹅掌楸、紫薇等。

二、园林植物的作用

(一)生态作用

植物能在园林绿地中创造舒适的小气候,形成良好的小气候环境,即能够调节温度、调节湿度、调节气候;能够对城市环境起保护和改善作用,即可以维护二氧化碳和氧气的平衡;吸收有害气体,吸滞尘埃,净化空气,减少噪声,净化水体,防止水土流失。

(二)观赏作用

园林植物的树形、叶、花、果、树皮等都具有重要的观赏作用,园林植物的形态、色彩、香味等都具有独特和丰富的景观作用。

(三)造景作用

园林植物作为园林中的组成要素,具有很强的造景作用。

(1)园林植物在园林中可以作为主景,能够充分表现园林植物的观赏作用。

(2)园林植物还可以作背景,与其他园林要素形成鲜明的对比,从而突出园林植物的群体效果和整体感。

(3)园林植物能够组织和分隔空间,利用园林植物屏障视线,分隔和引导视线。

(4)园林植物能够对园林建筑物和构筑物起立体的装饰作用,达到软化线条的效果。

三、园林植物的种植设计原则

(一)满足园林绿化的性质和功能要求

各类园林绿地常具有不同的性质和功能,如街道绿地的目的就是满足遮阴、美化街景、组织交通等，所以植物种植就要满足其功能；居住区绿地的功能是调节居住区的小气候、改善卫生条件、美化环境等，所以绿地的植物种植就要考虑一定的规模，同时还要注意植物的选择要求，如无飞毛、飞絮，无毒，无刺，无臭味等要求。

（二）满足园林艺术的构图需要

1. 要符合园林的总体布局要求

园林的总体布局为规则式，则园林植物常常采用规则式的布局手法，如乔灌木对植、行植、列植等，而园林植物在自然式布局中则采用丛植、群植、林植等形式。

2. 要考虑园林季相景观效果

园林植物的景观要随季节的变化而变化，在不同的季节中有不同的植物景观，就是表现出园林植物特有的艺术效果，尽量达到春花、夏荫、秋实、冬绿的四季景观效果。

3. 要充分发挥园林植物的观赏特征，追求园林的意境

园林植物的观赏特征是多方面的，如园林植物的观形、观花、观果、观叶、闻味、听声等方面丰富多彩。

4. 要注重考虑园林景观层次的设计

园林植物的种植设计不仅要考虑个体植物的观赏效果，还要考虑植物群体的景观效果，从而形成丰富的林冠线和林缘线；同时还需要考虑园林植物与其他园林组成要素之间的相互协调，使之成为一个完整的统一体。

（三）满足园林植物生长的生物学特性和生态要求

要创造良好的园林植物景观效果，就必须保证园林植物能够正常生长 。因此，要因地制宜，做到适地适树，使园林植物的生态习性与栽植地的生态条件相符。在种植设计时要对选择植物的生态习性和栽植地的生态环境全面了解，尽量选择乡土树种，合理选用外来植物，这样才能达到理想的种植效果。

（四）满足合理的种植密度

园林植物合理的种植密度直接影响到功能的发挥。从长远考虑，要根据成年树木生物树冠大小来确定种植距离。从近期景观考虑可计划密植，到一定时期后再进行疏植，从而达到园林植物合理的生长密度。同时在确定密度时还应该兼顾速生树与慢生树、常绿树与落叶树之间的比例，就能保证在一定的时间内园林植物群落的稳定性。

（五）满足注重植物造景的经济条件

在进行植物种植设计时，一定要注意经济原则，尽量考虑园林景观经济效率。在规划设计时尽量保留园林绿地的原有树种，慎重使用大树造景，合理使用珍贵树种，大量应用乡土树种等，同时还要考虑养护管理费用。

四、乔、灌木的配置形式

在整个园林植物中，乔、灌木是骨干材料，在园林绿化工程中起骨架支柱作用。乔、灌木具有较长的寿命，独特的观赏价值、经济生产作用和卫生防护功能，并且乔、灌木的种类多样，既可单独栽种，也可与其他材料组成丰富多变的园林景观，在园林绿地中占的比重较大。乔、灌木种植设计形式有规则式配置与自然式配置两种。

（一）规则式配置

规则式配置是指选择枝叶茂密、树形美观、规格一致的树木成整齐对称的几何图形的配置方式。

1. 对植

对植是按照一定的轴线关系相互对称或均衡的种植方式。可分为对称式对植和非对称式对植，在园林构图中只能作配景，起陪衬和烘托的作用。

对称式对植可以采用中轴线两侧种植的树木在数量、品种、规格上都要求对称一致（见图1-4-23、图1-4-24），也可以沿构图中轴线左右配置的树木采用株数不同、树种相同的树木，但姿态形状要相似。如中轴线左侧是一株大树，右侧为同种两株小树（见图1-4-25）。甚至还可以在中轴线两侧布置树种不同但相似的两个树丛，构成夹景。主要用于强调公园、建筑、道路、广场的出入口，起遮阳和装饰美化的作用。

图1-4-23　对称式对植（一）

图1-4-24　对称式对植（二）

图1-4-25　对称式对植（三）

非对称式对植是只强调一种均衡的协调关系。即种植在构图中轴线两侧采用同一树种，但大小不一，树姿不同。其中较大的树木离中轴线的垂直距离比较小的树木近些，与构图取得均衡和协调。常常配置在自然式园林的入口两侧，桥头、蹬道口的两旁，非对称式建筑的入口等地。

2. 列植

列植是指植物按照一定的株距成行种植。形成的景观比较整齐、单纯、气势大，多用于道路旁、广场、林带、河边等。

列植可分为等行等距和等行不等距两种形式。等行等距多用于规则式园林绿地或混合式园林绿地规则式构图部分；等行不等距多用于园林绿地规则式向自然式的过渡地带，如水边、广场边、路边、建筑旁等。列植的树种选择树冠体形比较整齐、枝叶茂盛的。株行距的确定应根据树木的种类和所需要的郁闭度而定。一般大乔木株行距为 5 ~ 8 m，中、小乔木为 3 ~ 5 m，大灌木为 2 ~ 3 m，小灌木为 1 ~ 2 m。在种植时还应注意与周围环境的关系。如周围建筑、地上地下管线等，但也应保证种植设计要求的最小种植距离。

3. 绿篱

绿篱是指由小乔木和灌木以近距离的株行距密植，栽植成单行或双行紧密结构的规则种植形式。

1）绿篱的作用

（1）最古老、最原始、最普遍的作用是防范作用。

（2）作为规则式园林的区划线，规则式园林中，常以中篱作为分界线，以矮篱作为花境的镶边及花坛和观赏性草坪的图案花纹。

（3）作为屏障和组织空间之用。园林中常以绿篱屏障，分隔组成不同功能的空间，如安静休息区和儿童活动区需分隔开，减少干扰，这种绿篱宜采用常绿树组成的高于人的视线的绿篱。

（4）为喷泉、雕塑、花境等的背景。在园林中常以绿树修剪或多种形式的绿墙作为喷泉、雕塑的背景，其高度与主景相宜，色彩选择无反光的暗深色树种为好。作为花境的绿篱多为常绿的高篱或中篱。

（5）绿篱可美化挡土墙，在园林绿地中，有高差的两地间的挡土墙前面，常种植绿篱，以避免其立面上的单一，使得挡土墙的立面得以美化，起到立体的装饰作用。

2）绿篱的类型

（1）根据高度不同可分为：绿墙（1.6 ~ 3.5 m）、高绿篱（1.2 ~ 1.6 m）、中绿篱（0.5 ~ 1.2 m）、矮绿篱（低于 0.5 m）（见图 1-4-26 ~ 图 1-4-30）。

图 1-4-26　绿篱（一）

图 1-4-27　绿篱（二）

图 1-4-28　绿篱(三)

图 1-4-29　绿篱(四)

图 1-4-30　绿篱(五)

(2)根据功能要求与观赏要求不同可分为以下几类。

常绿篱:由常绿树栽植而成。常用的树种有大叶黄杨、侧柏、冬青、千头柏等。

落叶篱:由落叶树栽植而成。一般在华北、东北地区常用。如榆树、红棉木、紫穗槐、小叶女贞等。

花篱:由观花树木栽植而成,是园林中较为精美的一种。一般选择植物花朵数量多,体量小,颜色鲜艳的。如迎春、茉莉、桂花、六月雪等。

观果篱:由具有观赏价值的结果树木栽植而成。一般选择植物果实数量多,体量小,颜色鲜艳,挂果期长的。如火棘、金银木、紫珠等。

刺篱:由带刺树木栽植而成。在园林中起防范作用。如花椒、蔷薇、刺柏、玫瑰等。

蔓篱:由攀缘植物栽植而成。在园林中主要用来围护和做景墙用。如常春藤、爬墙虎、紫藤、凌霄、金银花等。

编篱:将植物的枝条编结形成。常常做成网状或格状,起隔离和防范作用。如木槿、紫薇、叶子花等。

(3)根据是否修剪可分为整形绿篱和不整形绿篱。

整形绿篱：绿篱修剪成具有几何形体的形式，称为整形绿篱，一般选用生长慢、分枝点低、结构紧密、不需大量修剪或耐修剪的常绿小乔木或灌木，它常用于规则式园林中。

不整形绿篱：一般不加修剪或仅作一般修剪，分枝点低，下部枝叶保持茂密，呈半自然生长的绿篱，它多用于自然式的园林中。

(4)根据生态习性可分为常绿绿篱、半常绿绿篱和落叶性绿篱。

3)绿篱植物的选择和养护

(1)绿篱植物的选择。从本地区的环境条件(气温、日照、土壤条件)出发，选择生长旺盛、抗性强、容易繁殖的植物做绿篱，要求生长速度缓慢、分枝点低、株丛紧密、萌蘖能力强、耐修剪等。首先植物材料本身应适合密植，在紧密栽植的条件下仍能正常生长或开花；其次是枝叶茂密，耐修剪和萌芽力强，修剪以后能较快布满枝叶，保特旺盛的生长势。一般绿篱株距为0.3～0.5 m，行距为0.4～0.6 m；绿墙的株距为1～1.5 m，行距为1.5～2 m。

(2)绿篱植物的养护。栽植绿篱前要整地，施底肥。放样后挖出种植沟，一般深度30～50 cm，栽植时期常绿树种以春季及梅雨季节施工较为安全；落叶树种宜在萌动前和落叶后施工。修剪是绿篱的管理措施，每年最少修剪两次，才能维持较稳定的造型，通常根据绿篱植物的生态习性不同，在春季、雨季或晚秋进行，但对于花篱和观果篱来说，则要根据开花习性确定修剪时间。

(二)自然式配置

1.孤植

孤植是指乔木或灌木的孤立种植类型，但并非只能栽种一棵树，也可将2～3株同一树木紧密地种在一起(必须是同一树种且栽植距离小于1 m)，形成一个单元。孤植在园林中是为了体现个体美，作为主景或为构图需要而种植。常布置在空旷地或局部空间作为观赏主景，或以蔽荫为主作为侧景，选择树冠荫浓、体态潇洒、秀丽多姿、花繁色艳、观叶观果类树种，以反映树木的个体美(见图1-4-31、图1-4-32)。

图1-4-31　孤植(一)

图1-4-32　孤植(二)

配植方法：

(1)布置在草坪或院落的中央,留有适当的观赏距离,形成局部构图中心。与周围的景物取得协调。

(2)布置在开朗的水边、河畔等水系旁,以水体为背景,形成景点,可供游人庇荫观赏远景。

(3)配植在眺望远景的高地上,既可以供游人驻足纳凉、赏景,又能丰富高地、山冈的天际线。

(4)布置在自然式园林中的园路、水滨的转弯处或假山蹬道等地方,作为诱导树,吸引游人前往观赏。

(5)布置在公园铺装广场的边缘、人流较少的区域、园林透景框外等地方。以蓝天、白云、草坪、水面为背景,出现风景层次。在大草坪、大水面、山冈等地孤植树应选择体形雄伟、树冠轮廓丰富的树种,形成对比,以衬托出孤植树的个体美。如香樟、雪松、枫香、银杏等。在较小的草坪、小溪、假山石旁,孤植树应选择树形姿态优美的彩叶植物或芳香树种,如紫叶李、红枫、樱花、鸡爪槭等。较小的空间配置孤植树,应避开中轴线,使其偏向一方,选小巧玲珑、线条优美、色彩艳丽的。山水园中孤植须与山水风格协调,树姿盘曲。一处园林中可用2~3株形成艺术景观(见图1-4-33)。

2. 丛植

丛植是由两株到十几株同种或异种,乔木或灌木组合种植而成的种植类型。在园林绿地中运用广泛,是园林绿地中重点布置的种植类型,是组成园林空间构图的骨架。丛植是具有整体效果的植物群体景观,主要反映自然界植物小规模群体植物的形象美(群体美)。这种群体美又是通过植物个体之间的有机组合与搭配来体现的(见图1-4-34)。丛植除可作为局部空间的观赏主景外,也可有蔽荫、诱导、配景等作用。可布置在大草坪的中央、水边、土丘等地作为主景,还可以布置在出入口、园路的交叉口和转弯处,诱导游人欣赏园林景观。丛植树种的设计应注意当地的自然条件和总的设计意图,掌握树种个体的生态习性和个体主景的相互影响、与周围环境主景的关系,选择树种少,保持树丛的稳定,才能达到理想效果。丛植的基本形式有两株配合、三株配合、四株配合、五株配合。

图1-4-33　孤植(三)

图1-4-34　丛植

1)两株丛植

两株丛植在一起,配置方法根据具体构图的要求而不同。树种选择要求一般为同种树种,但体量、大小、姿态等有差异。栽植距离应小于两树冠半径之和(见图1-4-35)。

图1-4-35 两株丛植

2)三株丛植

三株丛植的配置形式要符合三不原则:树种的大小不同,不能成直线,距离不等。即不能成等边三角形的构图。三株丛植树种选择最好是同一树种,也可以是两个不同的树种。同一树种应是最大的与最小的稍靠近些,中间大小的稍远离些(见图1-4-36)。不同树种则最大的和次大的宜为一个树种,最小的为另一树种。

3)四株丛植

四株丛植不能成直线、等边三角形、正方形构图,最好成不等边三角形或不等边四边形,并且不能两两分组,最理想的分组方式是3:1,其中分出来的一株不能是最大的也不能是最小的(见图1-4-37)。

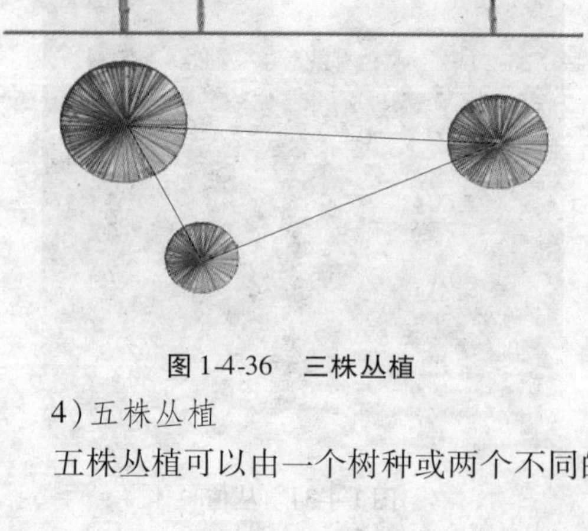

图1-4-36 三株丛植

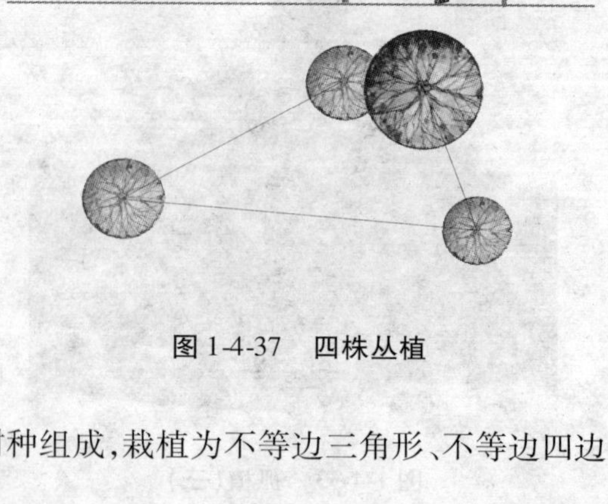

图1-4-37 四株丛植

4)五株丛植

五株丛植可以由一个树种或两个不同的树种组成,栽植为不等边三角形、不等边四边形或不等边五边形。分组方式为3∶2或4∶1（见图1-4-38、图1-4-39）。

图1-4-38　五株丛植（一）

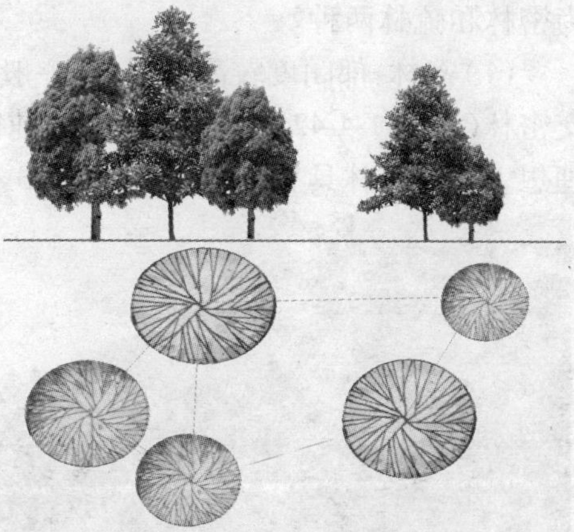

图1-4-39　五株丛植（二）

丛植树种的选择上，一般10株以下树种配置时最多只能选择3种树种，10～19株树丛植时最多只能选择5个不同树种。

3. 群植

群植是指由20～30株以上同种或异种，乔木或乔、灌木组合成群栽植的种植类型。可分为单纯群植和混交群植两种（见图1-4-40、图1-4-41）。

图1-4-40　单纯群植

图1-4-41　混交群植

单纯群植可表现树木的整体美，观赏树木的层次、外缘、林冠等。在园林中可作为主景和背景。在构图设计时应注意长度小于50 m，树木种植距离疏密有致，任意三株构成斜三角形，切忌成行、成排、成带状种植。单纯群植由同种树种组成，林下可配耐阴的宿根花卉或地被植物作点缀。

混交群植是主要形式，一般要求3～5层次，即乔木层、灌木层、草本层三个层次或大乔木层、亚乔木层、大灌木层、小灌木层、多年生草本层，形成丰富的林冠线变化。群植中树木的组合一定要结合其生态条件，不得单纯从景观构图出发，任意组合。还应注意树群的景观季相变化。

4. 林植

林植是指成片、成块状大量栽植乔、灌木，构成林地和森林景观的种植形式，也称树林或风景林。多用于大面积公园安静区、风景游览区或休养、疗养区及卫生防护林带。可分为密林和疏林两种。

(1)密林:郁闭度较高的树林,一般郁闭度在0.7~1.0。密林又可分为单纯密林和混交密林(见图1-4-42、图1-4-43)。单纯密林具有简洁、壮观的特点,但季相景观和稳定不理想。混交密林具有多层结构,通常3~4个层次,类似于树群,但规模大。

图1-4-42　单纯密林

图1-4-43　混交密林

(2)疏林:郁闭度在0.4~0.6的树林。疏林多以单纯乔木林为主,通常与草地结合,形成疏林草地的形式。树木的栽植距离一般为10~20 m,最小以不能小于成年树冠冠径为准。在树种的选择上要求有较高的观赏价值或形态优美,树木生长健壮,无病虫害,注意要有一定的落叶树种。

五、花卉的种植设计

花卉种类繁多、色彩鲜艳、繁殖容易,生育周期短,因此花卉是园林绿地中常用做重点装饰和色彩构图的植物材料,布置于出入口、广场的装饰,公共建筑附近的陪衬和道路两旁及拐角、树林边的点缀。花卉的种植形式有专类花园、花坛、花境、花丛和花群、花台和花池以及活动花坛等。

(一)专类花园

(1)专类花园。一类是把同一属内不同种或同一个种内不同品种的花卉,按照它们的生态习性、花期早晚的不同以及植株高低和色彩上的差异等种植在同一个园子,常见的专类花园有月季园、丁香园、牡丹园、鸢尾园、杜鹃园等。

另一类是把同一个科或不同科的花卉,但具有相同的生态习性或花期一致,种植在同一园子里。常见的专类花园有岩石园或高山植物专类园、水生植物专类园、多浆类植物专类园等。

(2)主题性花园。按照植物的某一特征而建立的花园。常见的有芳香类植物园、观花类植物园等。

专类花园设计要点:整体规划以植物的生态习性为基础,适当进行地形调整或改造,平面构图可采用规则式、自然式或混合式。在景观表现上既突出植物的个体美,又能在最佳观赏期集中展现同类植物的群体观赏特点。在种植设计上,既要把不同花期、不同园艺品种植物进行合理搭配来延长观赏期,还可运用其他植物或园林要素与之搭配、加以衬托,从而达到四季有景可观的效果。

(二)花坛

花坛是指在具有一定的几何形状的种植床内种植各种园林观赏植物,组成具有鲜艳色彩或华丽纹样的形式。花坛在环境中可作为主景,也可作为配景。花坛的应用越来越广泛,形式也是多种多样。

1. 花坛的类型

(1)根据规划设计形式可分为独立花坛、花坛群、花坛组群、带状花坛群、连续花坛群。

①独立花坛:在园林构图中作为局部的主体,常布置在建筑广场的中心、小型或大型公共建筑正前方、公园出入口的空旷处、道路的交叉口等地(见图1-4-44)。独立花坛的平面构成总是对称的几何形状,有单面对称的,也有多面对称的。独立花坛以观赏为主,花坛内不设道路,所以为了使观赏纹样清晰,其面积也不宜过大。独立花坛的位置可布置在平面或斜坡上。

图1-4-44　独立花坛

②花坛群:是指由多个个体花坛组成的一个不可分隔的构图整体,个体花坛间为草坪或铺装地,并且个体花坛间的组合有一定的规则,表现为单面对称或多面对称,其构图中心可是独立花坛,还可配以其他园林景观小品,如水池、喷泉、纪念碑、园林雕塑等。花坛群常布置在建筑广场中心、大型公共建筑前面或规则式园林的构图中心(见图1-4-45、图1-4-46)。

③花坛组群:由几个花坛群组合成为一个不可分割的构图整体时,这个构图整体就称为花坛组群。花坛组群的规模要比花坛群更大。花坛组群通常布置在城市大型建筑广场上、大型的公共建筑前面,或是在大规模规则式园林中。花坛组群的构图中心常常是大型的喷泉、水池、假山、雕像。

④带状花坛群:是指宽度在1 m以上,长比宽大4倍以上的长条形花坛。带状花坛群是连续构图,在连续风景中带状花坛群可作为主体来运用,也可作为配景、草坪花坛的镶边、道路两侧或建筑墙基的装饰。带状花坛群可以是模纹式的、花丛式的或标题式的。

图 1-4-45 花坛群(一)

图 1-4-46 花坛群(二)

⑤连续花坛群:许多个独立花坛或带状花坛,成直线排列成一行,组成一个有节奏规律的不可分割的构图整体时,称为连续花坛群。连续花坛群是连续风景的构图。连续花坛群通常总布置在两侧为通路的道路、林荫道、大型的铺装广场、草地上等。连续花坛群的演进节奏,可以用两种或三种不同个体花坛来交替演进,连续构图中,要有起点、高潮、结束等安排,常常用水池、喷泉、雕塑园林小品等来强调装饰。

(2)按表现主题不同可分为盛花花坛、模纹花坛、标题花坛、装饰物花坛。

①盛花花坛:包括花丛式花坛、带状花丛花坛、花缘。花丛式花坛的长度与宽度的比在 1:1到 1:3之间,可以是平面的,也可以是立体的,这种花坛一般总是作为主景应用,放置在广场中央、建筑物正前方。花缘的宽度通常不超过 1 m,长轴的长度比短轴要大至少 4 倍以上。花缘由单独一种花卉做成,花缘不作为主景处理,仅作为花坛、带状花坛、草坪花坛、草地、花境、道路、广场基础栽植等镶边之用。

②模纹花坛:包括毛毡式花坛、带状模纹花坛、采结式花坛、浮雕花坛。

毛毡式花坛:应用各种观叶植物组成精美复杂的装饰图案,花坛的表面常修剪得十分平整,成为平面或和缓的曲面,整个花坛好像是一块华丽的地毯,所以称为毛毡式花坛。红绿苋是毛毡式花坛中最理想的材料。也可以选择其他低矮的观叶植物,或花期较长、花朵较小又密的低矮观花植物来组成。植物必须高矮一致、花期一致,而且观赏期要长,一般不常用。

采结式花坛:纹样主要是模拟由绸带编成的绳结式样而来的。主要应用锦熟黄杨、紫罗兰、百里香、薰衣草等,按照一定的图案纹样种植起来,成为结子的纹样,要求图案的线条粗细都相等。绳结与绳结之间用其他植物材料。

浮雕花坛:装饰纹样一部分凸出于表面,另一部分凹陷,好像木刻和大理石的浮雕一般,通常凸出的纹样由常绿小灌木组成,凹陷的平面栽植低矮的草本植物。

③标题花坛:在形式上和模纹花坛是没有区别的,但其表现的主题却不相同。模纹式花坛的图案完全是装饰性的,没有明确的主题思想,而标题花坛包括文字花坛(最好设计在斜面上)、肖像花坛(技术难度最高)、图徽花坛(图徽是庄严的,设计必须严格符合比例尺寸,不能任意改动)、象征性图案花坛(图案要有一定的象征意义,但并不是像图徽花坛那样具有庄重及固定不变的意义,图案可以由设计者任意改变)等,但每类都具有明确的

表现主题。

④装饰物花坛：也是模纹花坛的一种类型，但是这些花坛具有一定实用的目的。包括日晷花坛、时钟花坛、日历花坛、毛毡瓶饰等。

(3)根据构图形式可分为规则式、自然式、混合式。

(4)按形态可分为平面花坛、主体花坛、花拱形体、组合花坛。

(5)按观赏季节可分为春花花坛、夏花花坛、秋花花坛、冬花花坛。

(6)按空间位置可分为平面花坛、斜面花坛、立体花坛。

①平面花坛：花坛表面与地面平行，主要观赏花坛的平面效果，包括沉床花坛或稍高出地面的花坛。

②斜面花坛：花坛设置在斜坡或阶地上，也可以布置在建筑的台阶两旁或台阶上，花坛表面为斜面，是主要观赏面。

③立体花坛：立体花坛除了有平面上的表现能力外，还向空间伸展，具有竖向景观，常包括造型花坛、标牌式花坛等形式。造型花坛是采用模纹花坛的手法，运用五色苋或小菊等草本观叶植物制成各种造型物，如动物、花篮、花瓶、亭、塔等(见图1-4-47、图1-4-48)。标牌式花坛是用植物材料组成的竖向牌式花坛，多为一面观，使图案成为距地面一定高度的垂直或斜面的广告宣传牌样式。

图1-4-47　立体花坛(一)

图1-4-48　立体花坛(二)

(7)按花坛的观赏期长短不同可分为永久性花坛、半永久性花坛、季节性花坛、节日性花坛。

①永久性花坛:利用露地常绿木本植物、草坪和彩色砂做的模纹花坛,是观赏期最长的花坛。这种花坛每年只要定期地修剪、施肥,可以维持10年以上,这类花坛在大面积的花坛群中应用最经济,但是这种花坛在纹样上虽然可以丰富,不过色彩构图上不够华丽。

②半永久性花坛:一类是以草坪花坛为主体,在草坪上用花卉点缀一些花纹或镶边。花卉是花叶兼美的常绿露地多年生花卉,经常管理只要稍加修剪并用利刀切去草皮的边缘及灌溉、施肥等。第二类是以常绿木本植物为主体,配以花叶兼美的露地多年生宿根花卉组成的花坛,观赏期可达3~5年。在管理上比永久性花坛费事些,但是色彩上可以华丽一些。

③季节性花坛:这类花坛维持的时间最长是一年,一般为2~3个月,主要是由一年生的草本植物组成。多年生草本植物如果应用,也是短期的应用。这是最常见的花坛设计形式。

④节日性花坛:这是目前比较流行的一种形式,观赏期一般为15天左右,多以活动花坛的形式出现。

2. 花坛的设计

从花坛的应用方式来看有两种,即盛花花坛(突出色彩美)和模纹花坛(突出图案美)。

1)盛花花坛的设计

(1)植物选择。以观花草本为主体,可以是一、二年生花卉,也可用多年生球根或宿根花卉。可适当选用少量常绿及观花小灌木作辅助材料。一、二年生花卉为花坛的主要材料,种类繁多,色彩丰富,成本较低。球根花卉也是盛花花坛的优良材料,色彩艳丽,开花整齐,但成本较高。适合作花坛的植物株丛紧密,花繁茂,要求花期长,开放一致,至少保持一个季节的观赏期。不同种花卉群体配合时,还要考虑花的质感相协调才能获得较好的效果,植株高度依种类不同而异,但以选用10~40 cm的为宜,同时要移植容易,缓苗较快。常用的有三色堇、金盏菊、金鱼草、紫罗兰、福禄考、石竹类、百日草、一串红、万寿菊、孔雀草、美女樱、凤尾鸡冠、翠菊、菊花等。球根花卉如水仙类、郁金香、风信子等。

(2)色彩设计。盛花花坛表现的主题是花卉群体的色彩美,因此在色彩设计上要精心选择不同花色的花卉巧妙地搭配。一般要求鲜明、艳丽。盛花花坛常用的配色方法有对比色应用、暖色调应用、同色调应用。

(3)图案设计。外部轮廓(即种植床)主要是几何图形或几何图形的组合。花坛大小要适度。一般观赏轴线以8~10 m为度。内部图案要简洁,纹样明显,要求有大色块的效果。

2)模纹花坛的设计

模纹花坛主要表现植物群体形成的华丽纹样,要求图案纹样精美细致,有长期的稳定性,可供较长时间的观赏。

(1)植物选择。植物的高度和形状都与模纹花坛表现有密切关系,而且是选择植物材料的重要依据。低矮、细密的植物才能形成精美细致的华丽图案。因此,模纹花坛材料要求以生长缓慢的多年生植物为主，以枝叶细小、株丛紧密、萌蘖性强、耐修剪的观叶植物为主。通过修剪可使图案纹样清晰，并维持较长的观赏期。若植株矮小或通过修剪可控制在5～10 cm，可选择耐移植、易栽培、缓苗快的材料。用于模纹花坛的植物有五色苋类、白草、香雪球、蜂室花、三色堇、雏菊、半支莲、矮翠菊、孔雀草、矮一串红、矮万寿菊、荷兰菊、彩叶草及四季秋海棠等。

(2)色彩设计。模纹花坛的色彩设计应以图案纹样为依据，用植物的色彩突出纹样，做到清晰而精美。

(3)图案设计。模纹花坛以突出内部纹样精美华丽为主，因而植床的外轮廓以线条简洁为宜，面积不宜过大，否则在视觉上易造成图案变形的弊病。内部纹样可较盛花花坛精细复杂一些，但点缀或纹样不可过于窄细。因为花坛内部纹样过窄则难于表现图案，纹样粗宽色彩才会鲜明，使图案清晰。如文字花坛、肖像花坛、图徽花坛、象征性图案花坛、日晷花坛、时钟花坛及日历花坛等都是模纹花坛。

花坛的体量、大小也应与花坛的设置广场、出入口及周围建筑的高低成比例，一般不应超过广场面积的1/3，不小于1/15。花坛中心宜选用高大而整齐的花卉材料，如美人蕉、扫帚草、毛地黄、高金鱼草；也有用树木的，如苏铁、蒲葵、凤尾兰、雪松、云杉及修剪的球形黄杨、龙柏。花坛的边缘常用矮小的灌木绿篱或常绿草本作镶边栽植，如雀舌黄杨、紫叶小檗、葱兰、沿阶草等。

3. 花坛设计图绘制

运用小钢笔墨线、水粉、水彩、彩笔等绘制均可。

(1)环境总平面图。应绘出花坛所在环境位置的道路、建筑边界线、广场及绿地等，并绘出花坛平面轮廓，根据面积大小不同，通常可选用1∶100或1∶1 000的比例。

(2)花坛平面图。应绘出花坛的种植床外部轮廓以及内部图案纹样，并附所用植物材料表。如果用水彩、水粉或彩笔表现，则按所设计的花色上色。绘出花坛的图案纹样后，用阿拉伯数字或符号在图上依纹样使用的花卉，从花坛内部向外(即从中心向四周)依次编号，并与图旁的植物材料表相对应。表内的项目包括花卉名称、拉丁学名、株高、花色、花期、栽培类型、用花量等，这样便于阅图。若花坛植物材料随季节变化需要更换，应在平面图及材料表中予以绘制或说明。花卉用苗量计算如下：

$$\text{花卉用苗量} = \frac{\text{栽植面积}}{\text{株距} \times \text{行距}} = \frac{1\ \text{m}^2}{\text{株距} \times \text{行距}} \times \text{所占花坛面积}$$
$$= 1\ \text{m}^2\ \text{所栽株数} \times \text{花坛中占的总面积}$$

实际用苗量算出后，要留出5%～15%的耗损量，主要用于运输和栽植过程的损耗以及栽植后养护的补栽。

(3)立面效果图。用来表现花坛的效果及景观。花坛中某些局部，如造型花坛等细部必要时需绘出立面放大图，其比例及尺寸应准确，为制作及施工提供可靠数据。

(4)设计说明书。对花坛表现的主题、构思以及设计图中难以表现的内容和景观效果加以说明。文字宜简练，也可附在花坛设计图纸内。对植物材料的要求，包括育苗计划，育苗方法，起苗、运苗及定植要求，以及花坛建立后的一些养护管理要求。

上述各图可设计在同一图纸上，但注意图纸布图的整体效果；也可把设计说明书附上。

4. 花坛施工和养护

1) 平面花坛的施工

(1)整理地床。首先深翻整地。新床需要把床内土壤过筛,除去大的砖块、瓦片和垃圾等,加入腐熟的堆肥,使花坛植床成为花卉生长的良好场所。如果土质过差,则需要换土,或加入适量腐殖土、泥炭土改良土质。有条件的最好进行土壤消毒。然后按设计要求平面花坛整成平面;斜面花坛和立体花坛整成有一定坡度的曲面,斜面(坡度)不可过大。

(2)放线。按设计图样及比例在植床上放线。放线工具可用绳子、木制直尺、皮尺、木桩及木圆规。拉线或画线后用干沙、木屑等做标志。花坛纹样复杂,直接放线不易准确或不便放线时,可直接用报纸或纸板盖在地上,镂空部分可洒白沙等标明,或者直接勾画出图案轮廓。

(3)栽苗。在阴天或傍晚进行较为理想。提前两天将花圃地浸湿,以便起苗时少伤根。一般要带小土团,然后装于周转箱或竹筐中,运往施工地点。根据运输距离长短,采取不同的保护措施。按图案纹样,从里向外、先上后下栽种。栽苗时需根据设计要求选择植物,并不断调整,以准确表达图案纹样。模纹花坛,一般先种出图案轮廓,然后栽种内部的纹样。栽后立即浇透水,隔一天再浇一次,连续浇 3 次水,以保证成活。

2) 立体花坛的施工

(1)造型花坛。根据设计造型,先用石膏或泥做成小样,确定比例关系。然后按比例放大尺寸做成造型骨架。造型的曲面可固定小木板。如果造型物高大,施工方便,可在周围搭脚手架,然后用稻草和泥铺到木板上,泥厚度要求 5 ~ 10 cm。做出造型要求的面,用蒲席或麻包包在外部,用铁丝扎牢。再用竹片打孔,栽植五色草苗。先种花纹的边缘轮廓,勾出轮廓后再种内部纹样,施工完毕,浇一次透水,以后要保持适度浇水,并根据具体情况采取其他管理措施。部分纹样上花苗死亡要及时更换,还要及时剔除杂草,对观赏期较长的花坛用花可追施尿素。或者用钢筋、竹、木为骨架,在其上覆盖泥土,种植五色苋、黑麦草等观叶植物,创造成植物雕塑。例如创造时钟、日历、饰瓶、花篮、动物形象、日晷等植物雕塑(见图 1-4-49、图 1-4-50)。

图 1-4-49 立体花坛(三)

图 1-4-50 立体花坛(四)

(2)标牌花坛。标牌式花坛多用五色草类植物制成。把塑料箱装好培养土,依次放置在平面上,形成一整体植床,在上面按设计纹样放线,标出纹样上植物种类。然后按纹样要求分箱栽入五色草苗(每箱要有统一编号,以记录其在花坛中的位置),或者用钢棍、钢管搭成竖立的骨架,依情况在钢架上固定木板或直接绑扎塑料箱,把编号的塑料箱依次序安装在立架上,显现整体纹样。固定方法多样,一般是从架子下部开始,用细铁丝从塑料箱表面拉过,固定于箱下的钢管上或木板的钉子上。日常管理主要是浇水。

(三)花境

花境是由花组成的境界,源于英国古老而传统的私人别墅花园。花境是模拟自然界林地边缘地带多种野生花卉交错生长的状态。在园林中,不仅增加自然景观,还有分隔空间和组织游览路线的作用。

花境在设计形式上是沿着长轴方向演进的带状连续构图,带状两边是平行或近于平行的直线或曲线。其基本构图单位是一组花丛,每组花丛通常由5~10株花卉组成,一种花卉集中栽植。平面上看各种花卉块状混植,立面上看高低错落,犹如林缘的野生花卉交错生长的自然景观。由各种花卉共同形成季相景观,每季以2~3种花卉为主,形成季相景观;植物材料以耐寒的可在当地越冬的宿根花卉为主,间有一些乔灌木,耐寒球根花卉,或少量的一、二年草花。

在园林中,花境是一种作为从规则式构图到自然式构图的过渡形式,它主要表现园林观赏植物本身所特有的自然美,以及观赏植物自然组合的群体美。具有丰富的季相变化(南方四季有花可赏,北方三季有花可赏,四季常青),管理粗放(栽植后一般3~5年不更换)。其平面构成与带状花坛相似,种植床两边为平行的直线或几何规划的曲线。种植床应高出地面,且产生小坡度,以利排水。其长轴较长,短轴较短,所以景观构图是沿着细长轴方向演进的连续风景,植物的选择以花期较长的多年生花卉及可越冬的观花灌木为主,且应有丰富的季相变化,植物栽植后,一般3~5年不更换。

1. 花境类型

花境根据规划设计形式可分为单面观赏花境和双面观赏花境。

1)单面观赏花境

配置成一斜面,低矮的植物种在前面,高的种在后面,常常以建筑物或绿篱作为背景,背景的高度可以超过人的视线,但也不能超过得太多(见图1-4-51)。

2)双面观赏花境

植株低矮的种在两边,较高的种在中间,中间植物高度不宜超过人的视线,不需要设背景(见图1-4-52)。

2. 花境的布置位置

(1)建筑物的墙基。建筑物与地面是垂直线与水平线构图,显得生硬,采用花境布置可以起到过渡和软化线条的作用,从而使建筑物与地面环境取得协调。

(2)在道路上的花境布置。在道路上适当地布置,可为环境及道路本身增加景色。这种布置形式有三种:

在道路的中央,布置一列两面观赏的花境,道路两侧可配置简单的草地和行道树或绿篱和行道树。

图 1-4-51　单面观赏花境

图 1-4-52　双面观赏花境

在道路的两侧，分别布置一列单面观赏花境，并使两列花境动势向中轴线集中，成为一个完整的构景，其背景为绿篱和行道树。

在道路两侧布置花境的基础上，道路中央再布置一列两面观赏花境，在连续的景观构图中，中央的一列两面观赏花境作为主调，道路两侧的二列单面观赏花境作为配景处理。

(3)花境和绿篱的配置。规则式园林中或城市道路边，常应用修剪的绿篱或树墙来分隔，虽然显得整齐，但从景观上来讲略显得单调。若在立面基部的前面布置单面观赏花境，这样便使花境以绿篱为背景，绿篱以花境为点缀。不仅可弥补绿篱的单调，而且可构成绝妙一景，使二者相得益彰。在花境前设置园路通过，以供游人欣赏景观。

(4)花境与花架、游廊配景。花境是一连续的景观构图，可满足游人动态观赏的要求。而城市公共绿地中的花架、游廊又较多，所以沿着花架、游廊的建筑基台来布置花境，可大大地提高城市景观效果。同时还可以在花境前面设置园路，使在花架、游廊内的游人和在道路上的游人均可观赏到景色。

(5)花境和围墙、挡土墙的配置。城市中的围墙和挡土墙由于距离较长，立面显得单一或不美观，所以可用植物来进行装饰。在其前面布置单面观赏花境，墙面作为花境的背景，丰富围墙、挡土墙的立面景观。除用花境装饰外，也可用藤本植物进行绿化，效果也较美观。

(6)花境与草坪的配合。宽阔的草坪上可设计花境，在这种绿地空间适宜设置双面观赏花境，可丰富景观，组织游览路线。通常在花境两侧留出游步道，以便观赏。也可以在草坪的四周配置单面观赏花境，通常在花境的前面设计道路或者直接与草坪相接。

(7)花境与宿根园、家庭花园的配合。在宿根花卉园中或者面积较小的花园中，花境可在周边布置，是花境最常用的布置方式。根据具体环境可设计成单面观赏、双面观赏或对应式花境。

3. 花境的设计

1)植床设计

花境的种植床是带状的，单面观赏花境的后边缘线多采用直线，前边缘线可为直线或自由曲线。双面观赏花境的边缘线基本平行，可以是直线，也可以是流畅的自由曲线。花境的朝向要求：单面观赏花境可以是东西走向或南北走向，但是对于双面观赏花境和对应式花境要求长轴沿南北向展开，以使左右两面花境光照均匀，从而达到设计构想。要注意到花境朝向不同，光照条件不同，因此在选择植物时要根据花境的具体位置有所考虑。花境大小的选择取决于环境空间的大小，通常花境的长轴长度不限，但为管理方便及体现植物布置的节奏、韵律感，可以把过长的植床分为几段，每段长度不超过 20 m 为宜，段与段之间可留 1～3 m 的间歇地段，设置坐椅或其他园林小品。

花境的短轴长度有一定要求，花境也应有适当的宽度，过窄不易体现群落的景观，过宽超过视觉鉴赏范围造成浪费，也给管理造成困难。较宽的单面观赏花境的种植床与背景之间可留出 70～80 cm 的小路，既便于管理，又有通风作用，并能防止做背景的树和灌木根系侵扰花卉。

种植床依环境土壤条件及装饰要求可设计成平床或高床，并且应有 2%～4% 的排水坡度要求。土质较好、排水力强的土壤，设置于绿篱、树墙前及草坪边缘的花境宜用平床，床面后部稍高，前缘与道路或草坪相平，给人整洁感。在排水差的土质上，阶地挡土墙前的花境，为了与背景协调，可用 30～40 cm 高的高床，边缘用不规则的石块镶边，使花境具有粗犷风格；若使用蔓性植物覆盖边缘石，又会给人柔和的自然感。

2）背景设计

单面观赏花境需要背景。花境的背景依设置场所不同而异。较理想的背景是绿色的树墙或高篱。也可以用建筑物的墙基及各种栅栏做背景，以绿色或白色为宜。如果背景的颜色或质地不理想，可在背景前选种高大的绿色观叶植物或攀缘植物，形成绿色屏障，再设置花境。背景是单面花境的组成部分之一，设计时应从整体考虑。

3）边缘设计

花境边缘不仅确定了花境的种植范围，而且便于前面的草坪修剪和道路清扫工作，高床边缘也可用自然的石块、砖头、碎瓦、木条等垒砌而成。平床多用低矮植物镶边，以15～20 cm 高为宜，可用同种植物，也可用不同种植物，后者更接近自然。若花境前面为道路，边缘用草坪带镶边，宽度至少 30 cm 以上。若要求花境边缘分明、整齐，还可能在花境边缘与环境分界处挖 20 cm 宽、40～50 cm 深的沟，填充金属或塑料条板，防止边缘植物侵蔓路面或草坪。

4）种植设计

（1）植物选择。正确选择适宜材料是花境种植设计成功的根本保证。首先植物在当地能露地越冬，在花境中背景及高大材料宜选用耐阴植物。其次应根据观赏特征选择植物。因为花卉的观赏特征对形成花境的景观起决定作用。花境种植设计是把植物的株形、株高、花期、花色、质地等主要观赏特点进行艺术性地组合和搭配，创造优美的群落景观。选择植物应注意以下几方面：以在当地露地能够安全越冬、不需特殊管理的宿根花卉为主，兼顾一些小灌木及球根和一、二年生花卉；花卉有较长的花期，且花期能分散于各季节；花序有差异，有水平线条与竖直线条的交叉；花色丰富多彩，有较高的观赏价值。

（2）色彩设计。花境的色彩主要由植物的花色来体现，宿根花卉是色彩丰富的一类植物，加上适当选用球根花卉及一、二年生花卉，使得色彩更加丰富。花境色彩设计中主要有四种基本配色方法：

①单色系设计。这种配色法不常用，只为强调某一环境的某种色调或一些特殊需要

时才使用。

②类似色设计。这种配色法常用于强调季节的色彩特征时使用。如早春的鹅黄色、秋天的金黄色等,有浪漫的格调,但应注意与环境协调。

③补色设计。多用于花境的局部配色,使色彩鲜明、艳丽。

④多色设计。这是花境常用的方法,使花境具有鲜艳、热烈的气氛,但应注意依大小选择花色、数量,若在较小的花境上使用过多的色彩反而产生杂乱感。

花境的色彩设计中还应注意与周围的环境色彩相协调,与季节相吻合,避免某局部配色很好,但整个花境观赏效果差。

(3)季相设计。花境的季相变化是它的主要特征。理想的花境应四季有景可观,寒冷地区可做到三季有景。花境的季相是通过种植设计实现的,利用花期、花色及各季节所具有的代表性植物来创造季相景观。如早春的报春、夏日的福禄考、秋天的菊花等。植物的花期和色彩是表现季相的主要因素,花境中开花植物应连续不断,以保证各季的观赏效果。花境在某一季节中,开花植物应散布在整个花境内,以保证花境的整体效果。

具体设计方法:在平面种植图上标出花卉的花期,然后依月份或春、夏等时间顺序检查花期的连续性,并且注意各季节中开花植物的分布情况,使花境成为一个连续开花的群体。此项设计也可结合花境的色彩设计同时进行。

(4)立面设计。花境要有较好的立面观赏效果,应充分体现群落的美观。植株高低错落有致,花色层次分明。立面设计应充分利用植株的株形、株高、花序及质地等观赏特性,创造丰富美观的立面景观。

植株高度:宿根花卉依种类不同,高度变化极大,从几厘米到两三米,可供充分选择。花境的立面安排一般原则是前低后高,在实际应用中高低植物可有穿插,以不遮挡视线、实现景观效果为佳。

株形与花序:株形与花序是与景观效果相关的两个重要的因子。结合花相构成的整体外形,可把植物分成水平型、垂直型、独特型三大类。花境在立面设计上最好有这三大类植物的外形比较,尤其是平面与竖向结合的景观效果更应突出。

植株的质感:不同质感的植物搭配时要尽量做到协调。粗质地的植物显得近、细质地的植物显得远等特点在设计中也可利用。

立面设计除了从景观角度出发外,还应注意植物的习性,才能维持生态的稳定性。

(5)平面设计。平面种植设计采用自然块状混植方式,每块为一组花丛,各花丛大小有变化。一般花后叶丛景观较差的植物面积宜小些。为使开花植物分布均匀,又不因种类过多造成杂乱,可把主花材植物分为数丛种在环境不同位置。可在花后叶丛景观差的植株前方配植其他花卉给予弥补。使用少量球根花卉或一、二年生花草时,应注意该种植区的材料轮换,以保持较长的观赏期。

对于过长的花境,平面设计可采用标准化设计,首先绘一个演进花境单元,然后重复出现,或设计两个单元交替出现。

4. 设计图绘制

花境设计图可用小钢笔画墨线图,也可用水彩、水粉画方式绘制。

(1)花境位置图。用平面图表示,标出花境周围环境,如建筑物、道路、草坪及花境的位置,依环境大小可选用1∶100～1∶500的比例绘制。

(2)花境平面图。绘出花境边缘线、背景和内部种植区域,以流畅曲线表示,避免出现死角,以求接近种植植物后的自然状态。在种植区内编号或直接注明植物,编号后需附植物材料表,包括植物名称、株高、花期、花色等。可选用1∶50～1∶100的比例绘制。

(3)花境立面效果图。可以一季景观为例绘制,也可分别绘出各季景观。选用1∶100～1∶200比例。

如果需要,还要绘制花境种植施工图及花境设计说明书。种植图在种植区域内绘出每株丛植物的位置、名称、数量,比例可选用1∶20～1∶50绘制。说明书可简述作者创作意图及管理要求等,并对图中难以表达的内容作说明。

5. 施工及养护管理

1)整床及放线

需有良好的土壤。对土质差的地段应换土,但应注意表层肥土及生土要分别放置,然后依次恢复原状。通常混合式花境土壤需深翻60 cm左右,筛出石块,距床面40 cm处混入腐熟的堆肥,再把表土填回,然后整平床面,稍加镇压。

按平面图纸用白粉或沙在植床内放线,对有特殊土壤要求的植物,可在其种植区采用局部换土措施。要求排水好的植物可在种植区土壤下层添加石砾。对某些根蘖性过强、易侵扰其他花卉的植物,可在种植区边界挖沟,埋入石头、瓦砾、金属条等进行隔离。

2)栽植及养护管理

栽植密度以植株覆盖床面为限。若栽种小苗,则可种植密些,花前再适当疏苗;若栽植成苗,则应按设计密度栽好。栽后保持土壤湿度,保证成活。有时会出现局部生长过密或稀疏的现象,需及时调整,以保证其景观效果。早春或晚秋可更新植物(如分株或补栽),并把秋末覆盖地面的落叶及经腐熟的堆肥施入土壤。管理中注意灌溉和中耕除草。

(四)花丛和花群

花丛和花群在园林绿地中的应用极为广泛,它们可以布置在大树下、岩旁、溪边、自然式的草地中、树林外缘、园路边等。平面和立面均为自然式,应有疏有密,高低错落,管理粗放。花丛栽植数量少,而花群栽植的数量多,一般均没有种植床。花丛在自然式的花卉布置中作为最小的组合单元使用,常布置在树林外缘或园路小径的两旁,一般每个花丛由3～5株组成,多则十几株;花卉种类可为同种,也可为不同种混植;不仅欣赏植物的色彩,还要欣赏它的姿态。因花丛的管理较粗放,所以通常以多年生的宿根花卉为主,也可采用自播繁衍的一、二年生花卉或野生花卉。在园林构图上,其平面和立面均为自然式布置,应疏密有致,高低错落,同一花丛的色彩应有所变化,但其种类不得太多,种植形式以块状混交为主。这也是将自然风景中野生于草坡的景观应用于园林中。适合做花丛的花卉有花大色艳或花小花茂的宿根花卉、灌木或多年生的藤本植物,如小菊、芍药、牡丹、旱金莲、金老梅、杜鹃类,各种球根植物中的郁金香类、百合类、喇叭水仙类、鸢尾类、萱草等,以及匍匐性植物中的蔷薇类等。

(五)花台和花池

在40～100 cm高的空心台座中填土,在其上栽植观赏植物称为花台。在现代园林中花台应用在大型园林广场、道路交叉口、建筑物入口两侧、庭院的中央或两侧角隅等。

花池与花台相比较高度低些,其功能与布置均相同。花池、花台、花箱的设计造型应与周围的地形、地势、建筑相协调。平面要讲究简洁,边缘装饰要朴素(实),不能喧宾夺主。设计时要周密考虑,科学安排。对于花池、花台、花坛、花箱的施工,首先覆盖一层腐殖土作基肥,整地 20 ~ 25 cm 深,除去石块、树根和杂草。花池、花台四周都应使用建筑材料做成的边牙或边台,形成一定的轮廓,以防止水土流失和人流的践踏。具体栽植要认真按照施工设计图样进行。

植物可选择鸡冠花、万寿菊、一串红、郁金香、月季、天竺葵、铺地柏、南天竹、金叶女贞、迎春、麦冬、牡丹、芍药、玉簪、杜鹃等。

(六) 活动花坛

活动花坛是指在预制的容器中把花养到开花的季节,以一定形式摆设在广场、街边、道路的交叉口、公园等适当的位置组成的花坛。

设计要点:包括花盆设计、种植设计、摆放设计等。特点是施工快捷,可以按季节进行更换和移动,能为城市景观增加新鲜感,是各国广泛应用的形式。

施工及养护:依需要,对种植钵、植物材料及摆设现场分别绘出图纸和提出育苗计划。活动花坛的种植工程全部在花圃地内预制,并注意浇水和养护管理,直至花期。

活动花坛与固定式花坛相比,有以下优点:

(1)施工快捷,保证质量。由于活动花坛的栽植及养护工作大部分是在花苗圃地内进行的,不仅施工不会妨碍交通和污染街景,同时花坛内的植物材料能保证质量,即使有不合格的花苗,也能事先补植或更换,从而提高了景观效果。

(2)活动花坛可以按季节进行更换,为城市景观增加新鲜感。

(3)与固定花坛相比,种植钵便于移动,也可重新组合,因此可依陈设位置不同,提高装饰效果,如大型的展览和会议也可进行租摆。因此,活动花坛是各国广泛应用的形式。

六、攀缘植物的绿化形式

攀缘植物的绿化具有生长迅速,绿化覆盖效果好、见效快,并且占地面积小,可以最大限度地占据绿化空间,同时还具有降低温度、增加空气的湿度、降低噪声等生物学效应,可以有效提高环境质量。

(一) 攀缘植物常见的设计形式

1. 篱式

用篱笆的构件及植物材料均较密集,具有遮掩视线和防范性的作用。一般适合栽植花叶密集的缠绕性植物,如牵牛花、落葵、茑萝等。

2. 格式

用木材或金属做构件,格间不宜过大,具有一定的通透性。适合栽植观花为主的植物,如蔓性月季类、铁线连等。

3. 棚架式

利用观花、观果的攀缘植物,具有遮阴功能。如葫芦、山荞麦、紫藤等(见图 1-4-53)。

4. 拱门式

拱门式与一般篱式相结合,在通道外设计成拱门的形式,是园林中分隔空间的一种过渡性装饰。如素方花、叶子花、金银花等。

5. 杆柱式

多用木质或金属构件建造而成。在园林中设计可与灯柱、路标以及其他杆式的装饰物相结合。如地锦、常春藤、凌霄等。

6. 墙面式

把攀缘植物引诱和固定在墙面上的一种形式。可以打破墙面的呆板感，又可美化墙面，降低墙面的温度。如五叶地锦等（见图1-4-54）。

图1-4-53　棚架式

图1-4-54　墙面式

攀缘植物有其不同的生态习性和观赏价值，所以在绿化设计时要根据不同的环境特点、设计意图，科学地选择植物种类并进行合理地布置。如大门、花墙、亭、廊、花架、栅栏、竹篱等处，可以选择蔷薇、木香、木通、凌霄、紫藤、薜荔、扶芳藤等，既美观又遮阴。在白粉墙及砖墙上，可以选择爬山虎、络石等，它们生长快、效果好，秋季还可观赏叶色的变化。

（二）垂直绿化植物配置

垂直绿化植物配置具有如下特点：

（1）所用的攀缘及蔓性植物生长迅速，如爬墙虎，年生长量可达5～8 m，而紫藤年生长量也达3～6 m。此类植物经3年左右就能将支缚体或墙面遮盖起来，收到绿化效果。草本类当年见效。

（2）依靠篱、垣、棚架的支撑，能最大限度地占据绿化空间。从目前城市现状来看，铺装路面占整个城市用地的1/2～2/3，可供绿化的地面是有限的。采用篱、垣、棚架的设计形式，也可补偿因地下管道距地表近、不适栽树的弊病，有效地扩大了绿化面积。

（3）攀缘及蔓性植物具有降低温度、增加湿度、提高滞尘量和降低噪声等生物学效应，可以有效地提高环境质量。

（三）攀缘植物的牵引与固定

对攀缘及蔓性植物首先应正确引蔓，若任其生长，往往出现基部叶片稀疏、横向分枝少的弊病。尤其是观花、观果类植物，应尽量朝横向牵引，或水平或盘曲向上，这样，不仅枝叶密生，着花及挂果也会增加，在短期内达到最佳观赏效果。

七、草坪的形式与设计

草坪的功能是：具有覆盖地面、保持水土、防尘杀菌、净化空气、改善小气候等作用；同时为人们提供户外休闲活动的场地，是园林的重要组成部分，与乔木、灌木、草花构成多层次的园林景观。

(一)草坪的类型

1. 根据用途分类

(1)游憩草坪：供休息、散步、游戏及户外活动用，多用在公园、小游园、花园中。

(2)观赏草坪：专供观赏，不准游人入内。绿色期较长，观赏价值高。

(3)运动场草坪：专供体育活动之用。如高尔夫球场、足球场等。

(4)交通安全草坪：主要设置在陆路交通沿线、立交桥、高速公路两旁、飞机场等。植物选择范围广泛。

(5)护坡护岸草坪：用以防止水土流失，常布置在坡地、水岸，选择生长迅速、根系发达或具有匍匐性的草坪。

2. 根据草坪植物的组成分类

(1)单纯草坪：由一种植物组成的草坪。

(2)混合草坪：由两种以上禾本科草本植物，或由一种禾本科草本植物混有其他草本植物所组成的草坪。在各类公园绿地应用较多。

(3)缀花草坪：在以禾本科草本植物为主体的草地上混有少量开花艳丽的多年生草本植物，这些植物的数量一般不超过草坪的1/3，呈自然式分布。主要用于游憩草坪、林中草坪、观赏草坪、护坡护岸草坪等。

3. 根据草坪的规划形式分类

(1)规则式草坪：表面平坦，外表采用几何图形布局，适用于运动场、城市广场及规则式绿地中(见图1-4-55)。

(2)自然式草坪：表面地形有一定的起伏，外形轮廓曲直自然，周围环境不规则的草坪。适用于公园中、路旁、滨水地带等(见图1-4-56)。

图1-4-55　规则式草坪

图1-4-56　自然式草坪

4. 根据草坪与树木的不同组合分类

(1)空旷草坪：草坪上不栽任何乔灌木或点缀很少的树木。

(2)稀疏草坪：在草坪上分布一些单株乔木，并且株距很大，树木覆盖面积为草坪总面积的20%～30%。

(3)疏林草坪:草坪上种植的乔木的株距在8~10 m以上,其覆盖面积为草坪总面积的40%~60%。

(4)林下草坪:在郁闭度大于70%的密林或树群内栽植草坪。

(二)草坪的规划设计要求

以多年生和丛生性强的草本植物为主,选择具有繁殖容易、生长快、耐践踏、耐修剪、绿色期长、适应性强、能迅速形成草皮的植物,并且合理设置坡度,满足草坪的排水要求。一般普通的游憩草坪的最小排水坡度不低于0.5%,不宜有起伏交替的地形出现。草坪的设计要点如下。

1. 游憩草坪

自然式草坪的坡度以5%~10%为宜,一般应小于15%,排水坡度为0.2%~5%。

2. 观赏草坪

平地观赏草坪坡度不小于0.2%,坡地观赏草坪坡度不超过50%,排水要求在自然安息角以下和最小排水坡度以上。

3. 足球场草坪

中央向四周的坡度以小于1%为宜,自然排水坡度为0.2%~1%。

4. 网球场草坪

中央向四周的坡度为0.2%~0.8%,纵向坡度大,横向坡度小。

5. 高尔夫球场草坪

发球区小于0.5%,障碍区有时坡度可达15%。

6. 赛马场草坪

直道坡度为1%~2.5%,转弯处坡度为7.5%,弯道坡度为5%~6.5%,中央场地坡度为15%或更高。

注:足球场草坪、网球场草坪、高尔夫球场草坪、赛马场草坪,自然排水坡度都为0.2%~1%。若场地具有地下排水系统,草坪坡度就可以再小些。

八、水生植物

园林中的水生植物一般都是水生的观赏植物和水生的经济类植物,可以打破园林水面的平静,丰富水面的观赏内容,减少水面的蒸发,改善水质。

(一)水生植物的类型

(1)沼生植物:又称挺水植物,根生于泥中,植株直立挺出水面,一般生长在浅水区或沼泽地。如荷花、千屈菜、菖蒲、芦苇等。

(2)生浮植物:根生长在水底泥中,但茎不挺出水面,仅叶、花浮在水面上,一般生长在浅水或稍深一些的水面上。如睡莲、菱、芡实等。

(3)漂浮植物:植株均漂浮在水面上或水中,不需要泥而自生出。在浅水和深水中均能生长。如浮萍、水葫芦等。

(二)水生植物的设计要点

(1)因地制宜,合理搭配。根据水面的大小、深浅,水生植物的特点,选择集观赏、经济、水质改良为一体的水生植物。

(2)数量适当,有疏有密。在园林设计时要留有充足的水面,以产生倒影和扩大空间感,水生植物的面积应不超过水面的1/3。

(3)控制生长,安置设施。为了控制水生植物的生长,需在水中安置一些设施。如设水生植物的种植床等。

小　结

城市园林绿地的类型多种多样,大至风景名胜,小到庭院绿地。但绿地的组成要素是完全相同的,都是由地形地貌、山石、水体、道路广场、建筑物、构筑物以及动植物等要素所构成。这些组成要素并不是机械地拼凑,而是相辅相成,共同构成园林景观,创造出丰富多彩的园林空间。

思考题

1. 简述园林地形地貌的规划设计原则。
2. 简述园林地形地貌的规划设计内容。
3. 简述园林道路的作用和类型。
4. 简述园路的规划设计要求。
5. 简述园林建筑和小品的特点。
6. 简述园林建筑与小品的规划设计原则。
7. 简述园林植物造景的作用。
8. 简述园林中乔灌木的种植设计形式。
9. 简述园林绿地中花卉的应用设计形式。
10. 简述园林攀缘植物的绿化形式。
11. 简述草坪的类型及规划设计要求。

第五章　园林规划设计的一般程序

知识要求

了解园林规划设计的一般程序；熟悉园林规划设计中资料收集的内容与方法；掌握设计说明书所包括的内容；掌握园林规划设计应提供的图面材料种类。

能力目标

能够运用园林规划设计的程序进行园林设计。

第一节　资料收集与环境调查阶段

资料的收集分析是对园林规划用地的情况进行调查研究和分析评定，它为规划设计提供基础性资料。设计人员在进行各种类型的园林设计时，要从园址环境调查与分析入手，熟悉委托方的建设意图和园址的自然环境、社会文化环境、视觉环境等，综合分析相关资料，寻找构思主线，最后才能拿出合理的设计方案。

一、自然条件的调查

(1)气象方面。包括每月最高、最低及平均气温，每月平均降水量、水温、湿度及历年最大暴雨量，无霜期、结冰期和化冰期，冻土厚度，风力、风向及风向玫瑰图。

(2)地形方面。调查地表面的起伏状况，包括山峦的形状、走向、坡度、位置、面积、高度及土石情况，谷地开合度，平地、沼泽地的分布及面积等状况，安全评价等。

(3)土壤方面。土壤的物理、化学性质，坚实度、通气、透水性，氮、磷、钾的含量，土壤的 pH 值，土层深度，地基承载力、滑动系数、自然安息度等。

(4)水质方面。现有水面及水系的范围，水底标高，河床情况，常水位、最低及最高水位，水流方向，水质及岸线情况，地下水的常年水位及水质状况等。

(5)植被调查。现有园林植物、古树、大树的种类、数量、分布、高度、覆盖范围、地面标高、生长情况、姿态及观赏价值的评定等。

二、社会条件的调查

(1)位置及周围环境关系。调查规划范围界线，周围红线及标高，园林绿地外环境景观的分析、评定；附近公共建筑及停车场情况，游人的主要人流方向、数量及公共交通情况，外围及园林绿地内现在的道路广场的性质、走向、标高、宽度、路面材料等。

(2)现有设施调查。如给排水设施、能源、电源、电信的情况；现有建筑物和构筑物的立面形式、平面形状、质量、高度、地基标高、面积及使用情况。

(3)工农业生产情况的调查。主要调查对园林绿地发生影响的工业或农业，如周围有什么工厂，工厂有无污染，污染的方向、程序等。

(4)城市历史、人文资料的调查。涉及园林绿地的内容与性质。

三、设计条件的调查

(1)甲方对设计任务的具体要求、设计标准、投资额度。

(2)现状图。

①现状测量图。包括位置大小、比例尺、方位、红线、范围、坐标数、地形、等高线、坡度、路线、地上物、产权等;近邻环境情况,主要单位、居住区位置,主要道路走向、交通量;燃气、能源、水系利用;建筑物位置、大小、式样风格,表示出保留、拆除、利用、改造意见。

②总体规划图纸。绿地面积在 8 hm^2 以下,比例 1:500。等高距:在平坦地形、坡度为 10% 以下时为 0.25 m;地形坡度在 10% 以上时为 0.50 m;在丘陵地,坡度在 25% 以下的地形用 0.50 m,坡度在 25% 以上的地形用 1~2 m。

绿地面积在 8 hm^2 以上、100 hm^2 以下时,比例为 1:1 000~1:2 000。等高距视比例不同而异,大比例,等高距可以小些,小比例,等高距应大些。当比例为 1:1 000,地形坡度在 10% 以下的部分,等高距可用 0.50 m;地形坡度在 10% ~25% 时,等高距可用 1 m;地形坡度在 25% 以上的部分,等高距可用 2 m。

绿地面积在 100 hm^2 以上时,比例为 1:2 000~1:5 000,等高距可视地形坡度及比例不同而异,大抵可在 1~5 m 变化。

③技术设计所需的测量图。比例为 1:500~1:200,最好进行方格测量,方格测量为 20~50 m,等高距离为 0.25~0.5 m,并标出道路、广场、水面、地面、建筑物地面的标高,画出各种建筑物、公用设备网、岩石、道路、地形、水面、乔木、灌木群的位置。

④施工平面测量图。比例为 1:200~1:100,按 20~50 m 设立方格木桩。平坦地方格距可大些,复杂地形方格距可小些,等高距为 0.25 m,重要地点等高距为 0.1 m。画出原有主要树木品种、树形大小、成群及独立的灌木、花卉植物群的轮廓和面积、建筑、山石、泉池等。图内还应包括各种地下管线及井位等,对于地下管线,还需要有剖面图,并需注明管径的大小、管底和管顶的标高、坡度等。环境景物秀丽可以入园者,画出借景方向。

第二节　总体规划设计阶段

总体规划设计由图纸和文字说明两部分组成。

一、图纸部分

在充分了解规划地区调查资料,确定了基地的原则与目标以后,就可根据规划设计任务书的要求进行总体规划。总体规划设计需做出如下图面。

(一)位置图

属于示意性图纸,一般要求标出该园林绿地在城市区域内的位置、轮廓、交通和周边环境关系。

(二)现状图

根据收集的全部资料,经分析、整理、归纳后,分成若干空间,用圆圈或抽象图形将其粗略地表示出来,并对现状作出综合评价。例如对四周道路、环境分析后,可划定出入口的范围;再如,某一方向居住区集中、人流多、四通八达,则可划为比较开放、活动的内容比较多的区。

(三)分区图

根据总体规划设计原则、现状图分析、不同年龄段游人活动的特点、不同兴趣爱好游人的需要,确定不同的分区,划出不同的空间,使不同空间和区域满足不同的功能要求,并使功能与形式尽可能统一。该图属于示意说明性质,主要反映不同空间、分区之间的关系,可以用抽象图形或圆圈等图案予以表示。

(四)道路系统规划图

在图上确定全园的主要出入口、次要出入口与专用出入口;确定主要广场的位置及主要环路的位置,以及作为消防的通道;确定主干道、次干道等的位置以及各种路面的宽度、排水坡,并初步确定主要道路的路面材料、铺装形式等。图纸上用虚线画出等高线,再用不同的粗线、细线表示不同级别的道路及广场,并标明主要道路的控制标高。

(五)园林建筑布局图

在平面图纸上分别画出绿地中各主要建筑物的布局、出入口、位置及里面效果图,以便检查建筑风格是否统一,与周边环境是否协调等。

(六)竖向规划图

地形是全园的骨架,要求能反映出全园的地形结构。根据规划设计原则以及功能分区图,确定需要分隔遮挡成通透开敞的地方。另外,加上设计内容和景观需要,绘出制高点、山峰、丘陵起伏、缓坡平原、小溪、河湖等;同时,要确定总的排水方向、水源以及雨水聚散地等;还要初步确定园林主要建筑物所在地的高程及各区主要景点、广场的高程,用不同粗细的等高线控制高度及不同的线条或色彩表现出图面效果。

(七)电气规划图

规划总用电量、用电利用系数、分区供电设施、配电方式、电缆的敷设以及各区各点的照明方式、广播通信等线路的位置。

(八)管线规划图

以总体规划方案及树木规划为基础,规划出上水水源的引进方式、总用水量、消防、生活、树木喷灌、管网的大致分布、管径大小、水压高低及雨水和污水的排放方式等。北方城市如果工程规模大、建筑多,冬季需要供暖,则需考虑取暖方式、负荷量及锅炉房的位置等。

(九)绿化规划图

根据总体设计图布局、设计原则以及苗木的情况,确定全园的总构思。种植总体设计内容主要包括不同种植类型的安排,如密林、草坪、树丛、花坛等,确定全园的基调树种、骨干造景树种等。种植设计图上,乔木树冠以中、壮年树冠的冠幅(一般为 5 ~6 m)为制图标准。

(十)总体规划平面图

根据总体设计原则和目标,总体设计方案图应包括以下诸方面内容:第一,与周围环境的关系:主要、次要、专用出口与市政关系,即面临街道的名称、宽度;周围主要单位名称,或居民区等。第二,主要、次要和专用出入口的位置、面积及规划形式,主要出入口的内、外广场,停车场及大门等布局。第三,地形总体规划,道路系统规划。第四,全园建筑物、构筑物等布局情况,建筑物平面要反映总体设计意图。第五,全园植物设计图,图上反映疏林、树丛、草坪、花坛和专类花园等植物景观。此外,总体设计应准确标明指北针、比例尺和图例等内容。

总体规划图,面积100 hm^2 以上,比例尺多采用1:(2 000 ~5 000);面积10 ~50 hm^2,比例尺用1:1 000;面积8 hm^2 以下,比例尺可用1:500。

二、设计说明

主要是全面介绍设计的背景及依据、设计者的构思、设计要点等内容。

(1)主要依据。即批准的任务书或摘录,所在地的气象、地理、风景资源、人文资源、周边环境等。

(2)规模和范围。包括建设规模、面积及游人容量,分期建设情况,设计项目组成和对生态环境、游览服务设施的技术分析。

(3)艺术构思。包括主题立意、景区、景点布局的艺术效果分析和游览、休息线路的布置。

(4)地形规划概况。包括整体地形设计、特殊地段的设计分析。

(5)种植规划概况。包括立地条件分析、植被类型分析、植物造景分析。

(6)功能与效益。包括该绿地所起的功能作用及对该城市生活影响的预测和各种效益的估价。

(7)技术、经济指标。包括用地平衡表、土石方概数、主要材料和能源消耗概数,以及管线、电气等的铺设。

(8)需要在审批时决定的问题。包括与城市规划的协调、拆迁、交通情况、施工条件、施工季节。

三、工程建设概算书

园林土建工程概算(工程名称、构造情况、造价、用料量);园林绿化工程概算。初步设计完成后,由建设单位报有关部门审核批准。

第三节 详细设计阶段

经甲方或有关部门审定,对方案提出新的意见和要求,在此基础上对总体方案作进一步的修改和补充。总体设计方案最后确定以后,需进行各个局部的详细设计。局部详细设计工作主要包括以下内容。

一、图纸部分

(一)平面图

根据绿地或工程的不同分区,划分若干局部,每个局部根据总体设计的要求,进行详细设计。一般比例尺为1∶500,等高线距离为0.5 m,用不同等级粗细的线条,画出等高线、园路、广场、建筑、水池、湖面、驳岸、树林、草地、灌木丛、花坛、花境、山石、雕塑等。同时,要求标明建筑平面、标高及周围环境,道路的宽度、形式、标高,主要广场、铺装的形式、标高,花坛、水池的形状和标高,驳岸的形式、宽度和标高,雕塑、园林小品的平面造型和标高。

(二)横纵剖面图

为更好地表达设计意图,在局部艺术布局最重要部分或局部地形变化部分,画出断面图。

(三)局部种植设计图

一般比例尺采用1∶500、1∶300、1∶200,要求能准确地反映乔木的种植点、种植数量、种植种类,以及树丛、树林、花丛、花境、花坛、灌木丛等的位置。

(四)园林建筑布局图

应标明建筑轮廓及周围地形的标高、与周围构筑物的距离尺寸,以及与周围绿化种植的关系。

(五)综合管网图

应标明各种管线的平面位置和管线中心尺寸。

二、文本说明书

局部详细设计阶段的文本说明书应对照总体规划图文件中的文字说明,提出全面的技术分析和技术处理措施,各专业设计配合关系中关键部位的控制要点,以及材料、设备、造型、色彩的选择原则。

三、工程量总表

工程量总表包括以下内容:

(1)各园林植物的种类、数量。

(2)平整地面、堆山、挖填方的数量。

(3)广场、道路的铺装面积。

(4)驳岸、水池的面积。

(5)各类园林小品、山石的数量。

(6)各类园林建筑、桥梁的数量和面积。

(7)各种管线的长度,尽可能标注出管径,相应地做出概预算。

第四节　技术与施工图设计阶段

技术设计阶段是施工开始的前提,技术设计的合理与否直接关系到施工的进度和项目完成后效果的好坏。在施工设计阶段要做出施工总平面图、竖向设计图、园林建筑图、道路广场设计图、种植设计图、水系设计图、各种管线设计图,以及假山、雕塑、栏杆、标牌等小品设计详图。另外还要做出苗木统计表、工程量统计表和工程预算等。

一、施工总平面图(放线图)

标明各种设计因素的平面关系和它们的准确位置,放线坐标网、基点、基线的位置。其作用之一是作为施工的依据,其二是作为绘制平面施工图的依据。

图纸包括以下内容:保留的现有地下管线(用红色线表示)、建筑物、构筑物、主要现场树木等(用细线表示);设计的地形等高线(用细墨虚线表示)、高程数字、山石和水体(用粗黑线外加细线表示)、园林建筑和构筑物的位置(用粗黑线表示)、道路广场、园灯、园椅、果皮箱等(用中粗黑线表示);放线坐标网做出工程序号等。

二、竖向施工图(高程图)

用以表明各设计因素间的高差关系。图纸包括以下内容:

(1)竖向设计平面图。根据初步设计的竖向设计,在施工总平面图的基础上表示出现状等高线、坡坎(用细红实线表示)、高程(用红数字表示);设计等高线、坡坎(用黑粗实线表示)、高程(用黑色数字表示),同一地点[用△△/△△(△△)表示];排水方向(用黑色箭头表示)。

(2)竖向剖面图。主要部位的山形,丘陵、谷地的坡势轮廓线(用黑粗实线表示)及高度、平面距离(用黑细实线表示)等。剖面的起讫点、剖切位置编号必须与竖向设计平面图上的符号一致。

三、园路、广场施工图

道路广场设计图主要标明园内各种道路、广场的具体位置、宽度、高程、纵横坡度、排水方向,道路平曲线、纵曲线设计要素,路面结构、做法、路牙的安排,道路广场的交接、拐弯、交叉路口、不同等级道路连接、铺装大样、回车道、停车场等。图纸包括以下内容:

(1)平面图。根据道路系统规划,在施工总平面图的基础上,用粗细不同的线条画出各种道路广场、台阶山路的位置。在主要道路的转弯处注明平曲线半径,每段的高程、纵坡坡向(用黑细线箭头表示)等。

(2)剖面图。剖面图比例一般为1:20。在画剖面图之前,先绘出一段路面(或广场)的平面大样图,表示路面的尺寸和材料铺设方法。在其下方作剖面图,表示路面的宽度及具体材料的拼摆结构(面层、垫层、基层等)厚度、做法。每个剖面都编号,并与平面图配套。

另外,还应该作路口交接示意图,用细黑实线画出坐标网,用粗线画出路边线,用中粗线画出路面铺装材料拼接及摆放图案。

四、植物种植施工图(植物配置图)

植物种植施工图主要表现树木花草的种植位置、种类、种植方式、种植距离等。图纸内容如下:

(1)种植设计平面图。根据树木种植设计,在施工总平面图基础上,用设计图例绘出常绿阔叶乔木、落叶阔叶木、落叶针叶乔木、常绿针叶乔木、落叶灌木、常绿灌木、整形绿篱、自然形绿篱、花卉和草地等的具体位置，并注明其种类、数量、种植方式及株行距，标明与周围固定构筑物的地下管线距离的尺寸等。

(2)大样图。对于重点树群、树丛、林缘、绿篱、花坛、花卉及专类园等，可附种植大样图，比例为1∶100。要将组成树群、树丛的各种树木位置画准，注明种类、数量，用细实线画出坐标网，注明树木间距；标明施工时准备选用的园林植物的高度、体形等；在平面图上方作出立面图，以便施工参考。

五、假山施工图

假山施工图必须先做出山、石等施工模型，以便施工及掌握设计意图。图纸包括如下内容：

(1)平面图。标出山石平面位置、尺寸，标出山峰、制高点、山谷、山洞的平面位置、尺寸及各处高程，标出山石附近的地形、植物及构筑物、地下管线及与山石的距离尺寸。

(2)剖面图。标出山石各山峰的控制高程，标出山石基础结构，标出管线位置、管径，标出植物种植池的做法、尺寸、位置。

(3)做法说明。堆石手法，接缝处理，山石纹理处理，山石形状、大小、纹理、色泽的选择原则，山石用量控制。

六、园林建筑小品施工图

园林建筑设计图表现各景区园林建筑的位置及建筑本身的组合、选用的建材、尺寸、造型、高低、色彩和做法等。如一个单体建筑，必须画出建筑施工图(建筑平面位置图、建筑各层平面图、屋顶平面图、各个方向立面图、剖面图、建筑节点详图和建筑说明等)、建筑结构施工图(基础平面图、楼层结构平面图、基础详图和构件详图等)、设备施工图以及庭院的活动设施工程、装饰设计。

七、管线施工

在管线规划图的基础上，上水(造景、绿化、生活、卫生、消防)、下水(雨水、污水)、暖气、煤气、电力、电信等各种管网的位置、规格和埋深等，应按市政设计部门的具体规定和要求正规出图。主要注明每段管线的长度、管径、高程及如何接头，同时注明管线及各种井的具体位置、坐标。同样，在电气规划图上将各种电器设备、(绿化)灯具位置、变电室及电缆走向位置等具体标明。

小　结

园林设计程序随着园林类型的不同而有一定的繁简变化，一般包括资料收集与环境调查、总体规划设计、详细设计和技术与施工图设计等四个阶段。资料收集与环境调查阶段在明确设计的目标和任务的前提下对规划所需的自然条件、社会条件和设计条件进行调查、收集并研究分析。总体规划阶段在调查分析的基础上编制设计任务书，通过一系列的图纸和设计说明书表达设计的理念与内容。技术设计阶段是根据已批准的总体规划设计编制的，是对总体规划阶段的图纸和文字修改后的更深入、更精确的设计。施工设计阶段是施工开始的前提，包括施工图设计、编制预算和施工设计说明书等。以上内容完成后还要由业主牵头，组织设计方、监理方和施工方召开施工图设计交底会。在交底会上，业主、监理和施工各方提出看图后所发现的各专业方面的问题，各专业设计人员将进行答疑。具体的施工阶段设计师与施工过程的密切配合也十分重要。

思考题

1. 园林规划设计中资料收集的内容有哪些？
2. 总体规划阶段应做出的图纸种类有哪些？
3. 总体规划阶段完成的设计说明主要包括哪些方面？
4. 技术与施工图设计阶段要完成的图纸种类有哪些？

下　篇

项目一　道路与城市广场绿地规划设计

知识要求

了解道路与城市广场绿地的功能要求、绿地布置的形式，掌握道路与城市广场绿地规划设计原则。

能力目标

掌握各类道路绿地的规划设计方法。掌握城市广场绿地规划布局形式。

任务一　城市道路绿地规划设计

一、设计任务

图 2-1-1 是双流县新城区中心大道平面图，拟规划路段担负着城市疏散交通的重要功能，为了加强城市景观建设，搞好道路绿化美化，完善城市空间环境，满足市民休息、娱乐等需要，决定对该路段绿地进行整体规划设计。现要求根据该路段绿地现状和相关绿地设计规范等要求，在充分满足功能要求、安全要求和景观要求的前提下完成道路绿地规划设计。

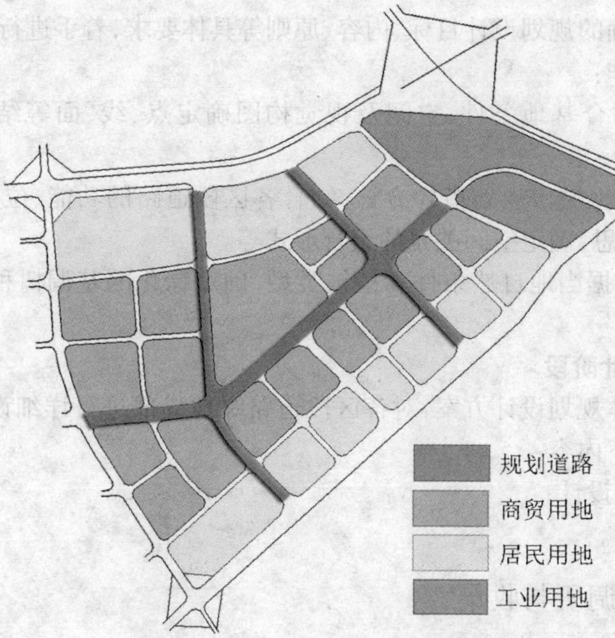

图 2-1-1　双流县新城区规划道路平面图

二、任务分析

通过对图 2-1-1 的认真分析，我们发现完成该路段绿地规划设计任务要分为以下四个阶段进行。

（一）调查研究阶段

通过现场踏查或调查，收集与基地有关的资料，补充并完善不完整的内容，对整个基地及环境状况进行综合分析。主要包括对设计地段自然环境、社会环境、城市景观、绿地现状等设计条件进行调查，通过与甲方座谈，把握甲方的规划目的、设计要求等，以便于设计者把握设计思路，为编制设计任务书及下一步的方案设计做好准备并提供依据。为此我们需要考虑以下几个问题：

（1）自然环境的调查；

（2）社会环境的调查；

（3）设计条件或绿地现状的调查。

（二）编制设计任务书阶段

根据调查研究的实际情况，结合甲方的设计要求，编制设计任务书。任务书中应明确以下几点：

（1）明确绿地规划设计的目标；

（2）确定绿地规划设计的内容；

（3）制定绿地规划设计的指导方针；

（4）提出绿地规划设计的原则。

（三）总体规划设计阶段

根据任务书中明确的规划设计目标、内容、原则等具体要求，着手进行总体规划设计。主要有以下三方面工作：

（1）布局结构。结合基地条件、空间及视觉构图确定点、线、面等结构要素的配置关系。

（2）景观规划。根据城市规划指导方针，结合各区段道路的功能、位置，明确景观规划的设计理念、总体构思，确定空间关系的组合形式等。

（3）植物规划。根据当地自然条件和植被类型，确定绿化的基调树种、骨干树种、景观树种的规划。

（四）局部详细设计阶段

根据确定后的总体规划设计方案，对各区段道路绿地局部进行详细设计。局部详细设计工作主要包括以下内容：

（1）道路绿地规划设计；

（2）植物种植设计。

三、相关资料的调研与收集

（一）城市道路绿地设计专用术语

城市道路绿地设计专用术语是与道路相关的一些专门术语，设计中必须了解和掌握。

1. 道路红线

经城市规划行政主管部门依法确认的规划道路路幅的边界线，常以红色线条表示，故称红线。

2. 建筑红线

建筑红线是指建筑物的外立面所不能超出的界线。建筑红线可与道路红线重合，一般在新城市中常使建筑红线退于道路红线之后，以便腾出用地，改善或美化环境，取得良好的效果。

3. 道路总宽度

道路总宽度也叫路幅宽度，即规划建筑红线（道路红线）之间的宽度。道路总宽度是道路用地范围，包括横断面各组成部分用地的总称。

4. 道路绿地

道路绿地指道路及广场用地范围内的可进行绿化的用地。道路绿地分为道路绿带、交通岛绿地、广场绿地和停车场绿地。

5. 道路绿带

道路绿带指道路红线范围内的带状绿地。道路绿带分为分车绿带、行道树绿带和人行道绿带。

6. 分车绿带

分车绿带指车行道之间可以绿化的分隔带，位于上下行机动车道之间的为中间分车绿带，位于机动车道与非机动车道之间或同方向机动车道之间的为两侧分车绿带。分车绿带有组织交通、夜间行车遮光的作用。

7. 行道树绿带

行道树绿带指布设在人行道与车行道之间，以种植行道树为主的绿带。

8. 路侧绿带

路侧绿带指在道路侧方，布设在人行道边缘至道路红线之间的绿带。

9. 交通岛

交通岛指为控制车流行驶路线和保护行人安全而布设在交叉口范围内车辆行驶轨道通过的路面上的岛屿状构造物。交通岛起到引导行车方向、渠化交通的作用。

10. 交通岛绿地

交通岛绿地指可绿化的交通岛用地。交通岛绿地分为中心岛绿地、导向岛绿地和立体交叉绿地。

道路绿地名称如图 2-1-2 所示。

(二)城市道路的分类

城市道路是多功能的，以交通功能占重要地位，为确保交通安全，对不同性质、不同速度的交通实行分流。不同规模的城市，交通量也有很大的差异，大城市将城市道路分为四级（快速路、主干路、次干路、支路），中等城市分为三级（主干路、次干路、支路），而以步行和自行车为主要出行活动的小城市可分为二级（干路和支路）。

1. 快速路

快速路指城市道路中设有中央分隔带，具有四条以上机动车道，全部或部分采用立体

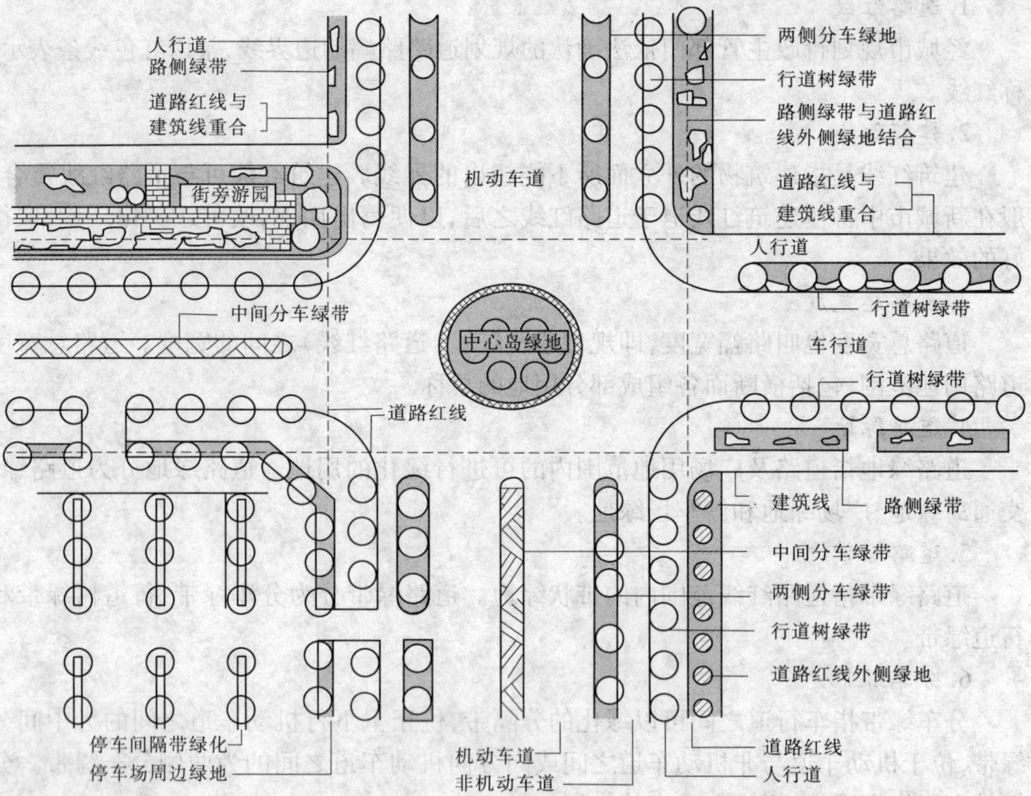

图 2-1-2　道路绿地名称示意图

交叉与控制出入，供汽车以较高速度行驶的道路，又称汽车专用道。快速路的设计行车速度为 60 ~ 80 km/h。

2. 主干路

主干路指连接城市各分区的干路，以交通功能为主。主干路上的机动车与非机动车分道行驶，两侧不宜设置公共建筑出入口。主干路的设计行车速度为 40 ~ 60 km/h。

3. 次干路

次干路是城市中数量最多的交通道路，承担主干路与各分区间的交通集散作用，兼有服务功能。次干路两侧可设置公共建筑物及停车场等。次干路的设计行车速度为 40 km/h。

4. 支路

支路是次干路与街坊路（小区路）的连接线，以服务功能为主。可满足公共交通线路行驶的要求，也可作自行车专用道。支路的设计行车速度为 30 km/h。

（三）城市道路横断面布置形式

垂直于城市道路中心线的剖面称为道路横断面，它能反映路型和宽度特征。城市道路横断面的布置形式是道路规划设计所采用的主要模式，常用的道路横断面布置形式有以下几种。

1. 一板二带式

即一条车行道，两条绿带。这是道路绿化中最常用的一种形式，在位于中间的车行道两侧与人行道的分隔线上种植行道树。此法操作简单、用地经济、管理方便。但当车行道过宽时行道树的遮阴效果较差，不利于机动车辆与非机动车辆混合行驶时的交通管理（见图 2-1-3）。

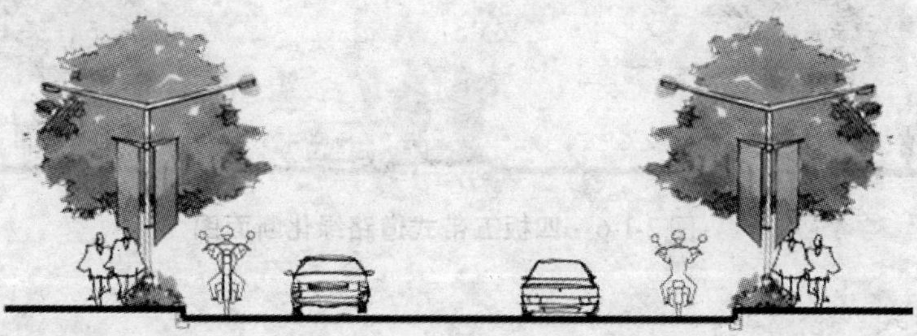

图 2-1-3　一板二带式道路绿化断面图

2. 二板三带式

即两条车行道，三条绿带。用一条绿带将车行道隔开形成单向行驶的两条车行道，并在道路两侧各布置一条行道树绿带。这种形式适于机动车多、夜间交通量大而非机动车少的道路。其优点是解决了对向车流相互干扰的矛盾，且绿带数量较大，生态效益较显著，景观较好，但仍未解决机动车辆与非机动车辆混合行驶的问题（见图 2-1-4）。

图 2-1-4　二板三带式道路绿化断面图

3. 三板四带式

利用两条分隔带把车行道分成三条，中间为机动车道，两侧为非机动车道，连同车行道两侧的行道树共为四条绿化带。此法虽然占地面积较大，却是城市道路绿化较理想的形式，其绿化量大，夏季蔽荫效果好，组织交通方便，安全可靠，便于行人过街，利于夜间行车，解决了各种车辆混合互相干扰的矛盾，尤其适合在机动车、非机动车流量较大的区域使用（见图 2-1-5）。

图 2-1-5　三板四带式道路绿化断面图

4. 四板五带式

利用三条分隔带将车道分为四条，共五条绿化带，使机动车与非机动车辆均形成上行、下行各行其道,互不干扰,保证了行车速度和行车安全。但其用地面积较大,建设投资高。若城市交通较繁忙,而用地又比较紧张时,则可用栏杆或隔离墩分隔,以便节约用地(见图 2-1-6)。

图 2-1-6　四板五带式道路绿化断面图

5. 其他形式

根据城市所处地理位置、环境条件、城市景观要求不同的实际情况,因地制宜设置道路和绿带等,从而形成了许多特殊的道路横断面设计形式,如山坡道、滨河林荫路等。

选择道路绿化形式务必从实际出发,不能片面追求形式,讲求气派。尤其在街道狭窄、交通量大的情况下,应该以行人的庇荫和树木生长对日照条件的要求来考虑,不能用减少车行道数目为代价来片面追求整齐对称。如果街道上不能种植行道树,可以采取特殊的绿化方式,如摆设盆栽植物、垂直绿化等。

(四)城市道路绿地规划设计的基本原则

为了更好地发挥城市道路绿化在改善城市生态环境及丰富城市景观中的作用,避免绿化影响交通安全,保证绿化植物的生存环境,提高道路绿化规划设计水平,创造优美的绿地景观,城市道路绿地设计应做到以下几点。

1. 城市道路绿化应以乔木为主,乔木、灌木、地被植物应有机结合

城市道路绿化的主要功能是为行人及车辆遮阴、防尘、降低噪声、改善道路环境、绿化美化城市。在绿化过程中应以乔木为主,乔木、灌木、地被植物相结合,这样防护效果最好,地面覆盖最好,形成丰富的景观层次,能充分发挥其功能作用(见图 2-1-7)。

2. 为保证道路行车安全,道路绿化应符合行车视线和行车净空的要求

1)行车视线要求

第一,在道路交叉口视距三角形范围内和弯道内侧的规定范围内种植的树木不得影响驾驶员的视线通透,保证行车安全;第二,在弯道外侧的树木沿边缘整齐连续种植,预告道路线形变化,诱导驾驶员行车视线(见图 2-1-8)。

2)行车净空要求

道路设计规定在各种道路的一定宽度和高度范围内为车辆运行的空间,树木不得进入该空间。具体范围应根据道路交通设计部门提供的数据确定。

3. 统一规划,合理安排道路的附属设施

城市道路用地空间有限,在其范围内除安排机动车道、非机动车道和人行道等必不可少的交通用地外,还需要合理安排许多市政公用设施,如公交站牌、报刊亭、电话亭等,都应置于适当的位置;人行过街天桥、地下通道出入口、电杆、路灯、各类通风口、路边坐凳等

地上设施和地下管线、地下构筑物及地下沟道等都应相互配合，合理安排。同时道路绿化也需安排在这个空间里。绿化树木生长需要一定的地上、地下生存空间，如得不到满足，树木就不能正常生长发育，直接影响其外观形态，影响道路绿化作用的正常发挥。因此，应统一规划，合理安排道路绿化与交通、市政设施的空间位置，使其各得其所，减少矛盾。

图 2-1-7　乔灌木结合的道路绿化

图 2-1-8　交叉路口的安全视距

4. 树种选择要适地适树

适地适树是指绿化要根据本地区气候、种植地的小气候和地下环境条件选择适于在该地生长的树木，以利于树木的正常生长发育，抗御自然灾害，保持较稳定的绿化效果。（见图 2-1-9）。道路绿化为了使有限的绿地发挥更大的生态效益，通常进行人工植物群落配置，形成丰富的植物景观层次。

5. 体现城市道路景观特色

同一道路的绿化应有统一的景观风格，不同路段的绿化形式可有所变化；同一路段上的各类绿带，在植物配置上应相互配合并应协调空间层次、树形组合、色彩搭配和季相变化的关系；园林景观路应与街景结合，配植观赏价值较高、有地方特色的树种；主干路应体现城市道路绿化景观的风貌；毗邻山、河、湖、海的道路，其绿化应结合自然环境，突出自然景观特色（见图 2-1-10）。

图 2-1-9　惠州市惠州大道以绿化芒为主调树种

图 2-1-10　为协调滨水景观做成田园式道路绿带

6. 注意保护道路绿地内的古树名木

古树是指树龄在百年以上的大树。名木是指具有特别历史价值或纪念意义的树木及稀有、珍贵的树种。道路沿线的古树名木可依据《城市绿化条例》和地方法规或规定进行保留与保护。

7. 道路绿化远近期结合

城市道路绿化从建设开始到形成较好的绿化效果需要十几年的时间。因此，道路绿化规划设计要有发展的观点和长远的眼光，对所用各种植物材料在生长过程中的形态特征、大小、颜色等的现状和可能发生的变化，要有充分的了解，当各种植物长到鼎盛时期，达到最佳效果。城市道路绿地中的绿化树木不应经常更换、移植。道路绿化建设初期一般所用植物体量相对较小，应注意整体效果，使其尽快发挥功能作用。这就要求道路绿化远近期结合，互不影响。

(五) 城市道路绿地设计

1. 分车绿带设计

分车绿带(见图 2-1-11)的主要作用是分隔来往的车流，除此之外分车绿带已成为现代城市的一条美丽的风景线，可缓解司机的视觉疲劳，使乘客在乘车过程中有景可观。

分车绿带的宽度根据行车道的性质和道路的宽度而定，一般道路分车绿带的宽度为 4.5～6.0 m，最小分车绿带宽度为 1.2～1.5 m，高速公路分车绿带宽度可达 5.0～20 m。为便于行人通过，分车绿带应适当分段，一般为 50～100 m，根据实际情况与人行横道、公交站牌、商场和人流集散比较集中的公共建筑出入口相结合。

分车绿带的植物配置应形式简洁，树形整齐，排列一致。乔木树干中心至机动车道路缘石外侧距离不宜小于 0.75 m。

中间分车绿带应阻挡相向行驶车辆的眩光，在距相邻机动车道路面高度 0.6～1.5 m 的范围内，配置植物的树冠应常年枝叶茂密，其株距不得大于冠幅的 5 倍。

两侧分车绿带宽度大于或等于 1.5 m 的，应以种植乔木为主，并宜乔木、灌木、地被植物相结合。其两侧乔木树冠不宜在机动车道上方搭接。分车绿带宽度小于 1.5 m 的，应以种植灌木为主，并应灌木、地被植物相结合(见图 2-1-12)。

图 2-1-11　深圳深南大道分车带

图 2-1-12　枝江市江汉大道绿化工程

被人行横道或道路出入口断开的分车绿带，其端部应采取通透式配置，即应种植草坪或低矮的花灌木，这样不会遮挡司机视线。

2. 行道树绿带

1）行道树的种植方式

（1）树带式。在人行道与车行道之间留出一条不小于 1.5 m 宽的种植带。在树带中铺设草坪或种植地被植物，不能有裸露的土壤。在适当的距离和位置留出一定量的铺装通道，便于行人往来。在道路交叉口视距三角形范围内，行道树绿带应采用通透式配置（见图 2-1-13）。

（2）树池式。在交通量比较大、行人多而人行道又狭窄的道路上采用树池的方式。树池式行道树绿带的优点是非常利于行人行走；缺点是营养面积小，不利于松土、施肥等管理工作，不利于树木生长。

树池边缘与人行道路面的关系：树池边缘高出人行道路面 8～10 cm 时，可减少行人践踏，保持土壤疏松，但不利于排水，容易造成积水；树池的边缘和人行道路面相平时，便于行人行走，但树池内土壤易被行人踏实，影响水分渗透及空气流通，不利于树木生长。为解决此问题，可以在树池内放入大鹅卵石，这样既保持地面平整、卫生，又可防止行人践踏造成土壤板结，景观效果也好；树池的边缘低于人行道路面时，常在上面加盖池箅子，与路面相平，加大通行能力，行人在上面走不会踏实土壤，并且利于雨水渗入，但不利于清扫和管理。

常用的树池形状有正方形（边长不小于 1.5 m）、圆形（直径不小于 1.5 m）、长方形（短边不小于 1.5 m，以 1.5 m×2.2 m 为宜）（见图 2-1-14）。

图 2-1-13　宁波市育才路延伸段树带式种植

图 2-1-14　成都市光华大道树池式种植

2）行道树的选择

行道树应选择胸径适当的树种：速生树不得小于 5 cm，慢生树不宜小于 8 cm。

行道树树种选择的一般标准是：树冠冠幅大、枝叶密，抗性强，耐瘠薄土壤、耐寒耐旱，寿命长，深根性，病虫害少，耐修剪，落果少，没有飞絮，发芽早，落叶晚。

行道树绿带种植，常采用乔木、灌木、地被植物相结合的形式，形成连续的绿带。行道树绿带的宽度应根据道路的性质、类别和对绿地的功能要求以及立地条件等综合考虑而决定，一般不小于 1.5 m。

行道树定植株距，应以行道树成年期冠幅为准，最小种植株距应为 4 m。行道树树干中心至路缘石外侧最小距离宜为 0.75 m。详细参考指标见表 2-1-1。

表 2-1-1　行道树的株距　（单位：m）

树种类型	通常采用的株距			
	准备间移		不准备间移	
	市区	郊区	市区	郊区
快长树(冠幅 15 m 以下)	3～4	2～3	4～6	4～8
中慢长树(冠幅 15～20 m)	3～5	3～5	5～10	4～10
慢长树	2.5～3.5	2～3	5～7	3～7
窄冠树	—	—	3～5	3～4

3. 交叉路口、交通岛绿地设计

1)交叉路口的绿地设计

为了保证行车安全,在进入道路的交叉口时,必须在道路转角空出一定的距离,使司机在这段距离内能看到对面开来的车辆,并有充分的刹车和停车的时间而避免撞车。这段从发现对方立即刹车到刚好停车所经过的距离,称为"安全视距"。

根据两相交道路的两个最短视距,可在交叉口平面图上绘出一个三角形,称为视距三角形。在此三角形内不能有建筑物、构筑物、树木等遮挡司机视线的地面物。在布置植物时其高度不得超过 0.65～0.70 m,或者在三角视距内不要布置任何植物。视距的大小,随着道路允许的行驶速度、道路的坡度、路面质量情况而定,一般采用 30～50 m 的安全视距为宜(见图 2-1-15、图 2-1-16)。

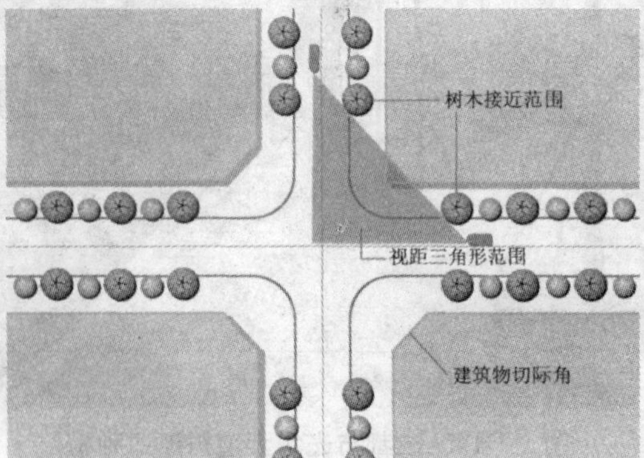

图 2-1-15　视距三角示意图

图 2-1-16　南宁民族大道视距三角绿化

2)交通岛的绿地设计

交通岛也可称中心岛(俗称转盘)。设置交通岛主要是组织交通,凡驶入交叉口的车辆,一律绕岛作逆时针单向行驶。交通岛多呈圆形,少数为方形或长方形(见图 2-1-17)。

交通岛的半径必须保证车辆能按一定速度以交织方式行驶。由于受到环道上交通能力的限制,因此在交通量较大的主干道上,或有大量非机动车,交通或行人较多的交叉口上,不宜设置环形交通。目前我国大中城市所采用的圆形交通岛,一般直径在 40～60 m。

有时虽然交通岛的面积大,但因其主要功能是组织交通,提高交叉口的通行能力,所以也不能布置成供行人休息的小游园或吸引游人的过于华丽的花坛。通常以嵌花草坪、花坛为主,或以低矮的常绿灌木组成简单的图案花坛(见图 2-1-18),切忌采用常绿小乔木或大灌木,以免影响视线。但在人流、车流比较小,以步行为主的交通岛就可以小游园的形式布置,增加群众的活动场地。

图 2-1-17　重庆市上清寺交通岛

图 2-1-18　莆田市梅园路交通岛

四、规划设计

在掌握了必要的理论知识之后,我们根据园林规划设计的程序以及城市道路绿地规划设计的特点,来完成双流县中心大道绿地规划设计。

(一)调查研究阶段

1. 自然环境

双流县位于“天府之国”——成都平原的腹地。县境属亚热带湿润季风气候区,年平均气温 16.2 ℃,年降水量 921 mm,气候温和,适宜多种植物生长。县境河属流域属岷江水系,河流总长 186 km,水量丰沛。

2. 社会环境

双流县是我国四大空港之一,并且是西南最大的国际空港——成都双流国际机场,区位优势十分明显。其发展目标是以“一流的投资环境、一流的规划、一流的投资服务”来倾力打造西部一流的现代都市商贸区。本次所设计的中心大道及两条连接线是双流县现代商贸集中发展区道路系统的重要组成部分,也是双流县商贸区的交通干线。

3. 设计条件或绿地现状的调查

通过现场踏查,明确规划设计范围、收集设计资料、掌握绿地现状、绘制相关现状图等内容。本规划中中心大道主轴线路宽 50 m,总长 1 800 m,一号线路宽 30 m,总长 1 200 m,二号线路宽 30 m,总长 1 000 m(见图 2-1-19)。道路两侧各有 8 m 宽的绿化带可继续保留,道路绿化现状十分匮乏,景观性极差,需要进行整体性绿地规划。

(二)编制设计任务书阶段

根据调查研究的实际情况,结合甲方的设计要求和相关设计规范,编制设计任务书如下。

1. 绿地规划设计目标

双流县该段规划道路位于以物流为主的经济商贸区,周围建筑用地多以大型仓库和

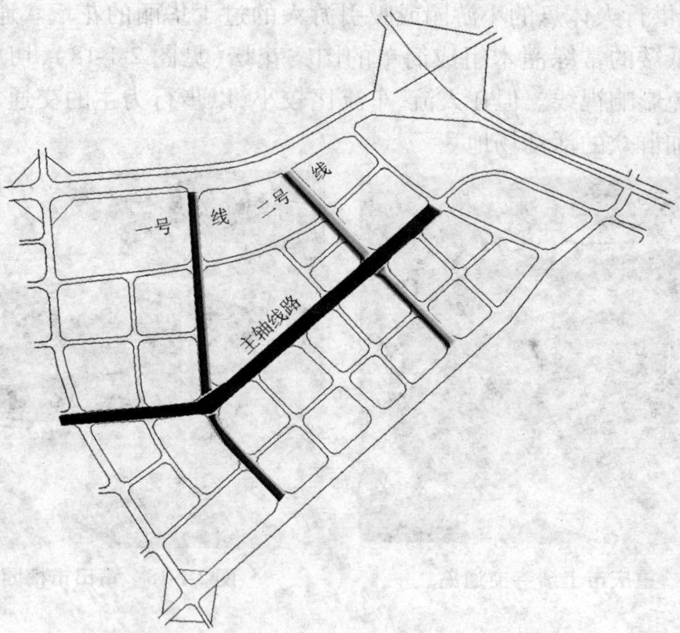

图 2-1-19　双流县规划路段情况

商品交易市场为主，因此在设计时强调道路两侧绿化用地的设计风格应该是流畅、简约、现代、大气，体现出现代商贸集中发展区的高效和高速的特点。中心大道作为主轴线路，不仅承载交通功能，同时也是一条贯穿新城区的景观轴、是一条观赏都市景观的发展轴、空港城市发展的景观主轴和城市景观的重要展示带，因此设计时要体现有地标特征的中心景观，设计成三板四带式的道路断面形式。一号线路及二号线路应体现有效节约能源，设计成改善城市生态环境的绿色景观，在车流量较大的交叉路口可以考虑设计交通岛。

2. 绿地规划设计内容

该段道路应结合城市规划进行全面设计，形成和谐统一的整体，满足多种功能需要。具体设计内容如下。

1) 总体规划设计

根据总体规划设计原则，依据城市各类用地布局、周边环境和功能要求，确定合理的道路布局结构。根据各段道路的功能及特点，依据道路绿地实际大小，规划设计不同的绿地形式。

2) 景观规划设计

中心大道既是城市功能的延伸，也是空港城市提供综合服务的集中功能区域，紧凑的开发模式所创造的浓郁都市氛围，使中心大道形成一个经济、社会、生活功能的核心，为未来城市中心提供了一个成熟的开发环境。中心大道作为公共性的开敞空间，使各类主要公共活动在主轴地带产生交汇和聚集，设计中应体现城市生活创造出人性化空间的可能性。整体设计以植物造景为主，体现可持续发展的绿色生态环境。

3) 植物种植设计

以耐贫瘠、耐干旱的乡土树种为主，注意景观树种的适当运用。通过展现植物的姿态美及植物的特殊寓意，享受植物的文化内涵。设计中通过丛植、林植、篱植等种植形式的景观效果，展现丰富多变的林缘线和林冠线，以形式美原则作为指导，营造城市道路景观的艺术气息。

3. 规划指导方针

我们制定了“1234”指导方针：

“1”即“生态保护第一”指导方针：在整体生态环境保护优化的前提下，实施双流现代商贸区的全面开发。

“2”即“二可”方针：设计方案具有可操作性和可持续性。

“3”即“三大”方针：社会效益、经济效益、生态效益三大效益和谐发展。

“4”即“四高”方针：高起点、高标准、高品位、高效益。

4. 规划设计原则

1）人文、生境、画境、意境

模仿自然植被群落，融入文化理念和创意，营造生机勃勃的生态环境、诗情画意的人文环境和情景交融的联想意境。

2）开敞空间与围合空间结合

利用植物、山石、水体、园林小品等造园要素，设计创造实现开阔的俊朗空间和轻松休闲的私密空间。

3）乡土植物和造材合理应用

乡土植物和造材的使用能体现地域性、经济性和时效性。

4）社会、经济协调生态效益

通过改善城市绿化环境，美化城市形象，树立城市品牌，促进城市经济增长，而城市的加速发展是确保良性可持续发展的必要条件。

（三）总体规划设计阶段

1. 景观规划

由于在建设中的双流现代商贸集中发展区主要以汽车专卖、物流、商业购物、中高档商住等四大产业为支柱，旨在构建以现代都市服务产业为主，服务成都、面向西部的一流现代化商贸发展区。因而其道路的周边绿化景观效果要跟上整个现代商贸区的发展，体现现代化、高效率，彰显都市的商业繁荣，形成“一横两纵四节点”的总体设计构思（见图 2-1-20）。

“一横”即中心大道主要景观轴线，贯穿整个新城区。

“二纵”即图 2-1-20 中所示一号连接线和二号连接线，由中心大街放射到周围的商贸区中。

“四节点”即一号连接线、二号连接线与中心大街的两个交叉口，以及与双楠大道的两个交叉口的衔接。

由于内环线、一号及二号连接线是双流商贸区的主要干道，因而在设计上要保证道路视野开阔通透，通过地形与种植形成的带状围合空间及节点处交通岛，合理组织空间序列，实现科学的人车分流。

2. 植物规划

植物景观模仿自然生态群落，通过人化自然的乔灌草营造层次丰富、生境良好的生态

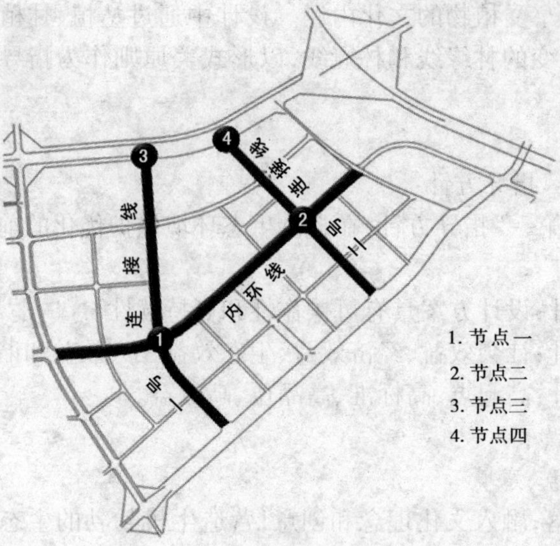

一横两纵四节点

图 2-1-20　双流县中心大道景观规划图

环境,美化洁净商贸区,减少噪声及粉尘,促进人的身心健康。主要植物见表 2-1-2。

表 2-1-2　主要植物配置一览表

道路名称	中央分隔带	行道树	道路两旁绿化地带			
			背景树	乔木	灌木	草坪
内环线	海棠 紫薇 线型灌木	紫薇 黄葛树	银杏 水杉 杨树	桂花 天竺桂 黄花槐 红继木 贴梗海棠 垂丝海棠 乐昌含笑 红绸玉兰	杜鹃 山茶 美人蕉 十大功劳 金叶女贞 紫叶小檗	麦冬
一号连接线	无	天竺桂 乐昌含笑	水杉	红枫 天竺桂 红继木 乐昌含笑 黄花决明 醉香含笑	苏铁 杜鹃 山茶 海桐 八角金盘	马蹄筋
二号连接线	无	天竺桂 红豆木	杨树	红枫 棕竹 杜英 香樟 红叶梅 罗汉松	苏铁 杜鹃 栀子花 萼炬花 金叶女贞 紫叶小檗	三叶草

(四)局部详细设计阶段

1. 道路绿地设计

1)一横:内环线景观设计

内环线(中心大道)作为贯穿新城区的景观主轴线路,承载全区的交通功能,采用三板四带式的道路断面形式。分车带各宽 2.5 m,人行道各宽 3.5 m,两侧绿化带各宽 15 m,以象征吉祥顺利的祥云图案作为灌木构图,体现这是一个“凝瑞气”的商业宝地。该路线的特色是以海棠为主,形成海棠一条街,植物配置采用乔、灌、草搭配,充分发挥生态功能,同时注重色彩、季相变化,满足视觉观赏效果(见图 2-1-21、图 2-1-22)。

图 2-1-21　内环线景观设计图

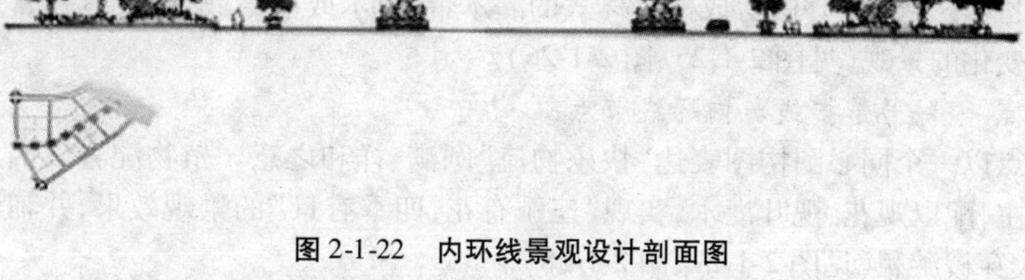

图 2-1-22　内环线景观设计剖面图

2)一纵:一号连接线景观设计

该线路采用一板二带式的断面形式,人行道各宽 6 m,两侧绿化带各宽 15 m,该绿化带植物配置模仿自然植被群落,采用混合配置,以银杏作为背景树,以自然式的手法将罗汉松、桂花、醉香含笑、丁香及红继木、红绸玉兰等乔木群落群植或是孤植,营造一个仿自然的人工生态群落(见图 2-1-23、图 2-1-24)。

图 2-1-23　一号连接线景观设计图

图 2-1-24　一号连接线景观剖面图

3）二纵：二号连接线景观设计

二号连接线同样采用一板二带式的断面形式，人行道各宽 6 m，两侧绿化带各宽 15 m。该绿化带不使用精心修剪成模纹样式的灌木带，树木或群植或孤植，旨在营造自然界植物四季变化的景观（见图 2-1-25、图 2-1-26）。

4）节点一：一号连接线与内环线节点

该节点以一个同心圆构图表达“快乐物流”圆满、祥和之意。植物配置以四川地区乡土树种为主，配以观花、观叶灌木，实现“三季有花，四季有景”的景观效果，并辅以卵石步道，供行人穿梭游憩（见图 2-1-27、图 2-1-28）。

左上街角——椭圆形走廊表达“系统化”的含义。

右上街角——“L”形廊架，取物流英文单词的首字母，显现该环境高效率主题。

左下街角——设计三组由小到大的废物雕塑，传达“低成本高效率”的含义。

右下街角——通过一组左右对称的曲线汇聚于中心的四个椭圆，来表达物流的一个重要特征——整合集中的意思。

图 2-1-25　二号连接线景观设计图

图 2-1-26　二号连接线景观剖面图

图 2-1-27　节点一景观设计图

图 2-1-28　节点一局部效果图

5）节点二：二号连接线与内环线节点

该节点位于整个商贸区的交通枢纽和形象窗口，集人流通行、景观形象、生态净化功能为一体，整体设计风格简约、活泼、现代、大气（见图 2-1-29、图 2-1-30）。设计构思源自商业物流的四个环节——生产、销售、传输、回收，该节点的每个部分分别表达一个商业物流环节的涵义，且四者统一于园中。生产用由小到大的雕塑表现生产线的加工和原始积累，以辐射状灌木带表示销售的逐渐扩展和销售量的增加，动感、流畅的水系与输出的快捷通畅有异曲同工之妙，回收以“3R”思想强调互补、利用、共生、可持续发展构图。植物主要选取银杏、桂花、红绸玉兰、天竺桂、醉香含笑、紫薇、丁香、紫叶李、女贞、茶花。

图 2-1-29　节点二景观设计图

图 2-1-30　节点二手绘局部景观效果图

该节点处物流公司集中，仓储较多，因此设计一处直径 40 m 的交通岛提高通行能力，由中心处 12 m 的圆形绿篱向四周射出具导向性的流线形模纹，也寓意着货物由该物流基地发往全国甚至世界各地。立面上采取中间高四周低的形式，以开敞空间为主，无碍交通视线，且能很好地展现植物的姿态美。主要植物有高开丫茶花、丁香、菊花、一串红、绿皱椒草，“十一”期间景观效果最佳。

6）节点三、节点四：一号连接线、二号连接线与双楠大道节点的衔接

一号连接线与双楠大道的节点以“四季花开”为主题，以海棠花作为城市标识。平面构图采用中心到四周的发散式构图，节点的两排背景树和前面的小乔灌都延续“四季花开”的发散构图，逐渐过渡到连接线的自然式布局，立面间植一些彩叶植物和花卉呼应“四季花开”。二号连接线与双楠大道相连接的节点也采用相同的过渡方式，由规则逐渐过渡到自然（见图 2-1-31）。

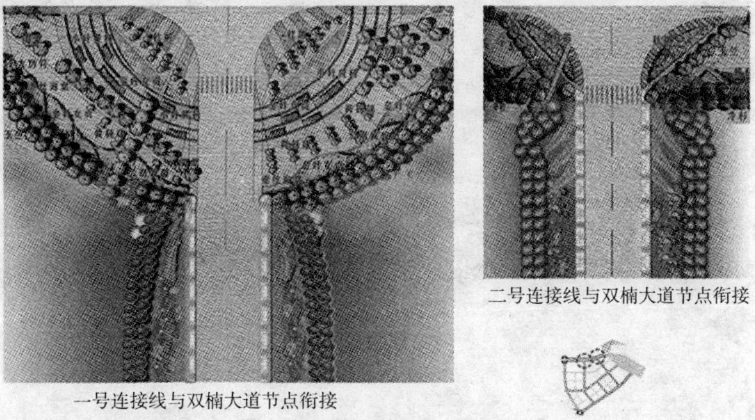

图 2-1-31　节点三、节点四景观设计图

2. 植物种植设计

优秀的植物景观应该同时具备科学性、文化性、艺术性和实用性。

1) 科学性

适地适树和选用乡土植物是科学性的基础。因地制宜地选择适合当地自然生态条件的乡土植物不仅有助于植物存活,降低植物成本,还能充分显示城市地域特色。

2) 文化性

利用植物的特殊寓意,通过人对植物的观色、闻香、感知,体会每种植物独特的气质,同时享受由不同文化内涵植物营造出的氛围。

3) 艺术性

一般的艺术规律同样可以用在植物景观设计中。例如"多样统一"的原则、"强调和对比"原则、"均衡"及"韵律和节奏"的原则等。

4) 适用性

充分发挥植物景观的社会效益、经济效益和生态效益,考虑植物的视觉观赏性和经济实用性。

(五) 完成图纸绘制

根据道路绿地规划设计的相关知识和设计要求,我们可完成双流县中心大道区段道路绿化设计,设计图纸应包括如下内容。

1. 设计平面图

设计平面图中应包括所有设计范围内的绿化设计,要求能够准确地表达设计思想,图面整洁,图例使用规范(见图 2-1-32 ~ 图 2-1-36)。平面图主要表达道路绿地规划、景点景观布局、植物种植设计等平面设计。

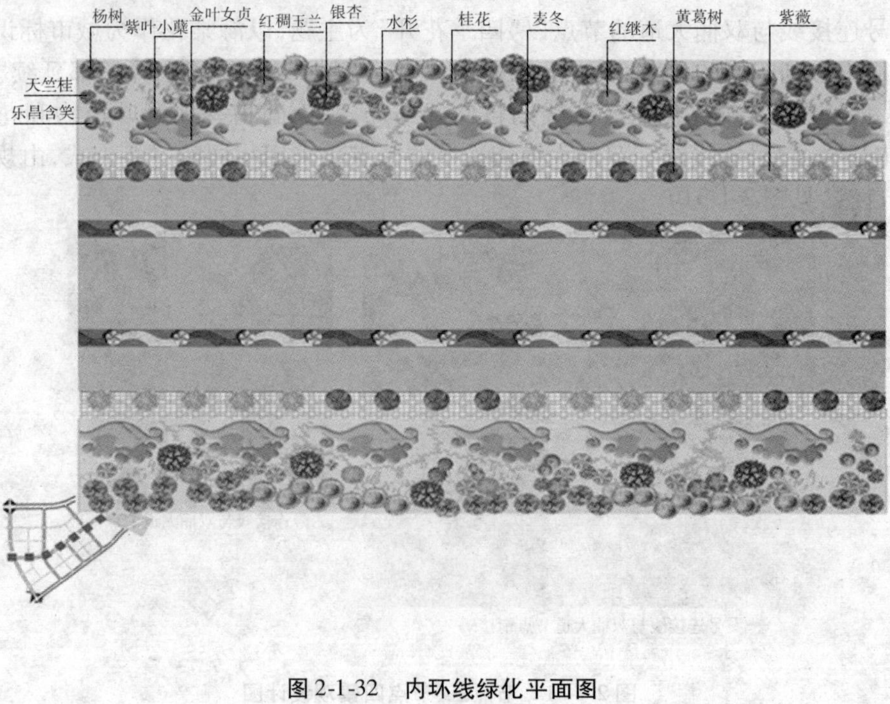

图 2-1-32　内环线绿化平面图

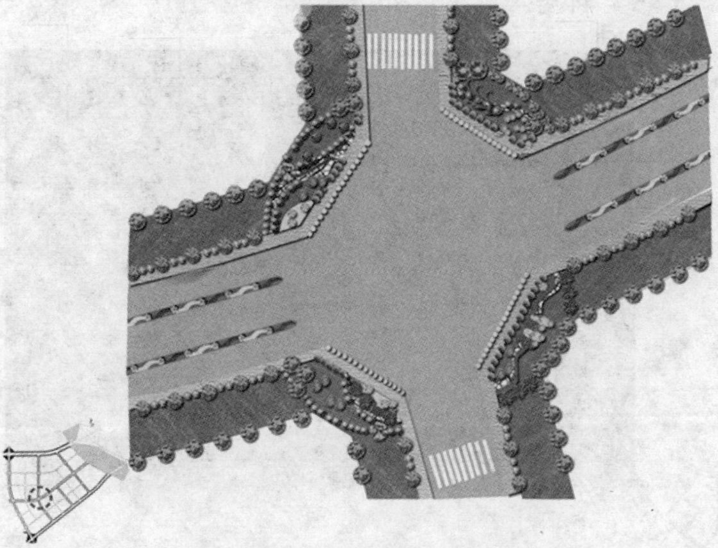

图 2-1-33　节点一绿化平面图

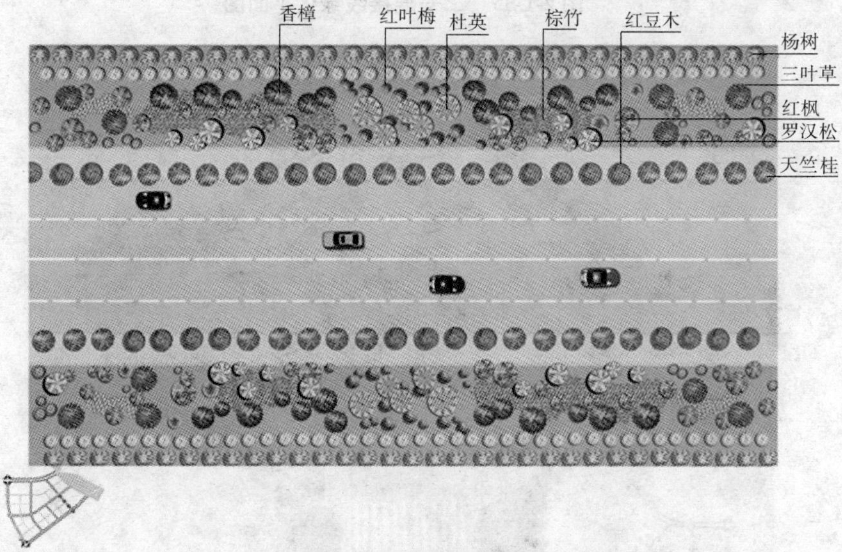

图 2-1-34　一号连接线绿化平面图

2. 剖面图

为了更好地表现道路的断面形式、绿带景观、节点处主要观赏景观，需要在具体景观代表处绘制相应的剖面图，在绘制剖面图时应严格按照比例表现硬质景观、植物以及两者间的相互关系，植物景观按照成年后最佳观赏效果时期来表现。

3. 效果图

为了更直观地表达设计意图，设计中各景点、景物的景观形象，通过钢笔画、铅笔画、钢笔淡彩、水彩画、水粉画、中国画或其他绘画形式表现。主要有手绘效果图、电脑效果图两种，注意效果图“近大远小、近清楚远模糊、近写实远写意”的特征。效果图制作要点如下：

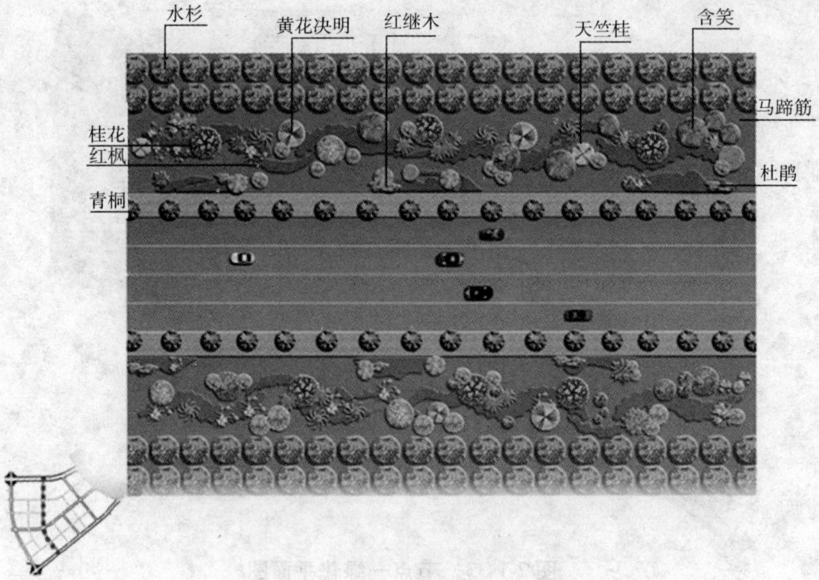

图 2-1-35　二号连接线绿化平面图

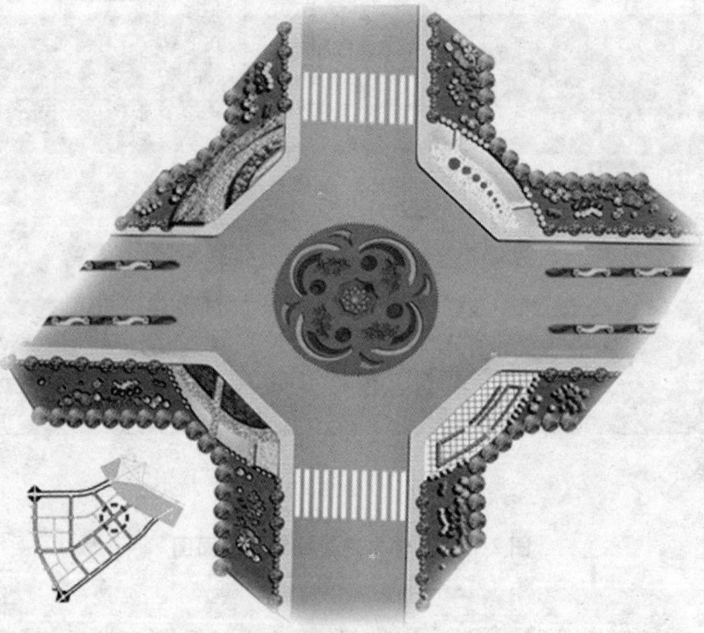

图 2-1-36　节点二绿化平面图

(1)要求效果图在尺度、比例上尽可能准确反映景物的形象。

(2)效果图除表现规划地段外,还要表现周围环境。

(3)效果图应注意“近大远小、近清楚远模糊、近写实远写意”。

(4)效果图表现植物应以表现 15 ~ 20 年树龄的树木效果为准。

4. 植物设施表

植物设施表以图表的形式列出所用植物材料、建筑设施的名称、图例、规格、数量及备注说明等。

5. 设计说明书

总体设计方案除图纸外，还要求一份文字说明，全面地介绍设计者的构思、设计要点等内容，具体有：

(1) 规划地段的位置、现状、面积；

(2) 规划地段的工程性质、设计原则；

(3) 设计主要内容（地形、空间围合、道路系统、种植规划、园林小品等）。

任务二　街旁绿地规划设计

一、设计任务

邛崃市凤凰大道街旁绿地区位图见图 2-1-37，该绿地规划区域平面图见图 2-1-38。该地段是新城区建设后的城市街道中轴线视觉中心，同时担负着疏导商业街人流，提供市民游览、休憩的功能。邛崃市市委市政府现决定对堤、路、景、绿地进行综合规划，进一步完善沿街及南河临水地段绿化，建成沿河绿带和小游园性质的绿化景区，力图建设成一个融生态环境、城市文化展示、景观游览体系、水上观光于一体的开放式滨河城市公共环境。

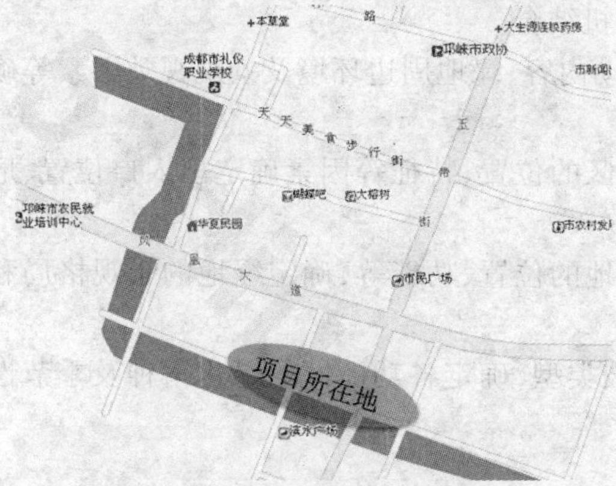

图 2-1-37　邛崃市凤凰大道街旁绿地区位图

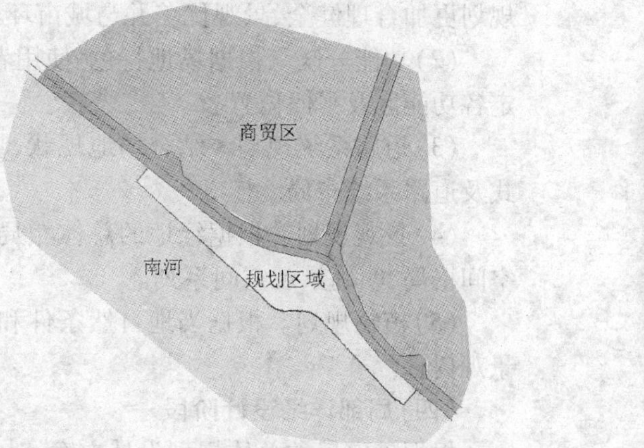

图 2-1-38　邛崃市凤凰大道街旁绿地规划区域平面图

二、任务分析

通过对图 2-1-38 的分析我们发现，要完成邛崃市凤凰大道街旁绿地规划设计任务，分以下四个阶段进行。

（一）调查研究阶段

通过现场踏查或调查，收集与基地有关的资料，补充并完善不完整的内容，对整个基地及环境状况进行综合分析。主要包括对设计地段自然环境、社会环境、城市景观、绿地现状等设计条件进行调查，通过与甲方座谈，把握甲方的规划目的、设计要求等，以便于设计者把握设计思路，为编制设计任务书及下一步的方案设计做好准备并提供依据。为此我们需要考虑以下几个问题：

(1)自然环境的调查；

(2)社会环境的调查；

(3)设计条件或绿地现状的调查。

(二)编制设计任务书阶段

根据调查研究的实际情况，结合甲方的设计要求，编制设计任务书。任务书中应明确以下几点：

(1)明确绿地规划设计的目标；

(2)确定绿地规划设计的内容；

(3)提出绿地规划设计的原则；

(4)阐述设计构思。

(三)总体规划设计阶段

根据任务书中明确的规划设计目标、内容、原则、设计思想等具体要求，着手进行总体规划设计。主要有以下五方面工作：

(1)现状分析。根据绿地区域位置、场地现状和周边环境，在规划设计之前对基地的用地适宜性、使用者人群、绿地对外交通和外部视觉景观等进行详细地分析，以便使绿地规划更加合理健全、景观优美并与城市环境有机结合。

(2)功能分区。根据场地特色、使用者活动内容、绿地周边环境及景观视觉因素等确定各功能区及平面位置。

(3)道路系统规划。结合场地现状、功能区的位置、特征等因素确定出入口位置、形式及道路系统布局。

(4)景观规划。根据绿地的总体布局、绿地的位置、功能等，确定绿地的景观格局和空间格局，明确景观空间系列。

(5)植物规划。根据当地自然条件和植被类型，确定各功能区的绿化树种及季节性景观树种。

(四)局部详细设计阶段

根据确定后的总体规划设计方案，对各绿地局部进行详细设计。局部详细设计工作主要包括以下内容：

(1)各功能区绿地规划设计；

(2)植物种植设计。

三、相关资料的调研与搜集

街旁绿地主要包括街道小游园、滨河绿地等形式。

(一)街道小游园绿地设计

街道小游园是在城市干道旁供居民短时间休息用的小块绿地，又称街道休息绿地、街道小花园、边角绿地等。面积一般在 1 hm^2 以下，甚至几十平方米。这类绿地布置比较灵活，不拘形式。

1. 街道小游园的布局形式

街道小游园的布局形式根据面积、形状、周围建筑物的性质、附近居民和环境情况以及投资、养护管理水平等综合考虑。一般可归纳为以下几种类型：规则对称式、规则不对称式、自然式、混合式等。

1）规则对称式

有明显的中轴线，绿化种植、道路和广场设计成有规律的几何图形。其优点是外观庄重整齐，与街道、建筑物等容易取得协调。缺点是由于受对称形式的约束，容易显得呆板，不够活泼，有时为了图形的完整而功能上欠合理，不能充分发挥其作用（见图 2-1-39）。

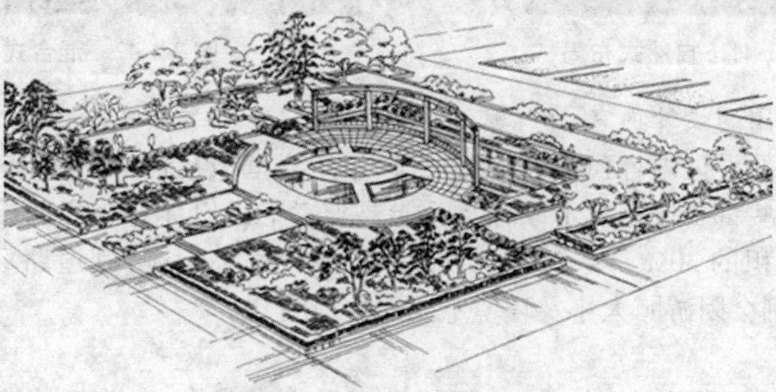

图 2-1-39　规则对称式布局

2）规则不对称式

绿带布局整齐而不对称，可以根据其功能组成不同的空间。虽布局不对称，也有均衡的效果（见图 2-1-40）。

图 2-1-40　规则不对称式布局

3）自然式

绿地布局没有明显的轴线，但有重心。道路为曲线，植物按自然式种植，其优点是容易结合地形，尤其是绿地形状不规则时采取自然式布局较易处理（见图 2-1-41）。

4）混合式

混合式是规则式与自然式相结合的形式，运用灵活，布置不受限制。根据地形和每个地段的特点来设计成规则式或自然式，若面积较大时可组织成几个空间，主次配合。因此，这种形式广为应用（见图 2-1-42）。

图 2-1-41　自然式布局

图 2-1-42　混合式布局

2. 街道小游园的设计内容

街道小游园的设计内容包括确定出入口、组织空间、设计园路、场地选择、安放设施、种植设计等。这些都要按照艺术原理及功能要求考虑。以休息为主的街道小游园，其道路场地可占总面积的 30% ~40%；以活动为主的街道小游园，其道路场地可占 60% ~70%，但这个比例会因游园大小及环境不同而有所变化。

3. 景观设计

当交通量较大、路旁空间较小时，可用常绿乔木为背景，在前面培植花灌木，放置置石、设立雕塑或广告栏等小品，形成一个封闭式的装饰绿地，但要注意与周围环境相协调。位于道路转弯处的绿地，应注意视线通透，不妨碍司机和行人的视线，选择低矮的灌木或地被植物。

当局部面积较宽广时，两边除人行道外还有一定土地空间时，可栽植大乔木，布置适当设施，供人们休息、散步或运动。当绿化地段较长，呈带状分布时，可将游园分成几段，设多个出入口，以便游人出入，但不能与相邻建筑物出入口相互干扰。在小游园内部不宜分隔过多，但可适当设置儿童游戏设施，形成小型的儿童游戏场。小游园内建立亭、廊等休息设施，其地面铺装可用方砖或水泥，以利游人散步或老人做些轻微的运动。散步小道可用鹅卵石或石块铺成冰裂纹路面，在道路旁可设置后退场地，设立坐椅供人们休息，以免行走和休息相互干扰。也可与挡土墙、花台、栏杆等小品相结合做成坐椅，一物多用，且美观大方，有利于游人坐息赏景（见图 2-1-43 ~ 图 2-1-46）。

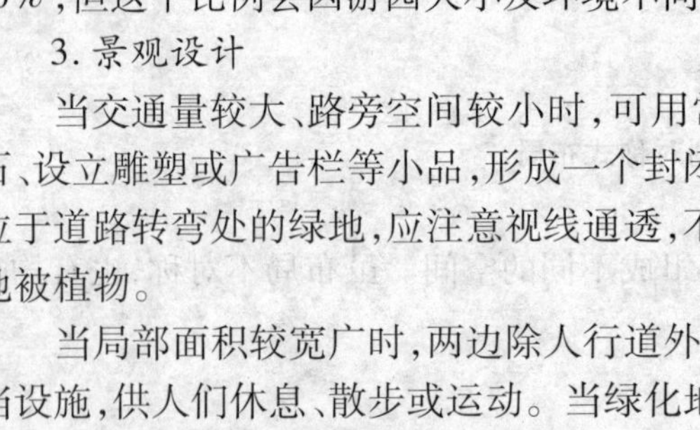

图 2-1-43　小游园植物景观

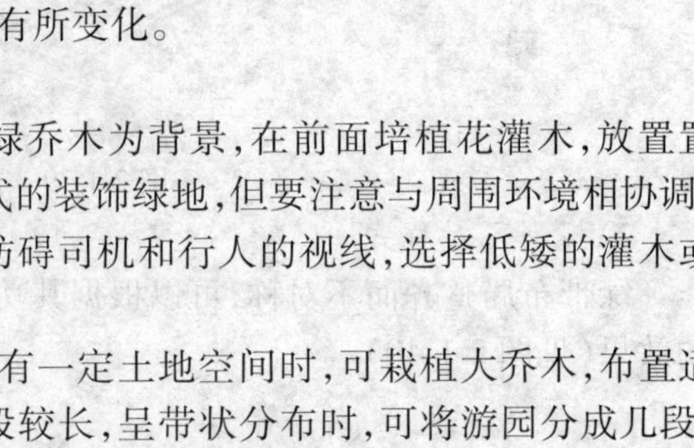

图 2-1-44　小游园水体景观

图 2-1-45　小游园小品景观

图 2-1-46　小游园园路景观

4. 植物配置

街道小游园设计以绿化为主，可用树丛、树群、花坛、草坪等布置成乔灌木、常绿或落叶树相互搭配的形式，追求层次的丰富性、四季景观的变化性。为了遮挡不佳的建筑立面和节约用地，其外围可使用藤本植物绿化，充分发挥垂直绿化的作用。

植物配置方式应与游园布局形式相统一，分为规则式、自然式和混合式。规则式配置装饰性强，乔灌木树种相同、体形大小相同、株行距相同并与对称轴的垂直距离相等，植篱要修剪成一定的形状。自然式配置强调自然，树冠不进行整形修剪，通常采用丛植方式，同一树种成丛种植时选用姿态大小不同，并以不同的株距按不等边三角形、四边形组合，在构图上既要表现单株的个性美，又要注重群体美。由乔木、灌木和花卉、草地组成的树群，主要表现群体美，疏密有致、高低错落、大小有别、素艳搭配……按生物学特性模拟自然进行组合。混合式配置介于规则式和自然式之间，在同一块绿地上有整形的，也有不整形的；有轴线关系的，也有不存在轴线关系的。

植物作为主景时，利用植物所特有的芳香、色彩、造型、意境等，创造各种主题的植物景观。当做背景时，应根据前景的尺度、形式、质感和色彩等选择植物的高度、宽度等，使其具有对比和衬托作用。

街旁游园附近有高层建筑时，考虑俯视效果。从整体而言，街旁游园配置方式应力求多样化，就一块绿地而言，树种选择、种植方式、园路、设施等都应统一构思，注意风格统一。

(二)滨河道路绿地设计

滨河道路绿地是城市中临河流、湖沼、海岸等水体的道路绿地。滨河路毗邻自然环境，其绿化应区别于一般道路绿化，与自然环境相结合，展示出自然风貌。其侧面临水，空间开阔，环境优美，是城镇居民休息游憩的地方，加以绿化，可吸引大量游人，特别是夏日和傍晚(见图 2-1-47、图 2-1-48)。

1. 滨河道路绿地的规划布置

一般滨河道路的一侧是城市建筑，在建筑和水体之间设置道路绿带。如果水面不十分宽，对岸又无风景时，滨河道路可以布置得较为简单，除车行道和人行道外，临水一侧可修筑游步道，树木种植成行，驳岸地段可设置栏杆，树间设安全坐椅，供游人休息。

图 2-1-47　滨河绿地可以美化市容

图 2-1-48　滨河绿地为居民提供休憩场所

若水面宽阔,沿岸风光绮丽,对岸风景点较多,沿水边就应设置较宽阔的绿化地带,布置游步道、草地、花坛、坐椅等园林设施;游步道应尽量靠近水边,以满足人们近水边行走的需要(见图 2-1-49);在可以观看风景的地方设计小型广场或凸出岸边的平台,以供人们凭栏远眺或摄影。在水位较低的地方,可以因地势高低,设计成两层平台,以踏步联系。在水位较稳定的地方,驳岸应尽可能砌筑得低一些,满足人们的亲水感(见图 2-1-50)。

图 2-1-49　宁波滨河绿地

图 2-1-50　金鸡湖滨河绿地

在具有天然坡岸的地方,可以采用自然式布置游步道和树木,凡未铺装的地面都应种植灌木或铺栽草皮。如有顽石布置于岸边,更显自然。

如果水面开阔,适于开展游泳、划船等活动,在夏天和节假日会吸引大量游人。这种地方应设计成滨河公园。

2. 滨河绿地的种植设计原则

滨河绿地上除采用一般行道绿地树种外,还可在临水边种植耐水湿的树木,如垂柳。除了种植乔木外,还可种一些灌木和花卉,以丰富景观(见图 2-1-51)。

树木种植要注意林冠线的变化,不宜种得过于闭塞,要留出景观透视线。如果沿水岸等距离密植同一树种,则显得林冠线单调闭塞,既遮挡了城市景色,又妨碍观赏水景及借景。

在低湿的河岸上或一定时期水位可能上涨的水边,应特别注意选择能适应水湿和耐盐碱的树种。

滨河道路的绿化,除有遮阳功能外,有时还具有防浪、固堤、护坡的作用。斜坡上要种植草皮,以免水土流失,也可起到美化作用(见图 2-1-52)。

图 2-1-51　西湖绿地景观

图 2-1-52　金鸡湖人工恢复湿地景观

滨河林荫路的游步道与车行道之间应尽可能用绿化带隔离开来,以保证游人安静休息和安全。国外滨河道路的绿化一般布置得比较开阔,以草坪为主,乔木种得比较稀疏,在开阔的草地上点缀修剪成形的常绿树和花灌木。有的还把砌筑的驳岸与花池结合起来,种植花卉和灌木,形式多样。

3. 滨河绿地的竖向设计原则

对于人的视觉来讲,垂直面上的变化远比平面上的变化更能引起人们的关注与兴趣。滨水景观空间开阔,岸边结合实际情况设计成起伏的地形变化,与自然界的水体相得益彰(见图 2-1-53、图 2-1-54)。

图 2-1-53　滨河绿地剖面图

图 2-1-54 临沂滨河绿地中的制高点，远眺沂河景观，河岸风光尽收眼底

四、规划设计

在掌握了必要的理论知识之后，我们根据园林规划设计的程序以及街旁绿地规划设计的特点，来完成邛崃市凤凰大道街旁绿地规划设计。

(一) 调查研究阶段

1. 自然环境

邛崃市位于四川省中部、成都平原西南，气候温和，雨量充沛，四季分明。市区林木葱郁，生态优良。青山连绵，江流萦绕，是该城市的真实写照。设计地段范围大，地形平坦、开阔，略有起伏，因毗邻南河，可用绿化植物种类丰富。

2. 社会环境

邛崃是巴蜀最早的栽桑养蚕、生产丝绸的地方之一，是我国古代南方丝绸之路的起点；盛产茶叶，享有"万担茶乡"的美誉。国家重点风景名胜区天台山以"山奇、石怪、水美、林幽、云媚"而闻名于世。邛崃正着力构建特色引力强、市场优势大、经济效益佳的"川西旅游强市"。

3. 设计条件或绿地现状的调查

设计地段位于城市一级主干道凤凰大道与玉带街交会处，南河东北岸。玉带街是正在发展中的商业街，该绿地既担负着疏散商业街人流、提供休憩环境的任务，又起到美化新城区面貌、彰显绿色生态环境的作用。现场原有植物种类单调、数量较少，种植位置散乱，因多年无养护管理，无景观性可言；玉带街视线端部有颗大树需要保留。现有园路均为自然形成的步石铺路，原有路线可保留，但是铺装需重新设计。规划范围共计 4.8 hm^2。

(二) 编制设计任务书阶段

根据调查研究的实际情况，结合甲方的设计要求和相关设计规范，编制设计任务书如下。

1. 绿地规划设计目标

为了加强城市美化建设，合理利用河岸绿地，对邛崃市的经济和社会发展起到推动作用，市委市政府决定对该区域进行系统的绿地规划设计。要求绿地应具有时代特色，体现地方精神，成为集商业、休闲娱乐、生态保护和历史文化教育于一体的开放式城市景观。

以生态景观为主，通过园林小品表现城市文化，并在合适位置设置一处规则式水景。结合场地情况及功能需求，项目名称定为“邛崍同心广场”。

2. 绿地规划设计内容

该处街旁绿地应结合周边环境情况统一规划，通过艺术化的绿化建设和生态修复，打造出集时尚、现代、品位于一体的生态环境，为市民提供更多的亲水环境和活动空间，成为新城区的标志性绿地。具体设计内容如下。

1）总体规划设计

根据已掌握的资料进行现状分析及评价，进行概念性设计。根据总体规划设计原则及规划构思，结合周边环境、不同年龄人群的要求，划分功能分区，划出不同的空间，使空间与区域满足不同的功能要求，使功能与形式一致。

2）景观规划设计

确定主、次出入口位置和形式，道路、广场的位置，道路网络系统的布局，交代景观规划结构，进行景观视线分析，明确各功能区的景观内容。以生态景观为主，通过园林小品景观展示城市文化内涵，点缀新颖、人性化的休息设施，打造时尚、品位、绿色的生态景观。

3）植物种植设计

以生态文化为主线，以安全为基点，体现安全性和健康性、优美性、生态性与环保性的统一，对有毒、有刺、有毛、花臭引蝇的植物尽量少种。强化环境绿化景观中不同植物品种配置的艺术性，使整个景区的绿化环境更贴近自然。

3. 规划设计原则

1）生态原则

尊重场所特有的自然特征，协调人与自然的关系。

2）场地性原则

尊重城市自身的历史文化，规划设计要体现地方特色。

3）功能性原则

增强广场的使用性质，满足市民购物、休闲等多样需求。

4）经济原则

在规划中考虑广场开发建设的可行性，全面考虑广场建设和经营过程中的经济效益问题，通过多种渠道降低维护运营成本。

4. 设计构思来源

设计力求塑造以绿地为主，兼有商业、文化、休闲、娱乐功能的城市广场。

(1) 滨临南河，历史悠远——以浪漫的形式造景，以文化的故事点题。

(2) 规划与城市肌理相致斑驳交融的市民绿地空间。为周边居民、残疾人提供开展各项活动的空间并成为维护生态的示范场所。

(3) 开发内、外部沟通空间。完成室内与室外、广场与城市、文化与商业的交流融合。

(4) 挖掘汉代千古爱情故事，提炼出“同心同德”的东方传统文化观、爱情观。从另一个层面上，实现了党中央提出的建设和谐社会的目标。

(5) 作为功能转换空间，注重与交通的衔接，疏导商业人群，缓解地面交通压力。

(三)总体规划设计阶段

根据任务书中明确的规划设计目标、内容、原则、构思来源等具体要求，着手进行总体规划设计。主要有以下五方面工作。

1. 现状分析

首先通过现场调查的环境情况，对规划场地进行分析(见图 2-1-55)。

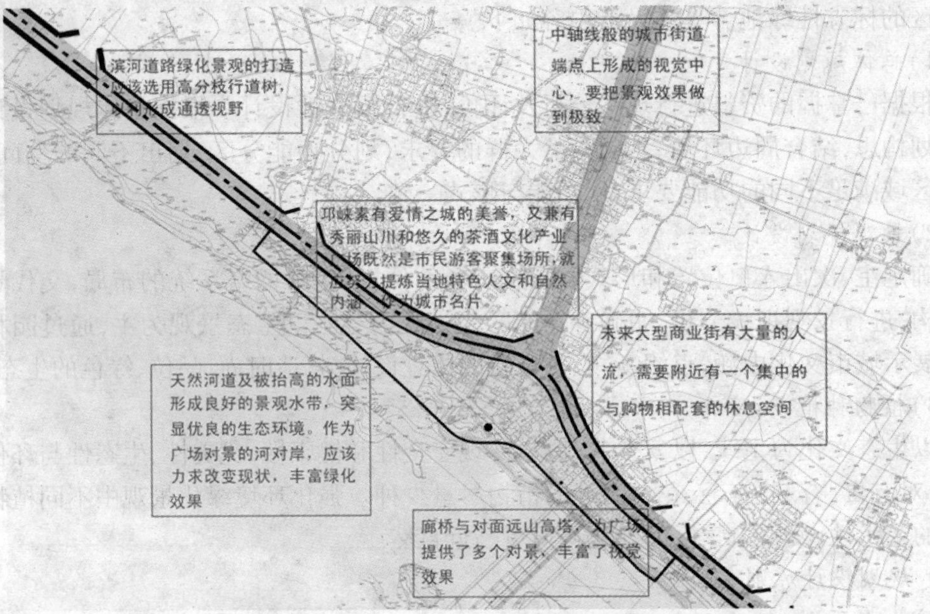

图 2-1-55　邛崃同心广场现状分析

通过现场调查我们发现，邛崃市一年四季都有大量的游客，结合周边的居民、游客情况，我们按年龄分为四类并逐一分析相应的功能需求：

老年人——休憩、观赏、饮食；

中年人——观赏、饮食、聚会、游玩；

青年人——游玩、观赏、聚会、学习、饮食；

儿童——游玩、学习、饮食。

2. 功能分区

街头绿地没有固定的分区模式，要结合绿地的功能、性质及服务人群的需求进行划分。下面我们分析满足服务人群需求的具体项目。

观赏——观赏历史文化雕塑、憧憬梦幻爱情、赏析高雅贡茶文化、聆听千古美酒传奇、观赏开阔水面、远眺古塔、欣赏廊桥美景、赏月、观赏夜间烟花、银杏林荫广场、赏灯。

聚会——文化活动、写生大会、烟花大会、唱歌跳舞、等候见面、非常时期的避难场所。

游玩——亲子活动、孩子尽情奔跑、和小狗玩耍、儿童广场、行车练习、乐器演奏、玩遥控玩具。

休憩——在草坪上午睡、在长椅上读书、悠然散步、下班途中坐在树荫下小憩、沐浴风和阳光。

通过对具体项目的分析,结合该绿地的场地现状,我们划分为9个功能区(见图2-1-56),每个功能区具体满足的要求如下:

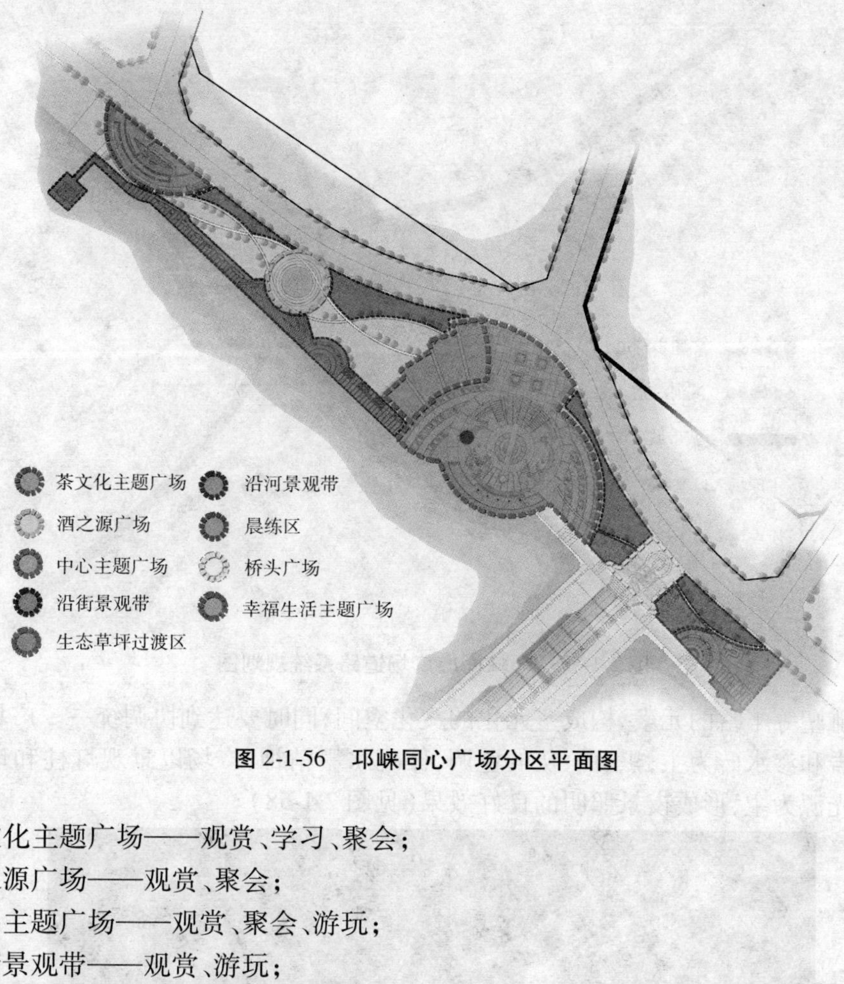

图2-1-56　邛崃同心广场分区平面图

茶文化主题广场——观赏、学习、聚会;
酒之源广场——观赏、聚会;
中心主题广场——观赏、聚会、游玩;
沿街景观带——观赏、游玩;
生态草坪过渡区——休憩、学习;
沿河景观带——观赏、休憩、游玩;
晨练区——休憩、学习;
桥头广场——观赏、聚会;
幸福生活主题广场——聚会、饮食。

3. 道路系统设计

绿地中所有出入口都与沿街道路相连,其中未来商业街玉带街的端点定为主要入口,根据功能区的具体位置确定次要入口。沿街景观确定一条滨河游道,增加亲水空间,满足游人亲水心理。四大主题景区通过广场、流线形步行道有机结合,主题景区间的过渡带以地形变化及植物景观设计衔接(见图2-1-57)。

4. 景观规划

广场由丰富的元素构成,绿地、硬地、水面等构成了复合广场。通过花坛、喷泉、浮雕

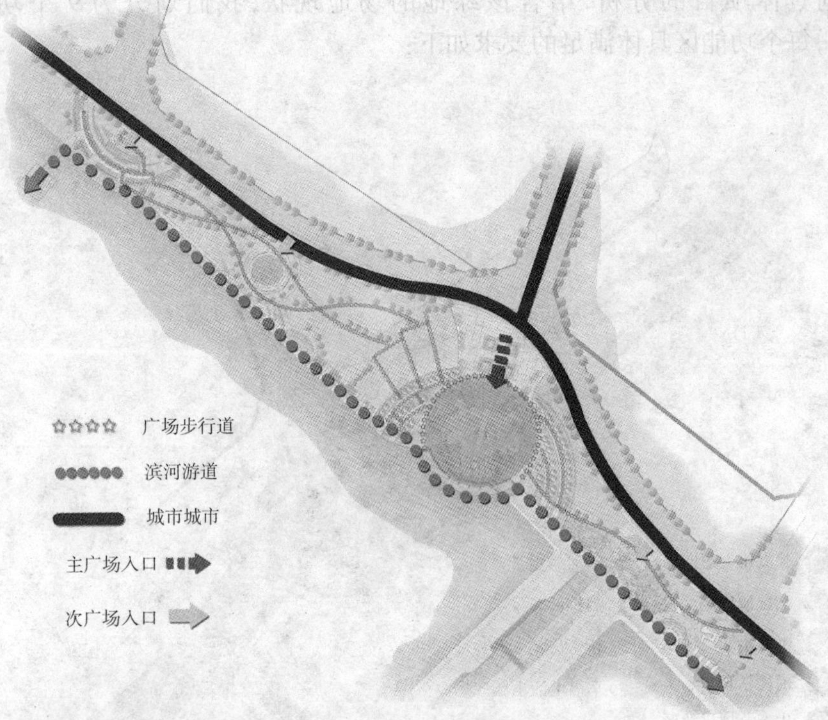

图 2-1-57　邛崃同心广场道路系统规划图

墙、树阵、雕塑等丰富的元素，构成多元化的文化空间，同时要达到协调统一。广场铺装主要以花岗岩和渗水砖为主，黑、白、灰的色调，体现水墨精神，广场以景观灯柱和地面点光源及线形光源为主，形成夜景照明的良好效果（见图 2-1-58）。

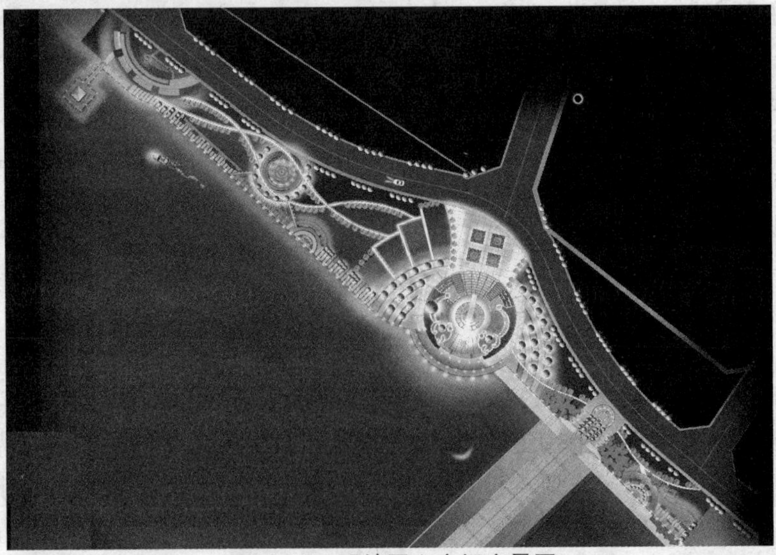

图 2-1-58　邛崃同心广场夜景图

根据总体布局、功能分区、街头绿地及滨河绿地特点，并结合规划设计理念，形成以下景观规划设计的总体构思（见图 2-1-59）：一个景观中轴，一条景观水系，两条文化景观轴线，四个主题景区。

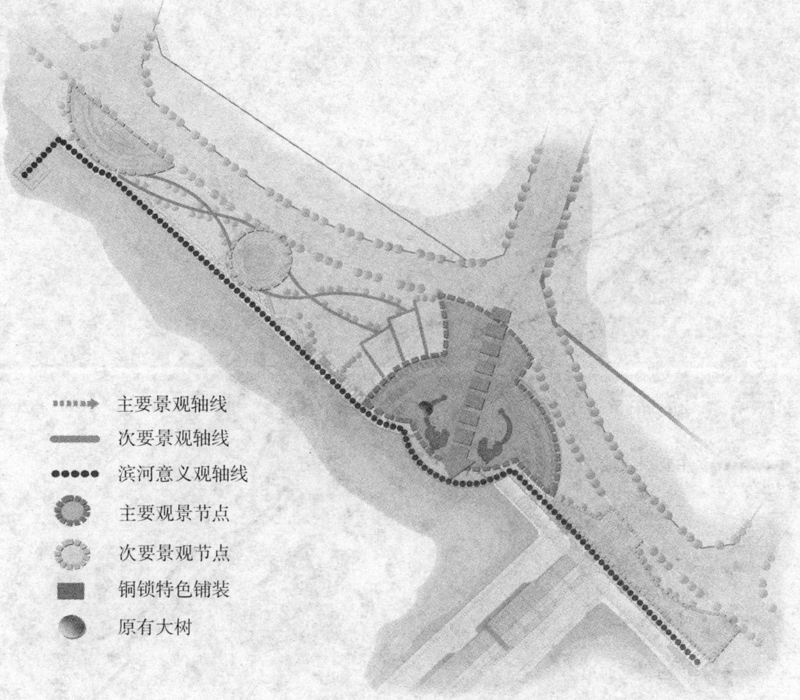

图 2-1-59　邛崃同心广场景观结构分析图

（1）一个景观中轴：同心广场采用均衡式规划布局，由一条市政道路延伸的景观中轴线控制不规则的长条形用地，庄重亦不失灵动。主轴线上设置广场主景观——喷泉、文化浮雕墙、诗歌大道、爱情主题雕塑、铺装广场及景观灯、环形树阵，形成收放有序的大景观主轴线。

中心广场采用环形构图，形成对中心广场的向心凝聚力。其中文化浮雕墙和喷泉虚实对比，构成广场主入口的玄关，形成中轴序列的缘起，为后面的主题雕塑作铺垫，在恢弘奔放的雕塑之后是亲水木栈道环绕的喷泉背景，此处进入中轴景观的尾声。

（2）一条景观水系：贯穿邛崃的南河，经筑坝抬升水位，形成宽阔平静的水面，对古色古香的邛崃市景色起到了非常出色的衬托作用。为了观赏水景和远眺周边风景，沿南河边设置了多处景观亲水平台和沿河景观步道。其中，沿河景观步道高低错落，在河面和堤岸之间分合有致，实现对南河、廊桥、对岸古塔等城市周边景观的多点聚焦，完成广场与整个城市的互动，使广场与城市一体化。

（3）两条文化景观轴线：分别从主入口广场两边辐射出去，引来两条文化景观轴线。向右是酒、茶文化景观展示，向左是市民、游客体验邛崃民俗民风的休闲区。其中不同主题之间有草地树林绿色景观分隔，形成自然亲切的文化氛围。

（4）四个主题景区：同心广场、酒之源景区、贡茶花语景区、临邛印象休闲广场。

同心广场作为一个景观中轴，自然是此绿地中的视觉焦点，位于玉带街端头，要设计成开阔广场空间，留出主要视线通道，强化滨水景观。沿街景观带自然构成滨水视觉通道，各主题广场中的道路系统构成次要视觉通道，过渡绿地及次出入口作为随机视觉通道（见图 2-1-60）。

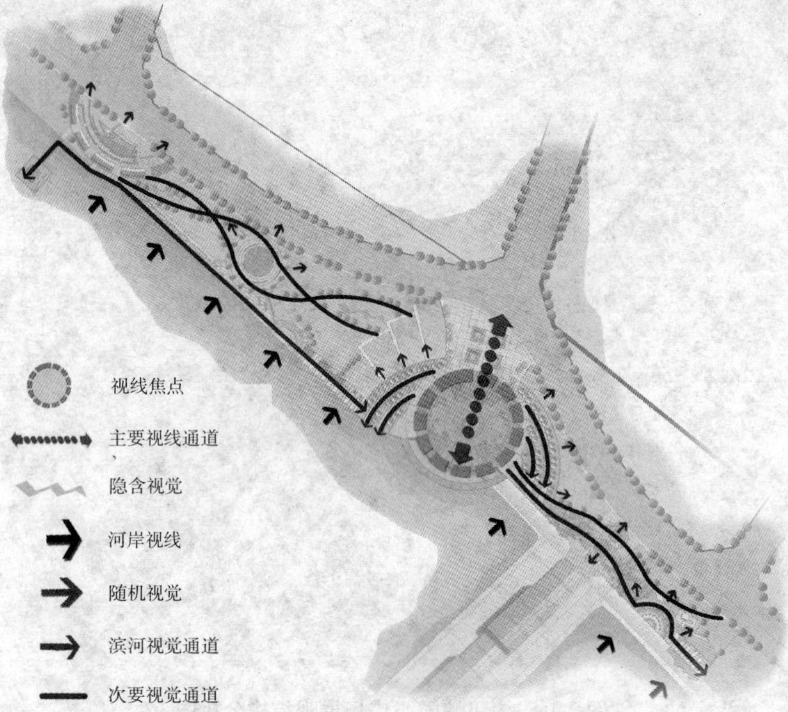

图 2-1-60 邛崃同心广场景观视线分析图

整体设计呈开放空间形式，在联系空间及过渡空间处适当设计私密空间，以提供休憩、学习之用（见图 2-1-61）。

5. 植物规划

根据植物的物质特性，如色、香、形以及在自然和光线作用下显现的不同感观气质来展现与主要景点主题氛围相符的植物造景效果，达到四季观景三季赏花，力求四季分明，色彩和谐，疏密有致，合理的图案构图强化软质景观的造景效果，增添灵气，突出景区形象风貌的个性。注重常绿树种与落叶树种的搭配，以及色叶树的运用，形成色彩缤纷的水面倒影，充分体现"含蓄而明快、优雅而大方"具有个性特色的园林绿化空间结构（见图 2-1-62 ~ 图 2-1-64）。

（四）局部详细设计阶段

根据确定后的总体规划设计方案，对各绿地局部进行详细设计。局部详细设计工作主要包括以下内容。

1. 各功能区绿地规划设计

根据各功能区提供的功能及展示内容，将整体区域分三个展示区：幸福生活展示区、人文环境展示区、自然环境展示区（见图 2-1-65）。

1）人文环境展示区

通过司马相如与卓文君爱情故事的浮雕和著名的爱情诗歌题刻，以及同心锁抽象图

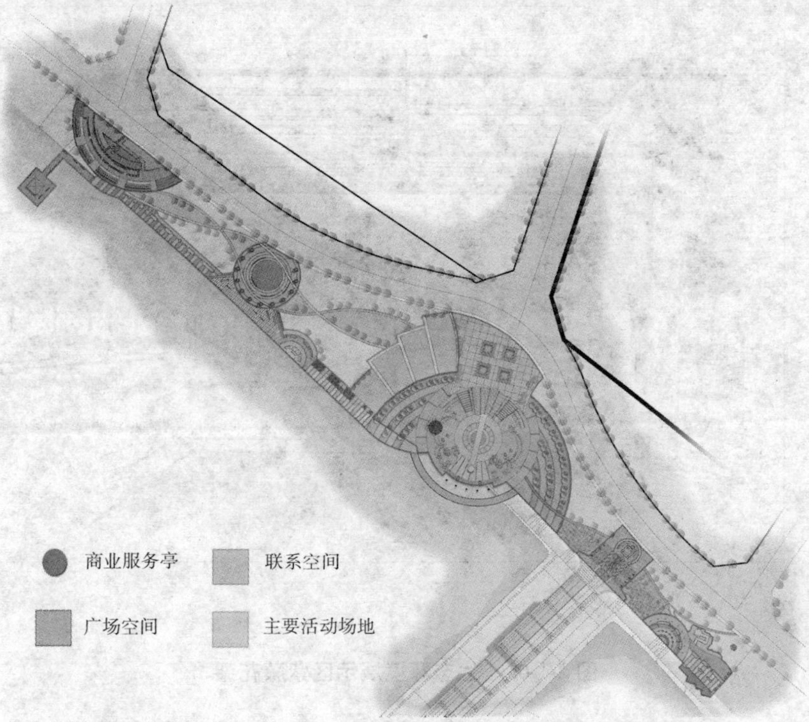

图 2-1-61　邛崃同心广场开放空间分析图

图 2-1-62　生态环境展示区玉带小径

图 2-1-63　生态环境展示区紫藤花架

图 2-1-64　绿地中的软质景观

案来表现邛崃“爱情之都”的历史渊源。同时用立意更高的主题雕塑，来表现当前邛崃人民同心同德建设美好生活的新境界。

同心广场（见图 2-1-66、图 2-1-67）的几层含义：

（1）象征千古绝唱的司马相如与卓文君的爱情故事，让来邛崃的情侣、恋人都到此处来见证爱情、锁定情缘、誓言同心。

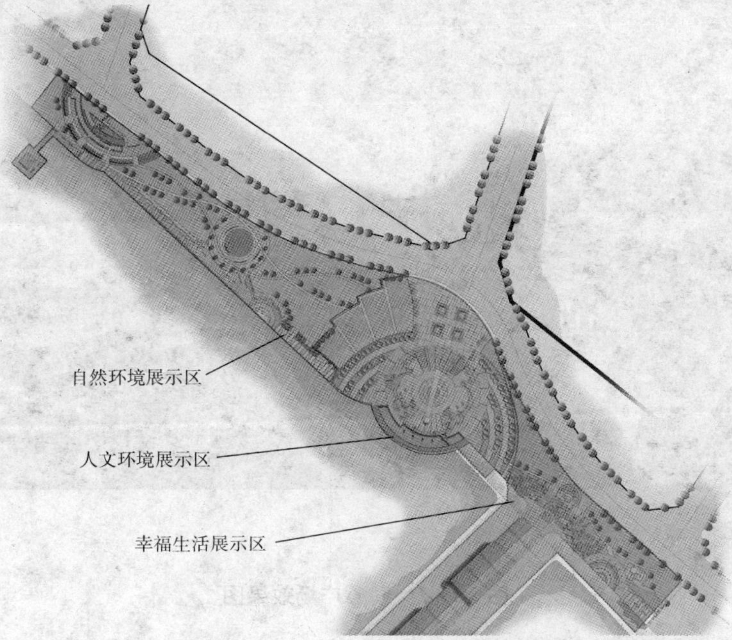

图 2-1-65　邛崃同心广场功能区图

图 2-1-66　同心广场平面图

(2)象征党政同心、军民一心的和谐社会。

(3)象征邛崃人民同心同德,共同建设美好家园的精神面貌。

古代玉是等级、权利的象征,以神话的花鸟、人物为多,如龙、凤等。玉也是吉祥的象征,故中国人喜以玉护身、保平安等(见图 2-1-68)。

同心锁是将一对恋人的名字刻在锁上,锁在众佛环绕的锁链上,象征两个人的心紧紧

图 2-1-67　同心广场效果图

"锁"在一起，佛祖也会见证保佑他们永恒的感情。这是一个虔诚的祈愿，也是一个不变的承诺(见图 2-1-69)。

图 2-1-68　玉佩

图 2-1-69　同心锁

2) 自然环境展示区

因为茶叶和酒的品质取决于当地生态环境的好坏，通过对邛崃著名的贡茶和文君茶，以及全国最大的源酒基地的具象表现，向市民和游客道出了邛崃所具有的优良生态环境。

(1) 贡茶花语广场。突出邛崃茶文化的悠久历史和"天下第一圃"的茶叶产业品质。设计以半圆形长廊为主景，古色古香的长廊里，通过康熙御赐牌匾、历代文人对邛崃茶叶的赞美题诗等手法，尽显邛崃花楸贡茶"此茶一出凡品空"的极高品质。

长廊前是一把茶壶，涓涓流出的清流，沿迂回的小溪流入长廊前的喷泉池中，象征邛崃茶产业的源远流长和欣欣向荣(见图 2-1-70、图 2-1-71)。

(2) 酒之源广场。同心圆的绿色部分，设计成波浪形草坡，象征邛崃原酒滴滴浓香，像波浪一样，辐射全国，突显邛崃酒业的至尊地位。绿色波浪外围，是同心圆的地面铺装(见图 2-1-72、图 2-1-73)。

3) 幸福生活展示区

在优美的环境中，设置露天咖啡吧、茶艺吧和廊桥特色餐饮，以及休闲健身处等公共设施，为市民和游客提供一个享受生活的好去处。

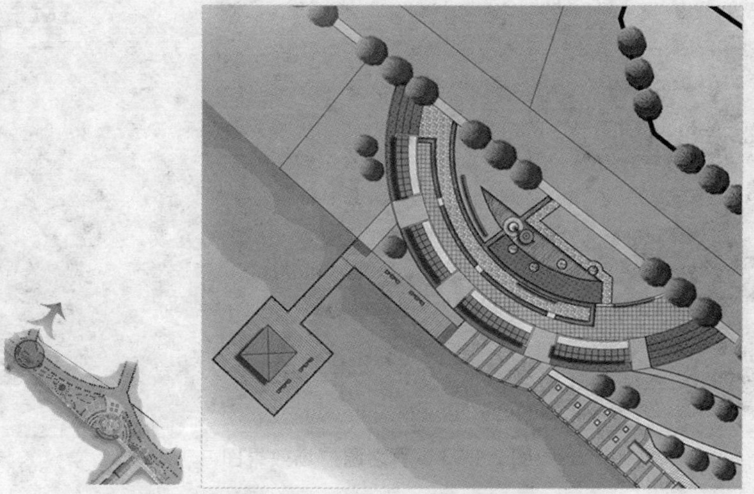

图 2-1-70　贡茶花语广场平面图

图 2-1-71　贡茶花语广场效果图

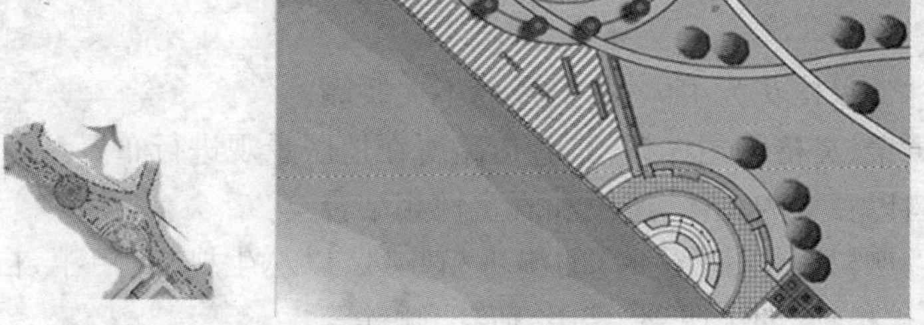

图 2-1-72　酒之源广场平面图

图 2-1-73　酒之源广场效果图

临邛印象：水边高低错落的休闲平台，可以是露天咖啡吧、读书台、特色小吃馆等；高低处的墙面，可以是展示邛崃地方文化特色的浮雕景墙；路边的行道树，将休闲处围绕；面向水、面向对面的远山，将盛世桃源般的邛崃印象深刻游人心里。亲水木平台紧贴水面，是游船的码头，也是戏水拍照的好去处（见图 2-1-74、图 2-1-75）。

图 2-1-74　临邛印象平面图

2. 植物景观

针阔叶混交林以水杉、雪柳为主体树种，主要分布在各个景点周围以及其他用以分隔空间的区域内。

沿街观景林带以桂花为主体树，挺拔而不失娇媚。

行道树以黄檗、臭椿为主体树，结合道路所在地区景观进行布置。

广场庭荫树以黄檗为主体，遮阴和观赏性相结合。

滨水植物以柳树为主体（乔木）的湿生植物区，以丛生柳树、芦苇、白茅为主体，配以观赏性湿生、水生植物，如千屈菜、鸢尾、荷花、睡莲等。

季节性景观树种主要采用樱桃、栾树、法桐、银杏、蜡梅、雪松（见图 2-1-76）。

图 2-1-75　临邛印象效果图

图 2-1-76　四季景观

(五)完成图纸绘制

根据街旁绿地规划设计的相关知识和设计要求,我们可完成邛崃市凤凰大道街旁绿地规划设计,设计图纸应包括如下内容。

1. 设计平面图

设计平面图中应包括所有设计范围内的绿化设计,要求能够准确地表达设计思想,图面整洁,图例使用规范(见图 2-1-77)。平面图主要表达功能区划、道路广场规划、景点景观布局、植物种植设计等平面设计。

2. 剖、立面图

为了更好地表现滨河绿地的竖向设计、绿带景观、节点处主要观赏景观,需要在具体景观代表处绘制相应的剖、立面图。在绘制剖、立面图时应严格按照比例表现硬质景观、植物以及两者间的相互关系,植物景观按照成年后最佳观赏效果时期来表现(见图 2-1-78 ~ 图 2-1-82)。

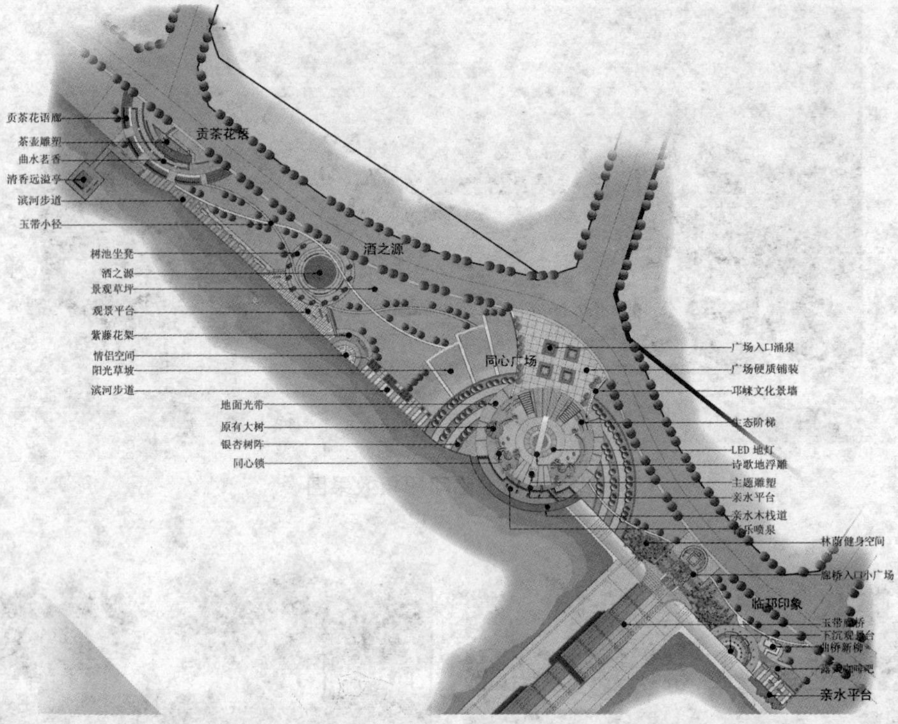

图 2-1-77　总体规划平面图

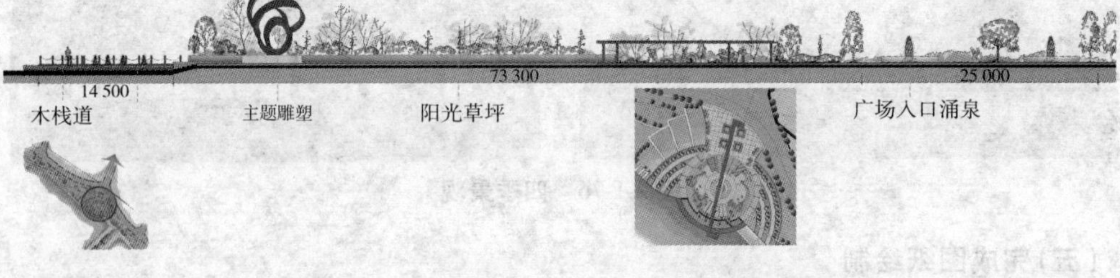

图 2-1-78　同心广场剖面图　（单位:mm）

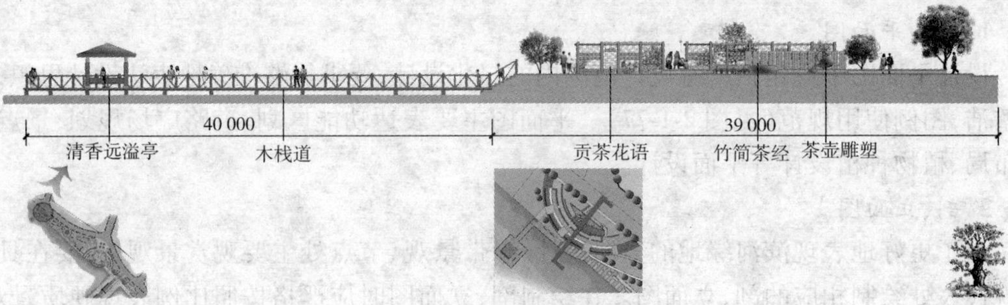

图 2-1-79　贡茶花语剖面图　（单位:mm）

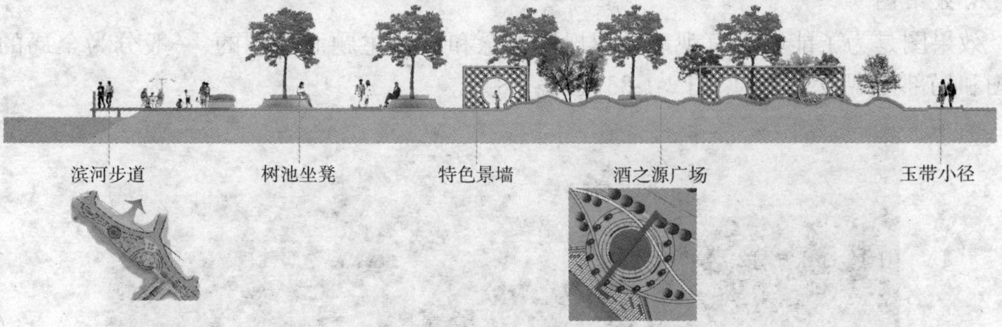

图 2-1-80　**酒之源广场剖面图**

图 2-1-81　**廊桥入口广场剖面图**

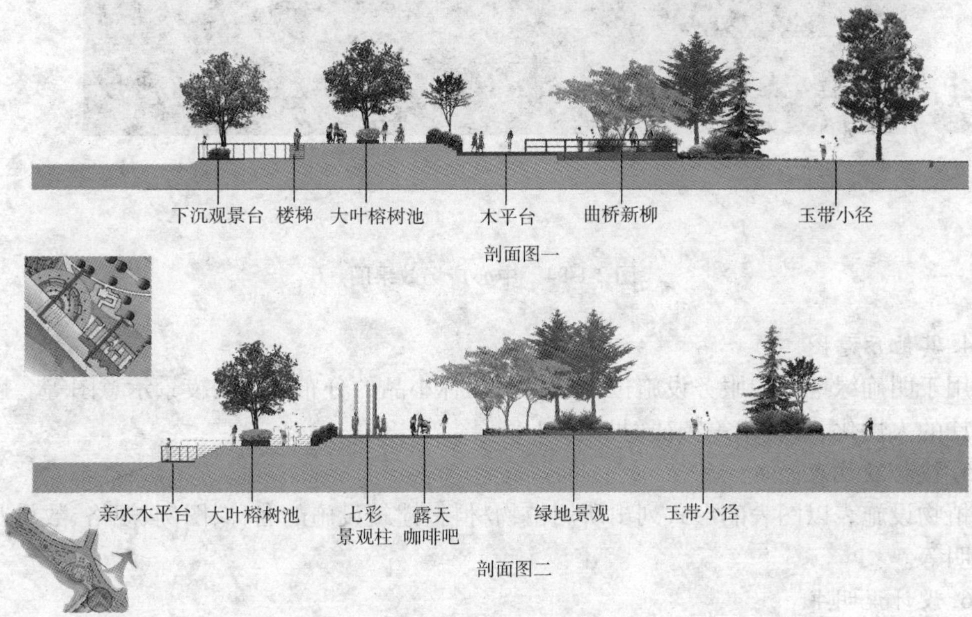

图 2-1-82　**临邛印象剖面图**

3. 效果图

效果图是为了能够更直观地体现规划理念和设计主题而绘制的，一般分为全局的鸟瞰图和局部景观效果图（见图 2-1-83、图 2-1-84）。

图 2-1-83　同心广场鸟瞰图

图 2-1-84　中心广场效果图

4. 其他示意图

用于明确绿地内的服务设施位置、形式，园林小品的分布、形式，夜景示意图等。以说明设计的人性化、景观化等特征（见图 2-1-85、图 2-1-86）。

5. 植物设施表

植物设施表以图表的形式列出所用植物材料、建筑设施的名称、图例、规格、数量及备注说明等。

6. 设计说明书

设计说明书（文本）主要包括项目概况、规划设计依据、设计原则、设计理念、景观设

图 2-1-85　坐凳示意图

图 2-1-86　夜景示意图

计、植物配置等内容，以及补充说明图纸无法表现的相关内容。

五、花园式林荫道设计

林荫道是指与道路平行并具有一定宽度的带状绿地，也可称为带状的街头休息绿地，本身不是路。利用植物与车行道隔开，在其内部不同地段设计各种不同的休息场地，并有简单的园林设施，供行人和附近居民作短时间休息之用。目前在城市绿地不足的情况下，可起到小游园的作用，它也具有城市绿地所具有的各种功能（见图 2-1-87）。

（一）林荫道布置的类型

1. 设在街道中间的林荫道

两边为上下行的车行道，中间有一定宽度的绿化带。

2. 设在街道一侧的林荫道

由于林荫道设立在道路的一侧，减少了行人与车行路的交叉，故在交通比较频繁的街道上多采用此种类型，同时也受地形影响。如傍山、一侧滨河或起伏的地形时，可利用借景将山、林、河、湖组织在内，创造了更加安静的休息环境，如上海滩绿地、杭州西湖的六公园绿地、阳明公园绿地等。

3. 设在街道两侧的林荫道

附近居民不用穿过道路就可到达林荫道内，既安静，又方便。但此类林荫道占地过大，目前使用的少。

（二）林荫道设计原则

1. 游步道

林荫道内必须设置游步道，一般 8 m 宽的林荫道内，设一条游步道；在 8 m 以上时，以设两条以上为宜。

2. 绿色屏障

车行道与林荫道绿带之间要有浓密的植篱和高大的乔木组成绿色屏障相隔，立面上以布置外高内低的形式为佳。

3. 休息设施

设置小型儿童游戏场，布置休息坐椅、花坛、喷泉、阅报栏、花架等建筑小品。

4. 出入口

林荫道可在长 75 ~100 m 处分段设立出入口，人流量大的人行道也应留出入口，在大型建筑的出入处也设出入口。各出入口布置应具有特色，作为艺术上的处理，以增强绿化效果（见图 2-1-88）。

5. 以丰富多彩的植物取胜

林荫道总面积中，道路广场不宜超过 25%，乔木占 30% ~40%，灌木占 20% ~25%，草地占 10% ~20%，草本花卉占 2% ~5%。南方天气炎热需要更多的浓荫，故常绿树占地面积可大些，北方则落叶树占地面积大些（见图 2-1-89）。

6. 布置形式

宽度较大的林荫道宜采用自然式布置，宽度较小的则以规则式布置为宜。

图 2-1-87　昆明人民中路林荫道

图 2-1-88　林荫道内分段设立出入口

图 2-1-89　林荫道内丰富多彩的植物

（三）林荫道植物配置

林荫道是道路绿化的重点，其绿化用地较多，具有较好的绿化条件，反映城市的绿化特点与绿化水平。植物配植要考虑空间层次、色彩搭配，体现城市道路绿化特色。同一条道路的绿化应有统一的景观风格，道路全程过长时，各路段的绿化在保持整体景观统一的前提下，可在形式上有所变化，使其能更好地结合各段环境特点，丰富景观。

任务三　立交桥绿地设计

一、设计任务

图 2-1-90 是连云港——徐州高速公路邳州西段平面图，连徐高速公路是连霍国道主干线东桥头堡，也是连霍国道所经过的经济、文化最发达的地区。为了改善行车条件，满足交通功能的需要，决定对该路段生态景观进行规划，主要规划内容为图中立交桥绿化及徐州方向 300 m 高速公路道路引线范围的绿化。

二、任务分析

通过对图 2-1-90 的分析我们发现，要完成连云港—徐州高速公路邳州西段绿地规划

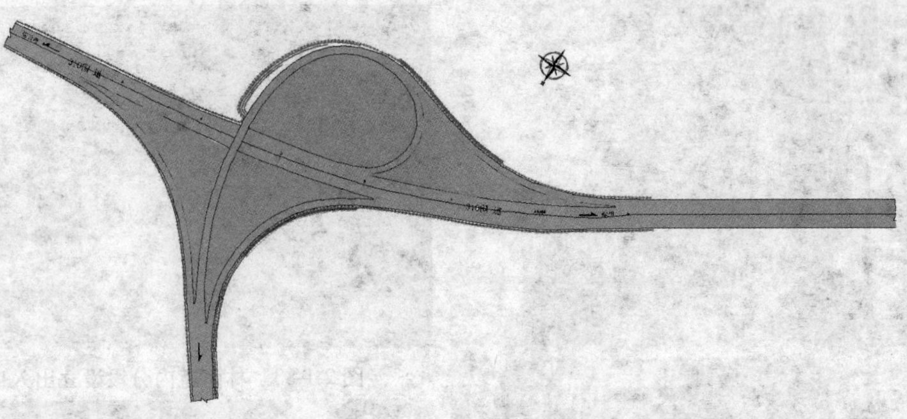

图 2-1-90　连云港—徐州高速公路邳州西段平面图

设计任务需分以下四个阶段进行。

(一)调查研究阶段

通过现场踏查或调查,收集与基地有关的资料,补充并完善不完整的内容,对整个基地及环境状况进行综合分析。调查内容主要包括设计地段的自然环境、社会环境、绿地现状等。通过与甲方座谈,了解甲方的规划目的、设计要求等,以便把握设计思路,为编制设计任务书及下一步的方案设计做准备并提供依据。为此我们需要考虑以下几个问题:

(1)自然环境的调查;

(2)社会环境的调查;

(3)设计条件或绿地现状的调查。

(二)编制设计任务书阶段

根据调查研究的实际情况,结合甲方的设计要求,编制设计任务书,任务书中应明确以下几点:

(1)明确绿地规划设计的目标;

(2)确定绿地规划设计的内容;

(3)提出绿地规划设计的原则。

(三)总体规划设计阶段

根据任务书中明确的规划设计目标、内容、原则等具体要求,着手进行总体规划设计。主要有以下两方面工作。

1. 景观规划

根据总体规划设计原则、自然环境和功能要求,确定绿化形式,明确景观规划理念,结合绿地实际情况,设计局部绿地景观内容。

2. 植物规划

根据当地自然条件和植被类型,确定立交桥绿地、高速公路边坡绿地、中央分隔带绿化树种及景观树种。

(四)局部详细设计阶段

根据确定后的总体规划设计方案,对各绿地局部进行详细设计。局部详细设计工作主要包括以下内容：

(1)各功能区绿地规划设计；

(2)植物种植设计。

三、相关资料的调研与收集

(一)高速公路绿化设计

随着城市交通现代化的进程，高速公路与城市快速道路在我国迅速发展。高速公路(见图2-1-91)是指有中央分隔带、四个以上车道立体交叉、完备的安全防备设施，并专供汽车快速行驶的现代公路。这种道路路面质量较高，行车速度较快，一般速度为80～120 km/h，甚至超过200 km/h。针对这样的特殊道路，绿化及绿化防护工作尤为重要。通过绿化来缓解因高速公路施工、运营给沿线地区带来的各种影响，保护自然环境，改善生活环境，并通过绿化提高交通安全和舒适性。

高速公路的横断面内包括行车道、中央分隔带、路肩、边坡和路旁安全地带等。

1. 中央分隔带

分隔带宽度一般为1～5 m，其主要目的是按不同的行驶方向分隔车道，防止车灯眩光干扰，减轻司机因行车引起的精神疲劳感。此外，通过不同标准段的树种替换，可消除司机的视觉疲劳及旅客心理的单调感，还有引导视线、改善景观的作用。

中央分隔带一般以常绿灌木的规则式整形设计为主，有时结合落叶花灌木形成自由式设计，地表一般采用草皮覆盖。在植物的选择上，应重点考虑耐尾气污染、耐粗放管理、生长旺盛、慢生、耐修剪的灌木。如蜀桧、龙柏、大叶黄杨、小叶女贞、蔷薇、丰花月季、紫叶李、连翘等(见图2-1-92)。

图2-1-91　孝襄高速公路绿化

图2-1-92　中央分隔带绿化

2. 边坡绿化

边坡是高速公路中对路面起支持保护作用的有一定坡度的区域。除应达到景观美化的效果外，还应与工程防护相结合，起到固坡、防止水土流失的作用。在选用护坡植物材料时，应考虑固土性能好、成活率高、生长快、耐干旱、耐瘠薄、耐粗放管理等要求的植物。

如连翘、蔷薇、迎春、毛白蜡、柽柳、紫穗槐等。对于较矮的土质边坡,可结合路基种植低矮的花灌木、匍匐植物或草坪,较高的土质边坡可用三维网种植草坪,对于石质边坡可用攀缘植物进行垂直绿化(见图 2-1-93)。

3. 公路两侧绿化带

公路两侧绿化带是指道路两侧边沟以外的绿化带。公路两侧绿化带是为了防止高速公路在穿越市区、学校、医院、疗养院、住宅区附近时的噪声和废气污染。除此之外,还可以防风固沙、涵养水源,吸收灰尘、废气,减少污染,改善小环境气候,以及增加绿化覆盖率。路侧绿化带宽度不定,一般在 10 ~ 30 m。通常种植花灌木,在树木光影不影响行车的情况下,可采用乔灌结合的形式,形成良好的景观(见图 2-1-94)。

图 2-1-93　孝襄高速公路硬质护坡绿化

图 2-1-94　昆玉高速公路两边地被植物

4. 服务区绿化

高速公路上,一般每 50 km 左右设一服务管理区,供司机和乘客做短暂停留,满足车辆维修、加油,司机、乘客就餐、购物、休息的需要。服务区设计有减速道、加速道、停车场、加油站、汽车维修与管理站、餐馆、旅店及一些娱乐设施等。应结合具体的建筑及设施进行合理的绿化设计。高速公路及服务区大多为近几年修建,所以其内的建筑大多造型新颖,具有现代感,这就要求周边的绿化具有现代时尚气息。绿化部分要结合地形、地区特点,以改善环境、协调环境、创造景点为目的,满足各组成部分的功能需求。

面积较大的服务管理区可设置观赏的草坪、喷泉,以开敞草坪或喷泉为主景,点缀宿根花卉或地被植物,形成组合图案景观,达到很好的绿化美化效果。在停车场地可以种植冠大荫浓的乔木,布置成绿化停车场,避免车辆受到暴晒。场地内可以用花坛和树池划分出不同的车辆停放区。餐馆、宾馆、商店周围植物布置应与建筑的造型、色彩相协调,满足建筑物通风、遮阳的需求,采用乔、灌、草的搭配烘托建筑物,使建筑物与周围环境相协调。加油站、管理站等区域要有开阔的视线,为了避免植物对加油站的设施和水面清洁的破坏,周围应以草坪为主,适当种植乔木和花灌木,形成丰富的景观。在防护地和预留地边缘种植一排乔木,以界定服务区范围,并起到防护作用;在预留地区种植当地有特色的果树林和经济林,形成富有特色的绿化区域。

(二)立体交叉绿地设计

立体交叉是指两条道路在不同平面上的交叉。高速公路与城市各级道路交叉时、快速路与快速路交叉时都必须采用立体交叉。大城市的主干路与主干路交叉时视具体情况也可设置立体交叉。立体交叉使两条道路上的车流可各自保持其原来车速前进,而互不干扰,是保证行车快速、安全的措施,但占地大、造价高,应选择占地少的立交形式。

1. 立体交叉口设计

1)立体交叉口的数量

立体交叉口的数量应根据道路的等级和交通的需求,作系列的设置。其体形和色彩等都应与周围环境协调,力求简洁大方、经济实用。在一条路上有多处立体交叉时,其形式应力求统一,其结构形式应简单,占地面积少。

2)立体交叉口的用地面积

各种形式立体交叉口的用地面积和规划通行能力应符合表2-1-3的规定。

表2-1-3　立体交叉口规划用地面积和通行能力

<table>
<tr><th rowspan="2">立体交叉口层数</th><th rowspan="2">立体交叉口中匝道的基本形式</th><th rowspan="2">机动车与非机动车交通有无冲突点</th><th rowspan="2">用地面积(hm^2)</th><th colspan="2">通行能力(千辆/h)</th></tr>
<tr><th>当量小汽车</th><th>当量自行车</th></tr>
<tr><td rowspan="4">二</td><td>菱形</td><td>有</td><td>2.0~2.5</td><td>7~9</td><td>10~13</td></tr>
<tr><td>苜蓿叶形</td><td>有</td><td>6.5~12.0</td><td>6~13</td><td>16~20</td></tr>
<tr><td rowspan="2">环形</td><td>有</td><td>3.0~4.5</td><td>7~9</td><td>15~20</td></tr>
<tr><td>无</td><td>2.5~3.0</td><td>3~4</td><td>12~15</td></tr>
<tr><td rowspan="5">三</td><td>十字路口形</td><td>有</td><td>4.0~5.0</td><td>11~14</td><td>13~16</td></tr>
<tr><td rowspan="2">环形</td><td>有</td><td>5.0~5.5</td><td>11~14</td><td>13~14</td></tr>
<tr><td>无</td><td>4.5~5.5</td><td>8~10</td><td>13~15</td></tr>
<tr><td>苜蓿叶形与环形</td><td>无</td><td>7.0~12.0</td><td>11~13</td><td>13~15</td></tr>
<tr><td>环形与苜蓿叶形</td><td>无</td><td>5.0~6.0</td><td>11~14</td><td>20~30</td></tr>
<tr><td>四</td><td>环形</td><td>无</td><td>6.0~8.0</td><td>11~14</td><td>13~15</td></tr>
</table>

3)立体交叉的形式

立体交叉分为分离式和互通式两类。分离式立体交叉分隧道式和跨路桥式,其上、下道路之间没有匝道连通。这种立体交叉不增占土地,构造简单。互通式立体交叉除设隧道或跨路桥外,还设置有连通上、下道路的匝道。互通式立体交叉形式繁多,按交通流线的交叉情况和道路互通的完善程度分为完全互通式、不完全互通式和环形立体交叉式3种。

互通式立体交叉一般由主、次干道和匝道组成,为了保证车辆安全和保持规定的转弯半径,匝道和主、次干道之间形成若干块空地,这些空地通常称为绿岛,作为绿化用地和停车场用。

2. 绿地设计

立体交叉绿地包括绿岛和立体交叉外围绿地。

1)设计原则

绿化设计首先要服从立体交叉的交通功能,使行车视线通畅,突出绿地内交通标志,诱导行车,保证行车安全。例如,在顺行交叉处要留出一定的视距,不种乔木,只种植低于驾驶员视线的灌木、绿篱、草坪或花卉;在弯道外侧种植成行的乔木,突出匝道附近动态曲线的优美,诱导驾驶员的行车方向,使行车有一种舒适安全之感。

绿化设计应服从于整个道路的总体规划要求,要和整个道路的绿地相协调。要根据各立体交叉的特点进行,通过绿化装饰、美化增添立交处的景色,形成地区的标志,并能起到道路分界的作用。

绿化设计要与道路绿化及立体交叉口周围的建筑、广场等绿化相结合,形成一个整体。

绿地设计应以植物为主,发挥植物的生态效益。为了适应驾驶员和乘客瞬间观景的视觉要求,宜采用大色块的造景设计,布置力求简洁明快,与立交桥宏伟气魄相协调。

2)绿化布局形式

绿化布局要形式多样,各具特色,常见的有规则式、自然式、混合式、图案式、抽象式等(见图 2-1-95)。

北京建国门立交桥绿化——规则式

北京安慧立交桥绿化——自然式

北京三元立交桥绿化——混合式

北京菜户营立交桥绿化——图案式

图 2-1-95 立交桥绿化基本形式

规则式:构图严整、平稳;

自然式:构图随意,接近自然,但因车速高、景观效果不明显,容易造成散乱的感觉;

混合式:自然式与规则式结合;

图案式:图案简洁,平面或立体轮廓要与空间尺度协调。

3)植物配置

植物配置上同时考虑其功能性和景观性,尽量做到常绿树与落叶树结合、速生树与慢生树结合,乔、灌、草相结合。注意选用季相不同的植物,利用叶、花、果、枝条形成色彩对比强烈、层次丰富的景观,提高生态效益和景观效益。

4)匝道绿地设计

匝道附近的绿地,由于上下行高差造成坡面,可采取以下 3 种方法处理:

(1)在桥下至非机动车道或桥下人行上步道修筑挡土墙,使匝道绿地保持一平面,便于植树、铺草。

(2)匝道绿地上修筑台阶形植物带。

(3)匝道绿地上修低挡墙,墙顶高出铺装面 60 ~ 80 cm,其余地面经人工修整后做成坡面(坡度 1:3以下铺草,1:3种草皮、灌木,1:4可铺草,也可种植灌木、小乔木)。

5)绿岛设计

绿岛是立体交叉中分隔出来的面积较大的绿地,多设计成开阔的草坪,草坪上点缀一些有较高观赏价值的孤植树、树丛、花灌木等,形成疏朗开阔的绿化效果。或用宿根花卉、地被植物、低矮的常绿灌木等组成图案。最好不种植大量乔木或高篱,容易给人一种压抑感。桥下宜种植耐阴地被植物,墙面进行垂直绿化。如果绿岛面积很大,在不影响交通安全的前提下,可设计成街旁游园,设置园路、坐椅等园林小品和休憩设施,或纪念性建筑等,供人们作短时间休憩。北京四元立交桥(见图 2-1-96), 是一座特大的苜蓿叶型加定

图 2-1-96　北京四元立交桥绿化鸟瞰图

向型的复合式立交桥,四层结构,占地面积 240 000 m^2,它位于北京市的东北部,是首都机场高速公路、京顺公路和四环三路交会的重要交通枢纽,也是由首都机场进入北京的第一桥,机场路的绿化设计本身就气势恢宏,四元桥的绿化自然也要体现这种宏伟的气概,因而其主体设计选择了四龙四凤的图案,龙和凤是中国民俗中的吉祥如意的象征。龙的图案以黄杨作骨架,用红色的小檗和金色的金叶女贞构成龙珠、龙角、龙身和龙尾各个细部,在碧绿的草地衬托下,四条巨龙似要腾空而飞。桥的四角则采用桧柏、黄杨、金叶女贞和

红色的丰花月季组成四个飞翔的凤。龙的直径 10.5 m,凤长 11 m,可见规模之大。四周的绿化作了整体化的处理手法,围绕龙的外围是油松的纯林,桥的外围迎道外是 30 m 宽的白杨林带。整个桥体掩映在高大林木之中,图案线条分明、色彩绚丽,充分体现了大手笔、大气势、大象征的设计意图。

6)直体交叉外围绿地设计

直体交叉外围绿地设计时要与周围的建筑物、道路和地下管线等密切配合。

7)树种选择

树种选择首先应以乡土树种为主,选择具有耐旱、耐寒、耐瘠薄特性的树种,能适应立体交叉绿地的粗放管理。

还应重视立体交叉形成的一些阴影部分的处理,耐阴植物和草皮都不能正常生长的地方应改为硬质铺装,作自行车、汽车的停车场或修建一些小型服务设施。现在有些立交桥下设置汽车交易市场或汽车库,车上、地下尘土污物无人管理;有的甚至在桥下设餐饮摊群,既有碍观瞻又极不卫生还影响交通,应予以取缔。

四、规划设计

在掌握了以上的理论知识之后,我们根据园林规划设计的程序以及高速公路绿地规划设计的特点,来完成连云港—徐州高速公路邳州西段绿地的规划设计。

(一)调查研究阶段

1. 自然环境

连云港—徐州高速公路土壤从东至西分别为棕壤土类、褐土土类、棕潮土亚类、黄潮土亚类。pH 值依次呈微酸性、中性偏碱、微碱性反应。沙土地下水位较高,一般在 30 ~ 50 cm;二合土地下水位一般在 60 ~ 80 cm;黏性土地下水位较低,一般在 90 ~ 150 cm。总体特点是含腐殖质少、土壤肥力差,保水、保肥性能差,对喜酸性植物生长不利。因此,绿化地块要人为施肥。

该地区为典型的暖温带大陆性季风气候,具有长江流域与黄河流域气候的过渡性质,其特点是:四季分明,四季日数长短不均,气候温和,日照充足,春、秋季短,入冬回春较早,冬寒干燥,夏热多雨,春、秋干旱,常有寒潮、霜冻、冰雹等灾害性气候。年平均日照 2 284 h,百分率为 52%。全年阴天为 85.7 d 左右。年平均气温 14 ℃,7 月最热,平均 27 ~ 29 ℃;1 月最冷,平均 -0.8 ℃。历年极端最热温度为 40.6 ℃,极端最冷温度 -23.3 ℃。平均初霜期在 11 月 21 日,终霜期在 4 月 3 日。年平均降水量为 869 mm,虽优于同纬度内陆,但年蒸发量大于降水量,属于半湿润气候。降水特点是集中度高,全年降水集中在夏季,平均为 511.3 mm,占年降水量的 59%。徐州秋霜偏早,春霜冻害是该地区主要灾害之一,对花卉和常绿树木有较大危害。综上所述,连云港—徐州高速公路沿线地处暖温带南缘、黄淮平原中部,为典型的暖温带落叶林分布区气候,故对阔叶落叶树生长有利。

2. 社会环境

连云港—徐州高速公路为连霍高速公路江苏段,为中国"五纵七横"公路网络之一的连霍高速的重要组成部分,也是江苏省"四纵四横四联"的高速公路网的重要路段之一。该段高速公路是邳州对外开放的重要窗口。在绿化设计中要力求反映江苏特色、时代风貌、城市现代化气息。

3. 设计条件或绿地现状的调查

该高速公路按六车道规划、四车道标准实施，路基顶宽 26 m，行车道宽 2×7.5 m，中央分隔带宽 3 m，硬路肩宽 2×2.5 m。本任务规划范围为立交桥主干道中央分车带绿化、互通区域绿化、徐州方向 300 m 道路引线范围绿化。该立交桥工程现已竣工，互通区域无绿化基础，为强调连云港—徐州高速公路整体绿化景观质量，要求徐州方向 300 m 道路引线范围重新进行详细绿化设计。

(二)编制设计任务书阶段

根据调查研究的情况，结合甲方的设计要求和相关设计规范，编制设计任务书如下。

1. 绿地规划设计目标

为了满足高速公路交通功能的需要，改善行车条件，使道路交通更为畅通、快捷、安全、舒适，同时给道路增绿添色，以服务于人们的行为需求。设计中要求体现高标准、大手笔、创精品的绿化特色，以四季常绿、增加道路生态景观为原则，运用统一中求变化，简洁、明快又节省投资的绿化方法，达到既绿化美化路境又保障行车安全，同时具有保路护坡的防护性能、提高高速公路的整体水平与质量的效果。

2. 绿地规划设计内容

立交桥互通区域与徐州方向 300 m 道路引线范围的绿化设计，应结合具体使用功能及当地自然条件进行统一规划、全面设计，形成和谐统一的整体，满足多种功能需要。具体设计内容如下。

1) 景观规划设计

根据总体规划设计原则、自然环境和功能要求，确定绿化形式，进行景观规划，结合绿地实际情况，明确不同绿化区域的景观内容。

2) 植物种植设计

以乡土树种为主，要求体现四季常绿、三季有花、错落有致、色彩丰富、简洁明快大气势的设计特点。

3. 规划设计原则

(1) 道路绿化应能改善行车条件，增进舒适性和安全感，满足道路交通多功能的要求，绿化要形成多种形式的格局，在统一中求变化，做到景观丰富多彩，达到美化路容的效果，形成绿色(安全)的通道。

(2) 高速公路绿化规划设计应以植物生态等理论为依据，根据每个绿化单体本身的立地条件，选择适生树种和地被植物，重视适应能力强、观赏价值高、生长速度快的地带性树种。同时考虑易管养的植物，因地制宜地进行科学合理的配置，通过多种绿化艺术协调、弥补和美化道路建造，降低声、光、气对环境的污染，再借助沿线地方绿化，成为大环境生态屏障的重要组成部分。

(3) 高速公路绿化应充分考虑植物在不同生长发育阶段各种功能和外貌景观发生的变化，进行动态预测分析，合理选择与配置，科学确定栽植密度并控制高度，确保弯道内侧、交汇道口的行车视距要求，达到最佳景观效果。绿化应有利于保护公路及附属设施，并为后期的养护管理提供便利。

(4)中央分车带绿化应满足防眩、美化的功能要求,并应注意中央分车带景致的视觉效果变化和开口处的视线问题。

(5)边坡绿化应能满足美化环境、稳固路堤的功能要求。

(6)互通立交范围的绿化设计应有鲜明特色,充分体现美化环境的效果。

(7)力求经济合理、美观实用,体现设计特色。所选植物应既能增强环境美化效果又适应地方土壤、气候要求,容易成活,便于培植和养护。

(三)总体规划设计阶段

根据任务书中明确的规划设计目标、内容、原则等具体要求,着手进行总体规划设计。主要有以下两方面工作。

1. 景观规划

结合高速公路车速快、车流量大、车型以客车和轿车为主、运量以客运为主的特点,绿化应突出景观、生态效益,满足高速公路绿化功能的需要,达到稳定边坡、遮光防眩、诱导视线、改善环境的目的,为驾乘人员提供优美、舒适、安全的外部环境,使旅客有"人在车中坐,车在画中行"的良好感觉。景观设计从下面三个方面来展示:

(1)开阔:立交桥互通区域以开放的草坪景观为基底,该景观的出现可以满足视野的开阔要求,同时降低成本。

(2)流畅:绿岛内设计成线条流畅的银杏叶模纹,模纹处于植物空间的中间层级,形成错落有致的生态公园,该空间还要求丰富多样性和色彩的变化多端。无论是植物还是景观不仅降低了成本,同时又烘托出了生态效果。

(3)绿廊:中央分隔带及护坡景观的疏林密地设计,是最为丰富的空间形式(见图 2-1-97)。

图 2-1-97　徐州方向高速公路绿化效果图

2. 植物规划

该路段自然条件较差,选用耐贫瘠、耐干旱、景观性强的树种(可选择银杏、栾树、合欢)。绿岛内以大片常绿、半常绿(龙柏、金叶女贞)造型植物为基调,以简洁图案和少量植物造景来点缀。路基路堑边坡以铺植固着性好的灌木(蜀桧、侧柏、黄杨)、草坪为主,达到稳定边坡、防止冲刷、绿化美化的作用。

(四)局部详细设计阶段

根据确定后的总体规划设计方案,对各绿地局部进行详细设计。局部详细设计工作主要包括以下内容。

1. 中央分隔带绿化规划设计

中央分隔带植物立地条件差,其特点是:地块狭长、带状,植物生长空间小,土层薄,光照强,温度高,湿度小,易干旱,风速大,污染重。绿化以防眩、防噪声为主要目的,以丰富景观、提高行车安全为前提。土层厚度应达到60 cm,起防眩作用的绿色植物高度控制在160 cm以上,立交桥主干道以单排种植为主,徐州方向300 m道路引线区段以双排种植为主,以达到变化有序。选择耐热、耐干旱瘠薄、耐修剪、生长较慢的植物(拟选用蜀桧、法国冬青、龙柏、紫薇、石楠、金叶女贞、大叶黄杨、丝兰、海桐、矮化美人蕉等)(见图2-1-98、图2-1-99)。

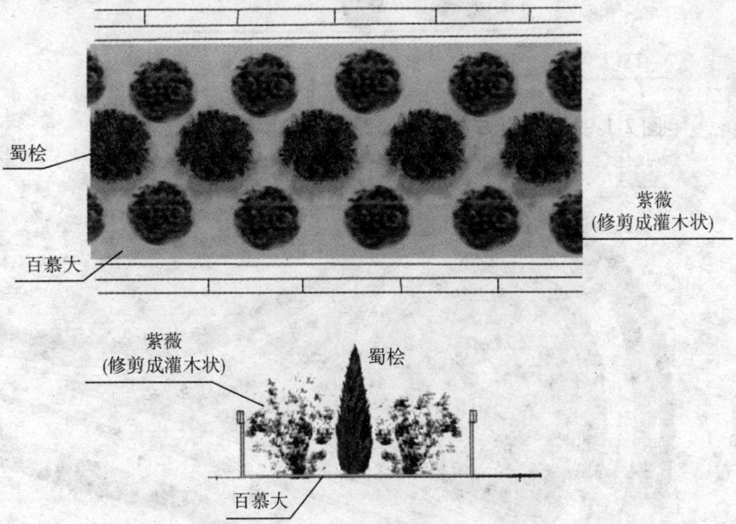

图2-1-98　立交桥主干道中央分隔带平面、立面图

2. 互通(立交)区域绿化

绿化以满足行车功能、丰富景观、美化环境为主要目的。布局要突出主题、简洁明快,大手笔、大色块、大绿量、大曲线,线形流畅美观,色彩艳丽,体量、高低适度,层次分明,透视效果好,与灯光、喷灌及其他设施协调,形成有气势的景观效果。其边沟外侧绿化与沿线绿化相统一,选用常绿、枝叶浓密、色彩丰富、观赏价值较高的植物。如邳州西段互通立交范围内分块整理地形,使其中部高、四周低,坡度为5/1 000,以利排水;用金叶女贞创造银杏叶和银杏果图案组合,用龙柏球组合景点表示世界各地,百慕大加黑麦草铺底形成四季常青的大地。此设计意在表达邳州名产——银杏走向世界各地(见图2-1-100)。

3. 护坡绿化

草坪培植床护坡绿化以护坡草种百慕大为主体进行绿化,其中点缀迎春花、黄杨球、小叶女贞等,创造音乐般的韵律(见图2-1-101)。

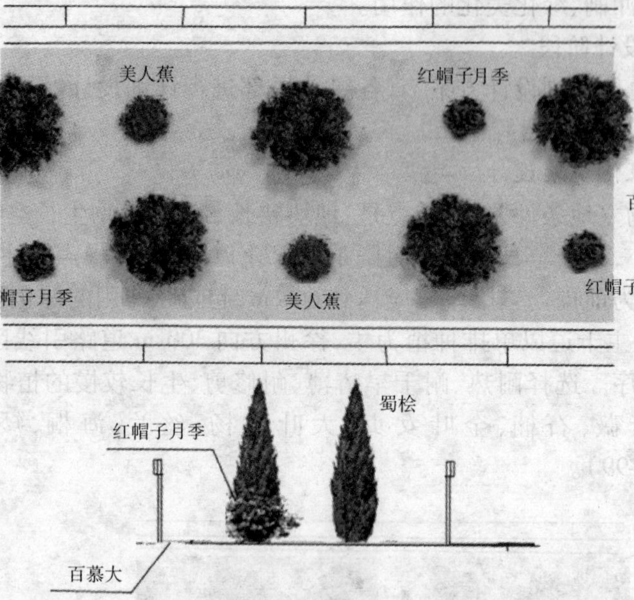

图 2-1-99　徐州方向高速公路中央分隔带平面、立面图

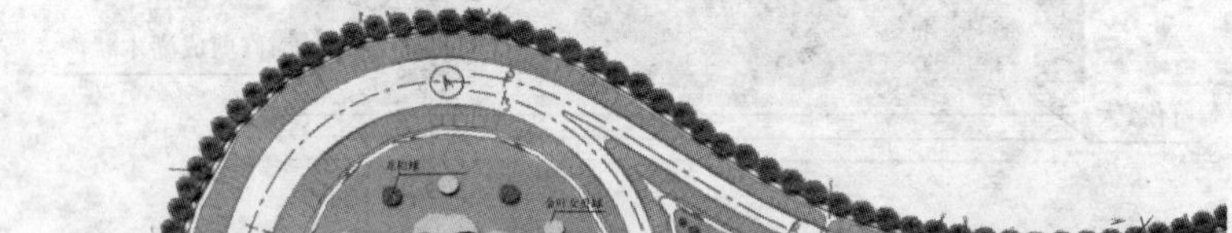

图 2-1-100　立交桥绿地规划平面图

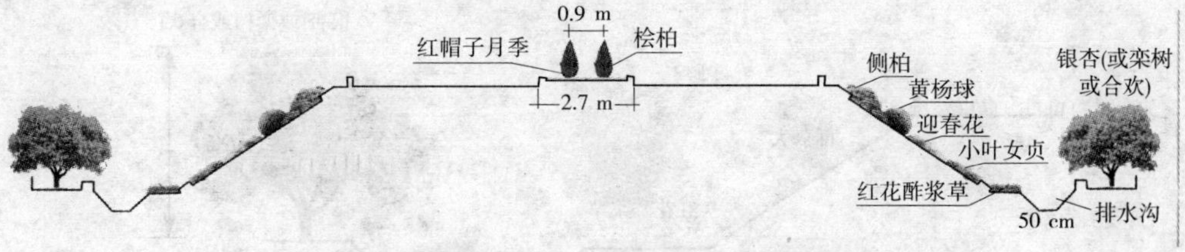

图 2-1-101　**连云港—徐州高速公路断面图**

4. 护坡道(边沟内侧平台)

绿化以防护、美化环境为目的,宜选用适应性强、易管理的植物。护坡撒播百慕大、细叶结缕草,等距离栽黄杨球(见图 2-1-102)。

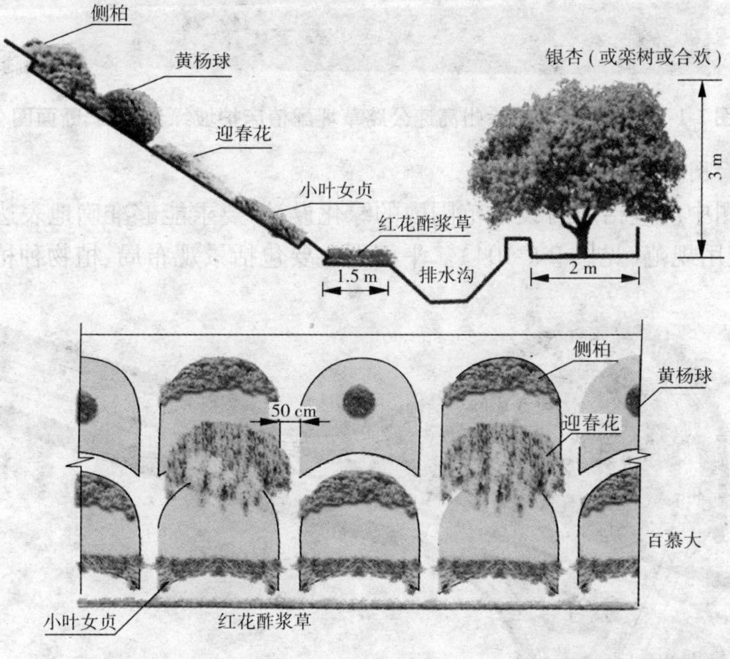

图 2-1-102　**连云港—徐州高速公路护坡绿化平面、断面图**

5. 边沟外绿化

以生态防护构成林网骨架为目的,兼顾美化环境的功能。银杏、桧柏间距 8 m,间植红叶李,护坡选用细叶结缕草(见图 2-1-103)。

6. 挡土墙绿化

应起到缓和视觉、美化环境、减少冲刷等功能,可选择抗性强、阳性的攀缘植物进行垂直绿化,宜密植,适宜种类有迎春、金银花、爬山虎、攀缘月季、凌霄、木香等。

(五)完成图纸绘制

根据高速公路绿地规划设计的相关知识和设计要求,我们来完成连云港—徐州高速公路邳州西段绿化设计,设计图纸应包括如下内容。

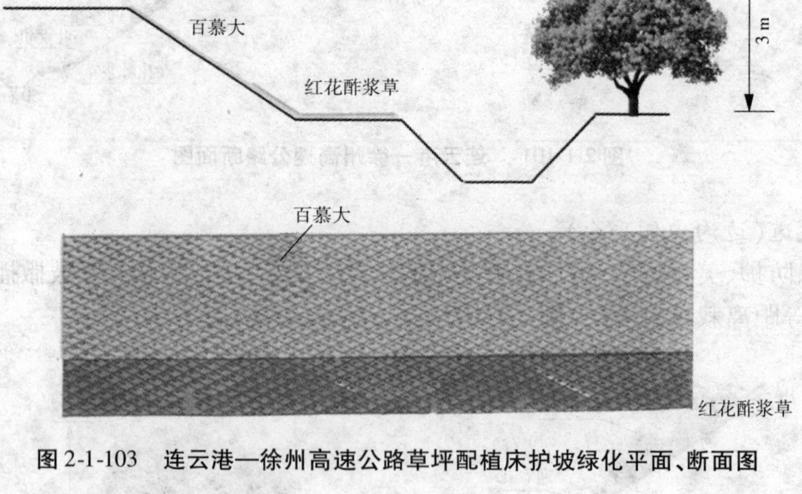

图 2-1-103　连云港—徐州高速公路草坪配植床护坡绿化平面、断面图

1. 设计平面图

设计平面图中应包括所有设计范围内的绿化设计，要求能够准确地表达设计思想，图面整洁，图例使用规范（见图 2-1-104）。平面图主要包括景观布局、植物种植设计等。

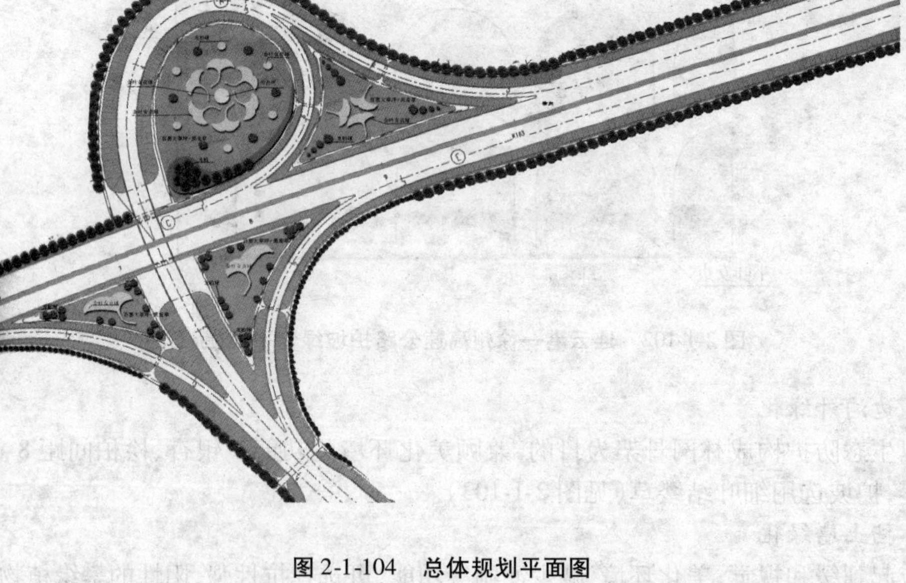

图 2-1-104　总体规划平面图

2. 断面图

为了更好地表达设计思想，应该绘制出相应的路基横断面图，明确绿化形式。植物景观按照成年后最佳观赏效果时期来表现。

3. 效果图

为了更直观地体现规划理念和设计主题，需要绘制效果图，一般分为全局的鸟瞰图和局部景观效果图（见图 2-1-105）。

图 2-1-105　立交桥绿化效果图

4. 植物设施表

植物设施表以图表的形式列出所用植物图例、名称、规格、数量及备注说明等。

5. 设计说明书

设计说明书（文本）主要包括项目概况、规划设计依据、设计原则、艺术理念、景观设计、植物配置等内容，以及补充说明图纸无法表现的相关内容。

任务四　城市广场绿地规划设计

一、设计任务

图 2-1-106 是南京火车站站前广场绿地规划平面图。南京火车站是津浦、沪宁、宁芜三线铁路交会点，是办理客货运的一等站，以办理途经京沪、宁铜、皖赣铁路的旅客及行包运输业务为主，是我国华东铁路枢纽的主要客运站之一，素有江苏省和南京市陆上大门与“窗口”之称。为了方便旅客、货物的交通运输，已对南京火车站进行扩建。南京火车站在不同时空背景下角色是一致的，展示南京的过去、现在、未来，体现城市的经济、科技和整体发展水平。因此要求根据南京火车站现状和相关绿地设计规范等要求，在充分满足功能要求、安全要求和景观要求的前提下，完成站前广场景观规划设计。

二、任务分析

通过对图 2-1-106 的分析我们发现，要完成南京火车站站前广场绿地规划设计任务，

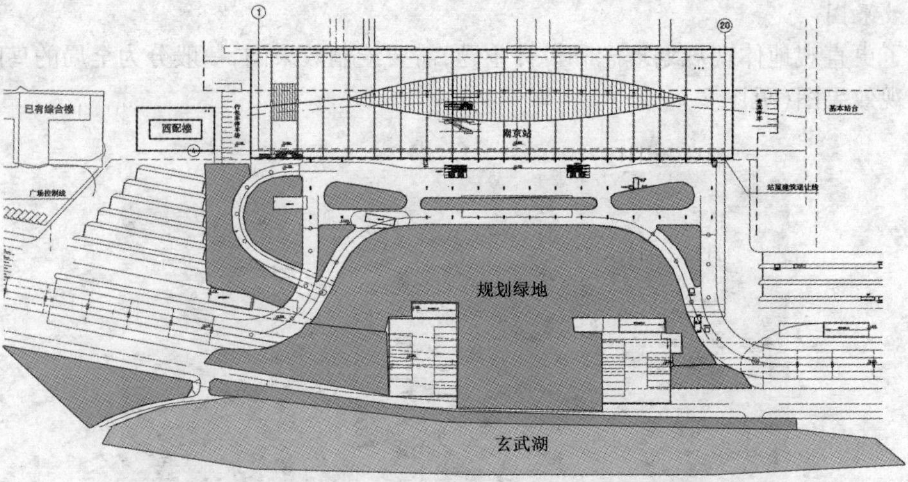

图 2-1-106　南京火车站站前广场绿地规划平面图

应分为以下四个阶段进行。

(一)调查研究阶段

通过现场踏查或调查,收集与基地有关的资料,补充并完善不完整的内容,对整个基地及环境状况进行综合分析。调查主要包括设计地段自然环境、社会环境、城市景观、绿地现状等内容,通过与甲方座谈,了解甲方的规划目的、设计要求等,以便于设计者把握设计思路,为编制设计任务书及下一步的方案设计做好准备并提供依据。为此我们需要考虑以下几个问题:

(1)自然环境的调查;

(2)社会环境的调查;

(3)设计条件或绿地现状的调查。

(二)编制设计任务书阶段

根据调查研究的实际情况,结合甲方的设计要求,编制设计任务书,任务书中应明确以下几点:

(1)明确绿地规划设计的目标;

(2)确定绿地规划设计的内容;

(3)规划设计理念;

(4)提出绿地规划设计的原则。

(三)总体规划设计阶段

根据任务书中明确的规划设计目标、内容、理念、原则等具体要求,着手进行总体规划设计。主要有以下五方面工作:

(1)现状分析。根据绿地功能、场地现状和周边环境,在规划设计之前对基地的绿地对外交通和外部视觉景观等进行详细的分析,以便确定规划方案。

(2)交通分析。结合火车站的特殊性,分析自身人流交通特点及站前广场人流、车流、货流交通特点,有利于合理地进行集散场地的规划。

(3)功能分区。通过分析使用空间及人流交通特点,结合景观视觉要素及设计理念划分各功能区,同时确定平面位置。

(4)景观规划。根据站前广场的交通特点、功能需求、各功能区的位置,结合规划理念进行总体构思及布局。

(5)植物规划。根据当地自然条件和植被类型,确定绿化树种,以作为本土特色的一种标识。

(四)局部详细设计阶段

根据确定后的总体规划设计方案,对各绿地局部进行详细设计。局部详细设计工作主要包括以下内容:

(1)各功能区绿地规划设计;

(2)植物种植设计。

三、相关资料的调研与收集

(一)城市广场的设计原则

城市广场是人们政治、文化活动的中心,也是公共建筑最为集中的地方。其设计一般应遵循以下原则。

1. 系统性原则

根据周围环境特征、城市现状和总体规划的要求,确定其主要性质和规模,统一规划、统一布局,使多个城市广场相互配合,构成城市开放空间体系。如青岛五四广场(见图2-1-107、图2-1-108)建于1997年,依青岛市市政府办公大楼,分南、北两部分,分布于中轴线上的市政府办公大楼、隐式喷泉、点阵喷泉、"五月的风"雕塑、海上百米喷泉等富有节奏地展现出庄重、坚实、蓬勃向上的壮丽景色,在大面积风景林的衬托下更加生机勃勃,充满现代气息。标志性雕塑"五月的风"以螺旋上升的风的造型和火红的色彩,充分体现了"五四运动"反帝反封建的爱国主义基调和张扬腾升的民族力量。植物配置草坪为主调,以小龙柏、金叶女贞、龟早冬青、紫叶小檗、丰花月季等组图,构成富有现代园林气

图2-1-107　青岛五四广场

图2-1-108　五四广场植物配置

息的大色块花带，松柏、合欢、耐冬等花木点缀其中，与主体雕塑和海天自然环境有机地融为一体，形成园区蔚为壮丽的景色。

2. 完整性原则

完整性包括功能的完整和环境的完整两个方面。

功能的完整是指一个广场应有其相对明确的功能。在这个基础上，辅之以相配合的次要功能，做到主次分明、重点突出。从趋势看，大多数广场都在从过去单纯为政治、宗教服务向为市民服务转化。即使是天安门广场，在今天也改变了以往那种空旷生硬的形象而逐渐贴近生活，周边及中部还增加了一些绿化、环境小品等。

环境完整主要考虑广场环境的历史背景、文化内涵、时空连续性、完整的局部、周边建筑的协调和变化等问题。城市建设中，不同时期留下的物质印痕是不可避免的，特别是在改造更新历史上留下来的广场时，更要妥善处理好新老建筑的主从关系和时空连续等问题，以取得统一的环境完整效果。

南宁五象广场（见图 2-1-109 ~ 图 2-1-112）是南宁市第一个以生态休闲功能为主，将地面景观广场与地下商场融为一体的大型复合型现代化商业广场。南宁自古被誉为象城，其中最有名的就是五象岭传说，广场五象雕塑的设计灵感就来源于这个传说。地面景观工程以民族大道为中轴线，分南、北两个部分，五象泉雕塑、太空飞碟、音乐喷泉、旋转水池、落水构架、铜鼓地面雕刻等建筑极具特色，同时从历史文化到现代元素进行了完整演绎。

图 2-1-109　南宁五象广场全景

图 2-1-110　五象泉雕塑

图 2-1-111　太空飞碟

图 2-1-112　落水构架音乐喷泉

3. 生态环保性原则

体现“因地制宜，合理布局”的设计思想。规划的绿地中花草树木应与当地特定的生态条件和景观特点（如“市花”和“市树”）相吻合；广场设计还要充分考虑本身的生态合理性，如阳光、植物、风向和水面等，做到趋利避害。

塑造硬质景观的同时，通过融合、嵌入、缩微、美化和象征等园林设计的方法，在点、线、面不同层次的空间领域中，引入自然，再现自然，并与当地特定的生态条件和景观特点相适应，使人们在有限的空间中，领略和体会自然带来的自由、清新与愉悦（见图 2-1-113）。

图 2-1-113　利用生态型绿地围合的广场空间

4. 步行化原则

步行化是现代城市广场的主要特征之一，也是城市广场的共享性和良好环境形成的必要前提。广场空间和各因素的组织应该支持人的行为，如保证广场活动与周边建筑及城市设施使用的连续性。在大型广场，还可根据不同使用功能和主题考虑步行分区问题。

北京西单文化广场（见图 2-1-114、图 2-1-115）便是一个成功的例子。西单文化广场在广场的平面设计中，强调步行化原则，设计师分析了在广场中休闲和娱乐的滞留人流与通过人流，并把广场划分为动与静两个部分。在广场的西南角布置了以绿化和铺装道路

图 2-1-114　北京西单广场全景

图 2-1-115　西单广场竖向设计

为主的通过广场,主要为路过西单路口的过往人流服务,其余部分以下沉的中心广场为核心,连接周围的铺地、台阶、平台,以供市民休闲和交往。广场的竖向设计注重交通组织,包括三个层次:二层平台、地坪层和下沉广场。设计师通过建筑处理,使三个层次之间产生自然的联系。如二层的平台部分既与北侧的华南大厦相联系,又与长安街上的人行道相联系;平台部分与地面层联系的台阶部分分别指向下沉空间中的玻璃圆锥体,从地平面向上观察,一个直线形、一个曲线形的踏步使广场的围合界面产生递进的层次;广场东北方向的观众台进一步加深了由地面层向二层平台的过渡。总体上,广场中的雕塑、踏步、看台等组成的第一层次和远处的建筑立面相得益彰,一起构成了广场有层次的界面,使行人获得良好的空间感和欣赏周围建筑轮廓线的视距。

5. 特色性原则

城市广场的地方特色既包括自然特色,也包括社会特色。

首先城市广场应突出其地方社会特色,即人文特性和历史特性。表现在既要尊重传统、延续历史、文脉相承,又要有所创新、有所发展。

文化继承的含义是人们对过去的怀念和研究,而人们的社会文化价值观念又是随着时代的发展而变化的。一部分落后的东西不断地被抛弃,一部分有价值的文化被积淀下来,融入人们生活的方方面面。城市广场作为人们生活中室外活动的场所,对文化价值的追求是十分正常的。文化性的展现或以浓郁的历史背景为依托,使人在闲暇徜徉中获得知识,了解城市过去曾有过的辉煌,如南京汉中门广场以古城城堡为第一文化主脉,辅以古井、城墙和遗址片断,表现出凝重而深厚的历史感。有的辅以优雅的人文气氛、特殊的民俗活动,如合肥城隍庙每年元宵节的传统灯会、意大利锡耶纳广场举行的赛马节等。

其次是自然个性特征。通过特定的使用功能、场地条件、人文主题及景观艺术处理来塑造特色。例如大连的海之韵广场,广场中心以五根曲率不同的白钢管为主体的雕塑,像一条跃跃的长龙,题名就叫"海之韵"。广场中有海龟、贝壳等小品,大气的手笔、富有韵律的节奏,充分体现了大连这座海滨城市的特色(见图2-1-116、图2-1-117)。

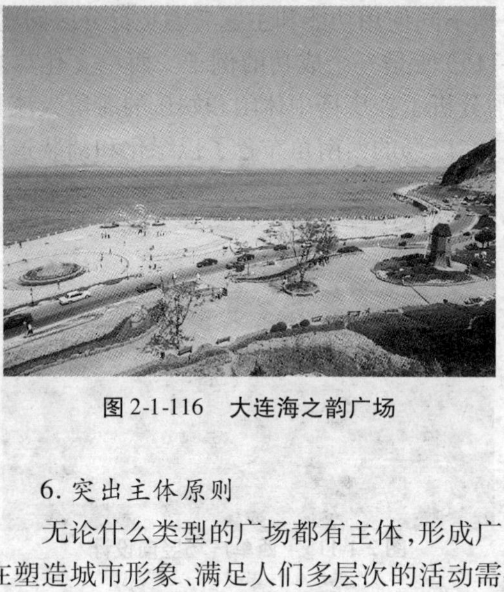

图2-1-116 大连海之韵广场

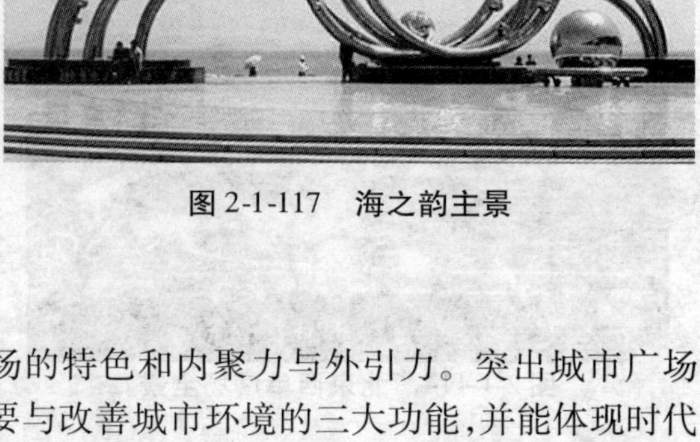

图2-1-117 海之韵主景

6. 突出主体原则

无论什么类型的广场都有主体,形成广场的特色和内聚力与外引力。突出城市广场在塑造城市形象、满足人们多层次的活动需要与改善城市环境的三大功能,并能体现时代特征、城市特色和广场主题。如大连的星海广场，在其南部临海处为百年城雕所在，100双脚印寓意大连刚刚走过沧桑百年，天真的儿童雕像寄托着大连人民的希望，具有很明确的主题。

（二）城市广场的类型及设计要点

1. 市政广场

1）位置

城市中心地区。

2）作用

用于政治、文化集会、庆典、游行、检阅、礼仪、民间传统节日等活动。反映城市面貌。

3）设计要点

（1）能够与周围的建筑布局协调，无论平面立面、透视感觉、空间组织、色彩和形体对比等，都应起到相互烘托、相互辉映的作用，反映出中心广场非常壮丽的景观。

（2）面积较大，规则式为主，强调其严整、雄伟。常用的广场几何图形为矩形、正方形、梯形、圆形或其他几何形状的组合，一般长宽比例以4∶3、3∶2、2∶1为宜。广场的宽度与四周建筑物的高度也应有适当的比例，一般以3～6倍为宜。

（3）广场中心绿地设计一般不布置种植，多为水泥铺设，但在节日又不举行集会时可布置草皮绿地、盆景群等，以创造节日新鲜、繁荣的欢乐气氛。

（4）广场主体建筑或景观要设在轴线上，构景要素与主体建筑相协调，衬托主体建筑。基本布局是周边以种植乔木或设绿篱为主，场面上种植草坪，设花坛，起交通岛作用，还可设置喷泉、雕像，或山水小品、建筑小品、坐椅等。

（5）不设娱乐性、商业性建筑。

例：天安门广场（见图2-1-118）、上海人民广场（见图2-1-119）、兰州市中心广场。

图2-1-118　天安门广场

图2-1-119　上海人民广场

2. 纪念广场

1）位置

远离商业区、娱乐区，多位于宁静和谐的环境中。

2）作用

纪念人物、事件。

3)设计要点

(1)纪念广场有时也与政治广场、集会广场合并设置为一体,例如北京的天安门广场。

(2)纪念广场的大小没有严格限制,只要能达到纪念效果即可。

(3)广场中心或轴线以纪念雕塑(或雕像)、纪念碑(或柱)、纪念建筑或其他形式纪念物为标志,主俸标志物应位于整个广场构图的中心位置。如哈尔滨防汛纪念塔广场(见图 2-1-120)。

(4)通常要容纳众人举行缅怀纪念活动,所以应考虑广场中具有相对完整的硬质铺装地,而且与主要纪念标志物(或纪念对象)保持良好的视线或轴线关系。如南昌八一广场(见图 2-1-121)等。

图 2-1-120　哈尔滨防洪纪念塔广场

图 2-1-121　南昌八一广场

(5)绿化要选具有代表性的树种或花木,如广场面积不大,选择与纪念性相协调的树种,加以点缀、映衬。塑像侧宜布置浓重、苍翠的树种,创造严肃或庄重的气氛;纪念堂侧面铺设草坪,创造娴静、开朗的境界。如北京天安门南部,以毛主席纪念堂为主体和中心,以松、柳为主配树种,周围以矮柏为绿篱,构成了多功能、政治性、纪念性的绿地。

3. 交通广场

1)站前交通广场

(1)位置:城市内外交通会合处,往往是一个城市或城市区域的轴线端点。

(2)作用:起交通转换作用,如火车站、长途汽车站前广场。

(3)设计要点:

①广场的规模与转换交通量有关,应有足够的行车面积、停车面积和行人场地。

②一般以铺装为主,少量设置喷泉、雕像、坐椅等。如吉林四平站前广场(见图 2-1-122)。

③广场的空间形态应尽量与周围环境相协调,体现城市风貌,使过往旅客使用舒适,印象深刻。

2)环岛交通广场

(1)位置:城市干道交叉口处,通常处于城市的轴线上。

(2)作用:有效地组织城市交通,包括人流、车流等。它是连接交通的枢纽,起交通集散、联系过渡及停车的作用。

(3)设计要点:

①环岛交通广场地处道路交会处,尤其是四条以上的道路交会处,以圆形居多,三条道路交会处常常呈三角形(顶端抹角)。

②一般以绿化为主,构成完整的色彩鲜明的绿化体系,有利于交通组织和司乘人员的动态观赏,同时广场上往往还设有城市标志性建筑或小品(喷泉、雕塑等)。例如西安市的钟楼、法国巴黎的凯旋门等,都是环岛交通广场上的重要标志性建筑。

③有绿岛、周边式与地段式三种绿地形式。绿岛是交通广场中心的安全岛。可种植乔木、灌木并与绿篱相结合。面积较大的绿岛可设地下通道,圈以栏杆。面积较小的绿岛可布置大花坛,种植一年生或多年生花卉,组成各种图案,或种植草皮,以花卉点缀。冬季长的北方城市,可设置雕像与绿化相结合,形成景观。

周边式绿化是在广场周围地进行绿化,种植草皮、矮花树,或围以绿篱,例如大连中山广场(见图2-1-123)。

图2-1-122　吉林四平站前广场

图2-1-123　大连中山广场

地段式绿化是将广场上除行车路线外的地段全部绿化,种植除高大乔木外,花草、灌木皆可。形式活泼,不拘一格。特大交通广场常与街心小游园相结合。

4.文化娱乐休闲广场

1)位置

人口较密集的地方,以方便市民使用为目的,如街道旁、市中心区、商业区甚至居住区内。

2)作用

供市民休息、娱乐、游玩、交流等活动的重要场所。

3)设计要点

(1)设计形式往往灵活多变,空间多样自由,但一般与环境结合很紧密。

(2)广场的规模可大可小,没有具体的规定,主要根据现状环境来考虑。

(3)广场以让人轻松愉快为目的,因此广场尺度、空间形态、环境小品、绿化、休闲设施等都应符合人的行为规律和人体尺度要求。

(4)单纯的休闲广场可以没有明确的中心主题,但每个小空间环境的主题、功能是明确的,每个小空间的联系是方便的。

(5)为了强调城市深厚的文化积淀和悠久历史的广场,应有明确的主题。邯郸市的学步桥广场就是一例。学步桥广场在广场空间中安排了“邯郸学步”景区、“典故小品”景区、“成语石刻”景区以及“望桥亭”景区;构思上以古赵历史文化为主线,以学步桥为中心,挖掘历史,展现古赵文化丰富内涵;将成语典故、民间传说及重要历史事件融入其中,精心构思、刻意处理,从而烘托文化氛围,延伸意境。

(6)选择植物材料时,可在满足植物生态要求的前提下,根据景观需要去进行。若想创造一个热闹欢乐的氛围,则不妨以开花植物组成盛花花坛或花丛;若想闹中取静,则可依靠一角落,设立花架,种植枝繁叶茂的藤本植物。文化娱乐休闲广场的植物配置是比较灵活自由的,最能发挥植物材料的美妙之处。

例如大连星海广场(见图 2-1-124)。该广场是亚洲最大的城市广场。星海广场以星海会展中心及临海的百年城雕为中轴线成对称布局。会展中心前广场(见图 2-1-125)作为星海广场的一个终端,其轮廓应与整体协调,设计成圆形。同时该广场作为局部环岛交通广场,以低矮花卉及整形绿篱为主,有利于组织交通。会展中心主要的功能是进行信息交流、贸易交易,广场设计成规则的开敞空间,以华丽的平面铺装纹案,强调其现代元素的特征。中心广场(见图 2-1-126)是一个纪念香港回归的工程,主景是汉白玉华表,华表底座附有八条龙,柱身雕着一条龙,九条龙寓意中国九州。广场中心仿效北京天坛圜丘的设计,由 999 块四川红大理石铺成,红色大理石的外围是黄色大五角星,红、黄两色象征着炎黄子孙,反映出广场主题。广场内圆直径 199.9 m,外圆直径 239.9 m,寓意 2399 年大连将迎来建市 500 周年。环绕广场周围的是大型音乐喷泉,南行 500 m 是蓝色的大海,中央大道红砖铺地,两侧绿草如海。星海广场背倚都市,面临海洋,令人心胸开阔。贯穿广场南北中央长廊,建有喷泉水景大道(见图 2-1-127)。中央大道红砖铺地,整个广场绿草茵茵,每隔 20 m 的航标灯造型的石柱灯一线排开直通大海,典雅肃穆,宁静致远,象征着中国正面向大海,走向世界。从中心广场南行,便是“百年城雕”(见图 2-1-128)。城雕为纪念大连开埠建市 100 周年而建。足迹浮雕长 80 m,有百岁老人、出生婴儿、老红军、老干部及各个行业有代表性人物的 1 000 双脚印踩出。这些脚印自北向南通向大海,表明了大连的百年历史是由勤劳奋进的大连人民创造的。百年城雕的尽头是打开的书形广场(见图 2-1-129),面对无垠的大海,寓意着百年后的大连又翻开了新的一页。

图 2-1-124　大连星海广场全景

图 2-1-125　会展中心前广场

图 2-1-126　中心广场

图 2-1-127　喷泉水景大道

图 2-1-128　百年城雕

图 2-1-129　书形广场

5. 步行街绿地设计

步行街(见图 2-1-130)是指城市道路系统中确定为专供步行者使用,禁止或限制车辆通行的街道。

1) 位置

传统的商业广场一般位于城市商业街内或者是商业中心区,而当今的商业广场通常与城市商业步行系统相融合,有时是商业中心的核心,如上海市南京路步行街中的广场。

2) 作用

为商业活动提供综合服务的功能场所。

3) 设计要点

(1) 步行街具有独特的构成因素,这些因素也是满足现代城市生活的需要,构成城市环境风貌的组成部分。步行街由两旁建筑立面和地面组合而成,故其要素有:地面铺砖、标志性景观(如雕塑、喷泉)、建筑立面、展示柜台、招牌广告、游乐设施(空间足够时设置);街道小品、街道照明、邮筒、休息坐椅、绿化植物配置和特殊的如街头献艺等活动空间,其设计繁杂程度决不亚于设施建筑,不过最关键的还是城市环境的整体连续性、人性化、类型的选择和细部。因此设计中,我们要抓住城市自身的文脉和传统,利用城市小品和各种娱乐设施,丰富步行街的空间构成。

(2) 步行街绿化形式要灵活多样,统一协调,结合步行街的特点,以行道树为主,以花

步行街的街头小品映射出城市的时代气息

栩栩如生的铜塑时刻传承着长沙的历史文化

步行街上植物以观形、赏色为主，兼有遮阴的功能

图 2-1-130　长沙黄兴南路步行商业街

池为辅，适当点缀店铺前的基础绿化、角隅绿化、屋顶绿化、平台绿化等形式，达到装点环境、方便行人的目的。行道树池要加盖美观的池箅子，或布置围树坐椅，或采用移动树池。花池边缘设计成方便行人坐憩的尺度，增加可移动的花钵、花车、花篮等花器，植以时令花卉，常年开花不断。

(3)步行街上的植物宜选择树冠丰满、树形优美挺拔、枝叶繁茂的树种，不宜选择丛生、低矮的灌木。商业街面较窄，高楼林立，应注意耐阴树种的选择。

步行街绿化应尽量选择大规模苗木，一次成型见效。草坪种植也应尽量选用草坪卷铺植方式，多植大乔木用以遮阴。与此同时应保持步行街空间视觉的通透，不遮挡商店的橱窗、广告等。

6. 宗教广场

1）位置

布置在教堂、寺庙及祠堂等宗教建筑群前。

2）作用

举行宗教庆典、集会、游行、休息的广场。

3）设计要点

（1）宗教广场设计应该以满足宗教活动为主，尤其要表现出宗教文化氛围和宗教建筑美。

（2）通常有明显的轴线关系，景物也是对称（或对应）布局。

（3）广场上的小品以与宗教相关的饰物为主。

（三）城市广场的规划设计方法

1. 场地的选择与空间处理

1）利用地形组织广场空间

广场场地在空间上宜采用多种手法，以满足不同功能及环境美学的要求。主要有：

平面型——平面型最为常见和多见，如北京天安门广场、大连人民广场。

空间型——下沉式、上升式以及坡地式的处理方法。

上升式是将车行放在较低的层面上，而把人行和非机动车放在较高的层面上。例如巴西圣保罗市的安汉根班广场，不仅丰富了城市的自然景观特色，而且有效增加了城市中心地区的活力。

下沉式广场在现代城市建设中应用更多，相对上升式广场它不仅能解决交通分流问题，还能使人们在喧嚣嘈杂的城市环境中取得安静、安全和较强的归宿感。例如营口经济技术开发区月亮广场（见图2-1-131），临海是一个下沉空间，这是广场的核心，看台面向大海，给人以独立、开阔的感觉；连接周围的铺地、台阶、平台，有效地组织空间，分隔人流，提供休闲、娱乐场所。成都天府广场（见图2-1-132）利用下沉式空间合理分区，不仅有效地组织空间分隔人流，同时给广场主题“太极云图”一个完美的诠释，十分壮丽。

图2-1-131　营口经济技术开发区月亮广场

图2-1-132　成都天府广场

2）用植物配置的层次关系，丰富广场空间变化

锦州花卉宝石广场（见图 2-1-133、图 2-1-134）就是以植物造园为主、广场大理石铺装为辅营造广场空间的，共分三个功能区：南部植物观赏区、中部文化广场区、北部花展服务区。南部植物观赏区，可以欣赏鲜明的花卉色彩和绰约的树木风姿；中部文化广场区，地面采用天然花岗岩铺装，镶嵌了铜质宝鉴；北部花展服务区，欧式建筑风格，是一处植被科普场所。

图 2-1-133　南部植物观赏区

图 2-1-134　北部花展服务区

3）用建筑物、廊柱等进行围合或半围合

四面围合：广场封闭性强，具有强的向心性和领域性。

三面围合：广场封闭性好，有一定的向心性和方向性。

两面围合：广场领域感弱，空间有一定的流动性。

一面围合：广场封闭性差。

如曼哈顿雅各布贾维茨广场（见图 2-1-135），经常汇集大量的上班族前来休憩和用餐，因此大量使用了前后相倚的双股鲜绿色坐椅，丰富广场空间的同时，提供了大量的坐位。坐椅被组织成若干或前或后、大小不一的环状，从而具有了特别的视觉感召力。人们根据个人需要选择或公共、或私密、或开敞、或围聚的任一适宜位置。空间自由度极强。

4）用地面铺装丰富空间形式

广场地面铺砌应根据地方特点，采用植被、硬地或天然状的岩石等的组合方式，铺地材料应注意肌感可影响人行速度，如成都天府广场（见图 2-1-136）、日本筑波中心广场（见图 2-1-137）。

细的纹理可用以强调原有地形的品质和形状，增强尺度感成为上部结构的衬托。

基地纹理可以为人们提示外部空间的尺度的设计。

场地纹理变化可暗示表面活动方式，划分人、车、休息、游戏等功能，对广场特征气氛和尺度产生影响，它还可以刺激人的视觉和触觉。

图 2-1-135　曼哈顿雅各布贾维茨广场

图 2-1-136　成都天府广场

图 2-1-137　日本筑波中心广场

2. 规模与尺度

根据广场不同使用功能和主题要求，确定广场合适的规模和尺度。如政治性广场和一般的市民广场尺度上就应有较大区别，从国内外城市广场来看，政治性广场的规模与尺度较大，形态较规整；而市民广场规模与尺度较小，形态较灵活。

广场空间的尺度对人的感情、行为等都有很大影响。据专家研究，如果两个人处于 1 ~ 2 m的距离，可以产生亲切的感觉；两人相距 12 m，就能看清对方的面部表情；相距 25 m，能认清对方是谁；相距 130 m，仍能辨认对方身体的姿态；相距 1 200 m，仍能看得见对方。所以空间距离愈短亲切感愈加强，距离愈长愈疏远。日本芦原义信提出了在外部空间设计中采用 20 ~ 25 m 的模数，他认为："关于外部空间，实际走走看就很清楚，每 20 ~ 25 m，或是有重复的节奏，或是材质的变化，或是地面高差有变化，那么即使在大空间里也可以打破其单调……"对若干城市空间的亲身体验也说明 20 m 左右是一个令人感到舒适亲切的尺度。

(1)当建筑物的高度和广场的宽度相等时,广场有一种封闭感,当广场宽度超过建筑高度两倍时,广场有一种开敞的感觉。

(2)大而单纯的广场对人有排斥性,小而局促的广场令人有压抑感,而尺度适中的广场有较强的吸引力。

(3)对于广场的适宜尺度,一般应遵循以下原则:视距与楼高的比例在1.5~2.5,视距与楼高构成的视角在18°~27°。

3. 广场绿地种植基本形式

城市广场绿地种植主要有四种基本形式:排列式种植、集团式种植、自然式种植、花坛式(图案式)种植。

1)排列式种植

这种形式属于整形式,主要用于广场周围或者长条形地带,用于隔离或遮挡,或作背景,如首义广场(见图2-1-138)。单排的绿化栽植,可在乔木间加种灌木,灌木丛间再加种草本花卉,但株间要有适当的距离,以保证有充足的阳光和营养面积。在株间排列上近期可以密一些,几年以后可以考虑间移,这样既能使近期绿化效果好,又能培育一部分大规格苗木。乔木下面的灌木和草本花卉要选择耐阴品种。并排种植的各种乔灌木在色彩和体形上要注意协调。

2)集团式种植

也是整形式的一种,是为避免成排种植的单调感,把几种树组成一个树丛,有规律地排列在一定的地段上。这种形式有丰富、浑厚的效果,排列得整齐时远看很壮观,近看又很细腻。可用草本花卉和灌木组成树丛,也可用不同的灌木或乔木和灌木组成树丛。如北部湾广场(见图2-1-139)。

图2-1-138 首义广场

图2-1-139 北部湾广场

3)自然式种植

这种形式与整形式不同,是在一定地段内,花木种植不受统一的株、行距限制,而是疏密有序地布置,从不同的角度望去有不同的景致,生动而活泼。这种布置不受地块大小和形状限制,可以巧妙地解决与地下管线的矛盾。自然式树丛布置要密切结合环境,才能使每一种植物茁壮生长。同时,此方式对管理工作的要求较高。

4)花坛式(图案式)种植

花坛式种植即图案式种植,是一种规则式种植形式,装饰性极强,材料选择可以是花、草,也可以是可修剪整齐的木本树木,可以构成各种图案。它是城市广场最常用的种植形式之一。

花坛或花坛群的位置及平面轮廓应该与广场的平面布局相协调,如果广场是长方形的,那么花坛或花坛群的外形轮廓也以长方形为宜(见图2-1-140)。当然也不排除细节上的变化,变化的目的只是为了更活泼一些,过分类似或呆板,会失去花坛所渲染的艺术效果。

在人流、车流交通量很大的广场,或是游人集散量很大的公共建筑前,为了保证车辆交通的通畅及游人的集散,花坛的外形并不强求与广场一致。例如正方形的街道交叉口广场上、三角形的街道交叉口广场中央,都可以布置圆形花坛,长方形的广场可以布置椭圆形的花坛。

花坛与花坛群的面积占城市广场面积的比例,一般最大不超过1/3,最小也不小于1/5。华丽的花坛,面积的比例要小些;简洁的花坛,面积比例要大些(见图2-1-141)。

图2-1-140　广场的图案式种植

图2-1-141　广场中的花坛设计

花坛还可以作为城市广场中的建筑物、水池、喷泉、雕像等的配景。作为配景处理的花坛,总是以花坛群的形式出现的。花坛的装饰与纹样,应当和城市广场或周围建筑的风格取得一致。

花坛表现的是平面图案,由于人的视觉关系,花坛不能离地面太高。为了突出主体,又利于排水,同时不致遭行人践踏,花坛的种植床位应该稍稍高出地面。通常种植床中土面应高出平地7~10 cm。为利于排水,花坛的中央拱起,四面呈倾斜的缓坡面。种植床内土层约50 cm厚以上,以肥沃疏松的沙壤土、腐殖质土为好。

为了使花坛的边缘有明显的轮廓,并使种植床内的泥土不因水土流失而污染路面和广场,也为了不使游人因拥挤而践踏花坛,花坛往往利用缘石和栏杆保护起来,缘石和栏杆的高度通常为10~15 cm。也可以在周边用植物材料作矮篱,以替代缘石或栏杆。

4. 树种选择原则

(1)冠大荫浓。枝叶茂密且冠大的树种夏季可形成大片绿荫,能降低温度,避免行人暴晒。如槐树中年期时冠幅可达4 m多,悬铃木更是冠大荫浓。

(2)耐瘠薄土壤。城市中土壤瘠薄,树木多种植在道旁、路肩、场边,受各种管线或建筑物基础的限制影响,树体营养面积很少,补充有限。因此,选择耐瘠薄土壤习性的树种尤为重要。

(3)深根性。营养面积小,而根系生长很强,向较深的土层伸展仍能根深叶茂。根深不会因践踏造成表面根系破坏而影响正常生长,特别是在一些沿海城市选择深根性的树种能抵御暴风袭击而巍然不受损害。而浅根性树种,根系会拱破场地的铺装。

(4)耐修剪。广场树木的枝条要求有一定高度的分枝点(一般在2.5 m左右),侧枝不能刮、碰过往车辆,并具有整齐美观的形象。因此,每年要修剪侧枝,树种需有很强的萌芽能力,修剪以后能很快萌发出新枝。

(5)抗病虫害与污染。病虫害多的树种不仅管理上投资大、费工多,而且落下的枝、叶,虫子排出的粪便,虫体和喷洒的各种灭虫剂等,都会污染环境,影响卫生。所以,要选择能抗病虫害,且易控制其发展和有特效药防治的树种,选择抗污染、消化污染物的树种,有利于改善环境。

(6)落果少或无飞毛、飞絮。经常落果或有飞毛、飞絮的树种,容易污染行人的衣物,尤其污染空气环境,并容易引起呼吸道疾病。所以,应选择一些落果少、无飞毛的树种,用无性繁殖的方法培育雄性不孕系是目前解决这个问题的一条途径。

(7)发芽早、落叶晚且落叶期整齐。选择发芽早、落叶晚的阔叶树种。另外,落叶期整齐的树种有利于保持城市的环境卫生。

(8)耐旱、耐寒。选择耐旱、耐寒的树种可以保证树木的正常生长发育,减少管理上财力、人力和物力的投入。北方大陆性气候,冬季严寒,春季干旱,致使一些树种不能正常越冬,必须予以适当防寒保护。

(9)寿命长。树种的寿命长短影响到城市的绿化效果和管理工作。寿命短的树种一般30~40年就要出现发芽晚、落叶早和焦梢等衰老现象,而不得不砍伐更新。所以,要延长树的更新周期,必须选择寿命长的树种。

四、规划设计

(一)调查研究阶段

1. 自然环境

南京火车站位于金陵古城城北,地处浩浩长江畔,巍巍紫金山下,前临玄武湖,后枕小红山,地理位置优越,景观环境优美。历年平均气温14.4 ℃,年均最高气温20.4 ℃,平均最低气温11.6 ℃,极端最高气温43 ℃,极端最低气温-14 ℃。主导风向为东北西南向,夏季以东南风为主。全年无霜期达200~300天。自然景观资源丰富。

2. 社会环境

南京为江苏省省会,是“中国四大古都”之一,有“六朝古都”之称。位于长江下游沿岸,是长江下游地区重要的产业城市和经济中心,中国重要的文化教育中心之一。城市发展已定位于江滨港口城市,目前已成为中国东部地区以电子、汽车、化工为主导产业的综合性工业基地,重要的交通枢纽和通信中心。南京火车站是我国铁路枢纽主要客运站之一,同时也是南京市主要交通集散地。

3. 设计条件或绿地现状的调查

主站房设计造型新颖,建筑风格简洁、明快,东西长 270 m、南北宽 54 m 的屋顶主要由特制的玻璃构成,四周高、中间低,加上每 15 m 一跨的 18 根银白色斜拉索,远看像一艘配有根根桅杆的巨大帆船。内部候车室面积近 20 000 m^2,同时可以容纳 1 万名旅客。站房与南京地铁一号线建于铁路站场之下,地铁站厅和铁路出站大厅同层,广场下为地下停车库亦与它们相连,旅客交通方便,疏导快速。火车站站前广场占地 110 000 m^2,投资规模 7.2 亿元,景观建设是其中的一个重要组成部分。广场中原有植被种类单一,景观性较差,不列为绿地保留内容。

(二)编制设计任务书阶段

根据调查研究的实际情况,结合甲方的设计要求和相关设计规范,编制设计任务书如下。

1. 绿地规划设计目标

南京火车站站前广场应作为一个集景观、人车流集散及便捷的过境交通三重功能,对内连接铁路南京站房与地铁站空间,对外连接玄武湖滨水带,景观环境、地面广场与地下空间相互交融的综合性枢纽广场。客流集散方式以地铁、公交为主,出租车、小汽车、旅游客车方式为辅。采用立体交通的方式有序组织各类交通。本次景观设计内容,是由南京火车站主体建筑前广场与玄武湖景观结合而设计的整体广场,广场两侧滨水景观带亦为其中部分。因此我们的设计目标定位如下:

(1)设计出一个真正把火车站与玄武湖融合的广场,我们希望能"无缝"连接火车站新站房及玄武湖,快捷地连接城市交通,共同组成南京市一个新的标志,一个人流汇集的城市之门,营造最佳景观环境。

(2)这个新城市之门必须具有前瞻性及新鲜感,必须连接南京的历史、现在及未来,必须真实地反映出南京形象,提升城市品位。

(3)立意人性化设计,为市民及旅客提供一个身心都放松的环境,适应旅客活动多层次需求。

2. 绿地规划设计内容

火车站站前广场设计必须结合站房建筑风格、人流交通及火车站与外界交通转换通道统一规划,全面设计,形成和谐统一的整体,满足多种功能需要。具体设计内容如下。

1)总体规划设计

根据总体规划设计原则,依据新站房的布局、人流分析、客流集散交通方式分析和功能要求,确定合理的功能分区。根据不同分区的具体功能、特点,结合实际场地情况进行详细规划,以满足各空间和区域的功能要求。

2)景观规划设计

在整体规划的前提下,进行景观空间序列的规划,确定不同的景观内容,以硬质景观设计为主,结合合理的绿化设计,以形成气势洒脱、方便实用、亲和自然的站前空间环境,并结合具体的寓意设计各功能区景观特征。

3)植物种植设计

植物配置与功能布局有机地结合,重视植物对空间的塑造功能,利用植物引导视线,并注重大型乔木在景观节点、视觉焦点的点景功能。

空间上层次丰富，采取多种配置形式，按植物群落结构进行科学配置，扩大绿地复层结构比例，形成较大的叶面积系数和绿量。

注重各种植物之间常绿与落叶、高矮、大小，以及花期的衔接、季相的变化，追求四季常绿与色彩缤纷，力求达到最佳的景观效果。

3. 规划设计理念

火车站广场设计概念基于对火车站抽象与具体的新旧城市联系这一概念的强化与提升。人文、历史是现在城市的都市印象，所以用一些综合的概念来支持、强化设计。

(1)文脉。为体现南京之古都文化，选择举世闻名的南京大报恩寺琉璃拱门券，作为广场主题雕塑，展示"六朝古都"的悠久历史，也暗喻火车站是"南京之门"之意。

(2)水脉。南京是沿江城市，以展示玄武湖之风彩，传承水脉，将广场与滨湖有机相连，强调广场之亲水性。

(3)绿脉。南京城绿化全国闻名，传承这一盛名，广场形成多处树阵浓荫，使人由此一窥南京绿城之特色。

以上三脉形成景观设计的灵魂。

4. 规划设计原则

本方案的工作重点集中在人车流集散、便捷的交通、改善景观品质、带动城市旅游四个方面。因此方案的指导原则定为以下几点。

1)环境交融

站前广场的功能定位、合理的交通组织、环境气氛的营造、广场空间的开发利用，将建筑形态、特色，融景观于一体，即景观环境及地面广场与地下空间相互交融，满足功能要求，又具特色性。

2)文化交融

运用动态和静态的设计，实现新旧时空的转变。实现历史文化与现代文化的交融。

将历史、人文与景观有机融合，体现科技观、人文观、历史观的取向；科技元素、人文元素、历史元素在设计手法中交融呼应地运用，因此在设计中始终贯彻这一原则来完成"开放、活力、个性"的角色形象塑造。

3)空间转换

集散与休闲的转换。火车站前以集散为主，通过引导将候车人流疏散至湖边休闲公共开放绿地。

4)车站与城市风光的转换

沿湖边体现玄武湖特色的亲水平台、游船码头，连接玄武湖景区。将火车站广场与著名的旅游景区相互贯通，将原有的远处的资源线性引入广场视野。

(三)总体规划设计阶段

根据任务书中明确的规划设计目标、内容、理念、原则等具体要求，着手进行总体规划设计。主要有以下几方面工作。

1. 现状分析

原站前广场硬质景观极差，绿化树种单一，群落搭配不够合理，绿化面积相对过少；滨水景观没有被充分利用，由于滨水景观性差，目前湖边景观破坏严重；广场前道路较窄，车辆停靠集中，噪声污染及景观视觉污染严重，交通运输集散性已不能满足客流需求（见图2-1-142）。站前广场的总体规划在满足功能要求的前提下，应该结合以下指导思想进行：

图2-1-142　南京火车站广场现状分析图

（1）美学。为了与主站房新颖的造型相协调，绿地设计应遵循简约、流畅的原则，采用现代设计美学手法，追求线条美与时尚感，呈现一个功能卓著、富含高科技和新材料的崭新的火车站形象。

（2）广场。应作出明确的分区，如可分为入口和外候车区，观光巴士停靠处、售货亭和衔接地带水岸，观景台和玄武湖滨公园三个分明的基础区域，这是基于诸如火车站广场的步行距离、区域形态及周边地区的特征因素而加以区别的。广场中的铺装总体色调保持丰富多样但处理精妙，能够反映出材料的天性，同时给人合理的尺度感。生动鲜明具有戏剧性的地铺图案可引用于特色空间，但避免哗众取宠、喧宾夺主。

（3）亲湖。玄武湖风景区是南京多个景观节点的聚焦，依傍玄武湖的南京新客站，便拥有了创造历史与文化的重要意义的契机，未来的该区域建设应以“文化”为主题。建立玄武湖北部水上运动休闲娱乐区域，新客站广场向玄武湖岸边伸展，为弥补其缺乏景观焦点及强烈的地域特征创造了绝佳的良机。

（4）绿化。植物应体现本土特色的一种文化标识。

2. 交通分析

设计区需要满足现在与未来高强度发展的城市规划的要求。多数出站的旅客将被分流至地铁或广场（见图2-1-143），进站的旅客分流至地下停靠站与二楼候车室，而人流将在三层空间充分流动。广场作为客流集散地，必须首要满足和维持人流有序集中与高效分流的基本功能。新客站利用高架引桥和大型停车场来疏散交通，以确保龙蟠路的交通顺畅（见图 2-1-144）。因此，道路周边和前方的环境设计应当提供清晰的分流转换指示，以便驾驶员判断并创造一种即达火车站的感觉。树屏和沿途绿化的配置力求赏心悦目，又能保证行车安全。沿途绿化考虑车行速度、屏蔽噪声和缓解疲劳、有利非机动车停放。为了与环境融合，增加高点视觉的美感，采用生态半下沉式。

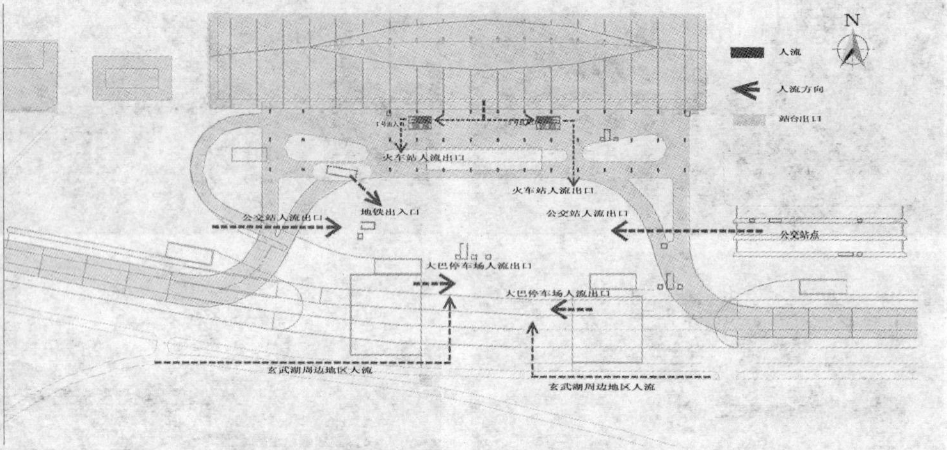

图 2-1-143　南京火车站广场人流分析图

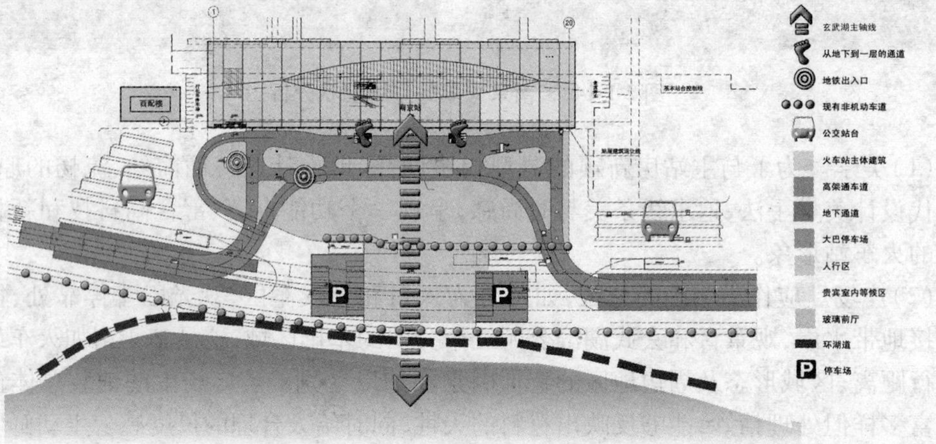

图 2-1-144　南京火车站广场规划交通分布图

3. 功能分区

根据整体规划设计理念，结合现状分析及交通分析结果，以概念设计为指导思想给南京火车站站前广场作区域划分（见图 2-1-145）。

根据概念分析，我们的设计思想是，以一条主景观轴为基本结构，配合主站层建筑设计，对称中加以变化，利用渐进及导入式的手法提供了“城市走廊”——过渡性引导广场，使站前集散的主广场、湖滨亲水广场“无缝”地连接主站房及玄武湖，辅以一条生态景观渗透带，凸现站前广场从“人工”—“自然”、从“动”—“静”的基本格局（见图 2-1-146）。站前广场以站前集散的主广场为基本景观格局，风格上配合主站房建筑以简洁、明快的现代风格为基调，通过湖滨亲水广场向玄武湖生态景观区渗透。

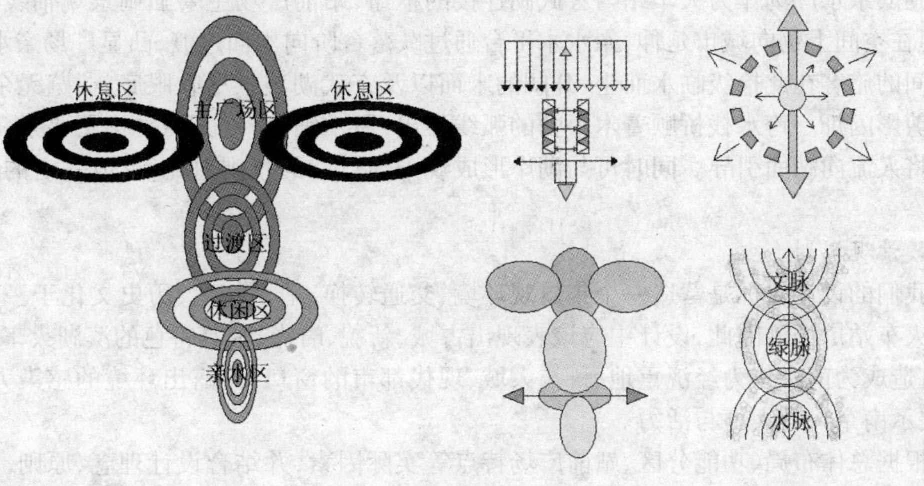

图 2-1-145　概念分析图

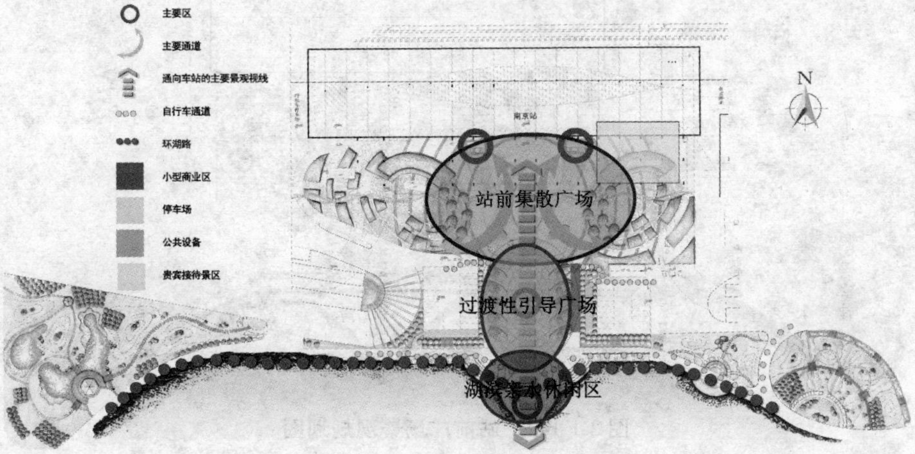

图 2-1-146　功能分区平面图

1）站前集散的主广场区

面积约 20 000 m^2，广场轴线明确，构图对称，为站前广场最主要的集散广场，直接连接主站房、地铁出入口，与各停车场连接快捷。设计中突出“大气”、“实用”，以大面积铺地为主，简洁明快，轴线两侧适当栽植大树。

2）过渡性引导广场区

地下停车库的通气孔结合地面铺装、景观树亦作对称布置，出地面部分的造型配合景观效果统一处理，强化中轴线对称效果，两侧伴以市树雪松树阵，中间绿地下沉处理，硬质景观造景。

3）湖滨亲水休闲区

湖滨亲水广场作为火车站与玄武湖连接的枢纽，站前广场主要强调景观轴线在此结束，但在空间上仍向城市延伸，亲水木平台通过跌落台阶向水面过渡，凸显广场亲水特性。有时间的旅客在此拾级临水而坐，开阔的水面以及玄武湖美景尽收眼底，一览无余，远处城市剪影闪烁。跨水栈桥顺着木平台的弧线伸出，原木铺面，一方面是构图要素，另一方面可将人流向湖面引导。同时可与湖岸形成规则与自然的景观对比，形成一定的视觉冲击力。

4. 景观规划

我们的设计目标是营造一个集景观环境、交通转换、地域特色、历史文化于一体的现代化火车站广场。因此，设计中应该表现出古城、新貌、时尚，独具特色的滨湖火车站的个性；打造成为南京作为经济重地、科技大城、现代都市的窗口；流露出环境的感染力、包容性，展示南京人的大度与活力。

根据总体布局、功能分区、站前广场特点等实际因素，并结合设计理念、原则，形成以下景观规划设计的总体构思（见图 2-1-147）：

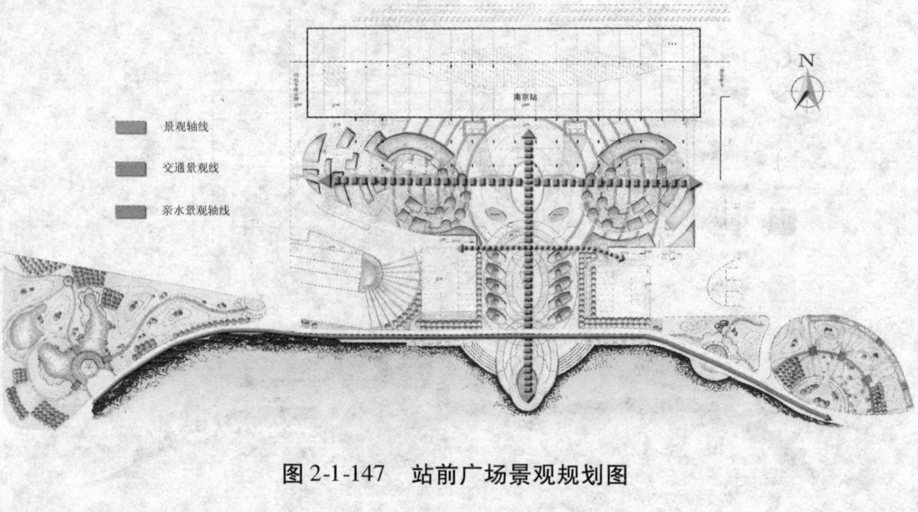

图 2-1-147　站前广场景观规划图

景观轴：一横一纵，通过道路、广场、绿地等形成景观轴线。

景观视线：整体呈放射状分布，出入口形成的对视，以及由广场向绿地、通道形成的透景线。

景观节点：琉璃门、树阵、张拉膜、售货亭、景墙等景观。

5. 植物规划

站前广场植物景观设计主要以景观树阵和风景林为主体，包括湿地植物景观、水岸植物景观、停车场道路绿化景观、花灌木景观。树种选择广场中间落叶，周边常绿，市树、市花体现南京特色。

（1）景观树阵。中轴线上以景观树阵配合主站房及广场简洁、明快的风格，用栾树、市树雪松等常绿树树阵强化空间边界，用色叶树榉树树阵衬托城市之门，紫叶李树阵伴随雪松树阵及通向城市之门的流水，高架桥下配植整齐的棕榈树阵，公交停车场外以常绿的香樟、乐昌含笑围合，中间分隔绿带则以色叶树银杏配植夹竹桃、茶梅。

(2)水岸湿地植物景观。沿河面岸线,自然丛植亲水乔、灌木及水生、湿地植物,以丰富自然水景。本次设计主要水岸植物有垂柳、碧桃、乌桕、池杉、水杉、隶棠、石楠、迎春、荷花、莲花、鸢尾、菖蒲、芦苇等。

(3)道路绿化景观。沿环湖路两侧,三五株一组不等距栽植,选用树干挺直,定干高度较高的乔木喜树、马褂树等,构成环湖的绿化骨架。

(4)花灌木景观。小乔木、花灌木是绿化景观中最具观赏性的部分,可以增加植物层次、增加绿化色彩,还可以观花、观叶、观果、闻香。本次设计主要小乔木、花灌木有紫玉兰、紫叶李、紫薇、紫荆、夹竹桃、火棘、月季、红枫、木槿、绣线菊等。

(四)局部详细设计阶段

根据确定后的总体规划设计方案,对各绿地局部进行详细设计。局部详细设计工作主要包括以下内容。

1. 各功能区绿地设计

1)站前集散广场区

该区域以开阔的中轴对称景观为主,为方便人流集散,不宜于做大量的绿化及园林景观。由于火车站的现代特点,最难之处是传统中国建筑元素硬标志性的文化内涵。我们尊重周边环境并保持其内在联系,创建涵盖本土文化与大文化的文化呼应,因此在这里做了琉璃门,作为展现南京悠久历史的标志性主题雕塑。通过诸如信息牌、地标、雕塑、材料、图案、色彩、地面铺装等部分成为展示文化的载体(见图 2-1-148、图 2-1-149)。高架成为该广场立面中一个重要的组成部分,在设计中必须充分利用这一从高俯看广场的特色。

图 2-1-148 琉璃门效果图

2)过渡性引导广场区

该区域以对称布置的景观树阵为主要景观,充分展示植物的姿态美,通过享受树阵的

图 2-1-149　站前广场效果图

庇荫效果，让人们感受到南京的绿城景观。中间绿地下沉处理，硬质景观造景。广场的表面处理被设计为耐用耐磨型，材料的选择、形式、空间处理适用于节假日高峰时大量人流与行李的集中。此设计简洁、明快、时代感强（见图 2-1-150）。

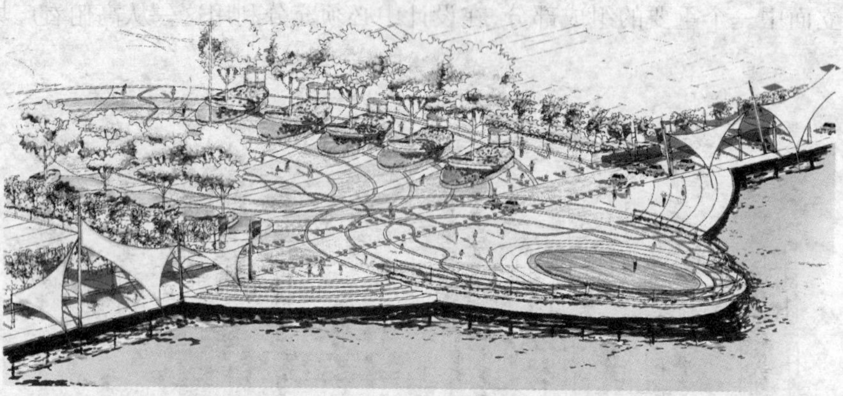

图 2-1-150　过渡广场树阵景观效果图

3）滨水亲水休闲区

该区域的主题突出“优雅、现代、自然”，漫步湖畔，怡情养性，尽享明镜平湖的景色。针对玄武湖的整体规划，亲水木平台和生态绿化的设计，与火车站的群山背景轮廓互相呼应，相映成趣。生态绿化作为特色景观植于木栈平台，感受生态价值。同时用张拉膜景观呼应站房造型设计，有利于调和生态型的水体景观与时代感的广场区的融合（见图 2-1-151、图 2-1-152）。

2. 植物种植设计

植物配置与功能布局有机结合，通过植物的空间塑造，引导视线，并在重要节点布置高大乔木，起到视觉焦点的点景功能。注重各种植物的常绿与落叶、乔木与灌木、季相变

图 2-1-151　滨水亲水休闲区景观效果图

图 2-1-152　亲水木平台效果图

化的结合，力求达到较好的景观效果。注重在人流集中的地方配置常绿的林荫树，方便人们庇荫。详细设计见图 2-1-153。

（五）完成图纸绘制

根据站前广场绿地规划设计的相关知识和设计要求，我们来完成南京火车站站前广场绿化设计，设计图纸应包括如下内容。

1. 设计平面图

设计平面图中应包括所有设计范围内的绿化设计，要求能够准确地表达设计思想，图面整洁，图例使用规范（见图 2-1-154、图 2-1-155）。平面图主要表达功能区划、道路广场规划、景点景观布局、植物种植设计、灯光设施等平面设计。

2. 立面图

为了更好地表达设计思想，在广场绿地规划设计中要求绘制出主要景观、主要观赏面

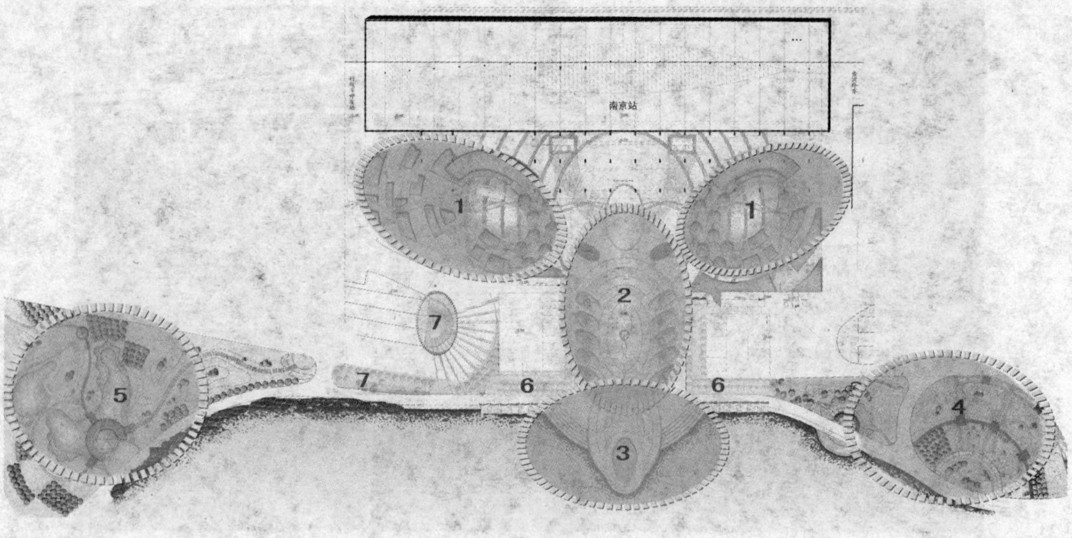

图 2-1-153 绿化概念设计图

1. 乔木：雪松、梅花；灌木：紫叶李、紫薇、海桐、金叶女贞；地被：矮生百慕大、白三叶。2. 乔木：榉树、栾树；灌木：樱花、毛鹃；地被：菲百竹。3. 乔木：金丝垂柳、碧桃；灌木：五角枫；地被：结缕草。4. 乔木：南京小叶杨、紫楠、二乔玉兰；灌木：红枫、木槿、火棘、金丝桃；地被：狗牙根、吉祥草、葱兰。5. 乔木：南京椴、垂柳、木瓜、合欢；灌木：垂丝海棠、月季、小蜡、黄杨；地被：狭叶麦冬、紫花酢浆草。6. 乔木：喜树、马褂树；灌木：红花继木；地被：高羊茅。7. 乔木：银杏、栾树；灌木：紫荆、绣线菊、凤尾兰；地被：高羊茅。

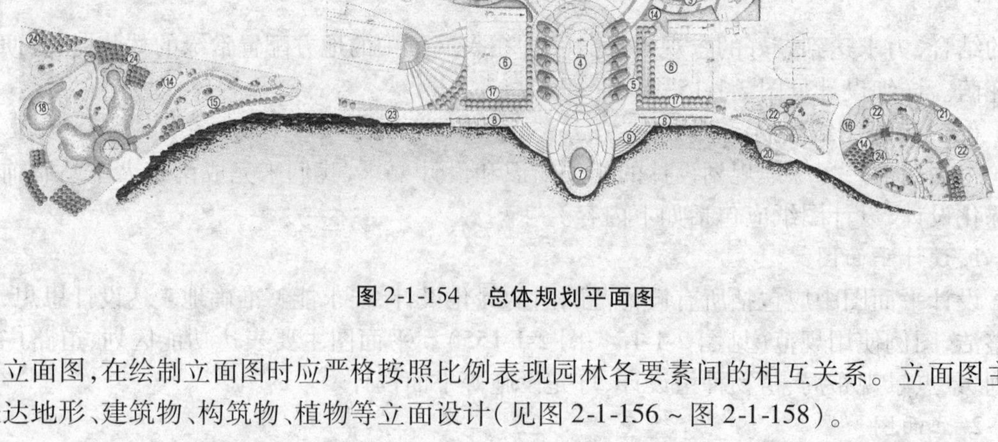

图 2-1-154 总体规划平面图

的立面图，在绘制立面图时应严格按照比例表现园林各要素间的相互关系。立面图主要表达地形、建筑物、构筑物、植物等立面设计（见图 2-1-156 ~ 图 2-1-158）。

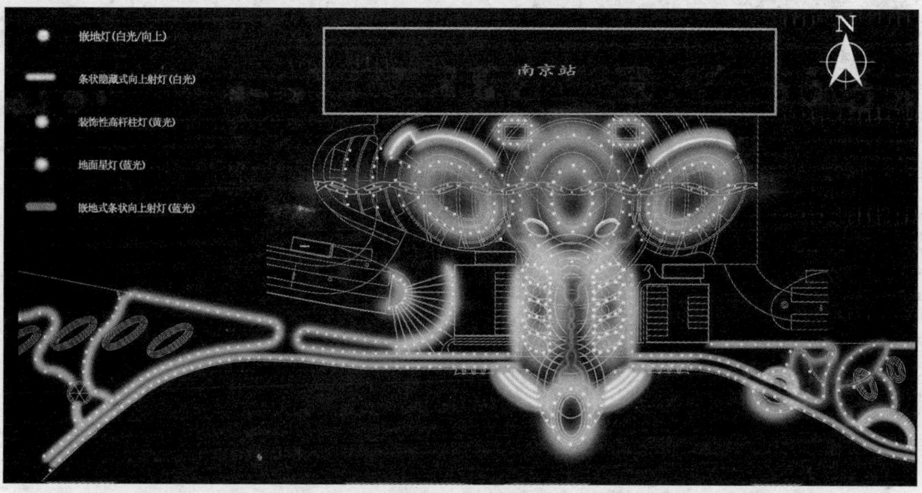

图 2-1-155　灯光概念设计图

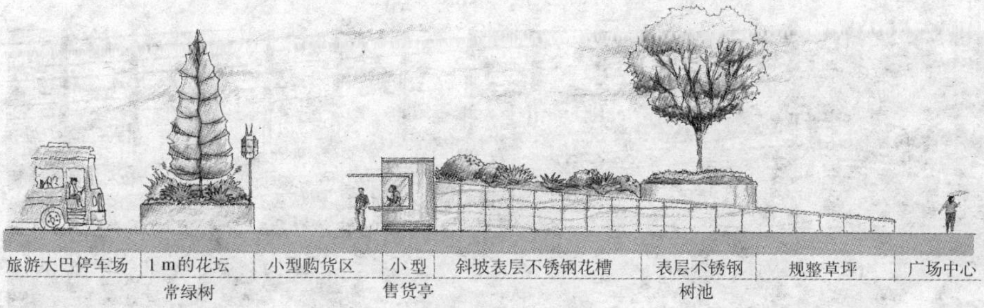

图 2-1-156　广场入口立面图

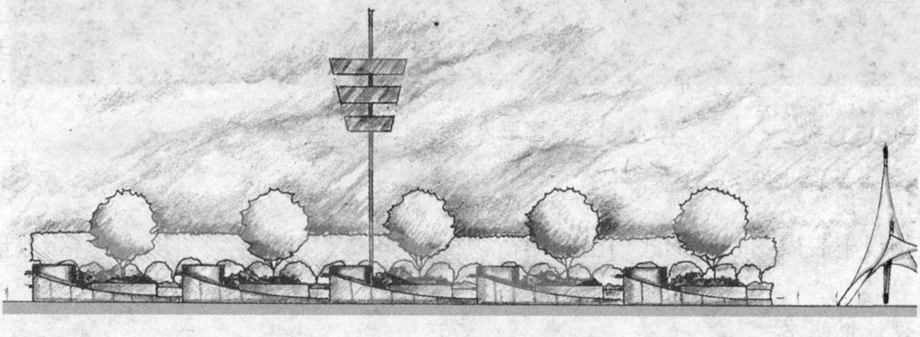

图 2-1-157　树阵立面图

图 2-1-158　湖滨亲水景观区侧立面图

3. 效果图

为了更直观地体现广场的规划理念和设计主题,需要绘制效果图,一般分为全局的鸟瞰图和局部景观效果图(见图 2-1-159 ~ 图 2-1-161)。

图 2-1-159　南京火车站站前广场鸟瞰图

4. 植物设施表

植物设施表以图表的形式列出所用植物材料、建筑设施的名称、图例、规格、数量及备注说明等。

5. 设计说明书

设计说明书(文本)主要包括项目概况、规划设计依据、设计原则、艺术理念、景观设计、植物配置等内容,以及补充说明图纸无法表现的相关内容。

图 2-1-160　停车场入口广场效果图

图 2-1-161　休息区可移动树池效果图

思考题

1. 城市道路的横断面布置形式有几种？各自有什么优缺点？
2. 分车带绿化应注意哪些要点？
3. 试述行道树的选择要求和种植形式。
4. 交通岛绿地设计应注意哪些问题？
5. 街头绿地的布置形式有哪几种？
6. 简述滨河绿地规划设计时应注意的问题。
7. 简述立体交叉绿地设计原则，应注意哪些设计要点？
8. 简述城市广场绿地的规划设计原则。
9. 广场应遵循哪些设计原则？
10. 列举所在城市有哪些城市广场，属于哪种分类，总结其设计要点。

实训项目　道路景观设计

一、实训目的

通过对道路绿化景观的设计训练，进一步提高综合运用所学知识对道路园林景观的规划形式、景观要素进行合理布置的设计技能，并能达到实用性、科学性与艺术性的完美结合。

二、实训内容

对某市入城段道路进行园林景观设计，学生要将使用者的行为习惯、文化底蕴、思想感情等考虑到设计中去。设计要求如下：

(1)设计项目现状图一幅，比例为1∶200～1∶500。

(2)道路园林景观设计平面图一幅，表现规划用地范围内各种造园要素(如园林建筑小品、山石、水体、园林植物等)总体平面布局图样。要求环境优雅、布局合理，植物的配置季相分明，具有人性化、科学性、艺术性。

(3)透视或鸟瞰图一幅，表示园林中各个景点、各种造园要素及地貌等在高程上的高低变化和协调统一的效果图样。

(4)园林植物种植设计图，表示设计植物的种类、数量、规格、种植位置及要求的平面图样，可与总平面设计图结合在一起。

(5)不少于400字的简要文字说明。

(6)表现手法不拘。

(7)图纸大小A2。

(8)设计方案要与实地相符，体现人性化与艺术性，达到美观、实用、经济的效果。

三、设计参考地形

设计参考地形是某城市道路绿地，设计时自定义周围环境，绿色填充区域为设计道路绿带。设计图纸要求包括设计说明、平面效果、主要景点鸟瞰图、景观分析图、种植设计图。具体见图2-1-162。

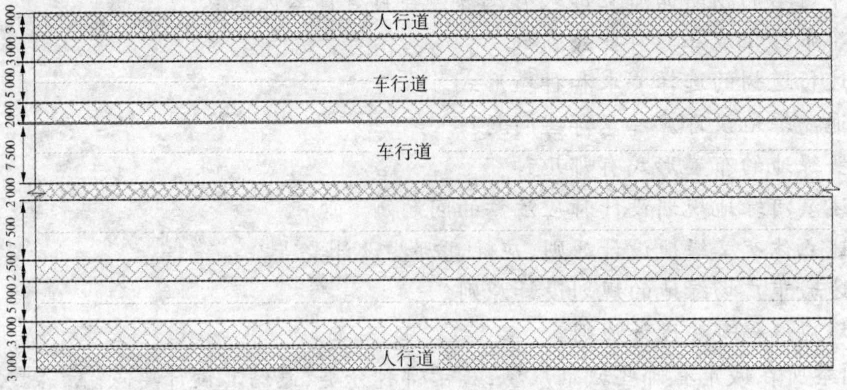

图2-1-162　某市入城段道路平面图

项目二　居住区绿地规划设计

知识要求

了解居住区绿地设计的基本知识；掌握居住区的用地组成和绿地类型；掌握居住区绿地规划设计的原则和方法。

能力目标

能够进行居住区各类绿地的规划设计。

一、居住区绿地的功能

（一）营造绿色户外环境，体现绿地生态功能

居住区绿化以植物为主体，可形成层次分明、色彩丰富、绿荫覆盖、清新幽静的户外空间，从而在净化空气、减少尘埃、吸收噪声、保护居住区环境方面发挥良好的作用，同时也有利于改善居住区小气候。

（二）塑造优美景观，体现绿地景观功能

人们对居住区绿化环境的要求，不仅体现在量的方面的增加，如多开辟绿地，多植树、栽花、种草，而且在质的方面的要求也越来越高，丰富多彩的植物景观，蜿蜒曲折的游步小径，加之适当的地形、水体的处理，建筑小品的布置等，形成视觉景观空间的环境基础，显得生动活泼，创造了优美的居住区环境。利用园林植物分隔、联系空间，增加空间层次，遮蔽丑陋不雅观之处，衬托美化居住建筑，使之更显生动活泼。

（三）创造多功能的户外活动空间，体现社会功能

居住区绿地是居民社会交往的重要场所，通过各种绿化空间、休闲活动空间及公共设施的创造和建设，形成良好的多功能的户外活动空间，为居民的社会交往创造便利的条件，组织、吸引居民在就近的绿地中游憩、观赏，参与户外活动，使其各得其所。

（四）多种经济类植物，创造效益

选择有观赏价值的植物，能够形成优美的景观；选择有经济价值的植物，又可生产一定数量的林果、药材等副产品，使观赏、经济、生态三个功能结合起来，取得良好的综合效益。

（五）防护功能

居住区绿地也具有疏散人口、防灾避难、隐蔽建筑的功能。园林植物还能吸收、过滤放射性和有毒有害物质，对居住区环境和居民发挥保护作用。

二、居住区绿地的组成

居住区绿地根据使用情况可以分为公共绿地、公共设施绿地、宅旁绿地和道路绿地等。

(一)公共绿地

公共绿地是供全区居民公共使用的绿地,位置适中,靠近区内主要道路,并结合老年、青少年和儿童活动场地进行布置,具有一定活动内容和设施,具有公共性质。根据居住区的规模、规划结构形式及其所处的自然环境条件,相应采用三级或二级布置,即

居住区公园——居住小区游园;

居住区公园——居住组团绿地;

居住区公园——居住小区游园——居住组团绿地。

1. 居住区公园

供全居住区居民就近使用,具有一定的活动内容和设施,面积较大,一般在 1 hm^2 以上,相当于城市小型公园,服务半径一般为 800 ~ 1 000 m。以绿化为主体,有简单的功能分区,有适于各年龄组居民休闲观赏、文化娱乐、体育活动及生活服务的场地、设施、器械、建筑小品,如画廊、报栏、阅览室、娱乐室、小卖部、茶室等。多位于居住区中心地段,并与各种活动中心结合布置,以方便居民使用。10 分钟左右的时间就能到达。

2. 居住小区游园

居住小区游园是为一个居住小区的居民服务的绿地。游园内设置一定的游憩活动场地和文化体育设施,其位置居中,一面或两面临街,并要与居住小区各种活动中心结合布置,服务半径 400 ~ 500 m,一般面积 4 000 m^2 以上。

3. 居住组团绿地

这是最接近居民的一类公共绿地,以居住区建筑组群内的居民为服务对象,一般面积 1 000 ~ 2 000 m^2,离住宅最大步行距离在 100 m 左右。绿地内除绿化外,特别要设置老年人和少年儿童休息活动的场地,以及为居民开展健身活动的场所和健身器械(见图 2-2-1)。

(二)公共设施绿地

公共设施绿地指居民区各类公共建筑和公用设施周围的环境绿地。如俱乐部、影剧院、少年宫、医院、中小学、幼儿园等单位的绿化用地,其绿化布置既要满足公共建筑和公用设施的功能要求,也要考虑与周围环境的关系。

(三)宅旁绿地

宅旁绿地也称宅间绿地,是最基本的绿地类型,多指行列式建筑前后两排住宅之间的绿地,一般包括住宅楼前后及其周围的绿化。宅旁绿地是居住区绿地中总面积最大、分布最广、最接近居民、使用频率最高的一种绿地类型(见图 2-2-2)。

(四)道路绿地

居住区道路绿地是居住区道路红线以内的绿地,同样具有遮阴、保护环境、丰富道路景观和组织交通的功能。

三、居住区设计的重要指标

居住区绿地定额指标,用以衡量一个居住区绿地数量的多少和质量好坏以及城市居民的生活福利水平,也是评价城市环境质量的标准和城市居民精神文明的标志之一。

为了使居住区的绿化水平能在居住区规划和建设中得以如实地反映,根据各居住区

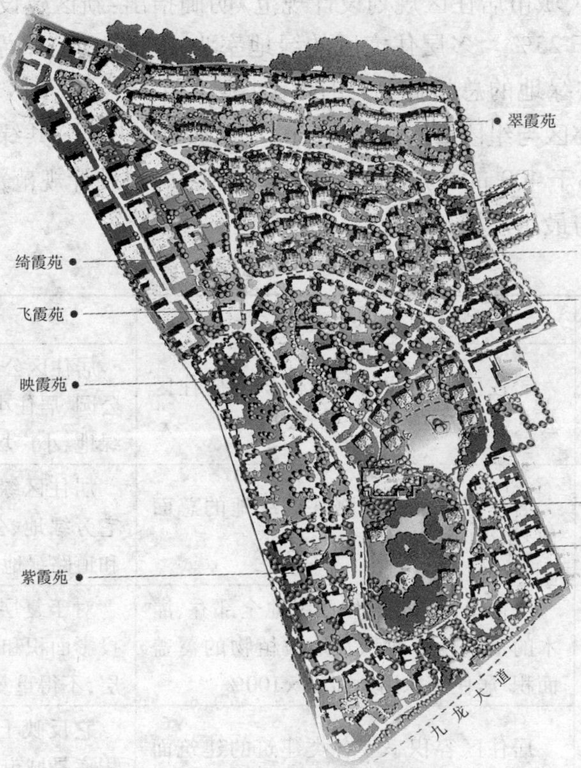

图 2-2-1　某居住区绿地布局形式和组成

图 2-2-2　宅旁绿地

绿地的分类，通常使用居住区人均公共绿地面积、居住区绿地率、居住区绿化覆盖率、居住区容积率等 4 个指标来衡量居住区绿化水平高低（见表 2-2-1）。

1993 年国家颁布的《城市居住区规划设计规范》明确指出:新区建设绿地率不应低于 30%,旧区改造不宜低于 25%。多层住宅区的绿地率为 40% ~50%,高层住宅区的绿地率为 60%。居住区公共绿地的总指标为:组团不小于 0.5 m^2/人,小区(含组团)不小于 1.0 m^2/人,居住区(含小区与组团)不小于 1.5 m^2/人,带状、块状公共绿地应同时满足宽度不小于 8 m、面积不小于 400 m^2 的要求。《城市居住区规划设计规范》对各级公共绿地的设置,规定了其内容与最小规模(见表 2-2-2)。

表 2-2-1 居住区绿地指标

指标类型	计算公式	备 注
居住区人均公共绿地面积(m^2/人)	居住区人均公共绿地面积 = 居住区公共绿地面积/居住区总人口	居住区公共绿地包括居住区公园、居住小区游园、居住组团绿地、小广场绿地等
居住区绿地率(%)	居住区绿地率 = 居住区绿地的总面积/居住区总用地面积 ×100%	居住区绿地包括公共绿地、宅旁绿地、公共设施所属绿地和道路绿地等四类
居住区绿化覆盖率(%)	绿化覆盖率 = 居住区绿地全部乔、灌木的垂直投影面积及地被植物的覆盖面积/居住区总用地面积 ×100%	对于复层林相的绿地,垂直投影面积和覆盖面积只计算一层,不得重复计算
居住区容积率(%)	居住区容积率 = 各类建筑的建筑面积/居住区用地面积 ×100%	它反映土地利用的程度,容积率是城市土地开发强度控制的重要经济技术指标

表 2-2-2 居住区各级公共绿地设置规定

公共绿地名称	设置内容	要求	最小规模(hm^2)
居住区公园	花木草坪、花坛水面、凉亭雕塑、小卖茶座、老幼设施、停车场和铺装地面等	园内布局应有明确的功能划分	1.0
居住小区游园	花木草坪、花坛水面、雕塑、儿童设施和铺装地面等	园内布局应有一定的功能划分	0.4
居住组团绿地	花木草坪、桌椅、简易儿童设施等	灵活布局	0.04

四、居住区绿地规划布局原则

居住区公共绿地是居民日常休息、锻炼和社交的就近便捷的户外活动场所,因而规划布局必须首先满足这些功能。此外,人们对空间文化性和地域性特色的要求越来越高,就要求我们在绿地设计中能融功能、意境和艺术于一体。居住区绿地规划应遵循以下基本原则。

(一)系统性

居住区绿地规划应与居住区的总体规划同时进行,合理组织,统一规划,做到集中与分散相结合,重点与一般相结合,点、线、面相结合;使绿地均匀分布在居住区内,方便居民使用;使绿地功能得到充分体现,绿地指标得到平衡,并与其他绿地相联系协调,成为城市园林绿地系统有机的组成部分。

(二)可达性

居住区公共绿地,无论是集中布置还是分散布置,都必须尽量安排在居民日常经过并能顺利到达的地方。在设计及管理过程中,尽量减少围墙或绿篱等隔离设施,以增强绿地对居民的吸引力,提高绿地利用率。

(三)生态性

充分利用自然地形和现状条件,因地制宜进行规划。在绿地设计及建设过程中,尽量利用劣地、坡地、洼地及水面作为绿化用地,以节约土地。对原有树木(特别是大树和古树名木)应加以保护和利用。这样,既可节约建设资金,又利于尽快形成绿化面貌。

(四)亲和性

居住区绿地应以植物绿化造景为主,以植物围合、分隔、组织空间,改善小气候与环境卫生条件,以满足居住区绿地防护、遮阴降温、通风透光的需要。必须根据当地的自然条件、特点及居民的生活习惯,掌握好绿化和各项公共设施的尺度,作出最佳的绿化设计,给人以平易近人的感觉。

(五)特色性

各居住区绿地也应突出自身特点,各具特色。利用植物塑造绿色空间的内在气质,体现亲切、平和、开朗的风格。植物材料的选择和配置,还要结合居住区绿化施工和养护管理的特点,力求投资节省,管理粗放。

(六)实用性

居住区内各绿地既要保持格调的和谐统一,又要在立意构思、布局形式、植物选择配置等方面做到多样变化,在统一中追求变化。居住区内尽量设置集中绿地,为居民提供绿地面积相对集中,能够使居民到达绿地后各得其所,享受到绿地效益。

五、居住区绿地植物选择与配置

在居住区绿化中,为了更好地创造出舒适、卫生、宁静、优美的生活、休息、游憩的环境,要注意植物的选择和配置,原则上要考虑以下几个方面:

(1)要尽量满足绿化功能的要求,以植物绿化造景为主,提高绿化覆盖率,做到黄土不露天,创造良好的生态环境效益。

(2)要考虑季相景观及高低层次的景观效果,常绿树与落叶树结合,乔木和灌木结合,速生树与慢性树结合,重点与一般相结合,装饰观赏性绿地与开放活动性绿地结合。既要满足生物学特性,又要考虑绿化景观效果。

(3)植物种植形式要多种多样,除道路两侧行道树需要成行栽植外,其他可多采用孤植、对植、丛植、群植等自然式种植类型,打破行列式住宅群的单调和呆板感。植物的应用范围应结合道路的走向、建筑、门洞等,形成对景、框景、夹景、借景,形成各种空间的变化,创造良好的景观效果。

(4)植物材料的种类不宜繁多,又要避免种类太少,景色单调。要达到多样统一,又要在统一中求变化;既要有基调树种,又各有特色树种。

(5)宜选择生长健壮、管理粗放的优良树种,尤其是能够体现地方特色的乡土树种。还可栽植一些有经济价值的植物,如核桃、樱桃、玫瑰、葡萄、连翘、麦冬、垂盆草等。可适当种植花卉来丰富居住区植物造景的色彩。在花卉中应多选择宿根、球根及自播繁衍能力强的多年生花卉,这样既省工节支,又可获得良好的观赏效果。如美人蕉、蜀葵、玉簪、芍药、葱兰、波斯菊、虞美人等。

(6)可选择攀缘植物进行垂直绿化,既可以用于墙面、围栏、矮墙等,还可以遮蔽丑陋之处,提高居住区的立体装饰效果。如地锦、五叶地锦、凌霄、常春藤、紫藤、迎春、木香、山荞麦等。

(7)植物选择配置要注意与建筑物、各种工程管线有适当的距离,以免影响树木的生长、建筑的通风和采光及工程管线的使用。一般地,乔木距建筑物 5 m 以上,距工程管线 2 m 以上,灌木距建筑物和工程管线 1 ~ 1.5 m。

六、组团绿地

组团绿地是直接联系住宅的公共绿地,结合居住建筑组团布置,服务对象是组团内居民,特别是就近为组团内的老人和儿童提供户外活动的场所。组团绿地用地少、投资小,布置灵活,易于建设,见效快,使用效率高,服务半径小,形成居住建筑组群的共享空间,很受居民欢迎。一般面积在 1 000 m^2 以上,服务居民 2 000 人以上(见图 2-2-3、图 2-2-4)。

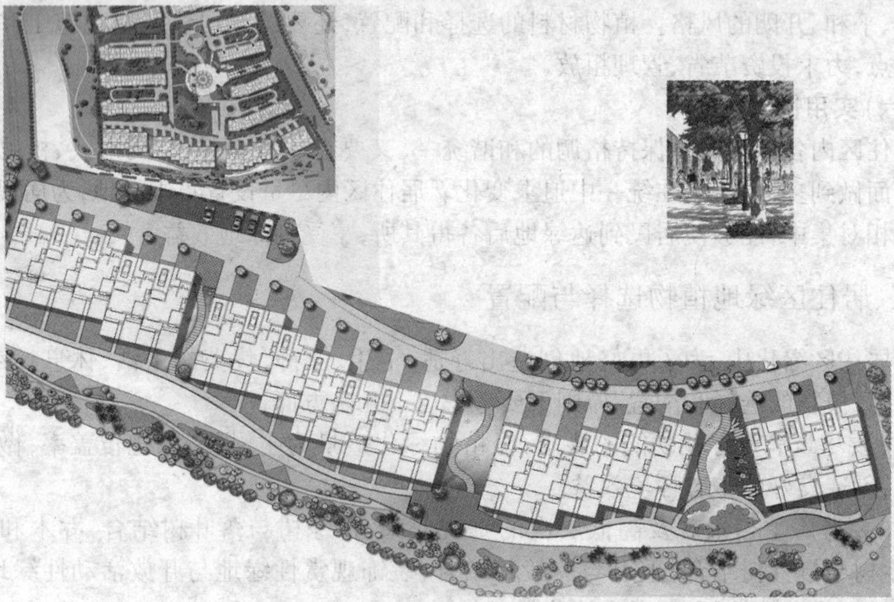

图 2-2-3　居住区组团绿地(一)

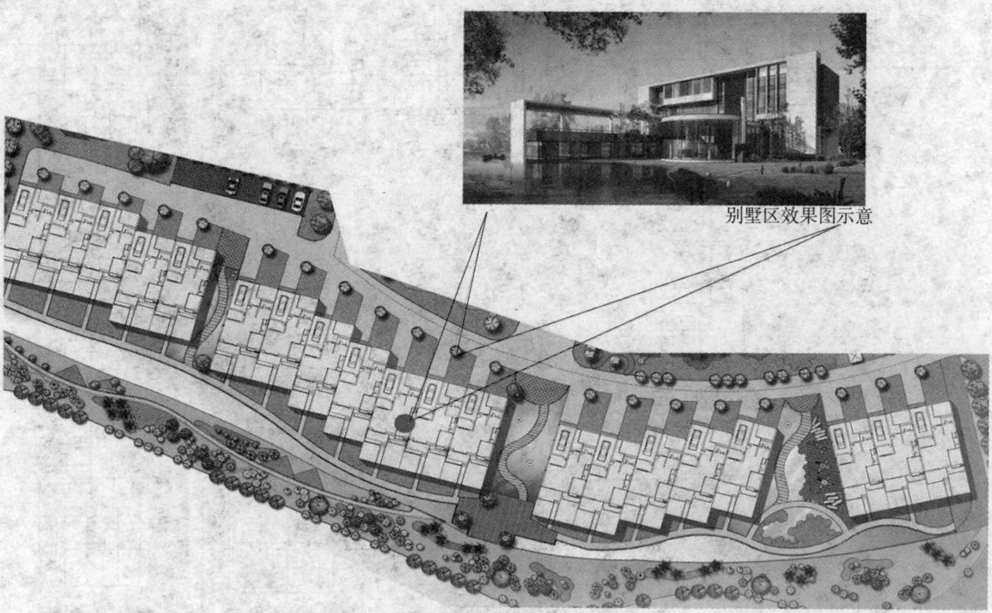

图 2-2-4　居住区组团绿地(二)

(一)常见的组团绿地形式及其相应的布局方法

1. 庭院式组团绿地

组团绿地位于建筑组群围合成的组团中间,平面多呈规则几何形,绿地的一边或两边与组团道路相邻。这种形式的组团绿地空间有较强的庭院感,不易受行人、车辆的影响,环境安静(见图 2-2-5)。可采用规则式或自然式的布局形式,不设专门出入口和管理房。一般在冬季有充足日照的绿地南部靠近组团道路一侧布置活动场地,形成绿地中一处开敞向阳的园林空间,活动场地中布置艺术小品、花坛、小水景等,在绿地西北部布置树丛,安排园椅等安静休息设施。

2. 林荫道式组团绿地

在组团的建筑组群布局时,结合组团道路或居住小区主干道,扩大某一处住宅建筑的间距,形成沿居住小区主干道(或组团道路)较狭长的组团绿地(见图 2-2-6)。这种组团绿地的平面形状改变了行列式布局的多层住宅间的室外空间狭长产生的单调格局,又较为节约用地。布局上常采用规则式,沿组团绿地的长轴构成一定的景观序列,根据绿地长度和宽度布置数个各有特点、风格协调的活动场地,活动场地内设置小品、廊架、花坛等。

3. 山墙间组团绿地

在住宅布局中,扩大部分东西相对或错位的住宅建筑间的距离,在建筑山墙间布局组团绿地,组团绿地至少有一侧毗邻居住小区主干道或组团道路。这种组团绿地与宅间、宅旁绿地相互渗透,扩大了组团绿地的空间范围。绿化时,在建筑物山墙边有一定宽度的宅旁绿地中或组团绿地接近山墙处配植乔木树丛,前后两幢建筑间的宅间绿化以低矮开敞为主。绿地内活动场地的布置受住宅建筑影响较小,可灵活布局。

4. 临街组团绿地

组团绿地位于临街或居住区主干道一侧,或位于居住区主、次干道交会处一角。处在

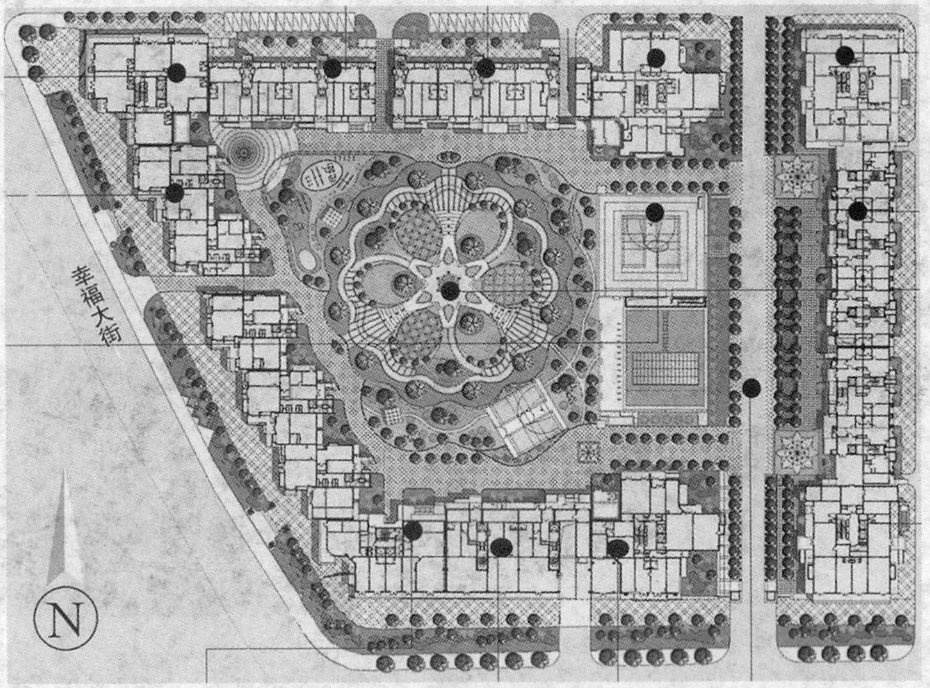

图 2-2-5　庭院式组团绿地

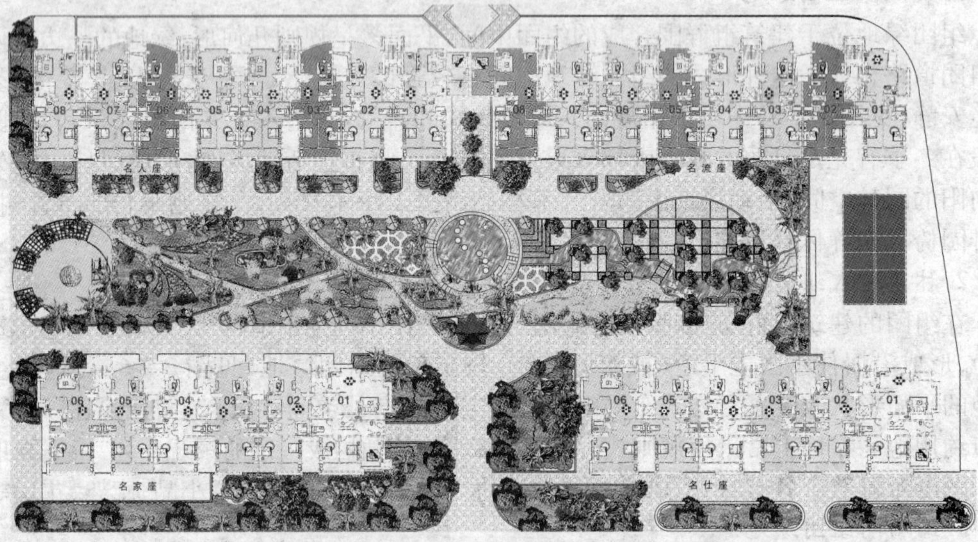

图 2-2-6　林荫道式组团绿地

这种位置的组团绿地，对于丰富街景、减少住宅建筑受街道交通影响均十分有利。在布局中要与周围环境相协调，绿地中临街一侧常布置模纹花坛，突出其美化街景的作用；靠近住宅建筑的一侧，应加强绿化屏障，减少街道交通对住宅的不利影响，并形成绿地朝向街道的绿化景观立面。

5. 独立式组团绿地

由于居住区规划用地形状的限制,组团绿地布局在不便布置住宅建筑的角隅空地,更经济地利用土地。布局形式灵活,在朝向居民进入绿地的部位,可设立醒目的标志景观和布置出入口。

6. 结合公共建筑、社区中心的组团绿地

公共建筑社区中心往往人流、物流相对集中,需要较大的集散空间。其组团绿地设计时需对该公共建筑主题有一定的辅助渲染作用,或通过植物品种及组合表现公共建筑社区的功能,或结合园林小品综合进行表现。植物配植上乔、灌、草结合,层次分明,视野开阔,既具有休闲娱乐功能,又有一定的景观效果。

(二)组团绿地的规划设计形式

1. 开放式

开放式也称为开敞式,不用绿篱、栏杆分隔,实用性强,居民可自由进入绿地内休息活动,是组团绿地中采用较多的形式。如常州清潭小区的"梅园"、"兰园"、"竹园"、"菊园"四个组团绿地(见图 2-2-7)。

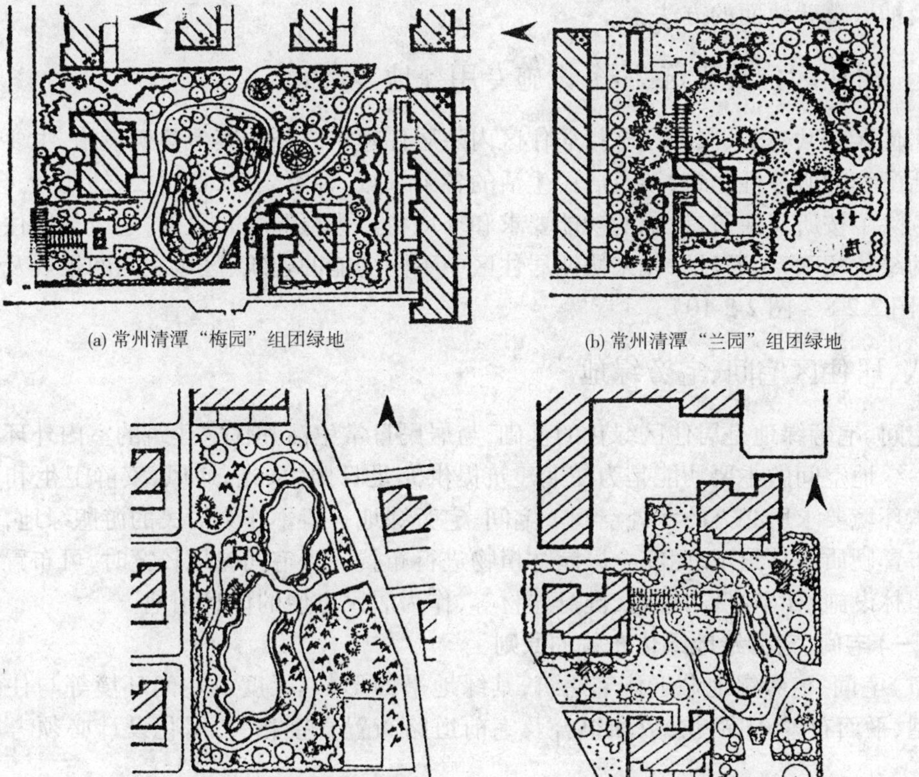

(a) 常州清潭"梅园"组团绿地　(b) 常州清潭"兰园"组团绿地

(c) 常州清潭"竹园"组团绿地　(d) 常州清潭"菊园"组团绿地

图 2-2-7　常州市清潭小区组团绿地

2. 封闭式

绿地被绿篱、栏杆所隔离,其中主要以草坪、模纹花坛为主,不设活动场地,色彩丰富,具有较强的观赏性,但居民不可入内活动和游憩,养护管理方便,使用效果较差,居民不希望过多采用这种形式。

3. 半开放式

半开放式也称为半封闭式。绿地以绿篱或栏杆与周围有分隔,但留有若干个出入口,居民可出入绿地,但绿地中设置的活动场地较少,而禁止人们入内的装饰观赏性地带较多。

(三)组团绿地的规划设计应注意的问题

(1)出入口的位置选择,道路、广场的布置要与绿地周围的道路系统及人流方向结合起来考虑。

(2)绿地内要有足够的铺装地面,既方便居民休息活动,也减少居民对草坪绿地的践踏破坏,有利于绿地的清洁卫生。一般绿地覆盖率在50%以上,游人活动面积率50%~60%,为了有较高的绿化覆盖率,并保证活动场地的面积,可采用在铺装地面上留树穴植乔木及铺嵌草砖地面的方法。

七、居住区公共建筑、服务设施专用绿地

居住区公共建筑、服务设施指居住区内除居住建筑之外的其他建筑设施,主要是与居民生活配套的服务性建筑,涉及居民生活的各个领域,种类繁多,如学校、幼儿园、会所、商场等。除了按所属建筑、设施的功能要求和环境特点进行绿化布置外,还应与居住区整体环境的绿化相联系,通过绿化来协调居住区中不同功能的建筑、区域之间的景观及空间关系(见图2-2-8~图2-2-10)。

八、居住区宅间、宅旁绿地

宅间、宅旁绿地是居住区绿化的基础,与居民日常生活和住宅建筑的室内外环境密切相关。绿地空间的主要功能是为住宅建筑提供充足日照、采光、通风、安静卫生和私密性等基本环境要求所必需的室外空间。宅间、宅旁绿地一般不作为居民的游憩绿地,在绿地中不布置硬质园林景观,而完全以园林植物进行布置。当宅间绿地较宽时,可布置一些简单的园林设施,如坐凳、小铺地、健身器材等,作为居民方便的休息用地。

(一)宅间、宅旁绿地绿化布置的原则

(1)宅间、宅旁绿地贴近住宅建筑,其绿地平面形状、尺度及空间环境等与住宅建筑的类型、平面布置、间距、层数和组合及宅前道路布置直接相关,绿化设计必须考虑这些因素。

(2)居住区内由数幢或数十幢相同或相似形式的住宅建筑组成,构成一个或几个有一定风格特色的居住组团,再由居住组团构成居住小区或居住区住宅建筑群,因而存在相同或相似的宅间、宅旁绿地的平面形状、尺寸和空间环境。在具体的绿化设计中应体现住宅标准化与环境多样化统一,绿化布局要求风格协调,基本形式统一又各有特点。

(3)绿化布置要注意绿地的空间尺度,避免由于乔木种植过多或选择树种的树形过

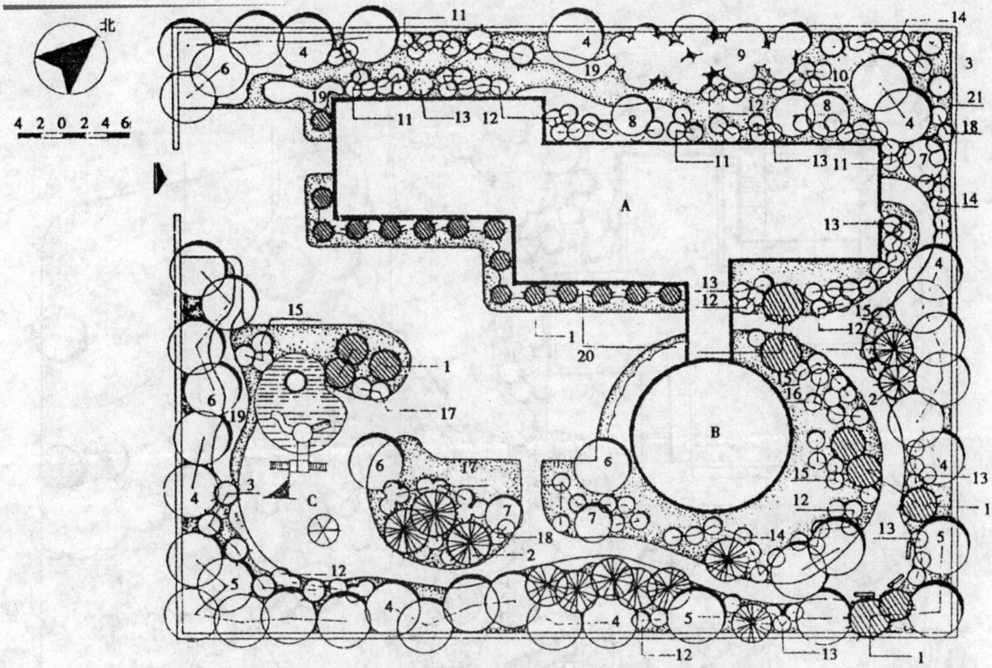

图 2-2-8　北京市南磨房小区幼儿园平面设计图

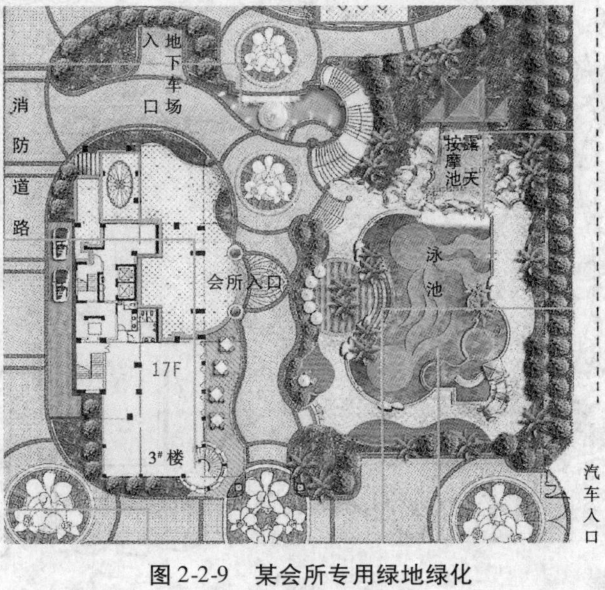

图 2-2-9　某会所专用绿地绿化

于高大，而使绿地空间显得拥挤、狭窄及过于荫蔽。乔木的布局、体量、数量要与绿地的尺度、建筑间距和层数相适应，乔木和大灌木的栽植不能影响住宅建筑的日照、通风、采光，特别是在南向阳台、窗前不要栽乔木，尤其是常绿乔木。

(4)树木栽植点与地下管线有一定的安全距离，具体应按有关规范进行。

(5)住宅周围常因建筑物的遮挡形成面积不一的庇荫区，要重视耐阴植物的选择和

图 2-2-10　北京安华西里小区集中绿地平面图

栽植，形成和保持整体良好的绿化效果。

在宅旁绿地的设计中，应注意与建筑物关系密切部位的细部处理。如建筑物入口处两侧绿地，一般以对植灌木球或绿篱的形式来强调入口，不要栽种有尖刺的园林植物，以免刺伤行人；墙基可铺植树冠低矮紧凑的常绿灌木，墙角栽植常绿大灌木丛，这样可以改变建筑物生硬的轮廓，调和建筑物与绿地在景观质地、色彩上的差异，使两者自然过渡；对东西山墙进行垂直绿化，可以有效地降低墙体温度和室内气温，也美化装饰了墙面；对景观不雅，有碍卫生安全的构筑物要有安全设施，如垃圾收集站、室外配电站、变压器等，要用常绿灌木围护，如珊瑚树、火棘、侧柏、桧柏等。

(二)不同建筑类型的绿化

1. 周边式布置的住宅群宅间、宅旁绿地

周边式住宅群大多围合公共中心绿地，建筑物近旁的绿地绿化布置根据其面积大小和宽度进行，以衬托中心绿地为基本格局。绿地较宽时，可在靠近道路一侧布置行道树或庭荫树；绿地较窄时，则布置常绿绿篱带、树球和地被。

2. 多层、低层行列式住宅群宅间、宅旁绿地

这类住宅群体建筑物一般沿东西向排列，宅间道路在住宅建筑北侧靠近住宅建筑布置，形成宅间和宅旁两种立地环境有较明显差异的绿地。

住宅建筑北侧与宅间道路间的绿地一般较窄，被住宅北面的单元入口分段，光照条件较差；绿地中地下管线较多；绿化不能影响建筑物北窗、门的通风采光。绿化材料常采用浅根性、较耐阴的常绿灌木和地被植物，布置成规则的形式。住宅建筑南侧靠近住宅南窗、阳台前的部位，不宜布置常绿乔木；宜自然式布置常绿灌木，既不影响住宅通风、采光，又可保持住宅内空间的私密性(见图2-2-11)。

图2-2-11　行列式住宅宅间、宅旁绿地

宅间道路以北至其北部的行列式住宅建筑之间，如是宽达十多米的宅间绿地，绿地集中成片，立地条件较好，则一般在宅间道路北侧布置落叶乔木作行道树。绿地中要以常绿地被或草坪为主，适当布置以落叶乔木为骨干的树丛、灌木球和多年生花卉，形成开敞、简洁的绿地空间。宅间绿地一般不布置居民活动场地。

3. 高层塔式及多层点式住宅群宅间、宅旁绿地

高层塔式住宅四旁绿地面积较大，宜成片种植树丛、地被，形成与住宅建筑体量相协调的尺度较大、疏密有致、开朗明快又具有俯视景观的绿化效果。多层点式住宅四旁绿地面积相对较小，一般结合住宅道路的行道树布置乔木，在建筑物角隅和路口布置灌木丛或

树球，其余地面铺植草坪或地被。

4. 独立式别墅庭院绿化

独立庭院的绿化，要求在一定别墅组群或区域内有相对统一的外貌，与住宅区的道路绿化、公共绿地的景观布置相协调。内部可根据户主的不同要求灵活布置，形成各具情趣的庭院绿化。

（三）宅旁绿地的类型

宅间绿化布置的形式因建筑组合形式、层数、间距、住宅类型、住宅平面布置的不同而异，其绿化布置还直接关系到室内的安静、卫生、通风、采光，关系到居民视觉美和嗅觉美的欣赏（见图 2-2-12）。可采取以下几种方式。

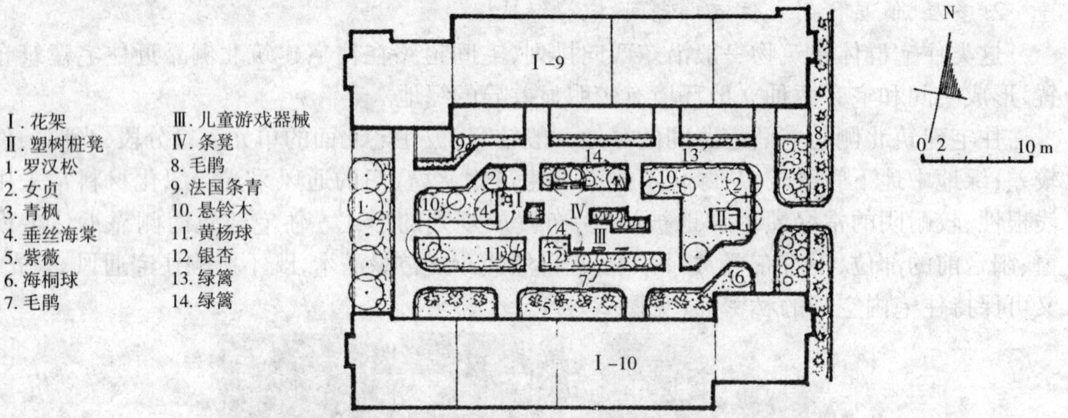

图 2-2-12　宅间绿地平面图

1. 树林型

用高大的乔木，多行成排地布置在宅间绿地上，形成树林。这种布置形式对改善环境和小气候有显著的作用，也为居民在树荫下进行各项活动提供了良好的条件，但比较粗放、单调，也容易影响室内通风、采光。

2. 绿篱型

在住宅前后用绿篱围出一定的面积，种植草坪、花木。绿篱多采用常绿树种，如大叶黄杨、侧柏、桧柏、蜀桧、女贞、小叶女贞、桂花等，也可采用花灌木，做成花篱、果篱、刺篱，如贴梗海棠、火棘等。这种布置形式色彩丰富，观赏性强，但比较封闭，影响居民活动，利用率低，改善环境和小气候的作用相对较弱。

3. 花园型

在宅间绿地上，用绿篱或栏杆围出一定的用地，留若干个出入口，绿地内布置有游步道、小型铺装广场、花架、桌凳等，以草坪、绿篱、花木自然式或规则式、开放型或封闭型配置。这种布置形式多样，层次分明，色彩丰富，既起到减噪、防尘、遮挡视线、美化环境的作用，也为居民提供休息的场所。

4. 围栏型

用砖墙、预制花格墙、水泥栏杆、金属栏杆、竹篱笆等围出一定的面积，布置花木，形成绿地，这是近年来居住区绿化中最为广泛的一种类型。在围栏内可种植攀缘植物，形成花墙,极为美观。如凌霄、蔓蔷薇、金樱子等。

5. 庭院型

一般在独院式住宅,除种植花草树木外,还可布置山石、水池、花架、小路和桌凳,形成自然、幽静的生活居住环境。庭院型的绿化布置要根据院落空间的大小、形状精心布置,避免闭塞,影响人的出入和活动。

6. 草坪型

多用于高级独院式住宅或屋顶绿化,养护管理要求较高。

九、居住区道路绿化

居住区道路绿化是居住区绿地系统的骨架,是"线"型的绿色空间,它将居住区其他各类"点"和"面"型的绿地联系起来,形成居住区绿地系统。居住区道路绿化与城市街道绿化有不少共同之处,但是居住区内的道路,由于交通、人流量不大,所以宽度较窄,类型也较少。根据功能要求和居住区规模的大小,把居住区道路分为三类,绿化布置因道路情况不同而各有变化。

1. 居住区主干道

居住区主干道是联系居住区内外的主要通道,除了人行外,有的还通行公共汽车。在道路交叉口及转弯处的绿化不要影响行驶车辆的视线,行道树要考虑行人的遮阳及不妨碍车辆的运行,道路与居住建筑之间可考虑利用绿化防尘和阻挡噪声。还可用耐阴的花灌木和草本花卉种植形成花境,丰富道路景观。也可以结合建筑山墙、绿地环境或小游园进行自然式种植,既要美观,利于交通,又要有利于防尘和阻挡噪声。

2. 居住区次干道

居住区次干道是联系住宅组团之间的道路。绿化树种应该注意选择开花或富有叶色变化的乔木。其形式与宅旁绿化、小花园绿化布局密切配合,以形成相互关联的整体。特别是在相同建筑间小路口上的绿化应与行道树组合,使乔灌木高低错落,自然布置,使花与叶色具有四季变化,形成独特的季相景观。

3. 住宅小路

居住区住宅小路是联系各住户或各单元门前的小路,主要供人行。宅间或住宅群之间的小道可以一边种植小乔木,一边种植花卉草坪。转变处不能种植高大的花灌木,以免阻挡人的视线。靠近住宅的小路旁绿化,不能影响室内采光和通风。如果小路离住宅只有2 m以内,则只能种些花灌木或草坪。各幢楼门前应选用不同树种,采用不同形式进行布置,以利辨别方向。另外在人流较多或公共建筑前,可以采取扩大道路铺装面积的方式来与小区公共绿地融为一体,设置花台、坐椅、活动设施等,创造一个活泼的活动中心。

居住区道路绿化树种选择要求:①冠幅大,枝叶密,遮阴效果好,改善气候和环境的作用明显。②深根性。由于深根性植物根系生长力很强,可向较深的土层伸展,避免人经常践踏,破坏表层根系而影响正常生长。③耐修剪。有一定高度的分支点(一般2 m以上),底层侧枝不能刮碰过往车辆,并具有整齐美观的树冠。④落果少、无飞毛、无毒、无刺、无刺激性。落果或飞毛树种容易污染居民衣物,尤其容易污染空气环境。⑤发芽早、落叶晚。发芽早、落叶晚的阔叶树可增加绿色期。

任务一　居住区公园绿地的规划设计

居住区绿地是城市园林绿地系统的重要组成部分,在城市中是分布最广、与人的关系最密切、服务对象最广泛、服务时间最长的一类绿地。因而居住区绿化既是城市普遍绿化的重要方面,也是城市生态系统中的重要环节。

研究表明,一个城市中生活居住用地占城市用地的50% ~60%,而居住区绿地占居住用地的30% ~60%,人均绿地面积5 ~8 m^2,绿化覆盖率达到50%以上,绿地的功能效益才能充分发挥出来。

居住区绿地是城市园林绿地系统中的重要组成部分,是改善城市生态环境的重要环节。由于这类绿地在城市中分布最广、与人的关系最密切、服务对象最广泛、服务时间最长,因而它既是城市居民使用最多的绿色户外活动空间,也是衡量城市现代化水平和居民生活居住环境质量的重要标志。

一、设计任务

图2-2-13是北京昌平公园平面图。为营造绿色户外环境,体现绿地生态功能;塑造优美景观,体现绿地美化环境功能;创造多功能的户外活动空间,有利于居民的社交和健身活动,促进社区精神文明建设;使绿地具有疏散人口、防灾避难、隐蔽建筑的功能,决定对居住区绿地进行整体规划设计。现要求根据居住区绿地现状和相关绿地设计规范等,在充分满足功能要求、安全要求和景观要求的前提下完成居住区绿地规划设计。

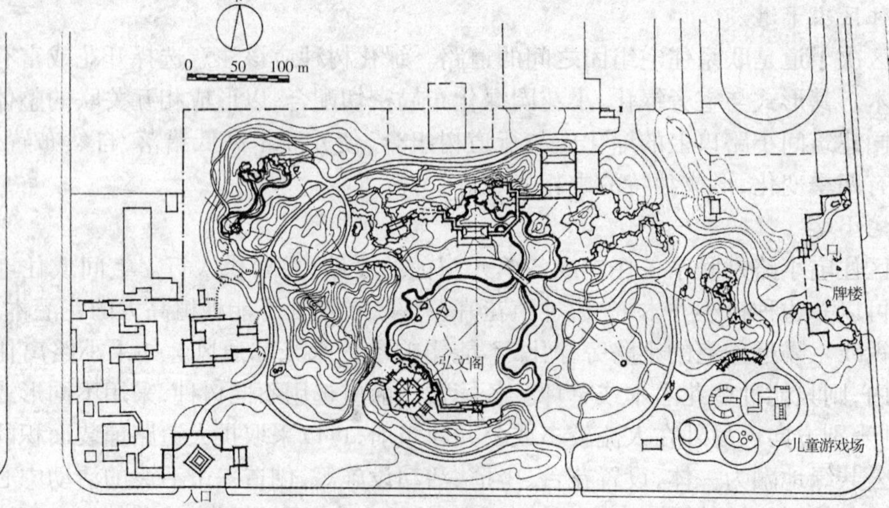

图2-2-13　北京昌平公园平面图

二、任务分析

通过对图 2-2-13 的认真分析我们不难发现,要模拟完成北京昌平公园绿地规划设计任务应分为以下四个阶段进行。

(一)调查研究阶段

了解当地自然环境、社会环境、绿地现状等设计条件,把握居住区绿地的规划目的、设计要求等,以便于设计者把握设计思路,为编制设计任务书提供依据。为此我们需要考虑以下几个问题:

(1)自然环境的调查;

(2)社会环境的调查;

(3)设计条件或绿地现状的分析。

(二)编制设计任务书阶段

根据调查研究的实际情况,结合甲方的设计要求,编制设计任务书,任务书中应明确的有以下几点:

(1)明确绿地规划设计的目标;

(2)确定绿地规划设计的内容;

(3)提出绿地规划设计的原则。

(三)总体规划设计阶段

根据任务书中明确的规划设计目标、内容、原则等具体要求,着手进行总体规划设计。主要有以下三方面工作:

(1)功能分区。根据居住区公园规模和性质,确定功能分区。

(2)景观规划。根据居住区公园总体布局、功能分区,以及绿地的位置、功能、大小等,明确景观规划的设计理念、总体构思和总体布局等。

(3)植物规划。根据当地自然条件和植被类型,确定绿化的基调树种、骨干树种、景观树种的规划。

(四)局部详细设计阶段

根据确定后的总体规划设计方案,对居住区公园绿地局部进行详细设计。局部详细设计工作主要包括以下内容:

(1)各功能区绿地规划设计;

(2)植物种植设计;

(3)地形图设计;

(4)园林建筑与小品设计。

三、相关资料的调研与收集

居住区公园绿地,既是城市绿化空间的延续,又是最接近居民的生活环境,在功能上与城市公园不尽相同,主要为居民提供日常活动如休息、观赏、锻炼身体和社会交往的良好场所,是居住区建设中不可缺少的部分,居住区级公共绿地为 0.5 m^2/人。

居住区公园是居住区绿地中规模最大、服务范围最广的一种绿地,是为整个居住区的居民服务的。布局在居住人口规模达 30 000 ~ 50 000 人的居住区内，一般居住区公园的面积在 2.5 ~ 3 hm^2。

居住区公园的布局与城市小公园相似，设施比较齐全，内容比较丰富，有微起伏的地形地貌和小型水体，有比较简单的功能分区，或划分景区、景点。除了花草树木外，还有一定比例的活动场地、园林建筑小品、活动器械、服务管理设施(见表 2-2-3)。

表 2-2-3　居住区公园功能分区与物质构成要素

功能分区	物质要素
休息、漫步、游览区	休息场地、散步道、桌椅凳、花架、廊、亭、榭、老人活动室、阅览室、草坪、花坛、树木、水面等
游乐区	电动游戏设施、文娱活动室、凳椅、树木、草地等
运动健身区	运动场地及设施、健身场地、凳椅、树木、草地等
儿童活动区	儿童游乐园及游戏器具、凳椅、树木、花草等
服务网点	茶室、餐厅、售货亭、公厕、凳椅、花草等
管理区	管理用房、公园大门、暖房、花圃等

居住区公园是居住区绿地系统的核心，具有重要的生态、景观和供居民游憩的功能。一般结合居住区商业、文化中心布置(见图 2-2-14)，以提高公园的利用率。

从功能角度讲，划分不同功能区域，根据居民各种活动的要求布置休息、文化娱乐、体育锻炼、儿童游戏及人际交往等活动场地和设施。

从景观角度讲，满足园林审美和游览要求，以景取胜，充分利用地形、水体、植物及园林建筑，营造园林景观，创造园林意境。园林空间的组织与园路的布局应结合园林景观和活动场地的布局，兼顾游览交通和展示园景两方面的功能。

从生态角度讲，发挥园林植物群落在形成公园景观和良好生态环境中的主导作用，形成优美自然的绿化景观和优良的生态环境。

居住区公园与城市公园相比，规模小，主要服务本居住区的居民，尤其以老年人和少年儿童为主。其规划布局要紧凑，各功能区和景区、景点间的节奏变化要快，在内容、设施、位置、形式等方面，要考虑居民的游赏与使用方便。游园时间比较集中，多在一早一晚，特别在夏季的晚上是游园高峰。应加强照明设施、灯具造型、夜香植物的布置，充分体现居住区公园的特色。居住区公园在功能上与城市公园不完全相同，有自己的特点，是城市园林绿地系统中最基本而活跃的部分。所以在规划设计时不宜照搬或模仿城市公园，也不是城市公园的缩小或公园的一角。居住区公园内设施要齐全，最好有适于各年龄组的居民开展体育活动的场所、色彩丰富的植物配置。居住区公园主要适合于居民的休息、交往、娱乐等，有利于居民心理、生理的健康。因此，要特别注意居住区居民的使用要求，适于活动的广场、充满情趣的园林建筑及雕塑小品、疏林草地、儿童活动场所、休息设施等，都是应该重点考虑的对象。植物配置应选用夏季遮阴效果好的落叶乔木，结合活动设施布置疏林地，适当应用灌木、花卉和草坪(见图 2-2-15)。

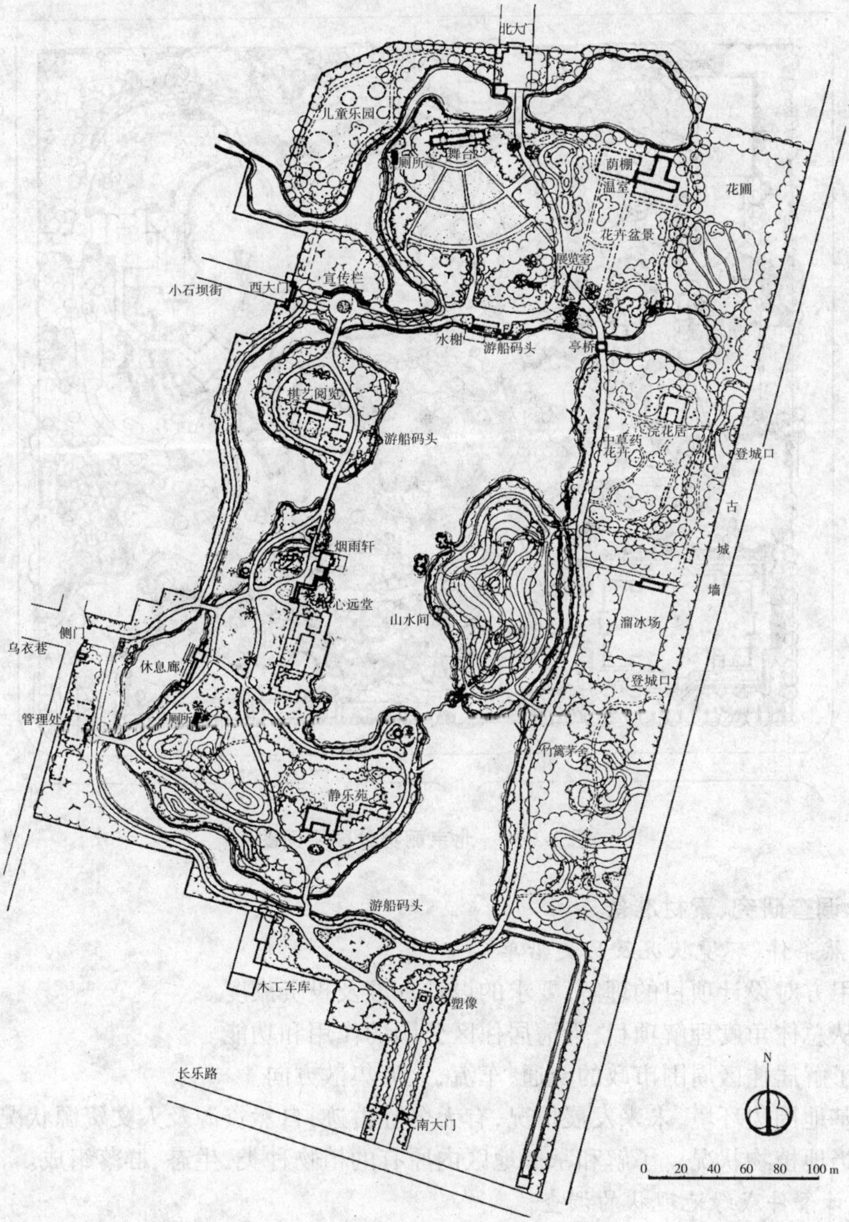

图 2-2-14　南京白鹭洲公园总平面图

四、规划设计

在掌握了必要的理论知识之后，我们根据园林规划设计的程序以及居住区公园绿地规划设计的特点，来完成北京昌平公园的绿地规划设计。进行一个完整的居住区公园设计所需要采取的步骤如下。

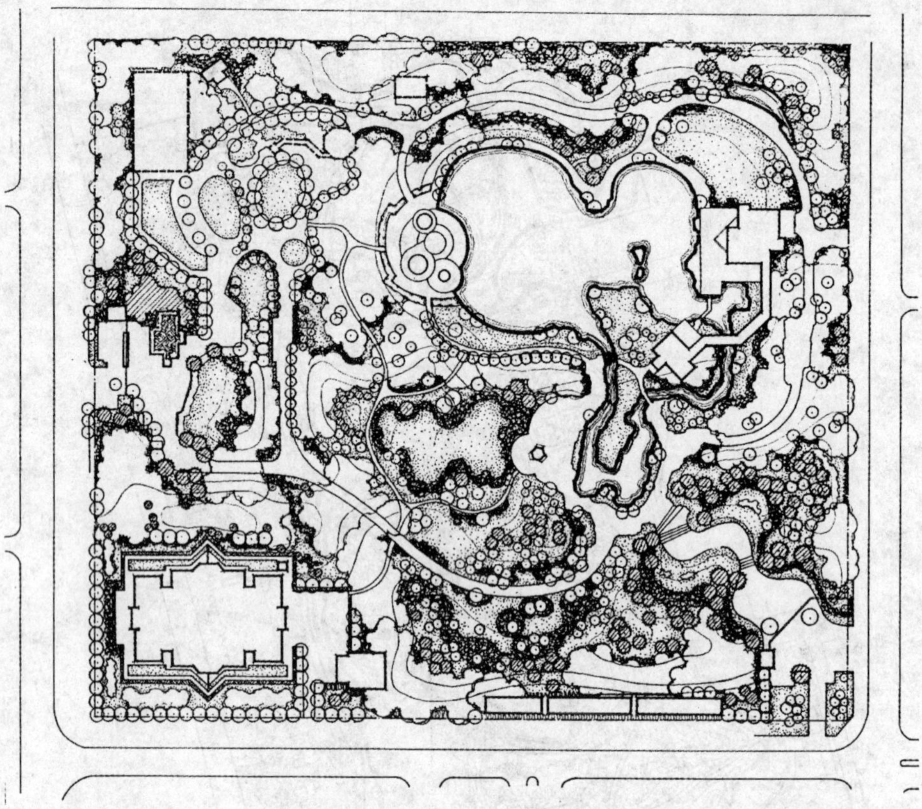

图 2-2-15　北京丽都公园平面图

(一)调查研究、素材准备

1. 自然条件、环境状况及历史沿革

(1)甲方对设计项目的理解,要求的设计标准及投资额度。

(2)从总体角度理解项目,弄清居住区公园的作用和功能。

(3)了解居住区周围市政的交通,车流、人流集散方向。

(4)基地周边环境,未来发展情况,有无名胜古迹,自然资源及人文资源状况等。

(5)当地植物状况。了解和掌握地区内原有的植物种类、生态、群落组成。

2. 设计条件或绿地现状的调查

(1)基地地形图。应明确显示以下内容:设计范围,规划范围内的地形、标高及现状物体的位置,四周环境情况等。

(2)现状植被分布图。主要标明现有植被基本状况,要保留树木的位置,并注明品种、生长状况,观赏价值的描述等。

(3)地下地上管线图。

3. 素材整理

将所收集到的资料,经过分析、研究,定出总体设计原则和目标,编制出进行公园设计的要求和说明。

(二)编制设计任务书阶段

根据调查研究的实际情况，结合甲方的设计要求和相关设计规范，编制设计任务书如下。

1. 居住区公园绿地规划设计目标

居住区公园绿地是城市园林绿地系统中的重要组成部分，是改善城市生态环境的重要环节，服务对象最广泛，绿地使用时间最长，是衡量居民生活居住环境质量的重要标志，对城市小气候的调节和改善、城市环境污染的治理、城市人工生态系统的平衡发挥着重要的作用。居住区公园把居民的生活与园林观赏、游憩活动、文化娱乐等结合起来，把建筑艺术、文化艺术和园林艺术结合起来，充分体现居住区物质文明与精神文明的建设水平。

2. 居住区公园绿地规划设计内容

1)总体规划设计

根据已掌握的资料进行现状分析及评价，进行概念性设计。根据总体规划设计原则及规划构思，结合周边环境、满足不同年龄阶段的要求，划分功能分区，划出不同的空间，使空间与区域满足不同的功能要求，使功能与形式一致。

2)景观规划设计

确定主、次出入口位置和形式，道路、广场的位置，道路网络系统的布局，交代景观规划结构，进行景观视线分析，明确各功能区的景观内容。以生态景观为主，通过园林小品景观展示居住区的文化内涵，点缀新颖、人性化的休息设施，打造时尚、品位、绿色的生态景观。

3)植物种植设计

以生态文化为主线，以安全为基点，体现安全性和健康性、优美性、生态性与环保性的统一，强化环境绿化景观中不同植物品种配置的艺术性，使整个景区的绿化环境更贴近自然。

3. 居住区公园规划设计原则

1)生态原则

尊重场所特有的自然特征，协调人与自然的关系。

2)场地性原则

尊重居住区公园绿地规划设计原则，规划设计要体现地方特色。

3)功能性原则

增强居住区公园的使用性质，满足市民日常休息、观赏、锻炼和社交的就近便捷的户外活动场所等多样需求。

4)经济原则

在规划中考虑居住区公园开发建设的可行性，全面考虑居住区建设和经营过程中的经济效益问题，通过多种渠道降低维护运营成本。

(三)总体规划设计阶段

根据任务书中明确的规划设计目标、内容、原则等具体要求，着手进行总体规划设计。总体设计阶段的图纸及文件如下：

(1)位置图。属于示意性图纸，表示该公园在居住区的位置。

(2)现状分析图。根据已掌握的全部资料,经分析、整理、归纳后对现状作综合评述。

(3)功能分区图。根据总体设计的原则、现状图分析,划出不同的空间,使不同空间满足不同的功能要求,并使功能与形式尽可能统一。

(4)总平面图。包括以下内容:第一,公园与周围环境的关系;第二,公园主要、次要、专用出入口的位置、面积及规划形式,广场的布局;第三,公园的地形总体规划,道路系统规划;第四,全园建筑物、构筑物等布局情况;第五,全园植物设计构思。

(5)竖向设计图。地形是全园的骨架,要求能反映出公园的地形结构。

(6)道路系统图。确定公园的主要出入口,主要广场的位置及确定主干道、次干道等的位置,以及各种路面的宽度、排水纵坡,主要道路的路面材料、铺装形式和图案纹样等。图纸上用虚线画出等高线,再用不同粗细的线表示不同级别的道路及广场,并将主要道路的控制标高注明。

(7)种植设计图。根据规划设计原则,确定全园及各区的基调树种、骨干造景树种,确定植物布置位置和种植形式等。

(8)表现图。表现图是总体规划设计阶段至为关键的部分。通过 3DMAX、Sketch Up、Photoshop 等软件绘制效果图或钢笔画、钢笔淡彩、水粉画等绘图形式表现,都会起到较好的效果(见图 2-2-16、图 2-2-17)。

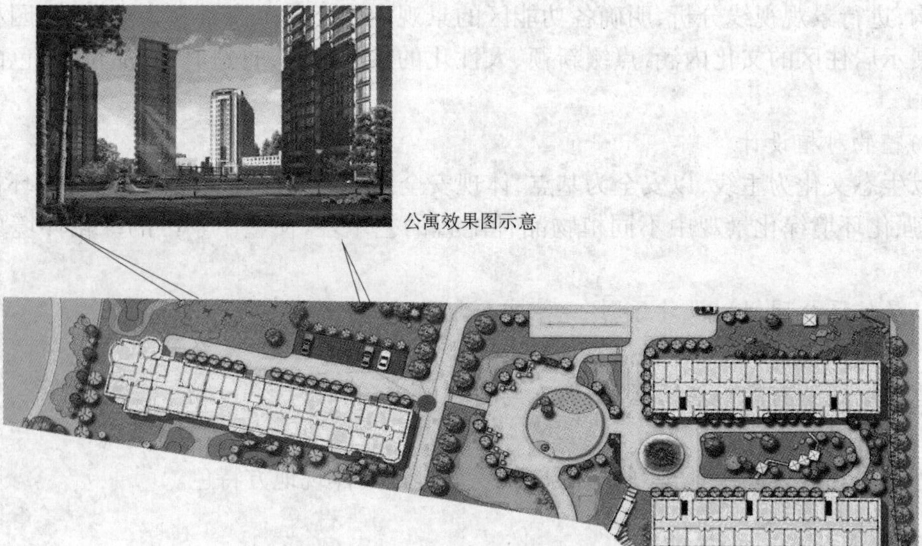

图 2-2-16　杭州秋水苑居住区绿化(一)

(9)总体设计说明书。包括公园位置、现状、范围、面积,工程性质、规划设计原则,规划设计主要内容、空间构想、功能分区、景点分布、建筑布局、种植规划等,管线、电信规划说明,总体估算。

(四)局部详细设计阶段

根据确定后的总体规划设计方案,对各绿地局部进行详细设计。局部详细设计工作主要包括以下内容。

图 2-2-17　杭州秋水苑居住区绿化(二)

1. 分区平面图

根据公园的不同分区,划分成若干局部,进行局部详细设计。应表示出园路、广场、建筑、水景、驳岸、乔灌木、花坛、山石、雕塑等。

2. 种植设计图

种植设计图应能较准确地画出常绿乔木、落叶乔木、针叶树、阔叶树、灌木、绿篱、花卉、草地等的位置、品种、数量、种植方式等。在植物造景特别重要的部分,还要画出植物立面图或效果图。

3. 地形设计图

地形设计图上应标明制高点、山峰、丘陵、台地、平地、岛及湖池、溪流、驳岸、池底等的具体高程,以及入水口、出水口的标高。还要包括地形改造过程中的填方、挖方内容。

4. 园林建筑和小品效果图

包括建筑设计图、园林小品设计图等内容。

5. 概预算

土建部分可按项目估价,算出汇总价,或按市政工程预算定额中园林附属工程定额计算。绿化部分可按基本建设材料预算价格中苗木单价表及建筑安装工程预算定额的园林绿化工程定额计算。

(五)完成设计图绘制

1. 公园规划设计的平面图

规划设计平面图中应包括所有设计范围内的绿化设计,要求能够准确地表达设计思想,图面整洁,图例使用规范。平面图主要表达功能规划、道路广场规划、景点景观布局、植物种植设计等平面设计。

2. 立面图

为了更好地表达设计思想,在居住区公园绿地规划设计中要求绘制出最佳景观主要观赏面的立面图。在绘制立面图时应严格按照比例表现硬质景观、植物以及两者间的相互关系,植物景观按照成年后最佳观赏效果时期来表现。立面图主要表达地形、建筑物、构筑物、植物等立面设计。

3. 效果图

效果图是为了能够更直观地体现规划理念和设计主题而绘制的,一般分为全局的鸟瞰图和局部景观效果图。居住区公园绿化设计常要求绘制出最主要景观效果图,在绘制环境效果图后最好能够进行色彩的渲染,在绘制时应注意选择合适的视角,真实地反映设计效果。

4. 植物设施表

植物设施表以图表的形式列出所用植物材料、建筑设施的名称、图例、规格、数量及备注说明等。

5. 设计说明书

设计说明书(文本)主要包括项目概况、规划设计依据、设计原则、艺术理念、景观设计、植物配置等内容,以及补充说明图纸无法表现的相关内容。

任务二 居住区小游园的规划设计

居住小区小游园,又称居住小区公园,是为居住小区居民就近服务的居住区公共绿地,服务半径为400~500 m,一般要求面积在4 000 m^2 以上,布局在居住人口10 000人左右的居住小区。

居住小区公园用地规模较小,但为居民服务的效率较高。在规划布局时,以绿化为主,但要尽量满足居民日常活动,可适当增设树荫式活动广场。适当布置园林建筑小品,丰富绿地景观,为居民提供停留休息观赏的地方。小品的布置和造型设计应特别注意与居住小区公园用地的尺度和居住小区建筑相协调。一般来说,其造型应轻巧而不笨拙,体量宜小不宜大。居住小区公园内部布局形式灵活多样,但必须协调好公园与其周围居住小区环境间的相互关系(见图2-2-18、图2-2-19)。

一、设计任务

图2-2-20是石家庄市谈固住宅小区临街游园平面图,任务是模拟设计居住区小游园或根据具体情况拟定某一居住区进行小游园规划设计。

二、任务分析

通过对图2-2-20的认真分析我们不难发现,要模拟完成石家庄市谈固住宅小区临街游园平面图绿地规划设计任务,需分以下四个阶段进行。

(一)调查研究阶段

了解当地自然环境、社会环境、绿地现状等设计条件,把握居住区小游园绿地的规划

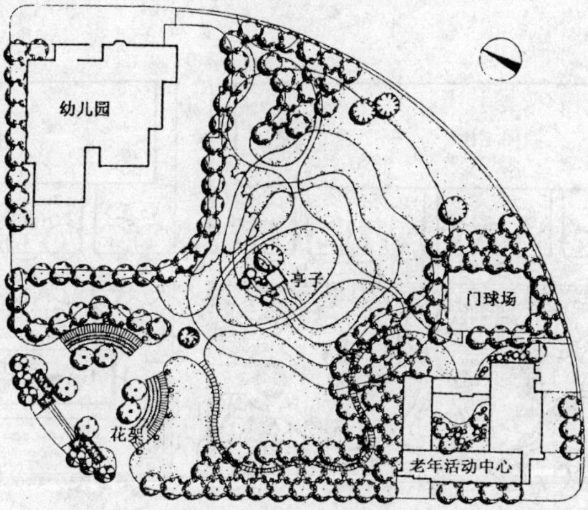

图 2-2-18　天津市华苑居华里中心绿地绿化平面图

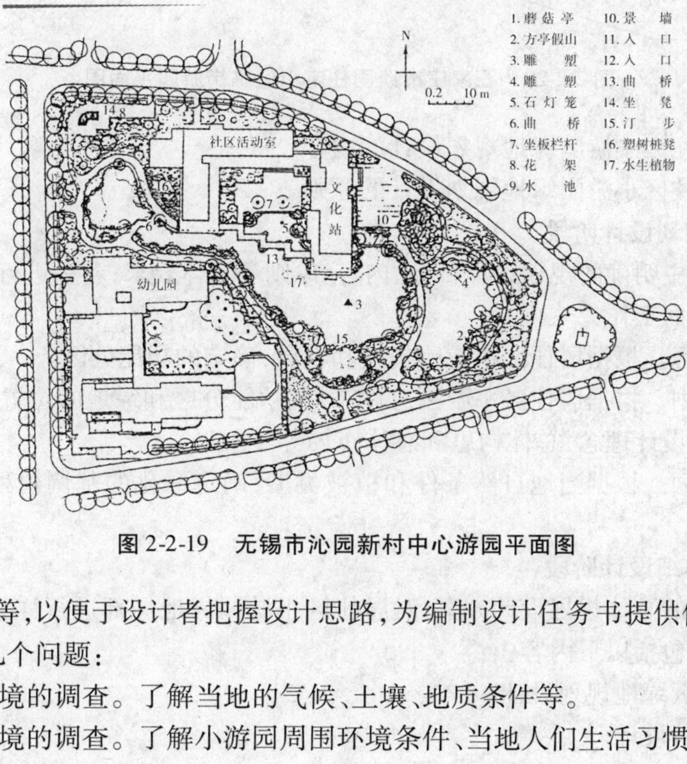

图 2-2-19　无锡市沁园新村中心游园平面图

目的、设计要求等，以便于设计者把握设计思路，为编制设计任务书提供依据。为此我们需要考虑以下几个问题：

(1) 自然环境的调查。了解当地的气候、土壤、地质条件等。

(2) 社会环境的调查。了解小游园周围环境条件、当地人们生活习惯、当地人文历史情况。

(3) 设计条件或绿地现状的分析。分析各种因素，实地考察或通过其他途径获得现状图。

(二) 编制设计任务书阶段

根据调查研究的实际情况，结合甲方的设计要求，编制设计任务书，任务书中应明确以下几点：

(1) 明确居住区小游园绿地规划设计的目标；

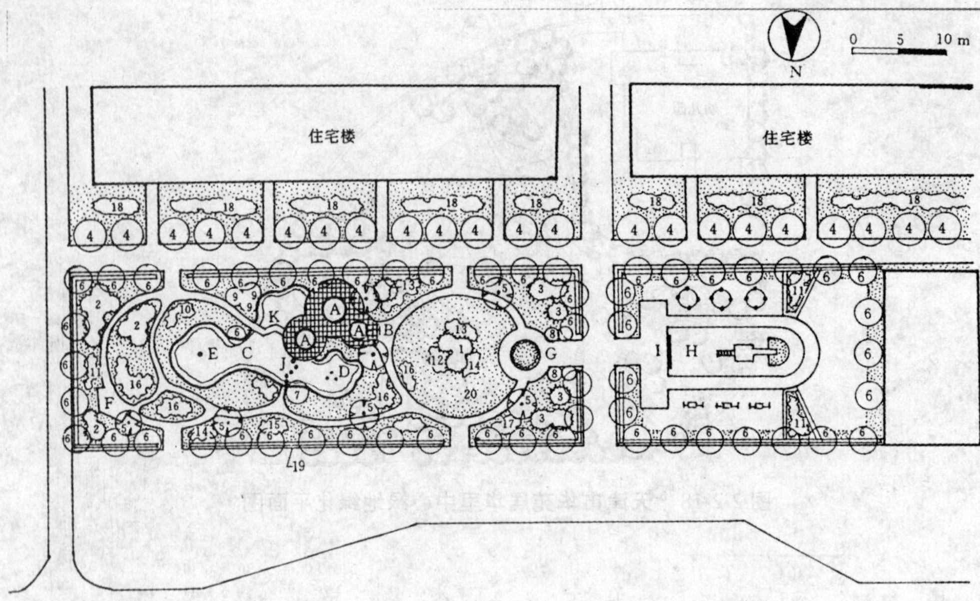

图 2-2-20　石家庄市谈固住宅小区临街游园平面图

(2)确定居住区小游园绿地规划设计的内容;

(3)提出居住区小游园绿地规划设计的原则。

(三)总体规划设计阶段

根据任务书中明确的规划设计目标、内容、原则等具体要求,着手进行总体规划设计。主要有以下三方面工作:

(1)功能分区。根据居住区小游园规模和性质,确定的功能分区。

(2)景观规划。根据居住区小游园总体布局、功能分区和绿地的位置、功能、大小等,明确景观规划的设计理念、总体构思和总体布局等。

(3)植物规划。根据当地自然条件和植被类型,确定绿化的基调树种、骨干树种、景观树种的规划。

(四)局部详细设计阶段

根据确定后的总体规划设计方案,对居住区小游园绿地局部进行详细设计。局部详细设计工作主要包括以下内容:

(1)各功能区绿地规划设计;

(2)植物种植设计。

三、相关资料的调研与收集

(一)居住区小游园的布置位置

1. 设在小区中心

在小区中心布置小游园,居民可以均等享受绿地的效益,使用方便,四周被建筑围聚,容易形成安静、封闭的绿地空间,增加了居民的领域感和归属感。

2. 沿街布置

小区规模比较小，小游园应布置在沿街一侧，将小区的绿化引向城市空间，既可以供居民使用，又可以美化街景，同时还可降低噪声、减少尘埃、改善居住区小气候环境。

（二）居住区小游园规划布局形式

小区规模以1万人左右为宜，根据定额指标规定，小区人均公共绿地面积为1.0 m^2，则小游园面积以0.5 hm^2 左右为宜，即小游园面积为小区公共绿地总面积的一半左右，小区公共绿地的另一半可以作为组团绿地分散布置在居住组团中。在规划时应充分利用自然地形和原有绿化基础，并尽可能和小区公共活动或商业服务中心结合起来，布置在小区中心。小游园平面布置形式可分为规则式、自然式、混合式3种。

（1）规则式。也称整形式、对称式，有明显的主轴线，以对称或拟对称的方式布置园路、广场、水体，形成一定的几何图案。其优点是整齐、明快、开敞，缺点是平直、僵硬、呆板，缺乏自然、活泼感。

（2）自然式。自然式布局充分运用我国传统造园艺术手法，在居住区绿地中，利用自然地形、山丘、坡地、池塘等和蜿蜒曲折的道路，塑造自由活泼、富于自然气息的活动空间，效果良好。

（3）混合式。即规则式和自然式相结合布置，既有自然式的灵活布局，又有规则式的整齐明朗，与其周围建筑、广场相呼应，在总体布局上达到协调一致的效果。

（三）居住区小游园规划设计内容

1. 场地的划分

根据居住区小游园的功能要求，需要在小游园中有儿童游戏活动场地、青少年运动场地、成人老人休息活动场地。场地一般都采用铺装地面。

（1）儿童游戏活动场地。一般设在入口处附近，这样便于自己前往和家长的照看。

（2）青少年运动场地。为了减少对居民的干扰，一般布置在小游园的深处或在边缘地段独立设置。

（3）成人老人休息活动场地。可以单设，也可以靠近儿童活动区，或者把园路适当拓宽，甚至可以直接利用小游园中广场。

2. 园路

园路是小游园的骨架，既能组织游览路线，是居民休息散步的通道，又能联系各活动区和景点，是分隔空间的要素。园路的宽度以2人能并排行走为宜，一般主路宽2～3 m，次路宽1.5～2 m，设置坐椅的园路要局部加宽。为了行走舒适和有利于排水，横坡一般为1.5%～2%；纵坡最小为3%，超过8%时要布置成台阶式。路面铺砌材料多样，可以是最简易的水泥、沥青，也可以选择虎皮石、卵石或广场砖等，以增强路面装饰艺术效果。

3. 广场

按形式可设计为规则式或不规则式。小游园的广场一般以休息为主，中心景观为花坛、喷泉、雕塑、假山等。广场的标高一般与园路的标高相同，但也有高台广场或沉床广场。小游园广场以铺装地面为主，便于居民开展各种活动。如跳舞、健身、休闲、聚会、表演、儿童活动等，有很强的装饰效果，为人们休息、游玩创造良好的条件。广场上还可适当栽植乔木，遮阴防晒；树下可布置桌凳，供人们坐息、娱乐。

4. 建筑小品

小游园以植物绿化造景为主，适当布置园林建筑小品，不仅能丰富绿地的游憩内容，还能增加游憩的趣味性，使空间富于变化，也为居民提供停留休息观赏的地方。小游园的园林建筑及小品有亭、廊、榭、花架、水池、喷泉、花坛、花台、栏杆、坐凳以及雕塑、果皮箱、宣传栏等。园林建筑及小品应根据游园规模、广场大小随意设置。

5. 植物的配置

为了很好地发挥绿地改善气候和环境的功能，应当乔、灌、花、草结合，达到立体层次变化和丰富的季相景观效果。所以居住区小游园以开敞式的草坪、模纹图案或疏林草地为主，这样绿地视野开阔，格调明快，观赏效果好。再种植适当数量乔灌木，层次富于变化，遮阴效果好，为居民提供了游憩活动空间。

四、规划设计

在掌握了必要的理论知识之后，我们根据园林规划设计的程序以及居住区小游园绿地规划设计的特点和要求，来完成石家庄市谈固住宅小区临街游园规划设计或拟定某一居住区小游园绿地的规划设计。进行一个完整的居住区小游园设计所需要采取的步骤如下。

（一）调查研究阶段

根据所给任务进行环境条件的调查、设计条件的分析、现状情况的分析等。

（二）编制设计任务书阶段

根据居住区小游园的功能要求确定其目标、内容以及规划设计原则。也就是构思、立意确定表现主题，根据条件决定小游园的规划设计形式。

（三）总体规划设计阶段

根据任务书中明确的规划设计目标、内容、原则等具体要求，着手进行总体规划设计。主要有以下五方面工作。

1. 确定小游园的功能分区

根据不同年龄的特点划分不同的活动场地和确定活动内容。

2. 景观规划

根据居住区小游园的主要服务对象和主要的活动方式合理地进行景观布局。能够满足功能要求和造园艺术手法。

3. 植物配置

在满足小游园功能要求的前提下，尽可能运用植物的姿态、体形、叶色、花色、丰韵、高度等造景，提高小游园的艺术效果，创造优美的环境景观效果。

4. 总体设计图纸

包括现状分析图、功能分区图、总平面图、竖向设计图、种植设计图、表现图等。

5. 总体设计说明书

包括小游园位置、现状、范围、面积，工程性质、规划设计原则，规划设计主要内容、空间构想、功能分区、景点分布、建筑布局、种植规划等，总体估算。

（四）局部详细设计阶段

根据确定后的总体规划设计方案，对各绿地局部进行详细设计。局部详细设计工作主要包括以下内容：

（1）各功能区绿地设计；

（2）植物的种植设计。

（五）完成设计图绘制

1. 规划设计的平面图

规划设计平面图中应包括所有设计范围内的绿化设计，要求能够准确地表达设计思想，图面整洁，图例使用规范。平面图主要表达功能规划、道路广场规划、景点景观布局、植物种植设计等平面设计。

2. 立面图

为了更好地表达设计思想，在居住区小游园绿地规划设计中要求绘制出主要景观、主要观赏面的立面图，在绘制立面图时应严格按照比例表现硬质景观、植物以及两者间的相互关系，植物景观按照成年后最佳观赏效果时期来表现。立面图主要表达地形、建筑物、构筑物、植物等立面设计。

3. 效果图

效果图是为了能够更直观地体现规划理念和设计主题而绘制的，一般分为全局的鸟瞰图和局部景观效果图。小游园绿化设计时常要求绘制出效果图，在绘制时应注意选择合适的视角，真实地反映设计效果。

4. 植物设施表

植物设施表以图表的形式列出所用植物材料、建筑设施的名称、图例、规格、数量及备注说明等。

5. 设计说明书

设计说明书（文本）主要包括项目概况、规划设计依据、设计原则、艺术理念、景观设计、植物配置等内容，以及补充说明图纸无法表现的相关内容。

思考题

1. 居住区公共绿地一般由哪几部分组成？
2. 居住区绿地设计应遵循哪些原则？
3. 怎样确定居住区绿化指标？
4. 居住区小游园的规划设计形式有几种？
5. 简述居住区小游园的规划设计步骤。
6. 根据建筑组合方式不同，组团绿地的布置位置有哪几种？
7. 简述居住区宅旁绿地规划设计时应注意的问题。
8. 简述居住区绿地的植物选择要求。

优秀案例

一、柳芳南里小区绿化

柳芳南里位于北京市东北三环香河园居住区南端。小区总占地面积约 10 万 m^2，建筑 29 栋，建筑面积 6 万 m^2。小区绿化于 1991 年完成，1992 年获首都绿化美化优秀设计三等奖。

小区建筑布局规整，中心有 30 m 宽绿带。根据居民游憩、锻炼及儿童活动的需要，在每个楼间绿地中把建筑阴面与出入口道路结合，形成一定面积的铺装；在绿地中开辟儿童活动场地，地面进行彩化铺装，并设置跳房子等简易游戏设施；在集中绿地设置较大面积的铺装场地，以满足居民的不同需要。

为了达到绿荫覆盖的绿化效果，区内道路选种垂柳、刺槐、白蜡等树冠大的乔木。居民在炎夏依然享有凉风送爽的舒适环境，这是本小区绿化的特点。

中心绿地是居民散步、练功、休闲、社交活动的集中场所，在功能上分成儿童活动区和青、老年活动区及安静休息区。

在青、老年活动区设置了较大的中心广场，分上、下两层，以折线分开；上层设有坐椅，下层有花池点缀，显得活泼、自然，为居民活动提供了不同空间。集中绿地的植物配置注重人的视觉感受，从南到北依次起结开合，交错更迭，使这块不到 3 000 m^2 的绿地给人以轻快舒展的感觉，耐人回味。

小区与坝桥金色景点相连，所以在秋季景观的设计上有所联系。另外，沿楼的山墙和所有栏杆都作了垂直绿化，加深了绿化浓度，丰富了绿化层次，使得小区满目苍绿，令人心旷神怡。小区内共计植树 5 515 株，其中乔木 1 094 株、灌木 2 313 株、爬蔓植物 2 108 株，草坪 1.5 万 m^2（见图 2-2-21）。

二、洛阳开元明郡居住小区规划设计

（一）区域概况

洛阳开元明郡居住小区规划设计项目位于河南省洛阳市开元大道与经三路交叉口，东侧紧邻洛阳市体育运动中心，洛阳高校也在生活圈内。场地交通便利，生活设施健全，区位优势明显。本设计区域占地面积约 12.7 hm^2，场地大部分为小高层及高层住宅，容积率为 2.43（见图 2-2-22）。

（二）设计依据

（1）《城市居住区绿化设计规范》。

（2）由甲方提供的招标文件及相关的图纸。

（3）对现有场地踏勘收集的资料。

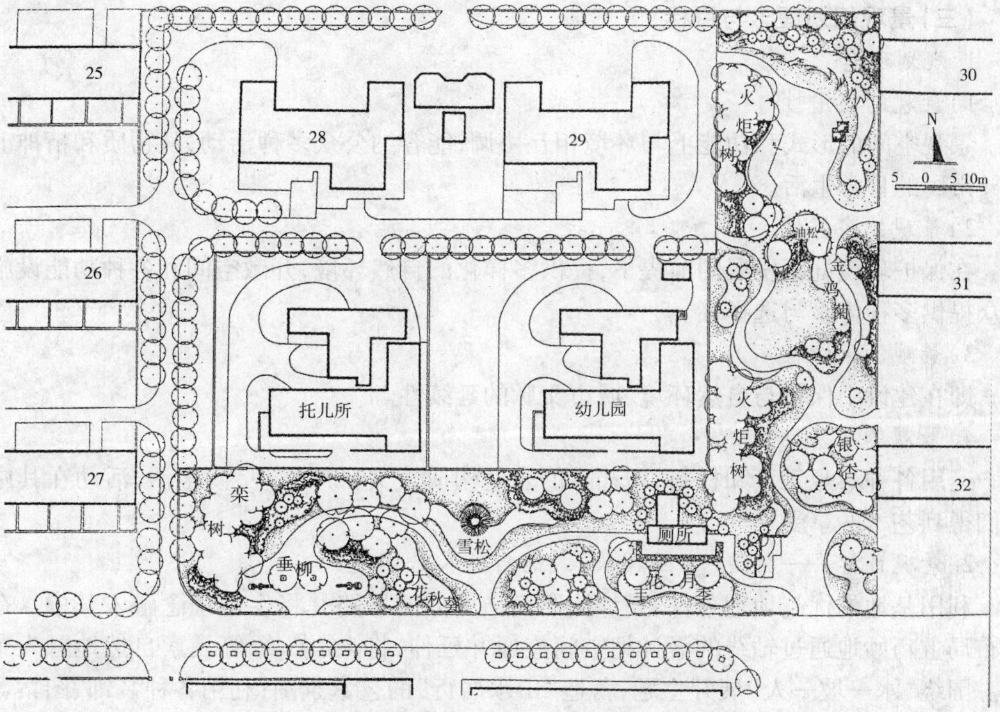

图 2-2-21　北京市柳芳南里小区集中绿地平面图

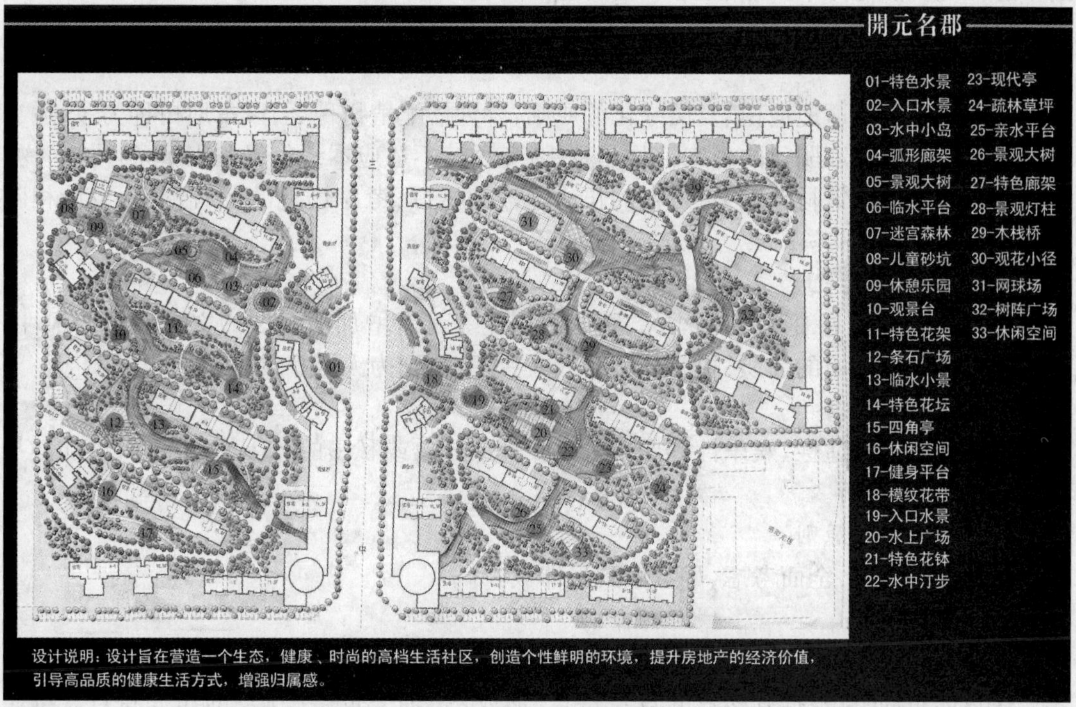

图 2-2-22　总平面图

(三) 景观规划理念与目标

1. 规划理念

1) 景观的实用性

景观空间的形式和功能上与环境相互协调,能容纳公众多种活动,从物质和精神上去引导市民的日常生活。

2) 景观的多样性

在保护环境健康发展的前提下,提供多样化的自然环境,开敞空间和各种功能设施为公众提供多种体验与选择性。

3) 景观的延续性

即在建设中保持与自然环境、城市文脉的延续性。

4) 景观的艺术性

运用各种景观元素和材料,用艺术的表达构成人文自然景观,使生活、活动在其中的人们得到艺术的享受。

2. 景观目标——打造"田园牧歌"式的自然人居环境

利用基地的优越地理条件,设计按照简洁大方的思路并将生态理念融入其中。在景观布局上巧妙地通过轴线的设计把空间连通并延伸,将人、水、绿等元素自然地融入景观中。围绕"水—坡—人"展开主题,营造"山水居行"的艺术氛围;利用各种装饰、图案等元素,融入文化、艺术、运动等人文概念,为居民提供既有现代文明又能享受大自然田园风光的生态环境。倡导健康自然、生态和谐的生活方式。

(四) 设计原则

1. 生态性原则

在设计中按照适地适树、复层绿化的原则,合理搭配植物种类,以本地树种为主,适当选用经过多年引种和驯化的外来植物品种;避免种植不适应本地气候和土壤条件的植物,尽量使用当地的建筑材料,避免材料的长途运输和挖掘;考虑场地的场所特征,设计相匹配的景观布局和结构。

2. 文化性原则

在具体的布置上,通过装饰小品、图案的变化等元素增加居住区的文化性和艺术性,以提升整体居住环境的品质,提升环境的人文特征,达到为人服务的宗旨。

3. 以人为本原则

强调居民的舒适性、娱乐性、可参与性,设计或开放或私密的休闲活动空间;增加健身活动场地、运动场所。

4. 经济合理性原则

根据实际情况,全面考虑,尽量做到量体裁衣。

(五) 规划布局

1. 总体景观布局

在总体布局上,根据其楼盘的自身特点,形成"一轴一带多中心"的布局特点。按照点、线、面结合的方式,将游步道与一系列景观节点沿水系展开,充分发挥山水相依的优势,使景观达到"山水入画"的境界(见图 2-2-23 ~ 图 2-2-25)。

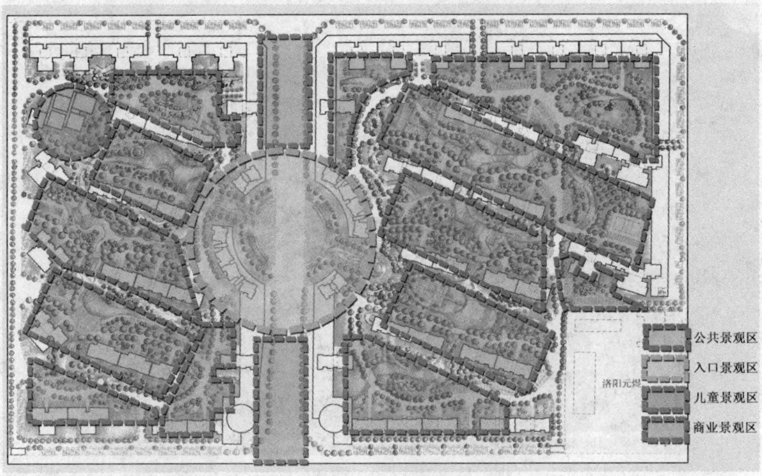

图 2-2-23　景观分区图

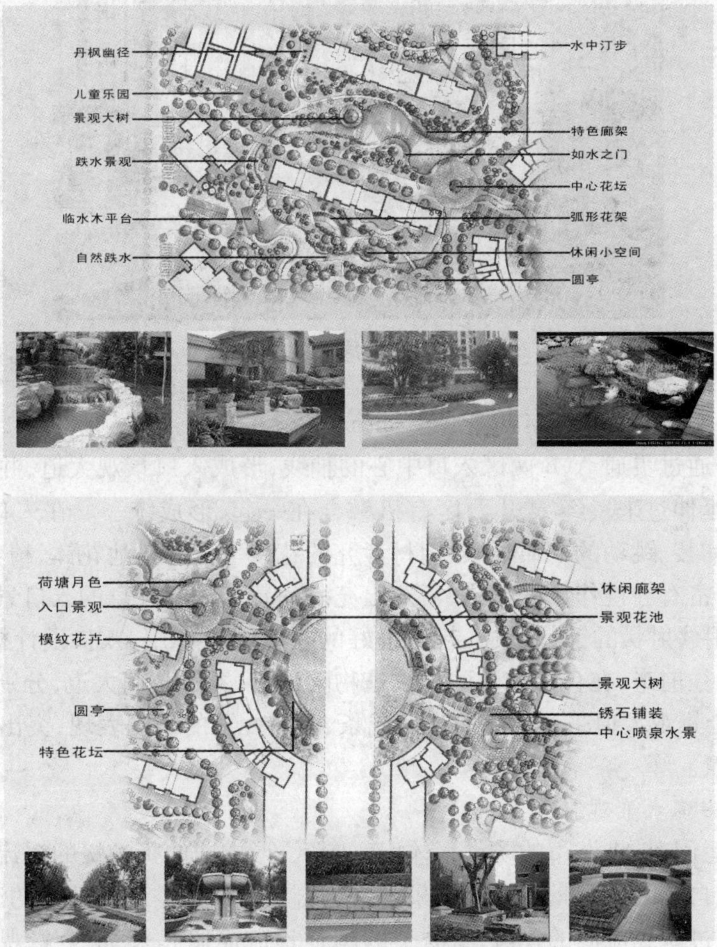

图 2-2-24　局部亮点景观平面图

图 2-2-25　局部效果图

1) 一轴——连通 A、B 两区的景观大道轴线

在总体上,通过贯通 A、B 两区入口中心的轴线,形成入口景观大道,并通过视线将中心景观区连接延伸过来。经 A、B 两区有机融合在一起,形成统一。在入口景观大道上,以简洁现代的铺装、跳动的韵律喷泉、用材考究的花台坐椅和树池花钵、精美的艺术小品、对置的行道树,富有导视作用的形式,营造出充满动感和休闲气息的入口景观大道;在 A、B 两区入口采用放射状的铺装形式,起到很好的视线引导作用,入口设计标志大门形式,起到导视作用,往前走,在色彩绚烂的模纹植物陪伴下,穿过林荫大道,分别来到中心景观区 。总之,整个景观大道采用变化的几何线条、铺装元素的不同表现,突出了居住区阳光现代的生活气氛。

2) 一带——滨水景观带

在水景的运用上,将城市的防洪水体引入园区,形成或曲折蜿蜒的溪流或平静开敞的自然湖水,形成自然的田园景观。滨水景观带结合住宅所留空地及曲折的溪流,设置开放的滨水景观,通过蜿蜒流淌的溪流,将秀美的园林景色连通起来,整个景观与建筑、花木、山石相映成趣,典雅的景观小品错落布置,真正体现了人们在自己家园可居、可观、可游、可赏的梦想。沿着溪流曲折蜿蜒设置不同的活动场地,形成生态康体走廊。

从中心湖区沿溪水一路南下，曲折的游路慢慢将人带入小区的生态康体走廊。整个康体走廊绿化茂密，在林下水畔设计大小形态各异的不同活动场地，能够满足居民清晨与傍晚不同的康体活动。各种健身设施放置在活动场地上，人们可以根据需要选择适合自己的活动，这样就形成了一条连续的活动走廊，分散的活动场地能最大限度地减少对住户的影响。另外密植的绿化与景墙不仅仅是景观的需要，也能很好地保障住户不受干扰。

3）中心景观区

（1）荷塘月色。此景点是A区景观主题所在，结合丰富水体将水体做成集中湖面，布置小广场、叠石驳岸等滨水绿带，设置栈桥和水中平台，供游人独钓静思、修身养性。对岸孤植的大树、阳光生态的草坪、宜人的弧形花架布置在驳岸水边，形成一幅美好的田园荷塘景色。此外中心景观还包括阳光草坪、儿童塑胶场地等。

（2）秋色连波。作为B区的景观标志，开敞的广场延伸把“舟”型的水中平台放在水面，轻盈舒展，与平台上的景观灯柱交相辉映同时又形成围合。软质的绿化嵌入铺装中，充分利用植物的形态丰富临水景观。湖面上“舟”型的水中平台，像停靠在码头休息的船，远处湖光山色、水草荡漾，甚是美丽。沿着水中的汀步，穿越自然甬道下班回家，小桥流水的景色尽收眼底，一天的烦恼荡然无存。居住在这里是身份的象征，更是心的归宿。

（3）湖畔休息区。在B区中心景观沿水北上，随着溪流来到湖畔休息区，临水的木平台、宜人的弧形廊架、有趣的地面铺装、自然的水面绿化构成了一幅美丽的图画。木质的栈桥将圆形小平台与对岸相连接，郁郁葱葱的树木将木廊、小桥、流水衬托得分外美丽。

（4）网球健身区。考虑到居住活动的多种需要，在29～31号楼之间宽敞的绿地上设计网球场，周围围合复层绿化的植物起到屏障作用，靠近水岸设计休息林荫广场，供人们活动之余休息谈天，巧妙地利用简洁的结合线条做了整体的呼应，使组团形成不同的空间风格，同时将人、树、水、小品自然地融入到景观中，形成动静不同的活动空间。

2. 景点布置

从开放空间向私密空间过渡的过程：

入口（开敞空间）—林荫大道—荷塘月色（标志性开敞空间）—春晖雅景（半开敞空间）—聆风听月—儿童天地—回龙望月—云蔚雪亭—生态康体。

入口—温暖家园——叶小舟—秋色连波—水纳天地—湖畔休闲—生态运动。

（六）其他规划设计

1. 道路系统规划

整个小区根据总体规划，实行人车分流，分别设计车行出入口以及东、西两个主要的人行步行出入口。规划环道为6 m，组团道路4 m；绿地中心主要通过2 m或1.5 m宽的步行游路连接各个观赏点。顺畅的道路和弧线的变化与景观结合起来，创造了步移景异的效果（见图2-2-26）。

2. 给排水系统规划

居住区景观设施的给水和景观绿化的灌溉用水均采用防洪水渠的水作为水源，达到小区水体的自我净化功能，景观喷泉采用自动循环系统，在检查期排水通过雨水井排入市政排水系统中或者通过灌溉系统浇灌绿化植物。场地中的雨水排水通过地面找坡就近排入雨水管中。

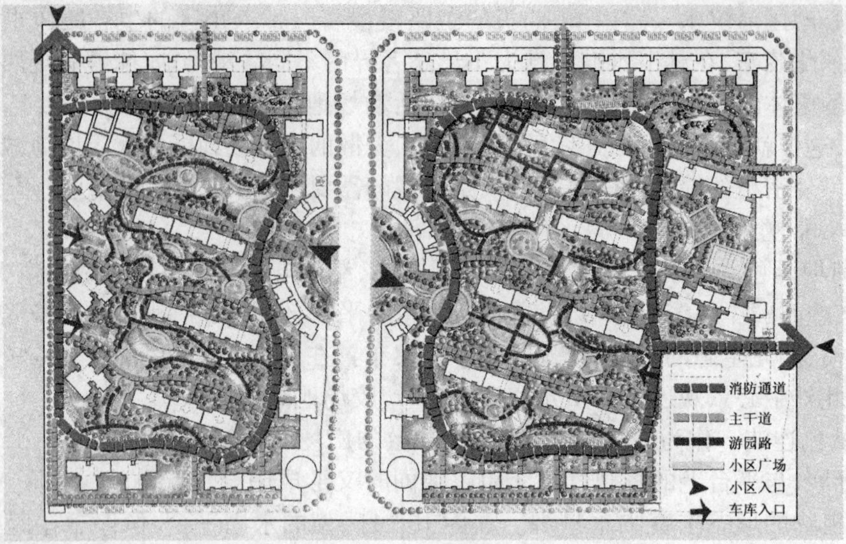

图2-2-26 道路系统分析图

3. 建筑与环境小品规划

在整个居住环境中设计了弧形长廊(位于景观轴线上)、景观亭、单臂花架和2面景墙5个构筑物。在北侧设计了一个张拉膜和喷水小品。其他的雕塑小品主要分布在主景观带上,在组团绿地上可以适当的有一些景石和生活雕塑小品的放置。同时,应该将园区内的垃圾箱、指示牌、照明灯具统一纳入小品体系,统一设计,协调风格和样式。

4. 灯具照明系统规划

为了满足夜间人们休闲娱乐的要求,需要提供充足的照明。主广场设置大功率的灯柱提供照明,地面结合坐凳设置地灯和壁灯。树林绿地上可结合游路和休息小广场设计路灯及草坪灯,保证行走照明和景观需要;喷泉水体可以根据喷泉的造型,设计一定数量的水下照明等来烘托喷泉。总之,所有的灯具均应统一规划设计,保持景观风格的一致。

5. 植物种植

在树种选择方面,以乡土树种为主,充分利用原有树种,适当种植一些外地驯化过的适生树种。考虑到地下车库的排水和承重,根据土层的厚度多种植小乔木和灌木以及地被模纹,根据环境需要,适当设计一些造型植物。

大道以银杏、女贞、黄山栾、元宝枫、法桐等河南常用树种为骨干树种,在树下种植金叶女贞和红叶石楠、杜鹃等花灌木带,种群特征鲜明,具有高低层次和韵律变化,还产生了色彩、形态、季相等景观变化,这就使大道具有强烈的统一感和方向感。组团绿化结合地形变化,乔、灌、草复层绿化,追求自然树丛的群落种植方式,形成多层次的绿化效果。考虑到北方的气候特点,以及建筑的色彩,植栽效果应该是清新素雅,植物种类不宜过多。在做到季季有景、景景宜人的基础上,以三四种大乔木和常绿树种作为整个园区的基调树种,以中心绿地为主体,宅间绿地各具其主导树种,以强烈色彩的组团花灌木为烘托,形成居住区各自独立的植物景观特色,围绕中心,形成整体绿色大环境的协调统一。

实训项目　某居住小区绿地规划设计

一、实训目的

通过居住小区绿地规划设计的实训，了解居住区绿地的组成，掌握居住区绿地设计的要点、方法和基本原则，结合周边环境设计一个融功能、生态、艺术于一体的人居环境。

二、实训教学设备及材料用具

(1)测量仪器：数码照相机、激光测距仪等。

(2)图纸：采用国际通用的 A 系列幅面规格的图纸。

(3)绘图工具：1#图板、900 mm 丁字尺、三角板、圆规、模板、量角器、比例尺、绘图铅笔、彩铅、马克笔，以及粗、中、细针管笔。

(4)计算机辅助设计软件：AutoCAD、3Dmax、Photoshop、SkecthUP 等。

三、实训内容

以所在地区的某一居住小区为例，以 3 ~5 人为小组，规划设计内容如下：

(1)场地分析。居住小区的位置、面积、周边环境(是否有可借景观和可屏蔽的景观)等，绘制场地分析图。

(2)功能或景观分区。分析设计入口景观区、中心游园景区、组团景区、儿童活动区、体育健身区、商业景区等主要分区并标注主要景点，绘制功能或景观分区图。

(3)总平面图。包括周围环境、边界线、出入口、道路广场、地形、水系、建筑小品、种植类型、山石等的布局，绘制总平面图。

(4)道路系统。分析设计不同级别道路的宽度和功能，用不同粗细的线条表示主干道、次干道、专用道、散步道等，绘制道路系统分析图。

(5)局部亮点详图。选出两个以上能代表本居住小区特色、景观优美的标志性局部景观进行详细设计，绘制局部平面图、立面图、剖面图、效果图、园林小品结构图等。

(6)设计说明书。

四、作业要求

(1)总体规划意图明显，符合园林绿地性质、功能要求，布局合理。

(2)种植设计树种选择正确，能因地制宜地运用种植类型，符合构图要求，造景手法丰富，能与道路、地形地貌、山石水、建筑小品结合。空间效果较好，层次、色彩丰富。

(3)图面表现能力强，设计图种类齐全，构图合理，清洁美观，图例、文字标注及图幅符合制图规范。

(4)说明书语言流畅，言简意赅，能准确地对图纸进行补充说明，体现设计意图。

(5)方案绿化材料统计基本准确，有一定的可行性。

项目三　单位附属绿地规划设计

知识要求

了解各类单位附属绿地的组成。理解各类单位附属绿地绿化的基本原则。掌握各类单位附属绿地的规划设计。

能力目标

掌握各类单位附属绿地规划设计的方法。

任务一　校园绿地规划设计

一、设计任务

图 2-3-1 是河南科技大学林业职业学院西区平面图，为搞好校园大环境绿化美化，加强校园文化建设，满足师生文化、娱乐、休憩的需要，决定对校园绿地进行整体规划设计。现要求根据学校绿地现状和相关绿地设计规范等要求，在充分满足功能要求、安全要求和景观要求的前提下完成校园绿地规划设计。

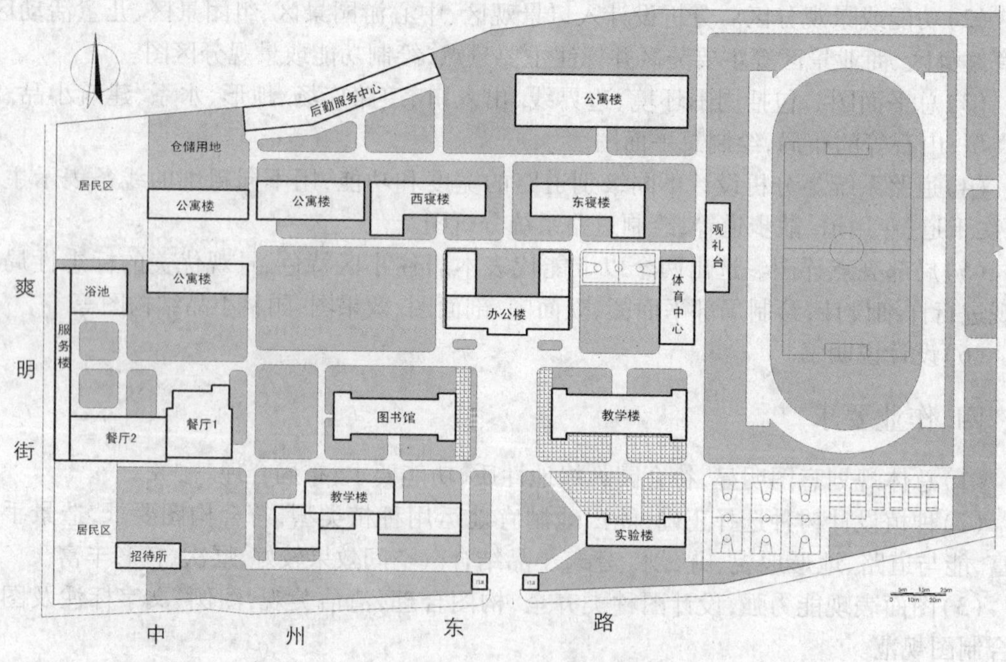

图 2-3-1　河南科技大学林业职业学院西区平面图

二、任务分析

通过对图 2-3-1 的认真分析，我们不难发现，要完成河南科技大学林业职业学院西区绿地规划设计任务，需分以下四个阶段进行。

（一）调查研究阶段

通过现场踏查或调查，了解当地自然环境、社会环境、学校特色、绿地现状等设计条件，通过与甲方座谈，了解甲方的规划目的、设计要求等，以便于设计者把握设计思路，为编制设计任务书提供依据。为此我们需要考虑以下几个问题：

（1）自然环境的调查；

（2）社会环境的调查；

（3）设计条件或绿地现状的调查。

（二）编制设计任务书阶段

根据调查研究的实际情况，结合甲方的设计要求，编制设计任务书。任务书中应明确以下几点：

（1）明确绿地规划设计的目标；

（2）确定绿地规划设计的内容；

（3）提出绿地规划设计的原则。

（三）总体规划设计阶段

根据任务书中明确的规划设计目标、内容、原则等具体要求，着手进行总体规划设计。主要有以下三方面工作：

（1）功能分区。根据校园内各建筑分布和绿地大小等情况，确定功能分区。

（2）景观规划。根据校园总体布局、功能分区和各绿地的位置、功能、大小等，明确景观规划的设计理念、总体构思和各场地的总体布局等。

（3）植物规划。根据当地自然条件和植被类型，确定绿化的基调树种、骨干树种、景观树种的规划。

（四）局部详细设计阶段

根据确定后的总体规划设计方案，对各绿地局部进行详细设计。局部详细设计工作主要包括以下内容：

（1）各功能区绿地规划设计；

（2）植物种植设计。

三、相关资料的调研与收集

（一）大专院校园林绿地的组成

大专院校一般面积较大，总体布局形式多样。由于学校规模、专业特点、办学方式以及周围的社会条件不同，其功能分区的设置也不尽相同。一般可分为教学科研区、学生生活区、体育运动区、后勤服务区及教工生活区。图 2-3-2 所示为东南大学九龙湖校区功能分区图。根据功能分区，大专院校校园绿地由以下几部分组成。

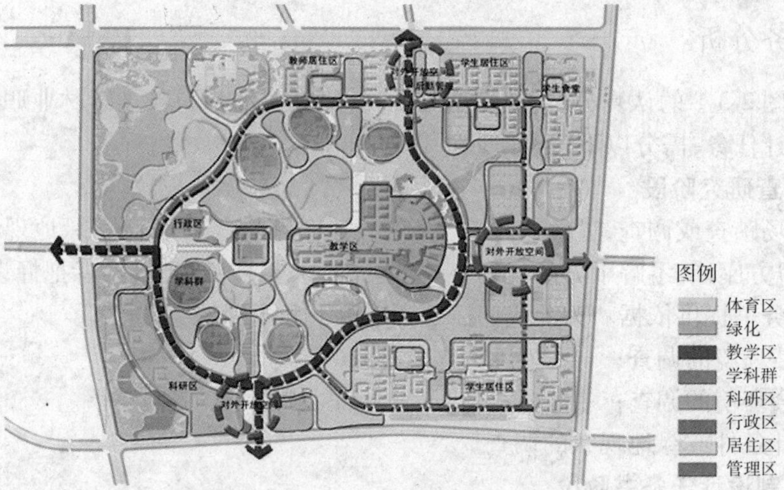

图 2-3-2　东南大学九龙湖校区功能分区图

1. 教学科研区绿地

教学科研区是学校的主体，包括教学楼、实验楼、图书馆以及行政办公楼等建筑，该区也常常与学校大门主出入口综合布置，体现学校的面貌和特色。教学科研区要保持安静的学习与研究环境，其绿地沿建筑周围、道路两侧呈条带状或团块状分布。

2. 学生生活区绿地

该区为学生生活、活动区域，分布有学生宿舍、学生食堂、浴室、商店等生活服务设施及部分体育活动器械。有的学校将学生体育活动中心设在学生生活区内或附近。该区与教学科研区、体育活动区、校园绿化景区、城市交通及商业服务有密切联系。该区绿地沿建筑、道路分布，比较零碎、分散。

3. 体育活动区绿地

大专院校体育活动场所是校园的重要组成部分，是培养学生德、智、体、美、劳全面发展的重要设施。其内容包括大型体育场馆和田径运动场，游泳池、馆，各类球场及器械运动场等。该区与学生生活区有较方便的联系。除足球场草坪外，绿地沿道路两侧和场馆周边呈条带状分布。

4. 后勤服务区绿地

该区分布着为全校提供水、电、热力和各种气体动力站及仓库、维修车间等设施，占地面积大，管线设施多，既要有便捷的对外交通联系，又要离教学科研区较远，避免干扰。其绿地也是沿道路两侧及建筑场院周边呈条带状分布。

5. 教工生活区绿地

该区为教工生活、居住区域，主要是居住建筑和道路，一般单独布置，位于校园一隅，以求安静、清幽。其绿地规划设计同居住区。

6. 校园道路绿地

分布于校园中的道路系统，分隔各功能区，具交通运输功能。道路绿地位于道路两侧，除行道树外，道路外侧绿地与相邻的功能区绿地融合。包括主干道、次干道、林荫路、花园路等。

7. 休息游览区绿地(小游园)

在校园重要地段设置的集中绿化区或景区,质高境幽,不仅美化校园环境,而且便于学生休息学习、交流,陶冶情操。该区绿地呈团片状分布,是校园绿化的重点部位,同时也是校园园林绿地的精华所在,也最能够体现校园园林艺术特色。

(二)大专院校园林绿地设计的原则

大专院校是培养具有一定政治觉悟,德、智、体全面发展的高科技人才的园地,因此校园园林绿地设计应遵循以下原则。

1. 以人为本,创造良好的校园人文环境

校园环境生活的主体是人,是师生员工。园林绿地作为校园的重要组成之一,其规划设计应树立人文空间的规划思想,处处体现以人为主体的规划形态,使校园环境和景观体现对人的关怀。因此,在校园园林绿地设计中根据不同部位、不同功能,因地制宜地创造多层次、多功能的园林绿地空间,供师生员工学习、交往、休息、观赏、娱乐、运动和居住。

2. 以自然为本,创造良好的校园生态环境

校园应是一个富有自然生机的、绿色的、具有良好生态状态的环境。校园绿地规划设计要结合其总体规划进行,强调绿色环境与人的活动及建筑环境的整合,体现人与自然共存的理念,形成人的活动能融入自然的有机运行的生态机制。充分尊重和利用自然环境,尽可能保护原有的生态环境。

校园园林绿地应以植物绿化美化为主,园林建筑小品辅之。在植物选择配置上要充分体现生物多样性原则,以乔木为主,乔、灌、花、草结合,使常绿树种与落叶树种,速生树种与慢生树种,观叶、观花与观果树木,地被物与草坪草地保持适当的比例。农、林、师范院校还要把树木标本园的建设与校园园林绿化结合起来。如南京林业大学、山东农业大学、河南科技大学林业职业学院等,校园中的树木花草,既是校园景观和生态环境的组成部分,又是教学实习的活标本。

3. 把美写入校园,创造符合大专院校高文化内涵的校园艺术环境

美的环境令人心地纯洁、情感端正,使人的个性获得比较全面而和谐的发展。大专院校校园是高文化环境,是社会文明的橱窗。校园的形象环境,理应具有更深层次的美学内涵和艺术品位,因为追求校园美是众望所归。校园环境既要传承文脉,显示出历史久远的印痕,又要体现新的时代特色。因此,校园环境中不同院系的建筑、道路、绿地,在总体环境谐调的前提下,也应具有各自的特点和个性。

(三)大专院校各区绿地规划设计要点

1. 校前区绿化

学校大门、出入口与办公楼、教学主楼组成校前区或前庭,是行人、车辆的出入之处,具有交通集散功能和展示学校标志、校容校貌及形象的作用,因而校前区往往形成广场和集中绿化区,为校园重点绿化美化地段之一。

学校大门的绿化要与大门建筑形式相协调,以装饰观赏为主,衬托大门及立体建筑,突出庄重典雅、朴素大方、简洁明快、安静优美的高等学府校园环境。

学校大门绿化设计以规则式绿地为主,以校门、办公楼或教学楼为轴线,大门外使用

常绿花灌木形成活泼而开朗的门景,两侧花墙用藤本植物进行配置。在学校四周围墙处,选用常绿乔灌木自然式带状布置,或以速生树种形成校园外围林带。大门外面的绿化要与街景一致,但又要体现学校特色。大门内在轴线上布置广场、花坛、水池、喷泉、雕塑和主干道。轴线两侧对称布置装饰或休息性绿地。在开阔的草地上种植树丛,点缀花灌木,自然活泼,或植草坪及整形修剪的绿篱、花灌木,低矮开朗,富有图案装饰效果。在主干道两侧植高大挺拔的行道树,外侧适当种植绿篱、花灌木,形成开阔的绿荫大道。图 2-3-3所示为东营职业学院入口景观效果图。

图 2-3-3　东营职业学院入口景观效果图

2. 教学科研区绿化

教学科研区绿地主要满足全校师生教学、科研的需要,提供安静优美的环境,也为学生课间进行适当活动创造绿色室外空间。教学科研主楼前的广场设计,以大面积铺装为主,结合花坛、草坪,布置喷泉、雕塑、花架、园灯等园林小品,体现简洁、开阔的景观特色。

教学楼周围的基础绿带,在不影响楼内通风、采光的条件下,多种植落叶乔灌木。为满足学生休息、集会、交流等活动的需要,教学楼之间的广场空间应注意体现其开放性、综合性的特点,并具有良好的尺度和景观,以乔木为主,花灌木点缀。绿地布局平面上要注意其图案构成和线型设计,以丰富的植物及色彩,形成适合师生在楼上俯视的鸟瞰画面,立面要与建筑主体相协调,并衬托美化建筑,使绿地成为该区空间的休闲主体和景观的重要组成部分(见图 2-3-4)。

大礼堂是集会的场所,正面入口前设置集散广场,绿化同校前区,空间较小,内容相应简单。礼堂周围基础栽植,以绿篱和装饰树种为主。礼堂外围可根据道路和场地大小,布置草坪、树林或花坛,以便人流集散。

实验楼的绿化同教学楼,还要根据不同实验室的特殊要求,在选择树种时,综合考虑防火、防爆及空气洁净程度等因素。

图书馆是图书资料的储藏之处,为师生教学、科学活动服务,也是学校标志性建筑,其

图 2-3-4　东南大学九龙湖校区教学科研区效果图

周围的布局与绿化同大礼堂。

3. 生活区绿化

大专院校为方便师生学习、工作和生活，校园内设置有生活区和各种服务设施，该区是丰富多彩、生动活泼的区域。生活区绿化应以校园绿化基调为前提，根据场地大小，兼顾交通、休息、活动、观赏诸功能，因地制宜进行设计。食堂、浴室、商店、银行、邮局前要留有一定的交通集散及活动场地，周围可留基础绿带，种植花草树木，活动场地中心或周边可设置花坛或种植庭荫树。

学生宿舍区绿化可根据楼间距大小，结合楼前道路进行设计。楼间距较小时，在楼梯口之间只进行基础栽植或硬化铺装。场地较大时，可结合行道树，形成封闭式的观赏性绿地，或布置成庭院式休闲性绿地，铺装地面，花坛、花架、基础绿带和庭荫树池结合，形成良好的学习、休闲场地。

教工生活区绿化可参阅居住区绿地中的宅旁绿地设计。

后勤服务区绿化同生活区，还要根据水、电、热力及各种气体动力站、仓库、维修车间等管线和设施的特殊要求，在选择配置树种时，综合考虑防火、防爆等因素。

4. 体育活动区绿化

体育活动区在场地四周栽植高大乔木，下层配置耐阴的花灌木，形成一定层次和密度的绿荫，能有效地遮挡夏季阳光的照射和冬季寒风的侵袭，减弱噪声对外界的干扰（见图 2-3-5）。

为保证运动员及其他人员的安全，运动场四周可设围栏。在适当之处设置坐凳，供人们观看比赛。设坐凳处可植乔木遮阴。

室外运动场的绿化不能影响体育活动和比赛，以及观众的通视，应严格按照体育场地及设施的有关规范进行。

体育馆建筑周围应因地制宜地进行基础绿带绿化。

图 2-3-5　体育运动区绿化效果图

5. 道路绿化

校园道路两侧行道树应以落叶乔木为主，构成道路绿地的主体和骨架，浓荫覆盖，有利于师生们的工作、学习和生活，在行道树外侧植草坪或点缀花灌木，形成色彩、层次丰富的道路侧旁景观。

6. 休息游览绿地

大专院校一般面积较大，在校园的重要地段设置花园式或游园式绿地，供师生休闲、观赏、游览和读书。另外，大专院校中的花圃、苗圃、气象观测站等科学实验园地，以及植物园、树木园也可以园林形式布置成休息游览绿地。

休息游览绿地规划设计的构图形式、内容及设施，要根据场地地形地势、周围道路、建筑等环境，综合考虑，因地制宜地进行。

四、规划设计

在掌握了必要的理论知识之后，我们根据园林规划设计的程序以及校园绿地规划设计的特点，来完成河南科技大学林业职业学院西区的绿地规划设计。

(一)调查研究阶段

1. 自然环境

调查学校所在地的水文、气候、土壤、植被等自然条件。该学院坐落在河南省洛阳市，地处豫西北丘陵干热少雨区，年平均气温 14 ℃，最高气温为 44.2 ℃，最低气温为 −18.2 ℃，无霜期为 220～230 天，年降水量 600～800 mm，校园内地势平坦，土壤为沙壤土，略偏碱，较肥沃。

2. 社会环境

调查学校所在地的历史、人文、风俗传统、学校性质、校史校训、行业特色等。河南科技大学林业职业学院主要承担河南省的林业、园林、生态环境高等职业教育任务。学院1951年建校，办学历史悠久，师资力量雄厚，全日制在校生4 000余人。21世纪是一个生态文明的世纪，是人与自然和谐相处的世纪，林业生态环境在国家经济可持续发展战略中占有重要的地位。

3. 绿地设计条件或绿地现状的调查

通过现场踏查，明确规划设计范围，收集设计资料，掌握绿地现状，绘制相关现状图等。河南科技大学林业职业学院占地面积340亩，本次规划设计范围约230亩，学校东区为树木标本园和苗圃。

（二）编制设计任务书阶段

根据调查研究的实际情况，结合甲方的设计要求和相关设计规范，编制设计任务书。

1. 绿地规划设计目标

为搞好校园大环境绿化美化，加强校园文化建设，创造浓荫覆盖、花团锦簇、清洁卫生、安静清幽的校园环境，提供良好的环境景观和场所，满足师生文化、娱乐、休憩的需要，学院决定对校园西区重新进行绿地规划设计。设计要求新颖别致、美观大方，充分展现校园文化，满足师生日常的活动与游憩，以植物造景为主，适当设置硬质景观，并在合适位置设置一处水景，校园景观规划要与原有景观融为一体。

2. 绿地规划设计内容

学校绿地应结合其他用地统一规划，全面设计，形成和谐统一的整体，满足多种功能需要。具体设计内容如下。

1）总体规划设计

根据总体规划设计原则，依据建筑布局、周边环境和功能要求，确定合理的功能分区。根据各功能区的特点，依据绿地实际大小，规划设计不同的活动场地，以满足各空间和区域的功能要求。

2）景观规划设计

在整体规划的前提下，进行景观空间序列的规划，确定不同的景观内容，以植物造景为主，合理设置硬质景观，以形成美观整洁的校园环境，并根据景观特征为各景区、景点命名。

3）植物种植设计

以乡土树种为主，适当引进景观树种。要求乔灌结合，疏密变化有致。要体现孤植、丛植、群植等种植形式的景观效果，展现丰富多变的林缘线和林冠线，做到季相分明，四季有景可观。通过植物造景为师生营造一个休憩、学习的环境。

3. 绿地规划设计原则

结合学校的现状以及相关设计规范，提出以下设计原则。

（1）环境育人，通过校园环境建设，创造良好的育人环境。

（2）以人为本，体现人性化设计理念。

(3)生态原则,在尽量保留和利用原有大树的基础上,以植物造景为主,以乡土树种为主。

(4)总体布局力求功能合理、分区清楚,联系方便,互不干扰。

(三)总体规划设计阶段

根据任务书中明确的规划设计目标、内容、原则等具体要求,着手进行总体规划设计。主要有以下三方面工作。

1. 功能分区

根据所学的理论知识,我们知道大专院校绿地一般可分为教学科研区绿地、学生生活区绿地、体育运动区绿地、后勤服务区绿地、教工生活区绿地、校园道路绿地、休息游览区绿地等。但大专院校一般面积较大,总体布局形式多样,而且学校规模、专业特点、办学方式以及周围的社会条件不同,其功能分区的设置也不尽相同,往往结合各学校实际情况进行不同功能区划,从而形成了各自独特的规划设计布局。

根据河南科技大学林业职业学院的原有建筑布局特点和各建筑的功能定位,将校园西区绿地划分为行政办公区绿地、教学科研区绿地、学生生活区绿地、体育活动区绿地和休息游览区绿地(见图2-3-6)。具体功能分区和功能定位情况如下。

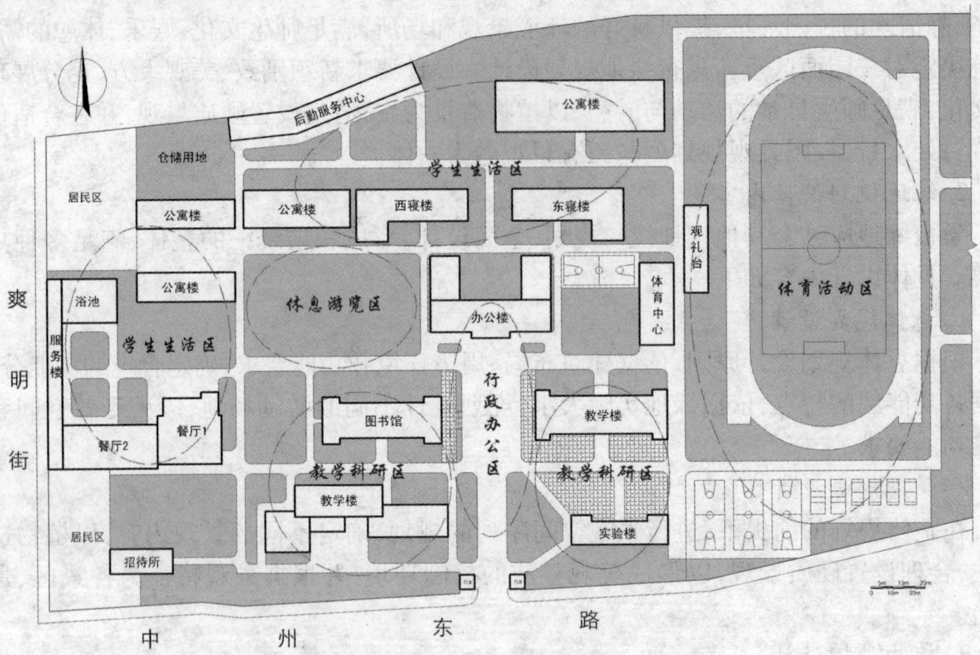

图2-3-6　河南科技大学林业职业学院功能分区图

行政办公区绿地:包括学院大门、中心广场和办公楼等建筑。该区是学院门户和标志,布局多采用规则而开朗的手法,以装饰性绿地为主,规划设计要形成宁静、美丽、庄重、大方的校园氛围。

教学科研区绿地:包括教学楼、实验楼、图书馆等建筑。该区绿地主要为教学科研区服务,其绿地沿建筑周围、道路两侧呈条带状或团块状分布,植物配置要保证室内的通风、采光等基本要求，要营造安静的学习与研究环境。

学生生活区绿地：包括学生公寓、食堂、浴室、后勤服务等建筑。该区占地面积大，绿地分散，力求通过绿地规划设计和景观营造，形成生活便利、温馨舒适、功能完备的生活空间。

体育活动区绿地：包括体育中心、观礼台、田径运动场和各类球场及器械运动场等。该区除足球场草坪外，绿地沿道路两侧和场馆周边呈条带状分布，在保证不影响运动项目开展的前提下进行装饰性绿化。

休息游览区绿地：在校园中心位置，对原有绿地重新进行规划设计，形成中心花园；绿化景观要质高境幽，满足师生休息散步、文化娱乐、陶冶情操等需求。

道路绿地位于道路两侧，除行道树外，道路外侧绿地与相邻的功能区绿地融合。

2. 景观规划

创造符合现代生态学、美学和场所精神特征的优美的教学环境与理想的生活空间。校园总体环境的营造，不仅创造优美的景观环境，而且注重通过环境陶冶情操，达到一种“环境育人”的教育氛围，体现当代大学生朝气蓬勃、奋发向上的精神风貌。

根据总体布局、功能分区、教学特点等实际，并结合洛阳地域文化、行业特色、校园文化等理念，形成以下景观规划设计的总体构思（见图 2-3-7）。

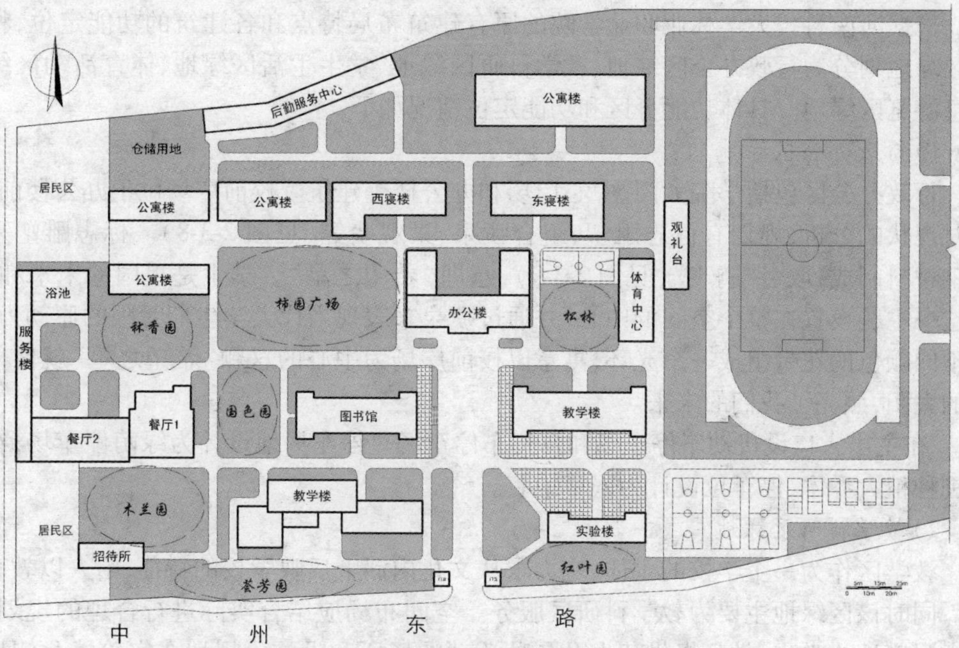

图 2-3-7　河南科技大学林业职业学院景观规划图

景观轴：一横一纵，通过道路、广场、种植等形成景观轴线。

景观视线：成放射状分布，包括各个建筑形成的对视，以及由建筑向绿地形成的透景线。

景观节点：办公楼前广场、红叶园、荟芳园、国色园、柿园广场、秋香园、松林等组成各景观节点,形成不同主题和季相的景观空间。例如,国色园以种植牡丹为主,体现洛阳牡丹文化;柿园广场谐音"师缘",寓意师生同心,缘定林业之意;秋香园谐音"书香",种植林果植物,象征林业学子桃李满天下等。

3. 植物规划

洛阳地处北亚热带与暖温带的过渡地带,兼有南北气候之长,气候温和,雨量充沛,光照充足;校园内地势平坦,土壤为沙壤土,略偏碱,较肥沃,适合大部分华北地区和华中地区植物生长,可应用的植物资源兼具南北特色。同时考虑到林业院校的教学特点,植物选择要兼顾景观和教学的双重性。特拟定如下。

校园的骨干树种为大叶女贞、雪松、栾树、悬铃木。

校园的基调树种为银杏、白玉兰、柿树、红叶李、蜡梅、紫薇、桂花、广玉兰、棕榈。

校园的景观树种为国槐、龙爪槐、碧桃、连翘、红瑞木、棣棠、迎春、火棘、金银木、紫藤、凌霄、牡丹、月季、寿星桃、麦冬、玉簪、冷季型草等。

(四)局部详细设计阶段

根据确定后的总体规划设计方案,对各绿地局部进行详细设计。局部详细设计工作主要包括以下内容。

1. 各功能区绿地设计

根据河南科技大学林业职业学院的原有建筑布局特点和各建筑的功能定位,将校园西区绿地划分为行政办公区绿地、教学科研区绿地、学生生活区绿地、体育活动区绿地和休息游览区绿地。具体功能分区和功能定位情况如下。

1)行政办公区绿地

行政办公区包括学院大门、中心广场和办公楼等建筑。校前广场位于办公楼前面,通过对现状的分析,规划有标志雕塑、组合喷泉、景观墙等(见图 2-3-8)。标志雕塑采用不锈钢材料制成,取名"腾飞"(见图 2-3-9),意即"希望之星"。学生是祖国的未来和希望,把这一主题设置在整个空间的中心,并通过喷泉来表现当代大学生们无限的原动力,周边用不同颜色的花带组成一个光环,寓意以校前广场为中心的这颗"希望之星"就像冉冉升起的太阳,照亮了我们的未来。

在主出入口设机动车停车场和自行车停车场。停车场地设计为绿荫停车场,在车位周围种植大乔木,停车位设计为嵌草铺装。

2)教学科研区绿地

教学区作为一个学校的主体,应力求从文化内涵上反映学校的特征,给人以教育和启迪。同时该区绿地主要为教学科研区服务。空间布局应结合实际进行合理的规划设计,最大限度地为学生、教师提供读书及各种活动的场所和设施。规划在实验楼北侧形成较大型的铺装场地,设计为绿荫广场(见图 2-3-10)。在教学楼南侧荟芳园中设计游憩性道路广场,内设花坛、景石等,以突出主题,供学生课间休息使用。

3)学生生活区绿地

学生生活区包括学生公寓、食堂、浴室、后勤服务等建筑,该区占地面积大,绿地分散,力求通过绿地规划设计和景观营造,形成生活便利、温馨舒适、功能完备的生活空间(见图 2-3-11)。

图 2-3-8 “希望之星”广场效果图

图 2-3-9 “腾飞”雕塑意想图

图 2-3-10 绿荫广场效果图

4) 体育活动区绿地

体育活动区包括体育中心、观礼台、田径运动场和各类球场及器械运动场等，该区除足球场草坪外，绿地沿道路两侧和场馆周边呈条带状分布，在保证不影响运动项目开展的前提下，根据绿地现状进行装饰性绿化（见图 2-3-12、图 2-3-13）。

5) 休息游览区绿地

在校园中心位置，对原有绿地重新进行规划设计，形成中心花园，绿化景观要质高境

图 2-3-11　校园生活区绿地

图 2-3-12　利用地形设计为下沉式运动场

图 2-3-13　运动场周边装饰绿地

幽，满足师生休息散步、文化娱乐、陶冶情操等需求。

柿园广场位于办公楼西侧，规划有景观雕塑——“生命无限”（见图 2-3-14）、旱喷泉、景石（见图 2-3-15）和卵石装饰铺装。将其取名为“年轮”广场，此处的主题为“光阴的故事”。设计一处环形的卵石铺装广场，用树木随年龄增长在树干横截面形成的年轮，象征光阴的流逝，提醒学子珍惜时间。在卵石广场上，点缀小的年轮形钢板树脂地饰，增添趣味性。夜晚灯光透过树脂，犹如点点的星光布满广场，隐喻学子犹如天上的繁星，象征众多学子桃李满天下。

2. 植物种植设计

植物配置上紧扣设计思想，多样变化，又整齐统一，利用植物材料本身的树形和花果色彩的差异及变化划分不同景区。相对集中地选用了能够体现基本特色的树种，或垂柳，或红枫，或绿杨，以突出每个景区的特色，形成和谐完美的艺术形象。

绿化中应突出自然的特色，着重配植观花的乔、灌、草和地被植物。保留现有大乔木，在近期成为绿化景观的主体形象，植物主要选择洛阳地区的乡土树种。沿步道以竹径、花径为主要特色景观。

各游憩绿地的植物配置力求群落式栽植，植物选择枝形优美、冠大，病虫害少，无毒、

图 2-3-14　“生命无限”主题雕塑效果图

图 2-3-15　景题式置石

无刺激性，易长、易管的乡土树种，满足丰实度要求。

所有的车行道和人行步道两侧均种植冠幅大、遮阴好的落叶乔木。林荫道、中心绿地及楼前绿地种植 50% 的成树，使人们提前 10 ~ 20 年享受成熟绿地的环境；除平面种植外，重视垂直绿化，增加绿化覆盖率；精心选择植物材料，使四季景观变化丰富。

行道树按花园式林荫大道布置，有利于为学生创造一个良好的休息和运动的室外空间。把过路的行人与休息、运动的学生分开，避免了相互干扰。成行成排的行道树，强化了校园的景观轴线，成为视觉走廊，是校园的主要透景线。

植物配置季相明确，春天赏花，秋季观叶，夏季行走于林荫道，冬季植物不遮蔽阳光，形成四季有景可观的植物景观，详细设计如下。

1）春季景观

荟芳园：位于教学楼南侧花园，广植金丝垂柳和春花灌木碧桃、紫叶李、樱花、连翘、迎春等，春季桃花、李花开满枝头，寓意“桃李满天下”。

国色园：位于图书馆西侧，主景以牡丹为主，配以春花小乔木和春花灌木，如西府海棠春、芍药、月季等。牡丹国色天香，雍容华贵，以展示洛阳地域文化。

木兰园：位于餐厅南侧，自然式栽植白玉兰、广玉兰、二乔玉兰等，形成“春色满园关不住”之景，将春天的信息传递给人们，“一年之际在于春”，要抓住大好时机，努力学习。

2）夏季景观

柿园广场：位于办公楼西侧，以柿树为主，种植夏花乔灌木如大叶女贞、银杏、合欢、紫薇、石榴等，入夏后，繁花杂陈，林木浓郁，苍翠之中尽显校园环境的安逸与静谧。

林荫广场：位于实验楼北侧，以核桃树、合欢等形成林荫，夏季浓荫匝地，营造成学生读书休憩的安静空间。

3）秋景景观

红叶园：位于实验楼南侧，种植红叶及秋叶、秋花植物，如红叶李、红枫、银杏、乌柏等树种，间植桂花、红瑞木、棣棠、龙爪槐等形成围合空间，处处情趣盎然。银杏的苍劲枝干，红瑞木的红枝，棣棠的绿枝，以及龙爪槐的虬枝，给校园平添几多情趣。

秫香园：位于餐厅北侧，以观果树种为主，体现果实挂满枝头的景象，寓意教师和学生在这里都能取得成果。以桃、李、金银木、海棠、构骨、板栗、枣等高低错落，相映成趣。

4）冬季景观

松林：位于办公楼东侧，以雪松、云衫、沙地柏等为主，四季常青，冬季在白雪的映衬下，别具一格。

（五）完成图纸绘制

根据学校绿地规划设计的相关知识和设计要求，我们可完成河南科技大学林业职业学院绿化设计，设计图纸应包括如下内容。

1. 设计平面图

设计平面图中应包括所有设计范围内的绿化设计，要求能够准确地表达设计思想，图面整洁，图例使用规范（见图 2-3-16、图 2-3-17）。平面图主要表达功能区划、道路广场规划、景点景观布局、植物种植设计等平面设计。

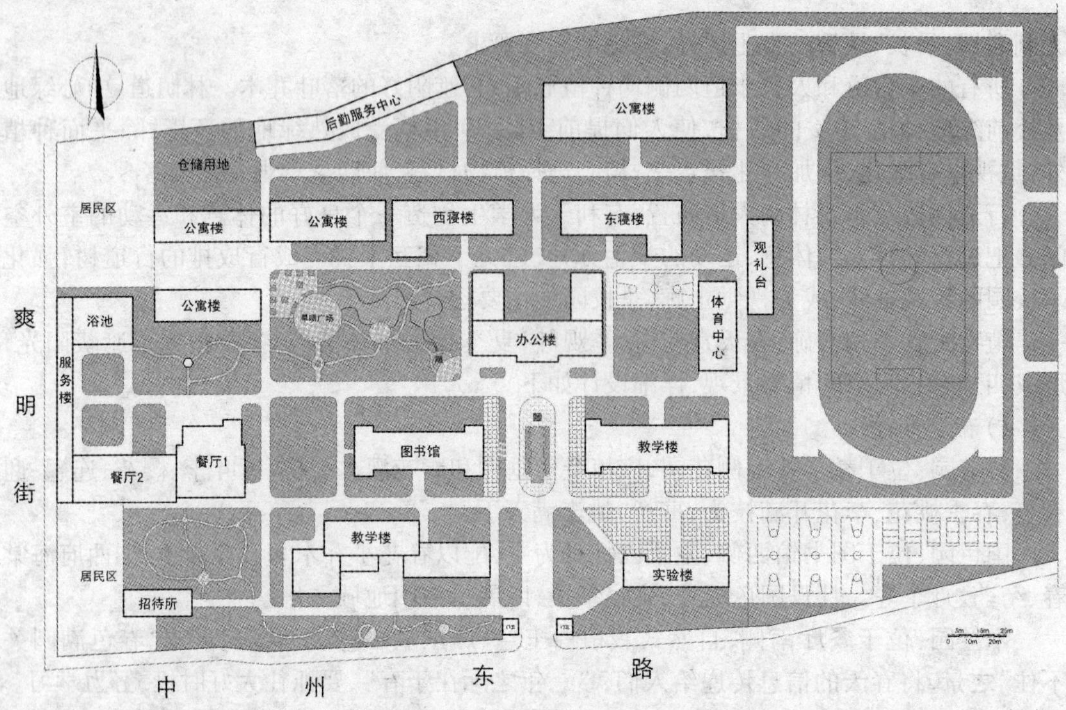

图 2-3-16 总体规划平面图

2. 立面图

为了更好地表达设计思想，在学校绿地规划设计中要求绘制出主要景观、主要观赏面的立面图，在绘制立面图时应严格按照比例表现硬质景观、植物以及两者间的相互关系，植物景观按照成年后最佳观赏效果时期来表现。立面图主要表达地形、建筑物、构筑物、植物等立面设计。

3. 效果图

效果图是为了能够更直观地体现规划理念和设计主题而绘制的，一般分为全局的鸟瞰图和局部景观效果图。学校绿化设计时常要求绘制出效果图，在绘制时应注意选择合

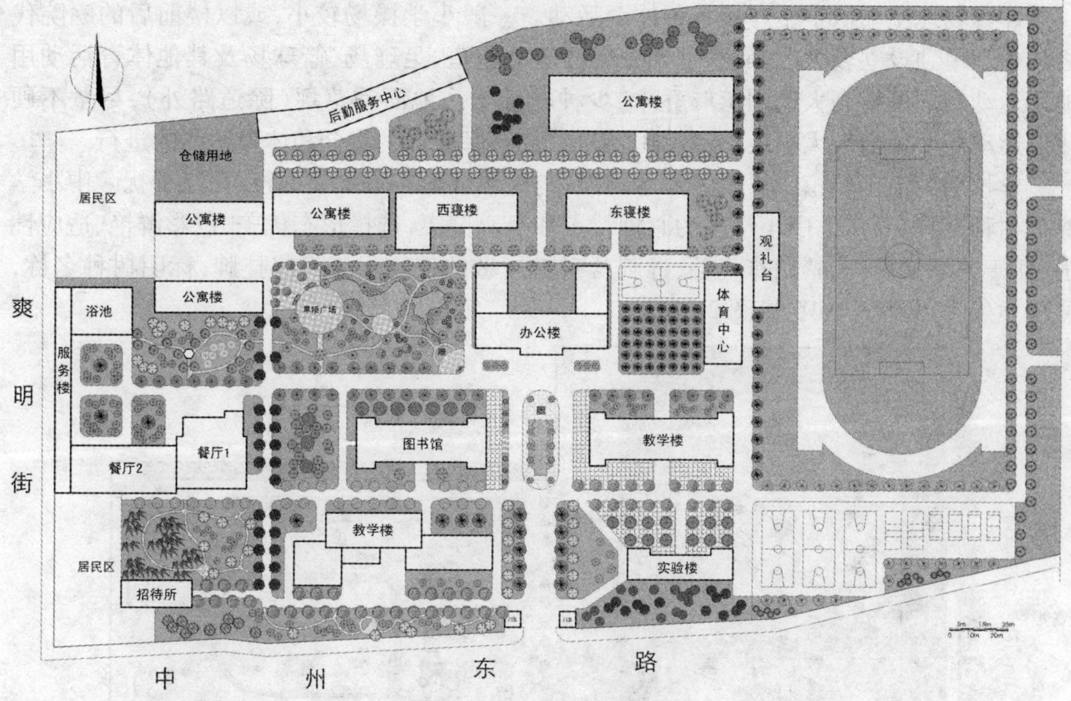

图 2-3-17 植物种植设计图

适的视角,真实地反映设计效果。

4. 植物设施表

植物设施表以图表的形式列出所用植物材料、建筑设施的名称、图例、规格、数量及备注说明等。

5. 设计说明书

设计说明书(文本)主要包括项目概况、规划设计依据、设计原则、艺术理念、景观设计、植物配置等内容,以及补充说明图纸无法表现的相关内容。

五、中小学绿地设计

中小学用地分为建筑用地(包括办公楼、教学及实验楼、广场道路及生活杂务场院)、体育场地和自然科学实验用地。

中小学建筑用地绿化,往往沿道路两侧、广场、建筑周边和围墙边呈条带状分布,以建筑为主体,绿化相衬托、美化。因此,绿化设计既要考虑建筑物的使用功能,如通风、采光、遮阴、交通集散,又要考虑建筑物的形状、体量、色彩和广场、道路的空间大小。大门出入口、建筑门厅及庭院可作为校园绿化的重点,结合建筑、广场及主要道路进行绿化布置,注意色彩、层次的对比变化,建花坛,铺草坪,植绿篱,配置四季花木,衬托大门及建筑物入口空间和正立面景观,丰富校园景色。建筑物前后作低矮的基础栽植,5 m 内不植高大乔木。两山墙外植高大乔木,以防日晒。庭院中也可植乔木,形成庭荫环境;设置乒乓球台、阅报栏等文体设施,供学生课余活动之用。校园道路绿化,以遮阴为主,植乔灌木。

体育场地主要供学生开展各种体育活动。一般小学操场较小，或以楼前后的庭院代之。中学单独设立较大的操场，可划分标准运动跑道、足球场、篮球场及其他体育活动用地。运动场周围植高大遮阴落叶乔木，少种花灌木。地面铺草坪（除道路外），尽量不硬化。运动场要留出较大空地供活动用，空间通视，保证学生安全和体育比赛的进行。

学校周围沿围墙植绿篱或乔灌木林带，与外界环境相对隔离，避免相互干扰。中小学绿化树种选择，要考虑中小学生的心理特点和身心健康，选择形态优美、色彩鲜艳、适应性强、便于管理的植物，禁用有飞毛、毒刺及引起过敏的植物。树木应挂牌，标明树种名称，便于学生学习科学知识（见图 2-3-18）。

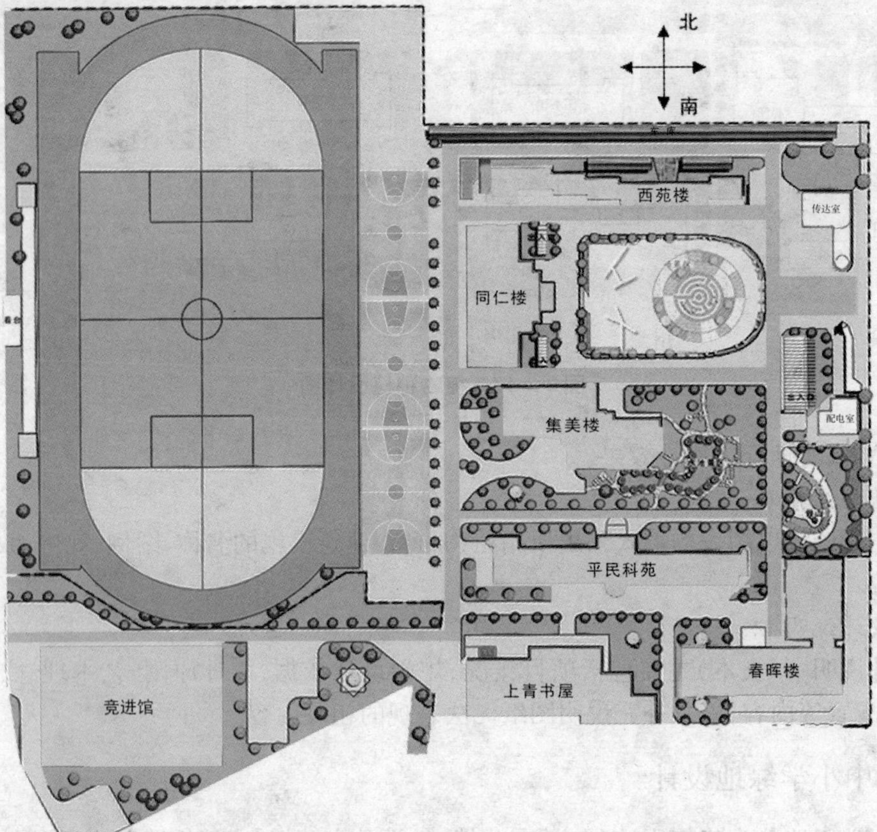

图 2-3-18　新华中学平面图

六、幼儿园绿地设计

一般正规的幼儿园包括室内活动和室外活动两部分，根据活动要求，室外活动场地又分为公共活动场地、自然科学等基地和生活杂务用地。

公共活动场地是儿童游戏活动场地，也是幼儿园重点绿化区。该区绿化应根据场地大小，结合各种游戏活动器械的布置，适当设置小亭、花架、涉水池、沙坑。在活动器械附近，以遮阴的落叶乔木为主，角隅处适当点缀花灌木，场地应开阔通畅，不能影响儿童活动。

菜园、果园及小动物饲养地，是培养儿童热爱劳动、热爱科学的基地。有条件的幼儿园可将其设置在全园一角，用绿篱隔离，里面种植少量果树、油料、药用等经济植物，或饲养少量家畜家禽（见图 2-3-19）。

整个室外活动场地，应尽量铺设耐践踏的草坪，在周围种植成行的乔灌木，形成浓密的防护带，起防风、防尘和隔离噪声作用。

幼儿园绿地植物的选择，要考虑儿童的心理特点和身心健康，选择形态优美、色彩鲜艳、适应性强、便于管理的植物，禁用有飞毛、毒、刺及引起过敏的植物，如花椒、黄刺玫、漆树、凤尾兰等。同时，建筑周围注意通风采光，5 m 内不能植高大乔木。

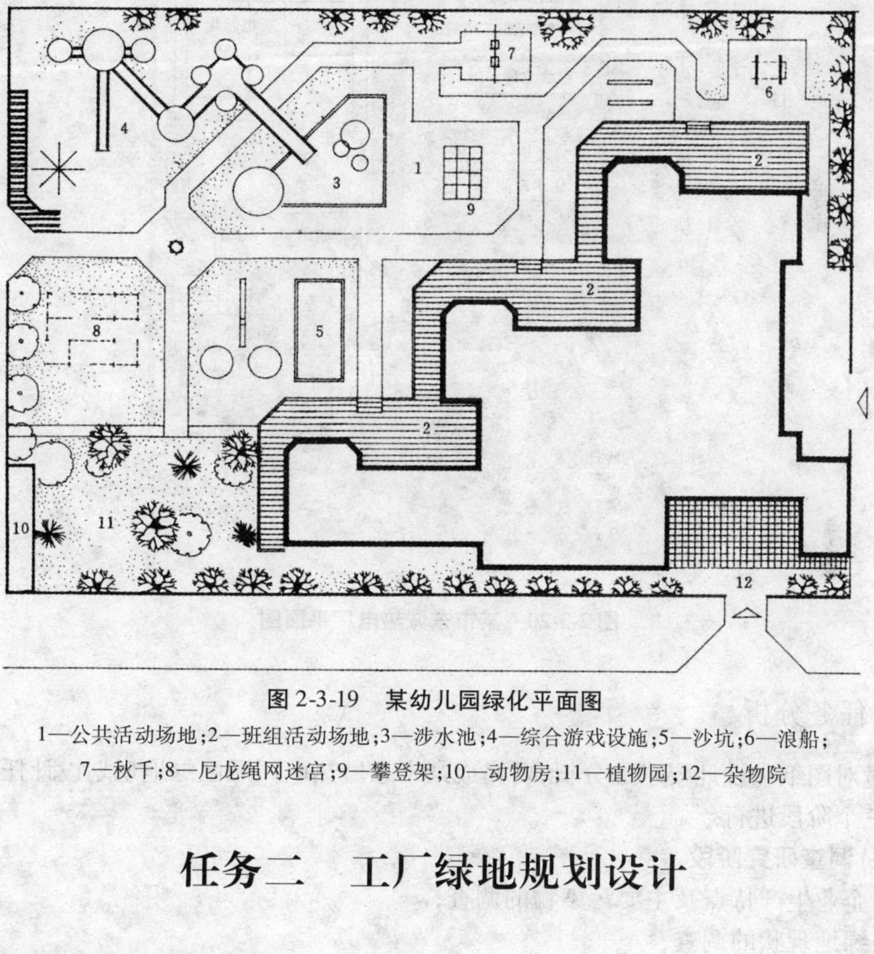

图 2-3-19　某幼儿园绿化平面图

1—公共活动场地；2—班组活动场地；3—涉水池；4—综合游戏设施；5—沙坑；6—浪船；7—秋千；8—尼龙绳网迷宫；9—攀登架；10—动物房；11—植物园；12—杂物院

任务二　工厂绿地规划设计

一、设计任务

图 2-3-20 为北方某市新建成的东城热电厂平面布置图。该热电厂占地约 6 万 m^2，是国家计委批准建设的环保节能热电联产项目，设计总装机容量为 4.9 万 kW。现要求根据热电厂的生产特点和相关绿地设计规范等要求，在充分满足环境保护、卫生防护、生产安全等要求的前提下，结合绿地现状完成厂区绿地规划设计。

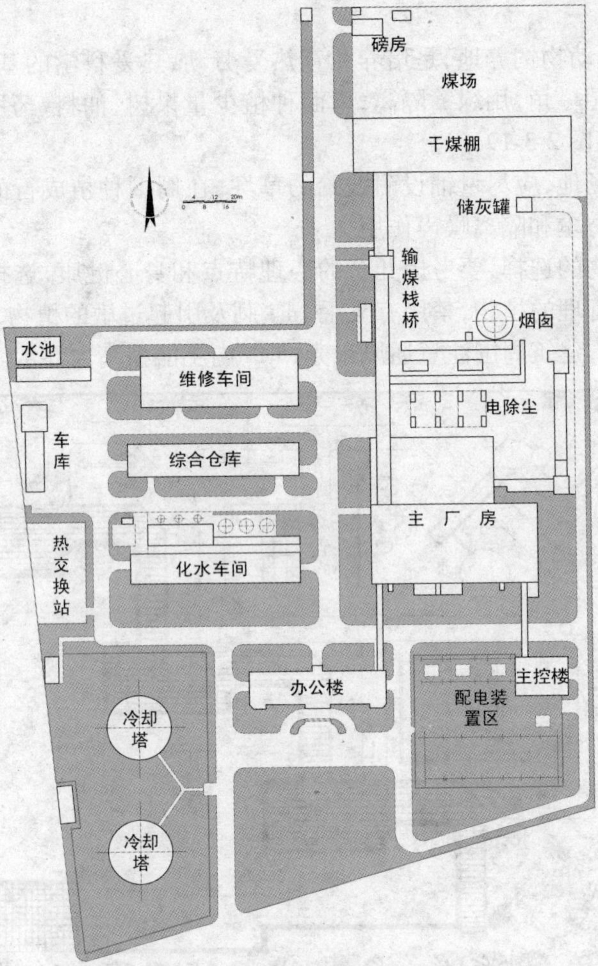

图 2-3-20　某市东城热电厂平面图

二、任务分析

通过对图纸和设计要求的分析，要完成某市东城热电厂厂区绿地规划设计任务，可分为以下三个阶段进行。

（一）调查研究阶段

（1）企业生产特点及主要污染物的调查；

（2）绿地现状的调查；

（3）确定绿地规划设计的基本原则。

（二）总体规划设计阶段

（1）分区规划。根据企业生产流程、工艺要求、环境特点等，确定功能分区，并明确各绿地的功能和景观规划的设计理念等。

（2）树种规划。根据企业污染特点，结合当地自然条件和植被类型，确定绿化的骨干树种和景观树种。

(三)局部详细设计阶段

工厂绿地各组成部分的设计及设计图纸的绘制。

三、相关资料的调研与收集

(一)工厂绿化特点

工厂绿地与其他园林绿地相比,环境条件有其相同的一面,也有其特殊的一面。认识工厂绿地环境条件的特殊性,有助于正确选择绿化植物,合理进行规划设计,满足功能和服务对象的需要。

1. 环境恶劣

工厂企业在生产过程中常常排放、逸出各种有害于人体健康和植物生长的气体、粉尘、烟尘及其他物质,使空气、水、土壤得到不同程度的污染。虽然人们采取各种环保措施进行治理,但由于经济条件、科学技术和管理水平的限制,污染还不能完全杜绝。另外,工业用地的选择尽量不占耕地良田,加之工程建设及生产过程中材料堆放、废物的排放,使土壤结构、化学性能和肥力都较差,因而工厂绿地的气候、土壤等环境条件,对植物生长发育是不利的,在有些污染性大的厂矿甚至是恶劣的,这也相应增加了绿化的难度。因此,根据不同类型、不同性质的厂矿企业,慎重选择那些适应性强、抗性强、能耐恶劣环境的花草树木,并采取措施加强管理和保护,是工厂绿化成败的关键环节,否则会出现植物死亡、事倍功半不见效的结果。

2. 用地紧张

工厂企业内建筑密度大,道路、管线及各种设施纵横交错,尤其是城镇中小型工厂,绿化用地往往很少。因此,工厂绿化要"见缝插绿"、"找缝插绿"、"寸土必争",灵活运用绿化布置手法,争取较多的绿化用地。如在水泥地上砌台栽花,挖坑植树,墙边栽植攀缘植物垂直绿化,开辟屋顶花园空中绿化等,都是增加工厂绿地面积行之有效的办法。

3. 保证生产安全

工厂的中心任务是发展生产,为社会提供质优量多的产品。工厂企业的绿化要有利于生产正常运行,有利于产品质量提高。厂区内地上、地下管线密布,可谓"天罗地网",建筑物、构筑物、铁道、道路交叉如织,厂内外运输繁忙。有些精密仪器厂、仪表厂、电子厂的设备和产品对环境质量有较高的要求。因此,工厂绿化首先要处理好与建筑物、构筑物、道路、管线的关系(见表2-3-1),保证生产运行的安全,还要满足设备和产品对环境的特殊要求,又要使植物能有较正常的生长发育条件。

一般情况下,车间周围的绿地设计,首先要考虑有利于生产和室内通风采光,距车间6~8 m内不宜栽植高大乔木。其次,要把车间出入口两侧绿地作为重点绿化美化地段。各类车间生产性质不同,各具特点,必须根据车间具体情况因地制宜地进行绿化设计(见表2-3-2)。

表 2-3-1　树木与建筑物、构筑物、地下管线的最小间距

序号	建筑物、构筑物及地下管线的名称	间距(m)	
		至乔木中心	至灌木中心
1	建筑物外墙(有窗)	3.0	1.5
2	建筑物外墙(无窗)	2.0	1.5
3	围墙	2.0	1.0
4	标准轨距铁路中心线	5.0	3.5
5	道路路面边缘	0.5	0.5
6	人行道边缘	0.5	0.5
7	土排水明沟边缘	0.3	0.3
8	给水管管壁	5.5/1.0	0.5
9	排水管管壁	1.5/1.0	0.5
10	热水管(沟)管(沟)壁	1.5/1.0	1.5/1.0
11	煤气管管壁	1.2/1.0	1.0
12	乙炔管、氧气管、压缩空气管管壁	1.5/1.0	1.0
13	电力电缆外缘	1.5/1.0	0.5
14	照明电缆外缘	1.0	0.5

注:1. 表列管壁是指外缘。
2. 明沟为铺砌时,其间距应从沟外壁算起。
3. 树木与管线间距,受条件限制,不能满足分子数据要求时,可采用分母数据。
(此表选自《机械工厂总平面及运输设计规范》)

仓库区的绿化设计,要考虑消防、交通运输和装卸方便等要求,选用防火树种,禁用易燃树种,疏植高大乔木,间距 7 ~ 10 m,绿化布置宜简洁。在仓库周围留出 5 ~ 7 m 宽的消防通道。装有易燃物的贮罐,周围应以草坪为主,防护堤内不种植物。露天堆物场绿化,在不影响物品堆放、车辆进出、装卸条件下,周边栽植高大、防火、隔尘效果好的落叶阔叶树,以利夏季工人遮阴休息,外围加以隔离。

4. 服务对象

工厂绿地是本厂职工休息的场所,面积小,使用时间短,加之环境条件的限制,使可以种植的花草树木的种类、数量受到限制。如何在有限的绿地中,以绿化美化为主,条件许可时,适当设置一些景点景区、建筑小品和休息设施,这是工厂绿化的中心问题。因此,工厂绿化必须围绕有利于职工工作、休息和身心健康,有利于创造优美的厂区环境来进行。如利用厂内山丘水塘,置水榭,建花架,植花木,形成小游园,自然生动;或设水池、喷泉,种荷花睡莲,点缀雕塑,相映成趣。道路两旁植行列行道树,建筑周边绿地规则式种植整形

的绿篱、花灌木,铺草坪,简洁明快,通透而有层次。

表 2-3-2　各类生产车间周围绿化特点及设计要点

车间类型	绿化特点	设计要点
1. 精密仪器车间、食品车间、医药卫生车间、供水车间	对空气质量要求较高	以栽植藤本、常绿树木为主,铺设大块草坪,选用无飞絮、种毛、落果及不易掉叶的乔灌木和杀菌能力强的树种
2. 化工车间、粉尘车间	有利于有害气体、粉尘的扩散、稀释或吸附,起隔离、分区、遮蔽作用	栽植抗污、吸污、滞尘能力强的树种,以草坪、乔灌木形成一定空间和立体层次的屏障
3. 恒温车间、高温车间	有利于改善和调节小气候环境	以草坪、地被物、乔灌木混交,形成自然式绿地。以常绿树种为主,花灌木色淡味香,可配置园林小品
4. 噪声车间	有利于减弱噪声	选择枝叶茂密、分枝低、叶面积大的乔灌木,以常绿落叶树木组成复层混交林带
5. 易燃易爆车间	有利于防火、防爆	栽植防火树种,以草坪和乔木为主,不栽或少栽花灌木,以利可燃气体稀释、扩散,并留出消防通道和场地
6. 露天作业区	起隔音、分区、遮阴作用	栽植大树冠的乔木混交林带
7. 工艺美术车间	创造美好的环境	栽植姿态优美、色彩丰富的树木花草,配置水池、喷泉、假山、雕塑等园林小品,铺设园路小径
8. 暗室作业车间	形成幽静、蔽荫的环境	搭荫棚,或栽植枝叶茂密的乔木,以常绿乔木、灌木为主

(二)工厂绿地的组成

1. 厂前区绿地

厂前区由道路广场、出入口、门卫收发、办公楼、科研实验楼、食堂等组成,既是全厂行政、生产、科研、技术、生活的中心,也是职工活动和上下班集散的中心,还是连接市区与厂区的纽带。厂前区绿地为广场绿地、建筑周围绿地等。厂前区面貌体现了工厂的形象和特色。

2. 生产区绿地

生产区分布着车间、道路、各种生产装置和管线,是工厂的核心,也是工人生产劳动的区域。生产区绿地比较零碎分散，呈条带状和团片状分布在道路两侧或车间周围。

3. 仓库区绿地

该区是原料和产品堆放、保管和储运区域，分布着仓库和露天堆场，绿地与生产区基本相同，多为边角地带。为保证生产，绿化不可能占据较多的用地。

4. 绿化美化地段

厂区周围的防护林带，厂内的小游园、花园等。

（三）工厂绿地的设计原则

工厂绿化，既要重视厂前区和厂内绿化美化地段，提高园林艺术水平，体现绿化美化和游憩观赏功能，也不能忽视生产区和仓库区绿化，以改善和保护环境为主，兼顾美化、观赏功能。

工厂绿化关系到全厂各区、各车间内外生产环境和厂区容貌的好坏，在规划设计时应遵循如下几项基本原则。

1. 工厂绿化应体现各自的特色和风格

工厂绿化是以厂内建筑为主体的环境净化、绿化和美化，要体现本厂绿化的特色和风格，充分发挥绿化的整体效果，以植物与工厂特有的建筑的形态、体量、色彩相衬托、对比、谐调，形成别具一格的工业景观（远观）和独特优美的厂区环境（近观）。

同时，工厂绿化还应根据本厂实际，在植物的选择配置、绿地的形式和内容、布置风格和意境等方面，体现出厂区宽敞明朗、洁净清新、整齐一律、宏伟壮观、简洁明快的时代气息和精神风貌。

2. 为生产服务，为职工服务

为生产服务，要充分了解工厂及其车间、仓库、料场等区域的特点，综合考虑生产工艺流程、防火、防爆、通风、采光以及产品对环境的要求，使绿化服从或满足这些要求，有利于生产和安全。为职工服务，就要创造有利于职工劳动、工作和休息的环境，有益于工人的身体健康。尤其是生产区和仓库区，占地面积大，又是职工生产劳动的场所，绿化的好坏直接影响厂容厂貌和工人的身体健康，应作为工厂绿化的重点之一。根据实际情况，从树种选择、布置形式到栽植管理上多下工夫，充分发挥绿化在净化空气、美化环境、消除疲劳、振奋精神、增进健康等方面的作用。

3. 合理布局，联合系统

工厂绿化要纳入厂区总体规划中，在工厂建筑、道路、管线等总体布局时，要把绿化结合进去，做到全面规划、合理布局，形成点、线、面相结合的厂区园林绿地系统。点的绿化是厂前区和游憩性游园，线的绿化是厂内道路、铁路、河渠及防护林带，面就是车间、仓库、料场等生产性建筑、场地的周边绿化。从厂前区到生产区、仓库、作业场、料场，到处是绿树、红花、青草，让工厂掩映在绿荫丛中。同时，也要使厂区绿化与市区街道绿化联系衔接，过渡自然。

4. 增加绿地面积，提高绿地率

工厂绿地面积的大小，直接影响到绿化的功能和厂区景观。各类工厂为保证文明生产和环境质量，必须有一定的绿地率：重工业 20%，化学工业 20% ~25%，轻纺工业 40% ~45%，精密仪器工业 50%，其他工业 25%。据调查，大多数工厂绿化用地不足，特别是位于旧城区的工厂绿化用地远远低于上述指标，而一些工厂增加绿地面积的潜力还是相当大的，只是因资金紧张或领导重视不够而已。因此，要想方设法通过多种途径、多种形式增加绿地面积，提高绿地率、绿视率和绿量。

(四)工厂绿化常用抗污树种

1. 抗二氧化硫气体的树种

抗性强的树种：大叶黄杨、雀舌黄杨、瓜子黄杨、海桐、蚊母、山茶、女贞、小叶女贞、枳橙、棕榈、凤尾兰、蟹橙、夹竹桃、枸骨、金橘、构树、无花果、枸杞、青冈栎、白蜡、木麻黄、相思树、榕树、十大功劳、九里香、侧柏、银杏、广玉兰、鹅掌楸、柽柳、梧桐、重阳木、合欢、皂荚、刺槐、国槐、紫穗槐、黄杨。

抗性较强的树种：华山松、白皮松、云杉、赤杉、杜松、罗汉松、龙柏、桧柏、石榴、月桂、冬青、珊瑚树、柳杉、栀子花、飞鹅槭、青桐、臭椿、桑树、楝树、白榆、榔榆、朴树、黄檀、蜡梅、榉树、毛白杨、丝棉木、木槿、丝兰、桃兰、红背桂、芒果、枣、榛子、椰树、蒲桃、米仔兰、菠萝、石栗、沙枣、印度榕、高山榕、细叶榕、苏铁、厚皮香、扁桃、枫杨、红茴香、凹叶厚朴、含笑、杜仲、细叶油茶、七叶树、八角金盘、日本柳杉、花柏、粗榧、丁香、卫矛、柃木、板栗、无患子、玉兰、八仙花、地锦、梓树、泡桐、香梓、连翘、金银木、紫荆、黄葛榕、柿树、垂柳、胡颓子、紫藤、三尖杉、杉木、太平花、紫薇、银杉、兰桉、乌桕、杏树、枫香、加杨、旱柳、小叶朴、木菠萝。

反应敏感的树种：苹果、梨、羽毛槭、郁李、悬铃木、雪松、油松、马尾松、云南松、湿地松、落地松、白桦、毛樱桃、贴梗海棠、油梨、梅花、玫瑰、月季。

2. 抗氯气的树种

抗性强的树种：龙柏、侧柏、大叶黄杨、海桐、蚊母、山茶、女贞、夹竹桃、凤尾兰、棕榈、构树、木槿、紫藤、无花果、樱花、枸骨、臭椿、榕树、九里香、小叶女贞、丝兰、广玉兰、柽柳、合欢、皂荚、国槐、黄杨、白榆、红棉木、沙枣、椿树、苦楝、白蜡、杜仲、厚皮香、桑树、柳树、枸杞。

抗性较强的树种：桧柏、珊瑚树、栀子花、青桐、朴树、板栗、无花果、罗汉松、桂花、石榴、紫薇、紫荆、紫穗槐、乌桕、悬铃木、水杉、天目木兰、凹叶厚朴、红花油茶、银杏、桂香柳、枣树、丁香、假槟榔、江南红豆树、细叶榕、蒲葵、枳橙、枇杷、瓜子黄杨、山桃、刺槐、铅笔柏、毛白杨、石楠、榉树、泡桐、银桦、云杉、柳杉、太平花、兰桉、梧桐、重阳木、黄葛榕、小叶榕、木麻黄、梓树、扁桃、杜松、天竺葵、卫矛、接骨木、地锦、人心果、米仔兰、芒果、君迁子、月桂。

反应敏感的树种：池柏、核桃、木棉、樟子松、紫椴、赤杨。

3. 抗氟化氢气体的树种

抗性强的树种：大叶黄杨、海桐、蚊母、山茶、凤尾兰、瓜子黄杨、龙柏、构树、朴树、石榴、桑树、香椿、丝棉木、青冈栎、侧柏、皂荚、国槐、柽柳、黄杨、木麻黄、白榆、沙枣、夹竹桃、棕榈、红茴香、细叶香桂、杜仲、红花油茶、厚皮香。

抗性较强的树种：桧柏、女贞、小叶女贞、白玉兰、珊瑚树、无花果、垂柳、桂花、枣树、樟树、青桐、木槿、楝树、枳橙、臭椿、刺槐、合欢、杜松、白皮松、拐枣、柳树、山楂、胡颓子、楠木、垂枝榕、滇朴、紫茉莉、白蜡、云杉、广玉兰、飞蛾槭、榕树、柳杉、丝兰、太平花、银桦、梧桐、乌桕、小叶朴、梓树、泡桐、油茶、鹅掌楸、含笑、紫薇、地锦、柿树、月季、丁香、樱花、凹叶厚朴、黄栌、银杏、天目琼花、金银花。

反应敏感的树种：葡萄、杏、梅、山桃、榆叶梅、紫荆、金丝桃、慈竹、池柏、白千层、南洋杉。

4. 抗乙烯的树种

抗性强的树种：夹竹桃、棕榈、悬铃木、凤尾兰。

抗性较强的树种：黑松、女贞、榆树、枫杨、重阳木、乌柏、红叶李、柳树、香樟、罗汉松、白蜡。

反应敏感的树种：月季、十姐妹、大叶黄杨、苦楝、刺槐、臭椿、合欢、玉兰。

5. 抗氨气的树种

抗性强的树种：女贞、樟树、丝棉木、蜡梅、柳杉、银杏、紫荆、杉木、石楠、石榴、朴树、无花果、皂荚、木槿、紫薇、玉兰、广玉兰。

反应敏感的树种：紫藤、小叶女贞、杨树、虎杖、悬铃木、核桃、杜仲、珊瑚树、枫杨、芙蓉、栎树、刺槐。

6. 抗二氧化碳的树种

龙柏、黑松、夹竹桃、大叶黄杨、棕榈、女贞、樟树、构树、广玉兰、臭椿、无花果、桑树、栎树、合欢、枫杨、刺槐、丝锦木、乌柏、石榴、酸枣、柳树、糙叶树、蚊母、泡桐。

7. 抗臭氧的树种

枇杷、悬铃木、枫杨、刺槐、银杏、柳杉、扁柏、黑松、樟树、青冈栎、女贞、夹竹桃、海州常山、冬青、连翘、八仙花、鹅掌楸。

8. 抗烟尘的树种

香榧、粗榧、樟树、黄杨、女贞、青冈栎、楠木、冬青、珊瑚树、广玉兰、石楠、枸骨、桂花、大叶黄杨、夹竹桃、栀子花、国槐、厚皮香、银杏、刺楸、榆树、朴树、木槿、重阳木、刺槐、苦楝、臭椿、构树、三角枫、桑树、紫薇、悬铃木、泡桐、五角枫、乌柏、皂荚、榉树、青桐、麻栎、樱花、蜡梅、黄金树、大绣球。

9. 滞尘能力强的树种

臭椿、国槐、栎树、皂荚、刺槐、白榆、杨树、柳树、悬铃木、樟树、榕树、凤凰木、海桐、黄杨、女贞、冬青、广玉兰、珊瑚树、石楠、夹竹桃、厚皮香、枸骨、榉树、朴树、银杏。

10. 防火树种

山茶、油茶、海桐、冬青、蚊母、八角金盘、女贞、杨梅、厚皮香、交让木、白榄、珊瑚树、枸骨、罗汉松、银杏、槲栎、栓皮栎、榉树。

11. 抗有害气体的花卉

抗二氧化硫：美人蕉、紫茉莉、九里香、唐昌蒲、郁金香、菊、鸢尾、玉簪、仙人掌、雏菊、三色堇、金盏花、福禄考、金鱼草、蜀葵、半支莲、垂盆草、蛇目菊等。

抗氟化氢：金鱼草、菊、百日草、千日红、醉蝶花、紫茉莉、蛇目菊等。

抗氯气：大丽菊、蜀葵、百日草、千日红、醉蝶花、紫茉莉、蛇目菊等。

（五）工厂防护林带设计

工厂防护林带是工厂绿化的重要组成部分，尤其对那些产生有害排出物或产品要求卫生防护很高的工厂更显得重要。工厂防护林带的主要作用是滤滞粉尘、净化空气、吸收有毒气体、减轻污染、保护改善厂区乃至城市环境。

工厂防护林带首先要根据污染因素、污染程度和绿化条件，综合考虑，确立林带的条数、宽度和位置。通常，在工厂上风方向设置防护林带，防止风沙侵袭及邻近企业污染。在下风方向设置防护林带，必须根据有害物排放、降落和扩散的特点，选择适当的位置和种植类型。一般情况下，污物排出并不立即降落，在厂房附近地段不必设置林带，而将其设在污物开始密集降落和受影响的地段内。防护林带内，不宜布置散步休息的小道、广场，在横穿林带的道路两侧加以重点绿化隔离。

烟尘和有害气体的扩散，与其排出量、风速、风向、垂直温差、气压、污染源的距离及排出高度有关，因此设置防护林带也要综合考虑这些因素，才能使其发挥较大的卫生防护效果。在大型工厂中，为了连续降低风速和污染物的扩散程度，有时还要在厂内各区、各车间之间设置防护林带，以起隔离作用。因此，防护林带还应与厂区、车间、仓库、道路绿化结合起来，以节省用地。

防护林带应选择生长健壮、病虫害少、抗污染性强、树体高大、枝叶茂密、根系发达的树种。树种搭配上，要常绿树与落叶树相结合，乔、灌木相结合，阳性树与耐阴树相结合，速生树与慢生树相结合，净化与绿化相结合。

1. 防护林带的结构

1）通透结构

通透结构的防护林带由乔木组成，株行距因树种而异，一般为 3 m×3 m。气流一部分从林带下层树干之间穿过，一部分滑升从林冠上面绕过。在林带背风一侧树高 7 倍处，风速为原风速的 28%，在树高 52 倍处，恢复原风速。

2）半通透结构

以乔木构成林带主体，在林带两侧各配置一行灌木。少部分气流从林带下层的树干之间穿过，大部分气流则从林冠上部绕过，在背风林缘处形成涡旋和弱风。据测定，在林带两侧树高 30 倍的范围内，风速均低于原风速。

3）紧密结构

由大小乔木和灌木配置成的林带，形成复层林相，防护效果好。气流遇到林带，在迎风处上升扩散，由林冠上方绕过，在背风处急剧下沉，形成涡旋，有利于有害气体的扩散和稀释。

4）复合式结构

如果有足够宽度的地带设置防护林带，可将三种结构结合起来，形成复合式结构。在临近工厂的一侧建立通透结构，临近居住区的一侧为紧密结构，中间为半通透结构。复合式结构的防护林带可以充分发挥其作用（见图 2-3-21）。

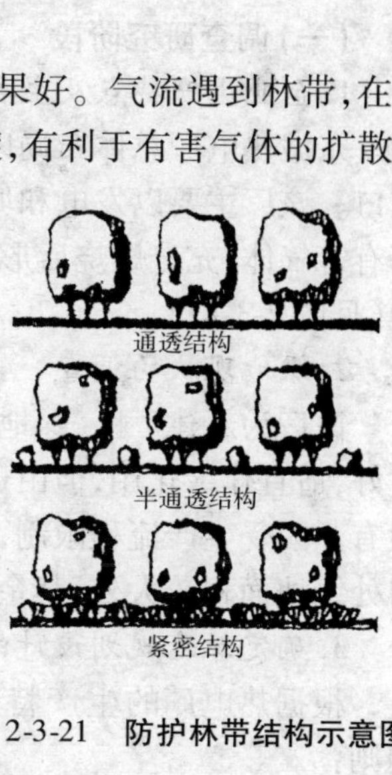

图 2-3-21　防护林带结构示意图

2. 防护林带的断面形式

防护林带由于构成的树种不同，而形成的林带横断面的形式也不同。防护林带的横断面形式有矩形、凹槽形、梯形、屋脊形、背风面和迎风面垂直的三角形（见图 2-3-22）。矩形横断面的林带防风效果好，屋脊形和背风面垂直的三角形林带有利于气体上升与扩散,凹槽形林带有利于粉尘阻滞和沉降。结合道路设置的防护林带,迎风面和背风面均为垂直三角形断面。

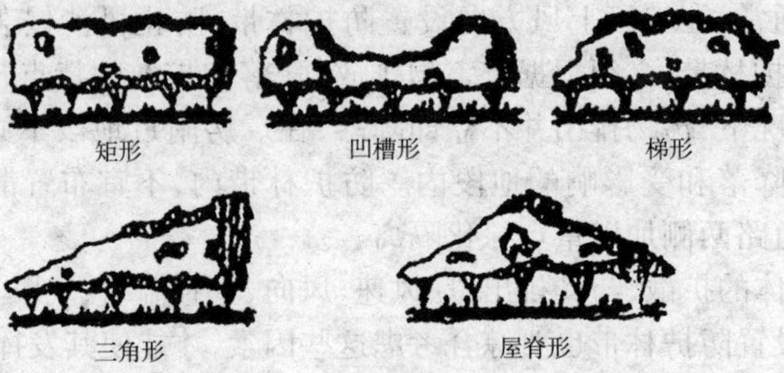

图 2-3-22 防护林带断面形式示意图

总之,防护林带以乔灌混交的紧密结构和半通透结构为主,外轮廓保持梯形和屋脊形的防护效果较好。

3. 防护林带的位置

(1)工厂区与生活区之间的防护林带。

(2)工厂区与农田交界处的防护林带。

(3)工厂内分区、分厂、车间、设备场地之间的隔离防护林带。如厂前区与生产区之间,各生产系统为减少相互干扰而设置的防护林带,防火、防爆车间周围起防护隔离作用的林带。

(4)结合厂内、厂际道路绿化形成的防护林带。

四、规划设计

在掌握了必要的基本理论知识之后,我们根据园林规划设计的程序以及工厂绿地规划设计的特点,来完成某市东城热电厂的绿地规划设计任务。

(一)调查研究阶段

1. 企业生产特点及主要污染物的调查

东城热电厂总体布局以生产为轴线,建筑布置紧密,功能合理,设有主入口和专用出入口。该厂主要以发电和城市生活供热为主,在发电过程中煤的燃烧产生大量二氧化硫等有害气体,充分燃烧后形成大量粉煤灰,同时在煤场周边及转运过程中有一定的煤粉扬尘(见图 2-3-23)。

2. 绿地现状的调查

该厂为新建厂区,绿地规划基本合理,除局部绿地内有少量建筑垃圾外,绿地内土质良好,适宜作绿化用,但由于新建厂受用地面积限制,煤场、生产区等周边防护绿地较少或没有。因受生产流程限制,地上地下管线较多,如特别配电装置区(见图 2-3-24),除主入口处绿地面积较大外,其余建筑周边绿地多呈条带状布局。

3. 确定绿地规划设计的基本原则

根据热电厂的生产特点及主要污染物情况,结合绿地现状,确定了以下规划设计原则:

图 2-3-23　东城热电厂生产环境

图 2-3-24　东城热电厂配电装置区绿地环境

(1)以人为本、生态优先；

(2)功能明确、因地制宜；

(3)植物选择针对性强，植物群落稳定持久。

(二)总体规划设计阶段

1. 分区规划

根据前面学习的理论知识，我们知道一般工厂绿地多分为厂前区绿地、生产区绿地、仓库区绿地、绿化美化地段等功能区，结合本厂的生产布局以及道路区划等特点，将厂区绿地分为厂前区绿地、生产区绿地、生产辅助区绿地三部分，具体规划如下。

1)厂前区绿地

厂前区绿地主要包括办公楼周边绿地、主入口右侧绿地等。该区是职工活动和上下班的集散中心，还是连接市区与厂区的纽带。办公楼前绿地面积较大，可设计为小游园，利用冷却水、发电余热等构成水景，以体现工厂的形象和特色为主，兼顾游憩活动之用。

厂前区的绿化要美观、整齐、大方、开朗明快，给人以深刻印象，还要方便车辆通行和人流集散。绿地设置应与广场、道路、周围建筑及有关设施(光荣榜、画廊、阅报栏、黑板报、宣传牌等）相谐调，一般多采用规则式或混合式。植物配置要和建筑立面、形体、色彩相谐调，与城市道路相联系，种植类型多用对植和行列式。因地制宜地设置林荫道、行道树、绿篱、花坛、草坪、喷泉、水池、假山、雕塑等。入口处的布置要富于装饰性和观赏性，强调入口空间。建筑周围的绿化还要处理好空间艺术效果、通风采光、各种管线的关系。广场周边、道路两侧的行道树，选用冠大荫浓、耐修剪、生长快的乔木或用树姿优美、高大雄伟的常绿乔木，形成外围景观或林荫道。花坛、草坪及建筑周围的基础绿带或用修剪整齐的常绿绿篱围边，点缀色彩鲜艳的花灌木、宿根花卉，或植草坪，用低矮的色叶灌木形成模纹图案。

厂前区是来宾首到之处，又临近城市街道，小游园结合厂前区布置，既方便职工游憩，也美化了厂前区的面貌和街道侧旁景观（见图 2-3-25）。

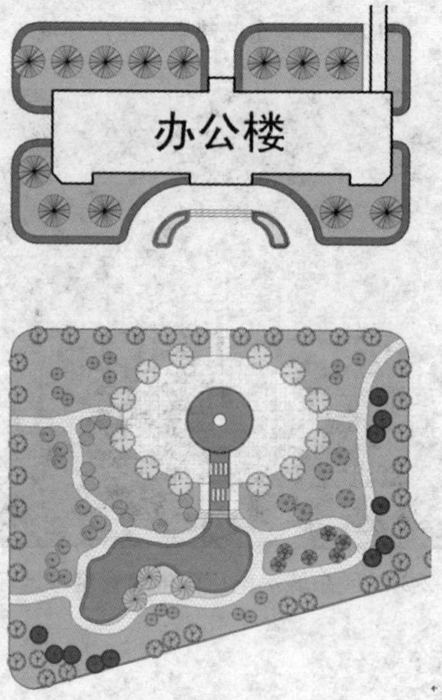

图 2-3-25　东城热电厂厂前区绿地设计

2）生产区绿地

生产区绿地主要包括主厂房、煤场、干煤棚、输煤栈道、电除尘、化水车间、综合仓库、维修车间等建筑周边绿地。该区是工厂的核心，也是工人主要生产劳动的区域，同时也是热电厂污染最重的地段，绿地设计以保障生产安全、防治环境污染为主。

工厂生产车间周围的绿化比较复杂，绿地大小差异较大，多为条带状和团片状分布在道路两侧或车间周围。由于车间生产特点不同，绿地也不一样。有的车间对周围环境产生不良影响和严重污染，如散发有害气体、烟尘、噪声等。有的车间则对周围环境有一定的要求，如空气洁净程度、防火、防爆、降温、湿度、安静等。因此，生产车间周围的绿化要根据生产特点，职工视觉、心理和情绪特点，为车间创造生产所需要的环境条件，防止和减轻车间污染物对周围环境的影响与危害，满足车间生产安全、检修、运输等方面对环境的要求，为工人提供良好的工作短暂休息用地。

如图2-3-26所示为东城热电厂生产区绿地，因地上地下管线而形成行列式种植形式，植物配置高低错落、层次分明、简洁明快、美观大方。

3）生产辅助区绿地

生产辅助区绿地主要包括主控楼、配电装置区、冷却塔等建筑周边绿地。该区是生产控制、散热、电能和热能对外输出的核心，污染相对较轻，绿地设计在保证生产的前提下，以装饰美化为主，力求形成清洁舒适的工作环境。如图2-3-27所示为东城热电厂热交换站设计。

图2-3-26　东城热电厂生产区绿地

图2-3-27　东城热电厂热交换站设计

2. 树种规划

要使工厂绿地树种生长良好，植物群落稳定持久，取得较好的绿化效果，必须认真选择绿化树种，原则上应注意以下几点。

1）识地识树，适地适树

识地识树就是要对拟绿化的工厂绿地的环境条件有清晰的认识和了解，包括温度、湿度、光照等气候条件，以及土层厚度、土壤结构和肥力、pH值等土壤条件，也要对各种园林植物的生物学和生态学特征了如指掌。

适地适树就是根据绿化地段的环境条件选择园林植物，使环境适合植物生长，也使植物能适应栽植地环境。在识地识树前提下，适地适树地选择树木花草，成活率高，生长茁壮，抗性和耐性就强，绿化效果好。

2）注意防污植物的选择

工厂企业是污染源，要在调查研究和测定的基础上，选择防污能力较强的植物，尽快取得良好的绿化效果，避免失败和浪费，发挥工厂绿地改善和保护环境的功能。

3）生产工艺的要求

不同工厂、车间、仓库、料场，其生产工艺流程和产品质量对环境的要求也不同，如空气洁净程度，防火、防爆等。因此，选择绿化植物时，要充分了解和考虑这些对环境条件的限制因素。

4）易于繁殖，便于管理

工厂绿化管理人员有限，为省工节支，宜选择繁殖、栽培容易和管理粗放的树种，尤其要注意选择乡土树种。装饰美化厂容，要选择那些繁衍能力强的多年生宿根花卉。

根据以上几条绿化树种选择的原则，同时针对热电厂主要污染物为二氧化硫和粉尘的特点，结合北方自然条件和植被类型，确定绿化的骨干树种和景观树种如下。

骨干树种：悬铃木、白皮松、大叶女贞、臭椿、国槐、白蜡、银杏、侧柏、泡桐、五角枫等。

景观树种：黄杨、海桐、小叶女贞、棕榈、凤尾兰、枸骨、枸杞、紫穗槐、夹竹桃、石榴、龙柏、桧柏、珊瑚树、石楠、紫薇、月季、桂花、樱花等。

（三）局部详细设计阶段

东城热电厂区绿地基本分厂前区绿地、生产区绿地、生产辅助区绿地三部分。根据总体规划，结合各绿地现状，在以人为本、生态优先、功能明确、因地制宜的原则下，绿地设计以滞尘防噪、减轻污染、绿化美化为目的，详细设计如下。

1. 厂前区绿化设计

该区绿化设计主要包括办公楼周边绿化和厂内小游园规划设计。办公楼周边绿地以绿篱围边，混播草坪铺底，种植高大常绿乔木，形成简洁明快的办公环境。主入口两侧以绿篱植物构成图案，对植高大桂花，强调入口空间。

办公楼前绿地设计为厂内小游园，由雕塑广场、道路系统、水体景观组成。雕塑广场正对办公楼入口，形成对景，设喷泉雕塑构成广场主题，以展示企业文化和精神为主。道路自然流畅，曲径通幽。水体利用冷却水形成湖面。设计根据地形设计为上、下两层，落差处形成跌水，构成上动下静、对比强烈的水体景观。植物配置以人为本，沿道路种植高大乔木形成庭荫，如银杏、合欢、栾树等，绿地内点缀玉兰、樱花、紫薇、桂花等四季花木，构成季相鲜明、色彩丰富的植物景观。整个游园活泼自然，形成厂区绿化主景，为职工营造出美观舒适的生活工作环境。

2. 生产区绿地

该区绿化设计主要包括主厂房、输煤栈道、化水车间、综合仓库、维修车间等建筑周边绿化。建筑周围绿地多为条带状，绿地以绿篱围边，整齐美观，植物配置以抗污树种为主，如法桐、大叶女贞、国槐等，采用行列式种植，高低错落。

主厂房和配电装置区之间有架空的高压电缆，不能种植高大乔灌木，以绿篱植物形成图案，象征电火飞腾之意。

3. 生产辅助区绿地

该区绿化设计主要包括主控楼、配电装置区、冷却塔等建筑周边绿地。该区污染相对较轻，但配电装置区多架空线路，冷却塔周边保证通风，因此绿化以草坪和绿色模纹图案为主，只沿周边种植常绿植物，形成厂区绿色背景。

4. 设计图纸的绘制

根据厂区绿地规划设计做出平面图、立面图、整体或局部效果图、施工图等图纸（见图 2-3-28）。

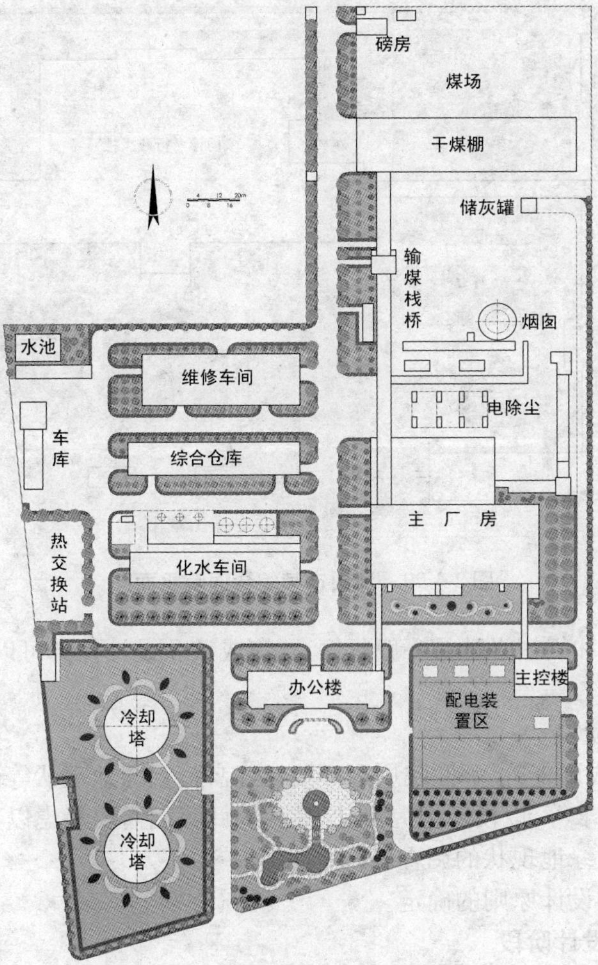

图 2-3-28　东城热电厂绿地设计图

任务三　医疗机构绿地规划设计

一、设计任务

某综合性医院位于江山市两条主干道交叉路口，占地面积约 40 亩，总建筑面积约 3 万 m^2。该医院总体规划包括四部分（见图 2-3-29）：门诊行政大楼、住院大楼、专家楼和老年保健中心。为了创造优美整洁的医疗环境，为病患和工作人员创造良好的户外活动环境，同时提高单位的知名度和荣誉度，特提出此规划设计任务。本次规划设计任务为医院绿地的总体规划设计，请结合医院性质、绿地现状和相关绿地设计规范等要求，在充分满足功能和景观要求的前提下，完成该绿地总体规划设计。

二、任务分析

通过对设计任务和总体布局的认真分析，我们不难发现，根据该综合性医院绿地实际

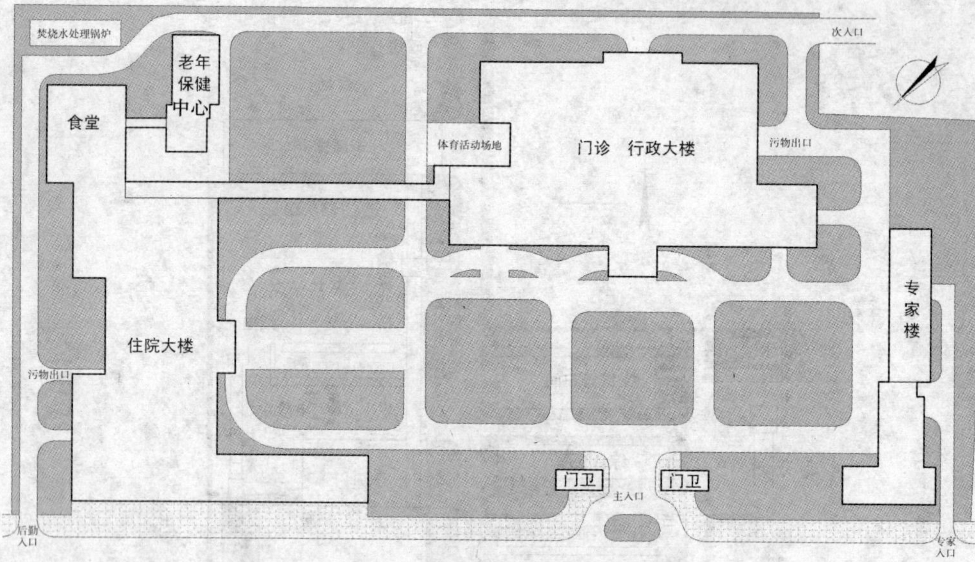

图 2-3-29　江山市某综合医院平面图

情况，结合相关规范和规划设计的一般程序，要完成该项设计任务可以分为以下两个阶段进行。

（一）调查研究阶段

通过现场踏查或调查，了解医院周边环境、医院特色、绿地现状等设计条件，领会甲方的规划目的、设计要求等，以便于把握设计思路，为此我们需要考虑以下几个问题：

（1）单位性质及绿地现状的调查。

（2）设计目标和设计原则的确定。

（二）总体规划设计阶段

根据规划设计的目标、内容、原则等具体要求，着手进行总体规划设计。主要有以下两方面工作：

（1）单位绿地各组成部分的规划设计。

（2）完成相关图纸的绘制。

三、相关资料的调研与收集

（一）医疗机构的类型

1. 综合性医院

该类医院一般设有内、外各科的门诊部和住院部，医科门类较齐全，可治疗各种疾病。

2. 专科医院

这类医院是设某一科或几个相关科的医院，医科门类较单一，专治某种或几种疾病。如妇产医院、儿童医院、口腔医院、结核病医院、传染病医院和精神病医院等。传染病医院及需要隔离的医院一般设在城市郊区。

3. 小型卫生院、所

小型卫生院、所指设有内、外各科门诊的卫生院、卫生所和诊所。

4. 休、疗养院

休、疗养院指用于恢复工作疲劳，增进身心健康，预防疾病或治疗各种慢性病的休养院、疗养院。

(二) 医疗机构绿地的组成

综合性医院是由各个使用要求不同的部分组成的，在进行总体布局时，按各部分功能要求进行。综合性医院的平面布局分为医务区和总务区，医务区又分为门诊部、住院部和其他部分，如图 2-3-30 所示为天津安宁医院环境设计平面图。

图 2-3-30　天津安宁医院环境设计平面图

1. 门诊部绿地

门诊部的位置，既要便于患者就诊，往往面临街道设置，又要保证诊断、治疗所需要的卫生和安静的条件；门诊部建筑要退后道路红线 10 ~ 25 m 的距离。门诊楼由于靠近医院大门,空间有限,人流集中,加之大门内外的交通缓冲地带和集散广场等,其绿地较分散,在大门两侧、围墙内外、建筑周围呈条带状分布。

2. 住院部绿地

住院部为保障良好的医疗环境,尽可能避免一切外来干扰或刺激(如臭味、噪声等),创造安静、卫生、舒适的治疗和休养环境,其位置在总体布局时,往往位于医院中部。住院部与门诊部及其他建筑围合,形成较大的内部庭院,因而住院部绿地空间相对较大,呈团块状和条带状分布于住院楼前及周围。

3. 其他部分绿地

包括医院的辅助医疗部分、行政管理部门、总务部门等,在建筑周围应设有一定的绿化带。

(三)医疗机构绿地的功能

1. 改善医院、疗养院的小气候条件

医院、疗养院绿地对保持与创造医疗单位良好的小气候条件的作用,具体体现在调节气温,使夏季降温、冬季保温,尤其是夏季园林树木阻挡吸收太阳直接辐射热所起的遮阴作用是十分明显的。绿地可以调节空气湿度,夏季使人们感到凉爽、湿润;防风并降低风速,防尘和净化空气。

2. 为病人创造良好的户外环境

医疗单位优美的、富有特色的园林绿地可为病人创造良好的户外环境,提供观赏、休息、健身、交往、疗养的多功能的绿色空间,有利于病人早日康复。同时,园林绿地作为医疗单位环境的重要组成部分,还可以提高其知名度和美誉度,塑造良好的形象,有效地增加就医量,有利于医疗单位的生存和竞争。

3. 对病人心理产生良好的作用

医疗单位优雅安静的绿化环境对病人的心理、精神状态和情绪起着良好的安定作用。植物的形态、色彩对视觉的刺激,芳香袭人的气味对嗅觉的刺激,色彩鲜艳、清翠欲滴的食用植物对味觉的刺激,植物的茎叶花果对触觉的刺激,园林绿地中的水声、风声、虫鸣、鸟语以及雨打叶片声对听觉的刺激等都对病人的康复有利。当住院病人来到外面,置身于绿树花丛中,沐浴自然,接受明媚的阳光,呼吸清新的空气,感受鸟语花香,这种自然疗法,对稳定病人情绪、放松大脑神经、促进康复都有着十分积极的作用。

4. 在医疗卫生保健方面具有积极的意义

植物可大大降低空气中的含尘量,吸收、稀释地面 3 ~ 4 m 高范围内的有害气体。许多植物的芽、叶、花粉分泌大量的杀菌素,可杀死空气中的细菌、真菌和原生动物。科学研究证明,景天科植物的汁液能消灭流感类的病毒,松林放出的臭氧和杀菌素能抑制并杀灭结核菌,樟树、桉树的分泌物能杀死蚊虫,驱除苍蝇。因此,在医院、疗养院绿地中,选择松、柏等多种杀菌力强的树种,其意义就显得尤为重要。

5. 卫生防护隔离作用

医院中,一般病房、传染病房、制药间、解剖室、太平间之间都需要隔离,传染病医院周围也需要隔离。园林绿地中乔、灌植物的合理配置,可以起到有效的卫生防护隔离作用。

(四)医疗机构绿地树种选择

在医院、疗养院绿地设计中,要根据医疗单位的性质和功能,合理地选择和配置树种,以充分发挥绿地的功能作用。

1. 选择杀菌力强的树种

具有较强杀灭真菌、细菌和原生动物能力的树种主要有:侧柏、圆柏、铅笔柏、雪松、杉松、油松、华山松、白皮松、红松、湿地松、火炬松、马尾松、黄山松、黑松、柳杉、黄栌、盐肤木、锦熟黄杨、尖叶冬青、大叶黄杨、桂香柳、核桃、月桂、七叶树、合欢、刺槐、国槐、紫薇、广玉兰、木槿、楝树、大叶桉、蓝桉、柠檬桉、茉莉、女贞、日本女贞、丁香、悬铃木、石榴、枣树、枇杷、石楠、麻叶绣球、枸橘、银白杨、钻天杨、垂柳、栾树、臭椿及蔷薇科的一些植物。

2. 选择经济类树种

医院、疗养院还应尽可能选用果树、药用等经济类树种,如山楂、核桃、海棠、柿树、石榴、梨、杜仲、国槐、山茱萸、白芍药、金银花、连翘、丁香、垂盆草、麦冬、枸杞、丹参、鸡冠花、霍香等。

四、规划设计

在掌握了必要的理论知识之后,我们根据园林规划设计的程序、医疗单位绿地规划设计的特点,结合绿地实际情况来完成该综合性医院绿地的总体规划设计。

(一)调查研究阶段

1. 单位性质及绿地现状的调查

该医疗机构为综合性医院,地处江山市两条主干道交叉路口,占地面积约 40 亩,总建筑面积约 3 万 m^2。该医院总体规划包括四部分建筑:门诊行政大楼、住院大楼、专家楼和老年保健中心;医院设有四个出入口:主入口、次入口、专家入口和后勤入口。根据医院总体布局和各绿地的位置、面积以及与各建筑物的关系,绿地分为三部分:门诊大楼绿地、住院大楼绿地和其他区域绿地。各块绿地地势平坦,土壤理化性质良好,其中门诊大楼前绿地面积较大,在考虑单位性质、功能和兼顾城市景观的前提下,可设计为景观广场。

2. 设计目标和设计原则的确定

通过对设计任务和总体布局的认真分析,我们不难发现,搞好医疗机构的园林绿化,一方面创造优美安静的疗养和工作环境,发挥隔离和卫生防护功能,有利于患者康复和医务工作人员的身体健康;另一方面,对改善医院及城市的气候,保护和美化环境,丰富市容景观,具有十分重要的作用。根据以上设计目标特制定以下设计原则:

(1)生态优先,以植物造景为主,营造良好的小气候环境。

(2)以人为本,以服务病人为主,创造良好的户外活动环境。

(二)总体规划设计阶段

1. 单位绿地各组成部分的规划设计

1)门诊大楼绿化设计

门诊部靠近医院主要出入口,与城市街道相临,是城市街道与医院的结合部,人流比较集中,在大门内外、门诊楼前有一定的交通缓冲地带和集散广场。医院大门至门诊楼之间的空间组织和绿化,不仅起到卫生防护隔离作用,还有衬托、美化门诊楼和市容街景作用，体现医院的精神面貌、管理水平和城市文明程度。因此，根据医院条件和场地大小，因地制宜地进行绿化设计，以美化装饰为主。

入口广场的绿化：医院入口广场面积较大，采用规划对称式布局，在不影响人流、车辆交通的条件下，区划为左、中、右三部分。广场中心绿地设置装饰性花坛、雕塑和草坪，左右两侧设置广场、旱喷泉和花台等，形成开朗、明快的格调。尤其是喷泉，可增加空气湿度，促进空气中负离子的形成，有益于人们的健康。喷泉与雕塑、花坛的组合，加之彩灯、音乐配合，可形成不同的景观效果（见图 2-3-31）。

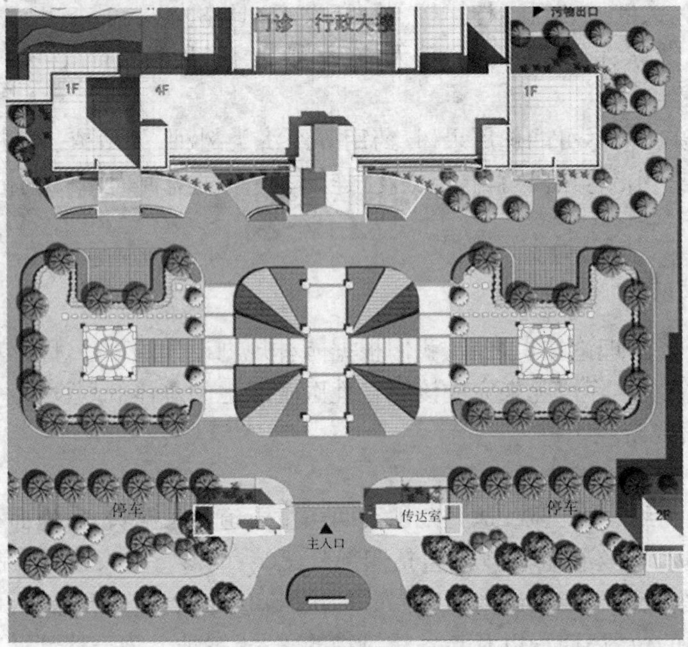

图 2-3-31　入口广场绿化设计图

广场周围栽植整形绿篱、草坪、四季花灌木，节日期间，也可用一、二年生花卉做重点美化装饰，大门两侧结合停车场栽植高大遮阴乔木。医院的临街围墙以通透式为主，使医院内外绿地交相辉映，设计简洁、美观、大方，色调淡雅、协调一致。

门诊大楼周围绿化：门诊大楼建筑周围的基础绿带，绿化风格应与建筑风格协调一致，美化、衬托建筑形象。门诊大楼主次入口以草坪、低矮的花灌木为主，对称式栽植，以美化、强调入口空间。沿道路栽植高大乔木，形成庭荫，但种植点应距建筑 5 m 以外，以免影响室内通风、采光及日照。门诊楼后常因建筑物遮挡，形成阴面，光照不足，要注意耐阴植物的选择配置，保证良好的绿化效果，如天目琼花、金丝桃、珍珠梅、金银木、绣线菊、海桐、大叶黄杨、丁香等，以及玉簪、紫萼、书带草、麦冬、白三叶、冷绿型混播草坪等宿根花卉和草坪。

2）住院大楼和老年保健中心绿化设计

住院大楼和老年保健中心位于入口广场和门诊大楼左侧。住院大楼前绿地要结合中心广场的总体规划，老年保健中心前庭院要精心布置，根据场地大小、地形地势、周围环境等情况，确定绿地形式和内容，结合道路、建筑进行绿化设计，形成卫生隔离绿地，创造安静优美的环境,供住院和保健人员室外活动及疗养。

住院大楼绿化:住院大楼主入口前绿地结合中心广场的绿化布局,采用规划式构图,结合道路绿地中心设置整形广场,周边放置坐椅、桌凳等休息设施。两侧种植草坪、绿篱、花灌木及少量遮阴乔木。

老年保健中心绿化:老年保健中心前绿地面积较大,可设计为集散广场和小型游园,点缀园林建筑小品,配置花草树木,形成优美的自然式庭园,广场、小径尽量平缓,采用无障碍设计,硬质铺装,以利病人出行活动。绿地中植草坪、绿篱、花灌木及少量遮阴乔木。小游园环境清洁优美,可供病人坐息、赏景、活动,兼作日光浴场,也是亲属探视病人的室外接待处(见图2-3-32)。

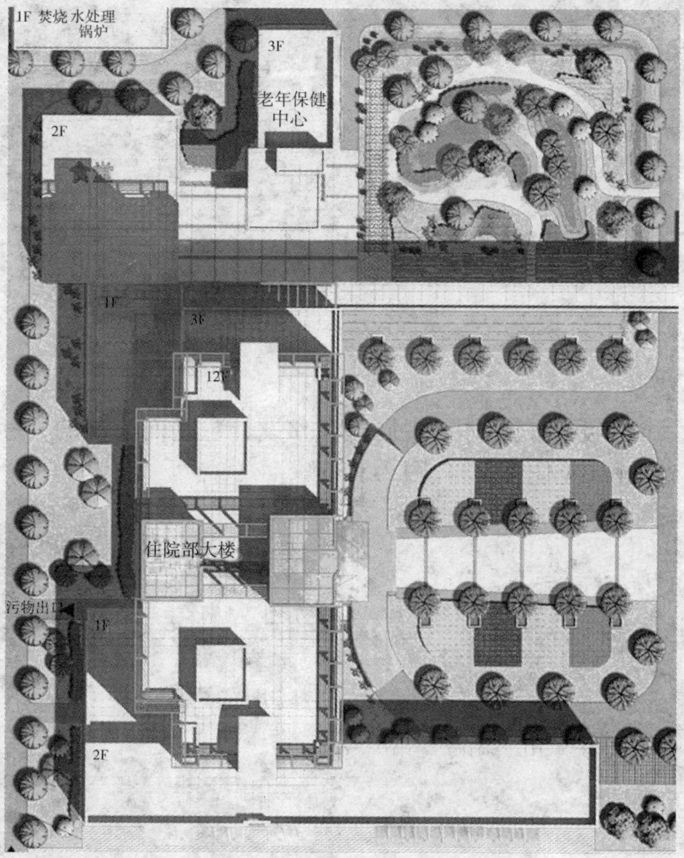

图2-3-32　住院部绿化设计图

3)其他区域绿化设计

其他区域主要包括专家楼、后勤部门、周边绿地等绿地,这些区域位于医院后部和周边,单独设置,绿地以树丛、树群为主,绿化要强化隔离作用。

2.完成相关图纸的绘制

根据医疗单位绿地规划设计的相关知识和设计要求,我们可完成江山市某综合医院的绿化设计,设计图纸应包括如下内容。

1）设计平面图

设计平面图主要表达道路广场规划、景点景观布局、植物种植设计等平面设计（见图2-3-33）。

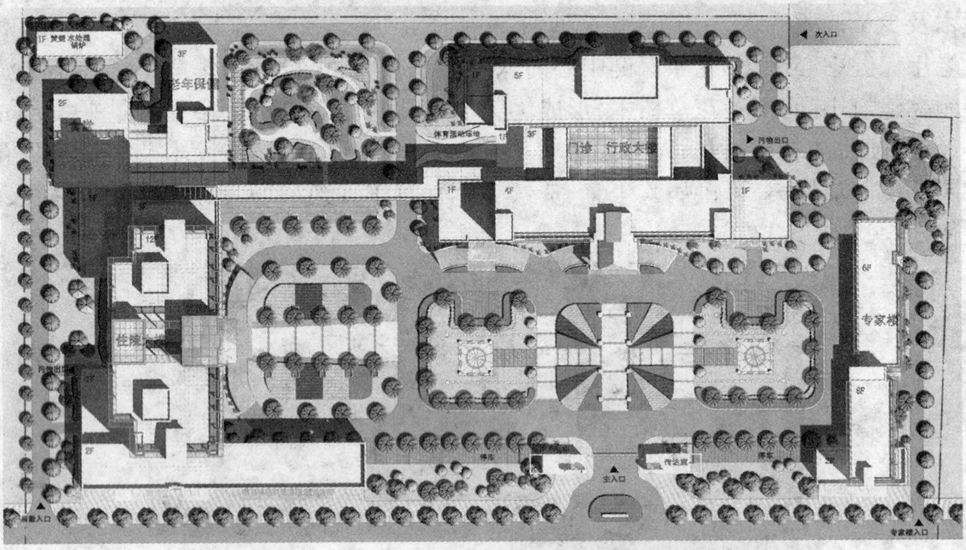

图2-3-33　某综合性医院绿化设计平面图

2）设计效果图

效果图是为了能够更直观地体现规划理念和设计主题而绘制的，一般分为局部景观效果图和全局的鸟瞰图（见图2-3-34、图2-3-35）。

图2-3-34　某综合性医院入口广场效果图

3）植物设施表

植物设施表以图表的形式列出所用植物材料、建筑设施的名称、图例、规格、数量及备

图 2-3-35　某综合性医院绿化设计效果图

注说明等。

4）设计说明书

设计说明书（文本）主要包括项目概况、规划设计依据、设计原则、艺术理念、景观设计、植物配置等内容，以及补充说明图纸无法表现的相关内容。

五、专科医院绿化的特殊要求

（一）儿童医院绿化

儿童医院主要收治 14 岁以下的儿童患者。其绿地除具有综合性医院的功能外，还要考虑儿童的一些特点。如绿篱高度不超过 80 cm，以免阻挡儿童视线，绿地中适当设置儿童活动场地和游戏设施。在植物选择上，注意色彩效果，避免选择对儿童有伤害的植物。

儿童医院绿地中设计的儿童活动场地、设施、装饰图案和园林小品，其形式、色彩、尺度都要符合儿童的心理和需要，富有童心和童趣，要以优美的布局形式和绿化环境，创造活泼、轻松的气氛，减弱病儿对医院和疾病的心理压力。

（二）传染病院绿化

传染病院收治各种急性传染病的患者，更应突出绿地防护隔离作用。防护林带要宽于一般医院，同时常绿树的比例要更大，使冬季也具有防护作用。不同病区之间也要相互隔离，避免交叉感染。由于病人活动能力小，以散步、下棋、聊天为主，各病区绿地不宜太大，休息场地距离病房近一些，方便利用。

（三）精神病院绿化

精神病院主要接收有精神病的患者，由于艳丽的色彩容易使病人精神兴奋，神经中枢失控，不利于治病和康复，因此精神病院绿地设计应突出“宁静”的气氛，以白色、绿色调为主，多种植乔木和常绿树，少种花灌木，并选种如白丁香、白碧桃、白月季、白牡丹等白色花灌木。在病房区周围面积较大的绿地中，可布置休息庭园，让病人在此感受阳光、空气和自然气息。

六、疗养院绿地设计

疗养院是具有特殊治疗效果的医疗保健机构，主要治疗各类慢性病，疗养期一般较长，为一个月到半年左右。

疗养院具有休息和医疗保健双重作用，多设于环境优美、空气新鲜，并有一些特殊治疗条件（如温泉）的地段，有的疗养院就设在风景区中，有的单独设置（见图2-3-36）。

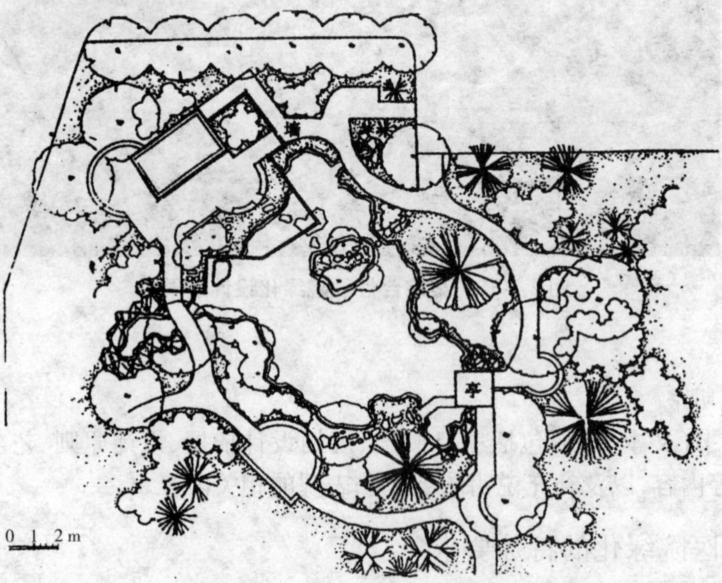

图2-3-36　某疗养院休息绿地

疗养院的疗养手段是以自然因素为主，如气候疗法（日光浴、空气浴、海水浴、沙浴等）、矿泉疗法、泥疗、理疗与中医相配合。因此，在进行环境和绿化设计时，应结合各种疗养法（如日光浴、空气浴、森林浴）布置相应的场地和设施，并与环境相融合。

疗养院与综合性医院相比，一般规模与面积较大，尤其有较大的绿化区，因此更应发挥绿地的功能作用，院内不同功能区应以绿化带加以隔离。疗养院内树木花草的布置要衬托、美化建筑，使建筑内阳光充足，通风良好，并防止西晒，留有风景透视线，以供病人在室内远眺观景。为了保持安静，在建筑附近不应种植如毛白杨等树叶声大的树木。疗养院内的露天运动场地、舞场、电影场等周围也要进行绿化，形成整洁、美观、大方、安祥、清新的环境。疗养院内绿化在不妨碍卫生防护和疗养人员活动要求的前提下，注意结合生产，开辟苗圃、花圃、菜地、果园，让疗养病人参加适当的劳动，即园艺疗法。

任务四　机关单位绿地规划设计

一、设计任务

图 2-3-37 为某市中级人民法院平面布局图。该法院位于两条主干道交叉路口，总体规划包括两部分：主体建筑和东侧居住预留用地。为配合园林城市的创建工作，提高单位的知名度和荣誉度，并为工作人员创造良好的户外活动环境，特提出此规划设计任务。本次规划设计任务为主体建筑周边绿地的规划设计，请结合单位性质和相关绿地设计规范等要求，在充分满足功能要求和城市景观要求的前提下，结合绿地现状完成该单位绿地规划设计。

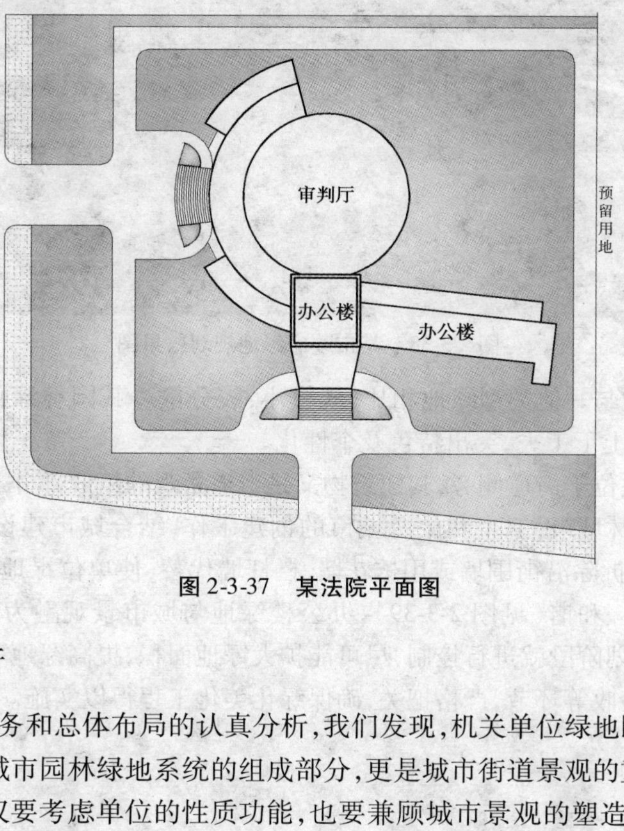

图 2-3-37　某法院平面图

二、任务分析

通过对设计任务和总体布局的认真分析，我们发现，机关单位绿地既是单位附属的内部环境绿地，也是城市园林绿地系统的组成部分，更是城市街道景观的重要载体。要完成该项设计任务，不仅要考虑单位的性质功能，也要兼顾城市景观的塑造，因此要分为以下两个阶段进行。

(一)调查研究阶段

(1)单位性质及绿地现状的调查。

(2)单位绿化形式对比分析。

(二)规划设计阶段

(1)单位绿地各组成部分的规划设计。

(2)完成相关图纸的绘制。

三、相关资料的调研与收集

(一)机关单位绿化特点

机关单位绿地是指党政机关、行政事业单位、各种团体及部队管界内的环境绿地,也是城市园林绿地系统的重要组成部分。搞好机关单位的园林绿化,不仅为工作人员创造良好的户外活动环境,使其在工休时间得到身体放松和精神享受,给前来联系公务和办事的客人留下美好印象,提高单位的知名度和荣誉度;也是提高城市绿化覆盖率的一条重要途径,对于绿化、美化市容、保护城市生态环境的平衡,起着举足轻重的作用;还是机关单位乃至整个城市管理水平、文明程度、文化品位、面貌和形象的反映(见图 2-3-38)。

图 2-3-38　某市政府绿地规划效果图

机关单位绿地与其他类型绿地相比,规模小,较分散。其园林绿化需要在"小"字上做文章,在"美"字上下工夫,突出特色及个性化。

机关单位往往位于街道侧旁,其建筑物又是街道景观的组成部分。因此,园林绿化要结合文明城市、园林城市、卫生和旅游城市的创建工作,结合城市建设和改造,逐步实施"拆墙透绿"工程,拆除沿街围墙或用透花墙、栏杆墙代替,使单位绿地与街道绿地相互融合、渗透、补充、统一和谐(见图 2-3-39),办公楼绿地与城市景观融为一体。新建和改造的机关单位,在规划阶段就进行控制,尽可能扩大绿地面积,提高绿地率。在建设过程中,通过审批、检查、验收等环节,严格把关,确保绿化美化工程得以实施。大力发展垂直绿化

图 2-3-39　某机关办公楼前绿地

和立体绿化，使机关单位在有限的绿地空间内取得较大的绿化效果，增加绿量（见图 2-3-40）。

图 2-3-40　垂直绿化与休息设施

（二）机关单位绿地的组成

机关单位绿地主要包括入口处绿地、办公楼前绿地（主要建筑物前）、附属建筑旁绿地、庭院休息绿地（小游园）、道路绿地等。

1. 大门入口处绿地

大门入口处是单位形象的缩影，入口处绿地也是单位绿化的重点之一。绿地的形式、色彩和风格要与入口空间、大门建筑统一谐调，设计时应充分考虑，以形成机关单位的特色及风格。一般大门外两侧采用规则式种植，以树冠规整、耐修剪的常绿树种为主，与大门形成强烈对比，或对植于大门两侧，衬托大门建筑，强调入口空间，或在入口对景位置可设计成花坛、喷泉、假山、雕塑、树丛、树坛及影壁等（见图 2-3-41）。

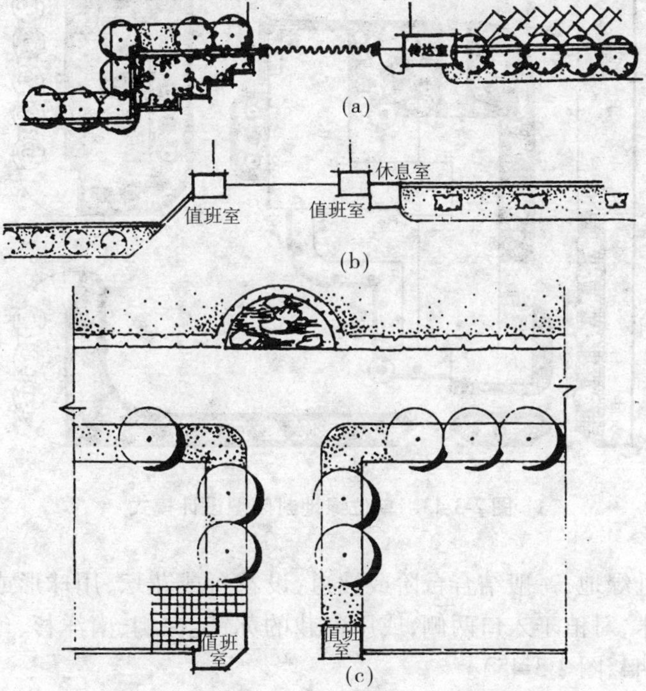

图 2-3-41　大门入口处绿地不同处理模式

大门外两侧绿地，应由规则式过渡到自然式，并与街道绿地中人行道绿化带结合。入口处及临街的围墙要通透，也可用攀缘植物绿化。

2. 办公楼绿地

办公楼绿地可分为楼前装饰性绿地（此绿地有时与大门内广场绿地合二为一）、办公楼入口处绿地及楼周围基础绿地。

大门入口至办公楼前，根据空间和场地大小，往往规划成广场，供人流交通集散和停车，绿地位于广场两侧。若空间较大，也可在楼前设置装饰性绿地，两侧为集散和停车广场。办公楼前广场两侧绿地，视场地大小而定，场地小宜设计成封闭型绿地，起绿化美化作用，场地大可建成开放型绿地，兼休息功能。如图 2-3-42 所示为单位绿地开放型设计模式，图 2-3-43 为单位绿地封闭型设计模式。

图 2-3-42　单位绿地开放型设计模式

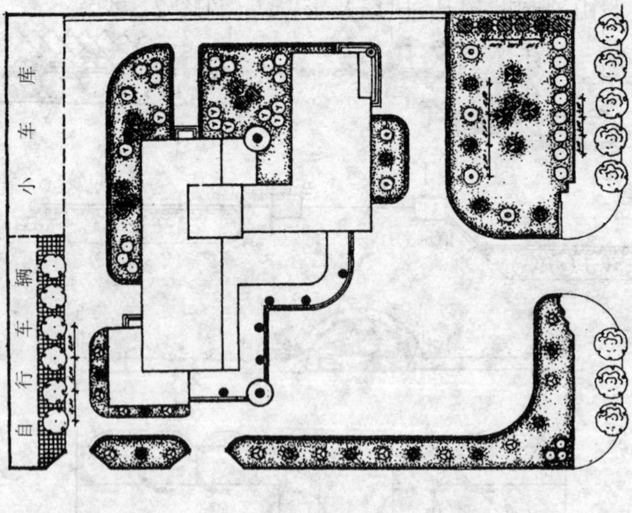

图 2-3-43　单位绿地封闭型设计模式

办公楼入口处绿地，一般结合台阶或坡道，设花台或花坛，用球形或尖塔形的常绿树或耐修剪的花灌木，对植于入口两侧，或用盆栽的苏铁、棕榈、南洋杉、鱼尾葵等摆放于大门两侧（见图 2-3-44、图 2-3-45）。

图 2-3-44　以图案造型装饰入口空间

图 2-3-45　以植物对称栽植强调入口空间

办公楼周围基础绿带(见图 2-3-46)位于楼与道路之间,呈条带状,既美化衬托建筑,又进行隔离,保证室内安静,还是办公楼与楼前绿地的衔接过渡。绿化设计应简洁明快,绿篱围边,草坪铺底,栽植常绿树与花灌木,低矮、开敞、整齐,富有装饰性。在建筑物的背阴面,要选择耐阴植物。为保证室内通风采光,高大乔木可栽植在距建筑物 5 m 之外,为防日晒,也可于建筑两山墙处结合行道树栽植高大乔木。

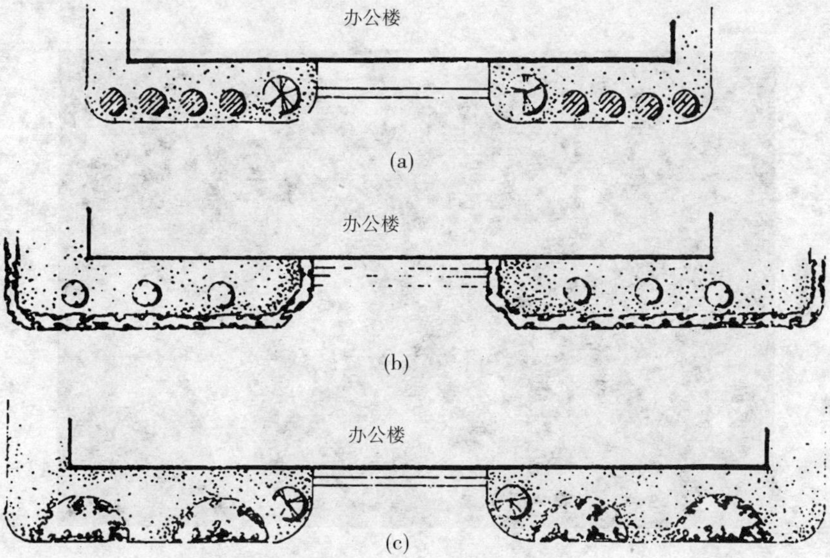

图 2-3-46　办公楼前基础绿带

不同机关单位职能性质不同。绿地规划设计时要充分结合单位的性质、功能,如外交部内庭绿地设计(见图 2-3-47),以和平鸽造型构成主景,以体现和平外交的主旨。

3. 庭园式休息绿地(小游园)

如果机关单位内有较大面积的绿地,可设计成休息性的小游园。游园中以植物绿化、美化为主,结合道路、休闲广场布置水池、雕塑及花架、亭、桌椅等园林建筑小品和休息设施,满足人们休息、观赏、散步活动的要求(图 2-3-48 所示为某单位中心游园)。

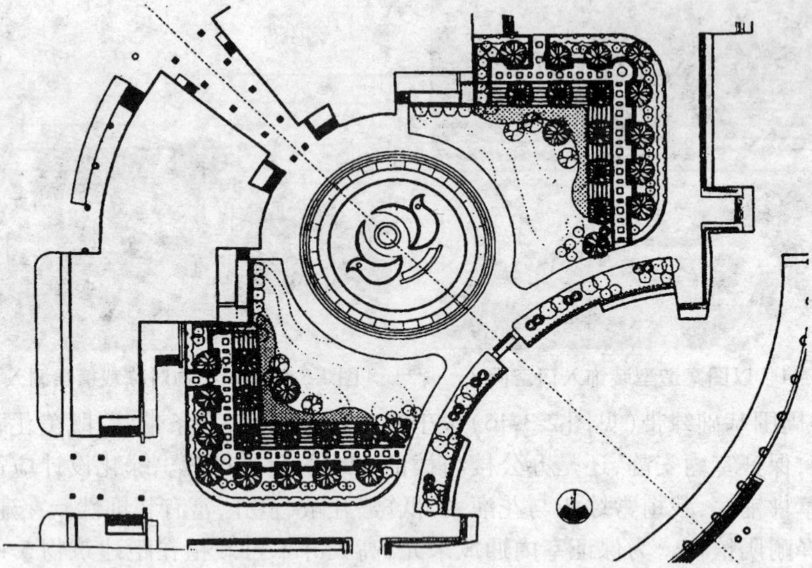

图 2-3-47　外交部内庭绿地设计图

图 2-3-48　某单位中心游园

4. 附属建筑绿地

单位附属建筑绿地指食堂、锅炉房、供变电室、车库、仓库、杂物堆放等建筑及围墙内的绿地。这些地方的绿化首先要满足使用功能。其次，要对杂乱的、不卫生、不美观之处进行遮蔽处理，用植物形成隔离带，阻挡视线，起卫生防护隔离和美化作用。

四、规划设计

在掌握了必要的理论知识之后，我们根据园林规划设计的程序以及机关单位绿地规划设计的特点，来完成该中级人民法院大楼的绿地规划设计。

(一)调查研究阶段

1. 单位性质及绿地现状的调查

通过对设计任务和总体布局的分析,我们认为,机关单位绿地既是单位附属的内部环境绿地,也是城市园林绿地系统的组成部分,更是城市街道景观的重要载体。要完成该项设计任务,既要考虑单位的性质、功能,又要兼顾城市景观的塑造。因此,将该人民法院的绿地分为三部分,即大门入口绿地、办公楼绿地和内部庭园绿地,其中内部庭院绿地面积较大,可设计为小游园,供职工和家属使用。

2. 各单位绿化形式对比分析

机关单位往往位于街道侧旁,根据建筑与街道的位置关系常形成以下两种形式:一是建筑紧贴道路,对外联系紧密,方便职工上下班和办事人员往来,内部形成安静的庭院绿地,但主体建筑前绿地面积小,绿地装饰效果差;二是主体建筑后退,建筑与道路之间形成庭院,建筑前绿地面积较大,绿化、美化装饰效果显著。在第二种布局形式的基础上,庭院绿地可规划设计为封闭式或开放式等不同模式。封闭式绿地设计内部景观协调,安静稳定,管理方便;开放式绿地设计与城市景观融为一体,成为城市街道景观的组成部分,方便周边群众使用,但管理难度大。

(二)规划设计阶段

1. 单位绿地各组成部分的规划设计

该法院位于道路交叉口,是城市景观的重要组成部分,为响应城市园林建设,办公楼前绿地结合城市绿化,形成开放型绿地,楼后设计为一游憩性小花园,具体设计如下。

1)大门入口绿地

该法院设有主、副两个出入口,因来往人员较多,故规划设计要解决交通、停车等功能。根据大门内两侧绿地面积大小,各设计两处停车场。停车场采用嵌草砖铺装,生态环保,整个布局功能合理、对称严整,以体现法院公正公开、严谨细致的工作作风。

植物配置采用规则式,入口两侧绿地以草坪铺底,绿地两侧行列式栽植梧桐、雪松、银杏、栾树等,伟岸雄奇,以形成规整庄严的绿化氛围;或采用绿篱植物形成对称的模纹图案,空间开敞明快(见图2-3-49)。沿围墙绿地呈带状,根据实际宽度,可采用常绿与落叶花木间植,高低错落、色彩丰富,亦可配置植物图案,起装饰美化作用(见图2-3-50)。

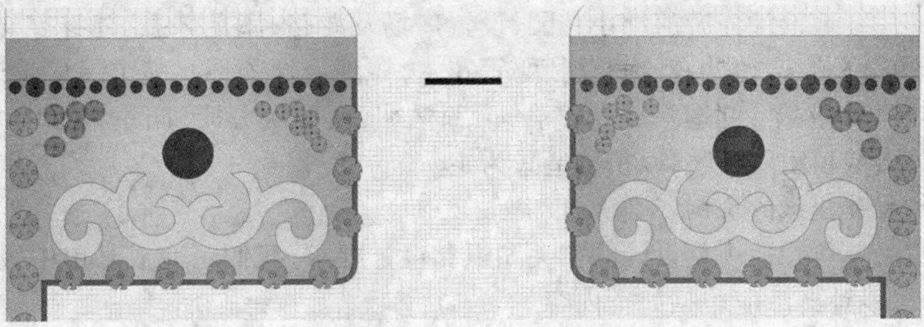

图2-3-49　入口绿地设计

2)办公楼绿地

办公楼周围基础绿带,位于楼与道路之间,呈条带状,既美化衬托建筑,又进行隔离,

图 2-3-50　沿墙绿地设计

保证室内安静，还是办公楼与楼前绿地的衔接过渡。绿化设计应简洁明快，以绿篱围边，草坪铺底，办公楼四周以百日红、桂花等点缀，栽植常绿树与花灌木，低矮、开敞、整齐，富有装饰性；植物配置与办公楼形成形体、色彩、质感、线形等方面对比，突出办公楼的主体地位（见图 2-3-51）。设计以典型植物和图案造型强调出入口空间，突出建筑物入口和主体地位。

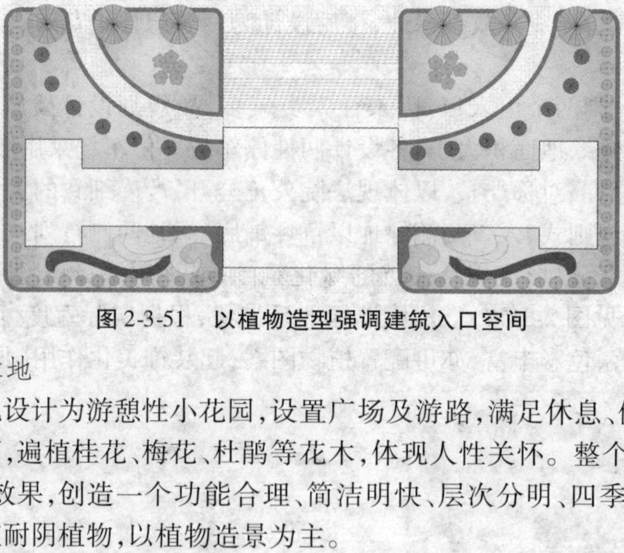

图 2-3-51　以植物造型强调建筑入口空间

3）内部庭园绿地

办公楼后绿地设计为游憩性小花园，设置广场及游路，满足休息、健身等要求。沿游路植合欢形成庭荫，遍植桂花、梅花、杜鹃等花木，体现人性关怀。整个绿化设计，突出特色树种，体现群体效果，创造一个功能合理、简洁明快、层次分明、四季常绿的游憩环境。建筑背阴处要栽植耐阴植物，以植物造景为主。

2. 完成相关图纸的绘制

根据机关单位绿地规划设计的相关知识和设计要求，我们可完成某市中级人民法院的绿化设计，设计图纸应包括如下内容。

1）设计平面图

设计平面图中应包括所有设计范围内的绿化设计，要求能够准确地表达设计思想，图面整洁，图例使用规范（见图 2-3-52）。平面图主要表达道路广场规划、景点景观布局、植物种植设计等平面设计。

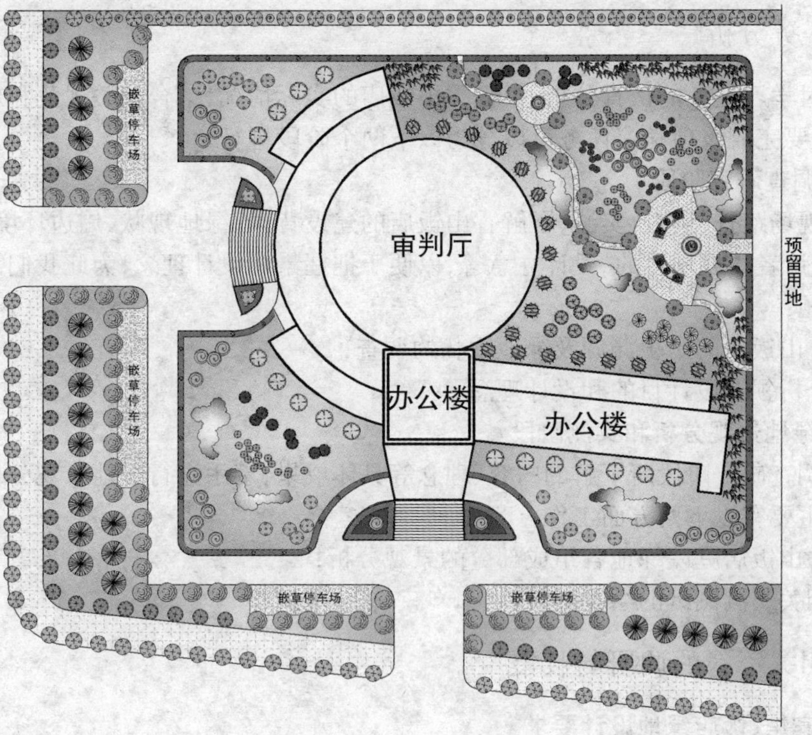

图 2-3-52　某中级人民法院绿化设计平面图

2）植物设施表

植物设施表以图表的形式列出所用植物材料、建筑设施的名称、图例、规格、数量及备注说明等。

3）设计说明书

设计说明书（文本）主要包括项目概况、规划设计依据、设计原则、艺术理念、景观设计、植物配置等内容，以及补充说明图纸无法表现的相关内容。

任务五　宾馆、饭店绿地规划设计

一、设计任务

北京香山饭店位于北京西郊香山公园内，饭店建筑由美国贝聿铭建筑师事务所设计，庭园绿地委托北京市园林局规划设计室设计。香山饭店整个院落占地 2. 8 hm^2，建筑占地 10 799 m^2。本次规划设计的学习任务是通过香山饭店绿地景观分析和绿地实测，掌握宾馆饭店绿地设计的一般方法。要求在充分把握宾馆饭店绿地的功能和景观要求的前提下，结合绿地现状、单位性质、地域文化和相关设计规范等，完成该饭店绿地景观分析和绿地实测。

二、任务分析

通过对学习任务的认真分析，根据香山饭店的实际情况，结合相关规范和规划设计的一般程序，要完成该项学习任务可以分为以下两个阶段进行。

（一）调查研究阶段

通过现场踏查、调查、实测，了解香山饭店的建设背景、绿地现状、周边环境、历史渊源等，领会设计者的规划目的、设计立意等，以便于把握景观设计理念，为此我们需要考虑以下两个问题：

（1）香山饭店的历史渊源及绿地现状的调查；

（2）分析领会设计目的和设计理念。

（二）绿地景观分析和实测阶段

根据调查研究阶段所了解的内容、理念等具体成果，着手进行绿地景观分析和相关图纸测绘。主要有以下两方面工作：

（1）香山饭店庭院绿地各组成部分的景观分析；

（2）相关实测图纸的绘制。

三、相关资料的调研与收集

（一）宾馆、饭店绿地设计要求

宾馆、饭店绿地又称为公共建筑庭园绿地。所谓庭园，就是房屋建筑周围及其围合的院落，可以在其中栽植各种花草树木，布置人工山水等景观，供人们欣赏、娱乐、休息，是人们生活空间的一部分。公共建筑所接待的人形形色色，职业、地位、性格爱好各不相同，因而在进行庭园绿化时，要根据服务对象的层次，满足各类庭园性质和功能的要求，植物造景尽量做到形式多样、丰富多彩、突出特色，在格调上要与建筑物和环境的性质、风格谐调，与庭园绿化总体布局相一致。

（二）宾馆、饭店的绿地组成

宾馆、饭店绿地根据庭园在建筑中所处的位置及其使用功能划分为前庭、中庭（内庭）和后庭。

1. 前庭

前庭位于宾馆、饭店主体建筑前，面临道路，供人、车交通出入，也是建筑物与城市道路之间的空间及交通缓冲地带。一般前庭较宽畅，其总体规划要综合考虑交通集散、绿化美化建筑和空间等功能，根据场地大小，布置广场、停车场、喷泉、水池、雕塑、山石、花坛、树坛等，采用规则式构图，严整堂皇，雄伟壮观，也可采用自然式布局，自由活泼，富有生机和野趣。绿地中可用平坦的草坪铺底，修剪整齐的绿篱围边，点缀球形和尖塔形的常绿树木及低矮、耐修剪的花灌木。

2. 中庭

中庭又叫内庭。宾馆、饭店等高层建筑，为了满足各种使用功能，活跃建筑内的环境气氛，常将建筑内部的局部抽空，形成玻璃屋顶的大厅，或在建筑底层门厅部分形成功能多样、景观变化丰富的共享空间。绿化布置宜少而精、自由灵活。

3. 后庭

后庭位于主体建筑楼后，或由不同建筑围合的庭院，空间相对较大。绿化造景除满足各建筑物之间的交通联系等使用功能外，可以植物绿化、美化为主，综合运用各种造景要素，规划设计成具休息观赏功能、自然活泼的、开放性的小游园。既可运用传统造园手法，设计具有中国古典园林意境和风格的游园，也可运用现代景观设计手法，创造富有当前时代气息的游园。

四、规划设计

在掌握了必要的理论知识之后，我们根据任务分析所划定的学习阶段，结合香山饭店绿地实际情况来完成绿地景观分析和实测。

(一)调查研究阶段

1. 香山饭店建设前绿地现状的调查

香山饭店整个院落占地 2.8 hm^2，建筑占地 10 799 m^2，处在香山最高峰“鬼见愁”(海拔 557 m)的东山坳海拔 140 m 的地带。院内西高东低，高差 10 ~ 12 m；南北高差不大，在 1.3 m 之内。西南原有高台高 1 m 多；南部有从西南至东北起伏的山丘，长 60 余 m，宽 10 ~ 20 m，有各种树木 470 棵(见图 2-3-53)。

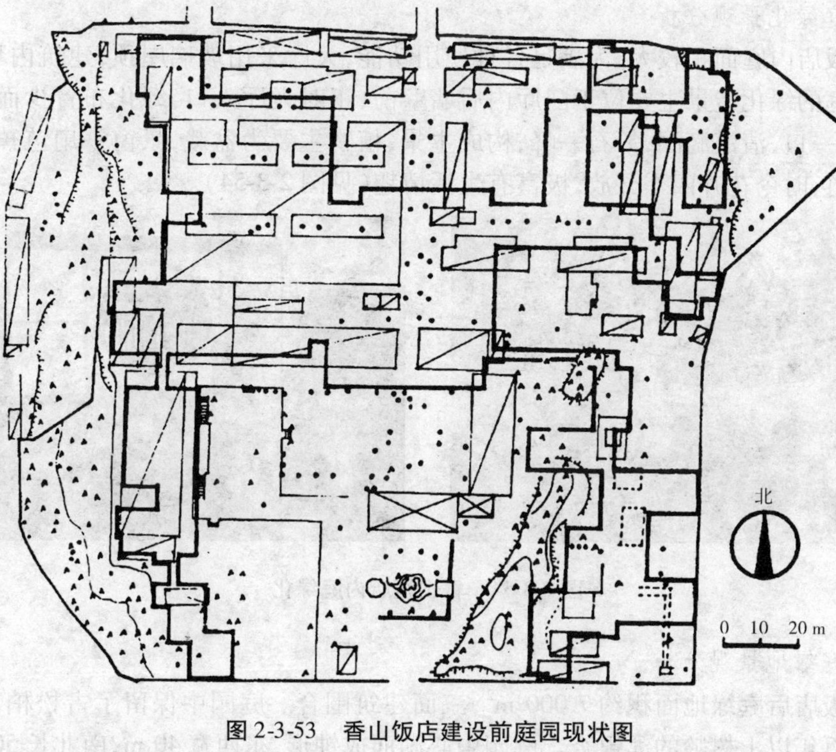

图 2-3-53　香山饭店建设前庭园现状图

2. 设计目标和设计理念的调查

饭店的设计者——著名建筑师贝聿铭曾提出，希望通过这次创作能在继承与发展中国建筑上有所成就，并且建议把饭店庭院建成高级庭园。有关方面的人士和贝先生当时的具体想法是：①中间的主要庭园要有水池；②比较小的庭园是为了从室内往外看的，有的可以仿建江南园林；③植物要成片布置；④整个庭园要自然、素雅；⑤山石从云南石林石中选用一些。

设计构思从对环境特点的分析入手。饭店高 2 ~4 层，全部建筑面积 35 800 m^2，体形较大；地处离公园主要入口 200 多 m，为公园的心脏地带；建筑色彩基调为白色，较为突出。庭园设计力求根据饭店庭园的功能需要，使庭园形式与香山环境协调，为其增色，又要有自己的特点，而且要尽量保留好古迹和原有古树、大树。

（二）绿地景观分析和实测阶段

1. 香山饭店庭园绿地各组成部分景观分析

根据调查阶段所知的香山饭店历史渊源、建设背景、设计理念等，结合香山饭店主体建筑布局，可将绿地分为前庭绿地景观、内庭绿化景观和后庭绿地景观三部分，其中后庭绿地面积较大，为全部绿地景观重点所在。对各绿地景观具体分析如下。

1）前庭绿地景观分析

前庭绿地位于饭店主体建筑前广场周边，绿地面积较小，其规划设计综合考虑了交通集散、绿化美化建筑和空间等功能，适当地布置了山石、花坛、树坛等，采用自然式布局，自由活泼，富有生机和野趣。

2）内庭绿化景观分析

香山饭店内庭面积较大，为满足各种使用功能，大厅采用玻璃屋顶，建筑内环境气氛活跃。内庭的绿化造景主要位于门厅内后墙壁前，正对大厅入口，绿化布置少而精，自由灵活，清池一口，清流滴润，笋石一峰，构成主景，植物主要为盆栽，景窗一扇芭蕉，迴廊转角数株棕竹，时令花卉四季开放，极富有生活情趣（见图 2-3-54）。

图 2-3-54　香山饭店内庭绿化

3）后庭绿地景观分析

香山饭店后庭绿地面积约 7 000 m^2，三面建筑围合。庭园中保留了古松柏 40 多棵，还有两株百年以上树龄的大银杏。庭园中心湖面成钟形，东西宽 40 m，南北长 50 m，面积约 1 400 m^2。中心水面平静开阔，与三层的建筑物在体重、横竖线条的比例都达到均衡和协调。白粉墙映在湖中，苍松翠柏回清倒影，几株金色的银杏、红色的枫树幻影摇动，丹黄朱翠，丽而不妖，艳而不俗，胜似金碧辉煌的雕梁画栋。“流水音”位于景观中轴线上，使建筑构图更稳重，水面与建筑的关系更紧密（见图2-3-55）。“流水音”将水面分成一大一小，以小衬大，同时增加了景深。

图2-3-55　香山饭店后庭绿化

香山饭店后庭绿地景观以水池为中心，曲桥和流水音平台将水池分为大、小两个水面，环水布置置石、假山、瀑布、溪流，为水池之源泉，自然式配置了数十种树木花草，水池周边设置烟霞浩渺、清音泉、金鳞戏波、流水音、海棠花坞、观景台、飞云石等景点（见图2-3-56）。

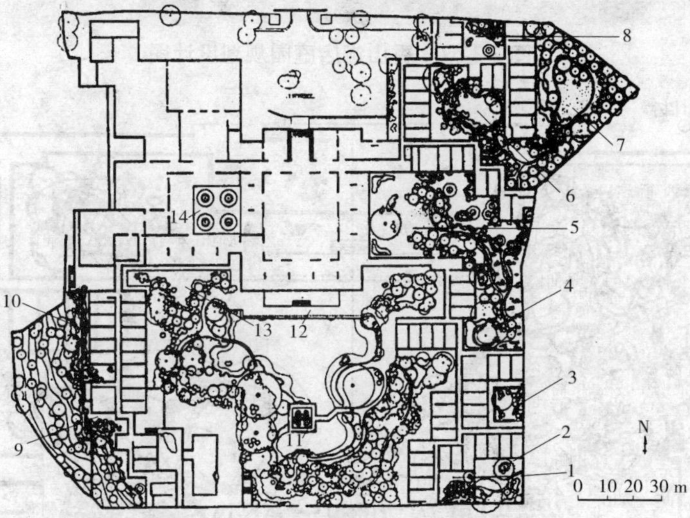

图2-3-56　北京香山饭店庭园总平面图

1—冠云落影；2—柯荫庭；3—古木清风；4—松竹杏暖；5—晴云映日；6—云岭芙蓉；7—漫空碧透；8—高阁春绿；9—洞天一色；10—清盘敛翠；11—曲水流觞；12—烟霞浩渺；13—海棠花坞；14—屋顶花园

2. 完成相关实测图纸的绘制

根据宾馆、饭店绿地规划设计的相关知识和制图要求，我们可以完成香山饭店的绿地实测任务，实测任务应包括如下内容。

1）实测图纸

实测图应包括所有实测范围内的绿地内容，要求能够准确地表达绿地现状和设计理念，图面整洁，图例使用规范。主要包括总体平面图、植物配置图、鸟瞰图等（见图 2-3-57 ~ 图 2-3-59）。

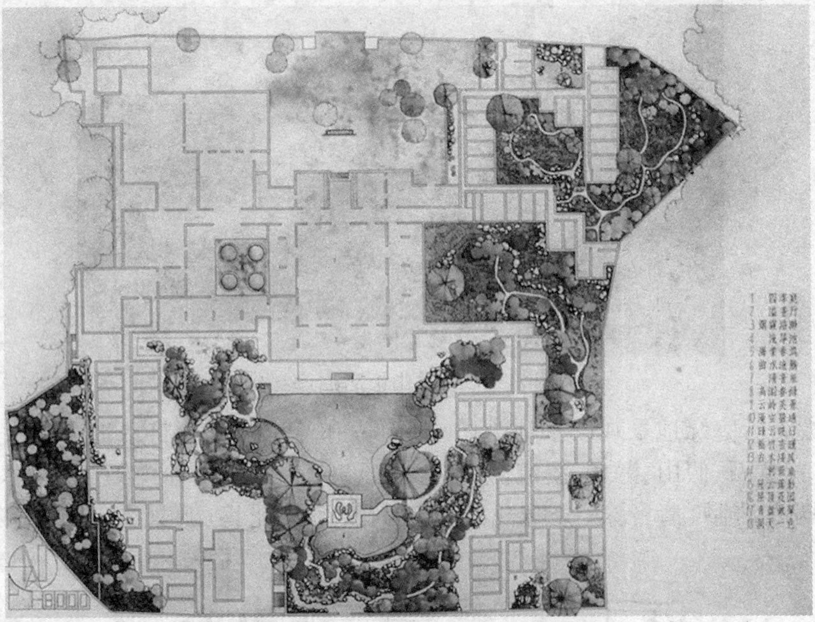

图 2-3-57　香山饭店庭园规划设计图

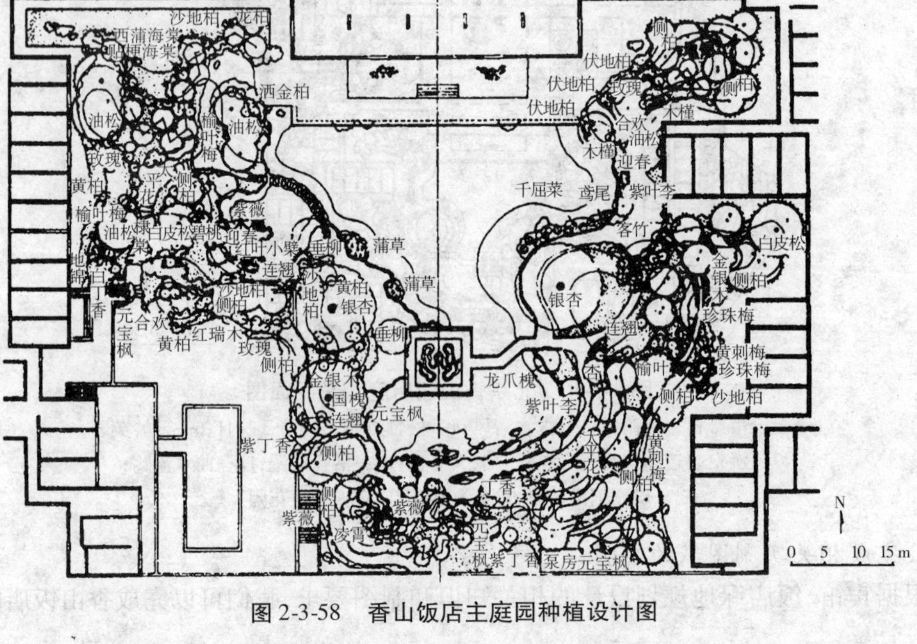

图 2-3-58　香山饭店主庭园种植设计图

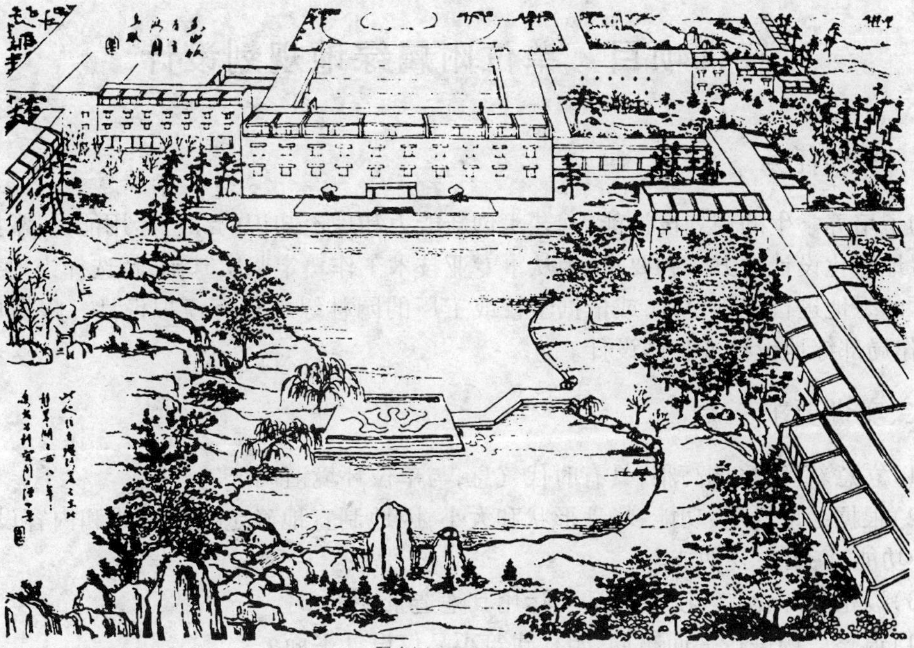

图 2-3-59　香山饭店庭园鸟瞰图

2）植物设施表

植物设施表以图表的形式列出所调查的植物材料、建筑设施的名称、图例、规格、数量及备注说明等。

3）景观分析说明书

景观分析说明书（文本）主要包括绿地概况、规划设计理念、设计原则、艺术形式、景观立意、植物配置等内容。

思考题

1. 简述大专院校校园绿地的组成部分。
2. 简述大专院校绿化设计原则。
3. 总结你所在学校的绿地特点。
4. 简述工厂绿化设计的原则。
5. 简述工厂绿地各组成部分的设计。
6. 简述医疗机构绿化的基本原则。
7. 简述机关单位绿地的组成。
8. 如何通过绿化设计体现机关单位性质、精神等文化内涵？
9. 简述宾馆、饭店的用地组成。
10. 简述宾馆、饭店绿地各组成部分的功能要求。

实训项目　单位附属绿地规划设计

一、实训任务

为了培养学生的规划设计能力、艺术创新能力和理论知识的综合运用能力，掌握单位附属绿地绿化设计的方法和要求，为从事专业技术工作奠定坚实基础，特选择当地某学校或工厂的绿地进行规划设计，或依据学校或工厂的园林绿地进行模拟设计。根据单位大小，可作局部绿地设计或整体设计。

二、实训要求

(1)立意新颖，格调高雅，具有时代气息，与单位环境谐调统一。

(2)根据绿地性质、功能、场地形状和大小，因地制宜地确定绿地形式和内容设施，体现多种功能，突出主要功能。

(3)以植物绿化、美化为主，适当运用其他造景要素。

(4)道路广场进行平面布局，园林建筑小品仅设计平面。

(5)植物选择配置应乔、灌、花、草结合，常绿、落叶结合，以乡土树种为主。植物种类数量适当。能正确运用种植类型，符合构图规律，造景手法丰富，注意色彩、层次变化，能与道路、建筑相谐调，空间效果较好。

(6)图面表现能力。按要求完成设计图纸，能满足施工要求；图面构图合理，清洁美观；线条流畅，墨色均匀；图例、比例、指北针、设计说明、文字和尺寸标注、图幅等要素齐全，且符合制图规范。

三、规划设计

(一)规划设计工作步骤

1. 现场踏查，了解情况

到设计现场实地踏查，熟悉设计环境，了解建设单位绿地的性质、功能、规模及其对规划设计的要求等情况，作为绿化设计的指导和依据。

2. 收集基础图纸资料

收集建设单位总体布局平面图、管道图等基础图纸资料。若建设单位没有图纸资料，可实地测量，室内绘制。

3. 描绘、放大基础图纸

若建设单位提供的基础图纸比例太小，可按1∶200～1∶300的比例放大、分幅，或将实测的草图按此比例绘制，作为绿化设计的底图。

4. 总体规划设计

绘出设计草图，送建设单位审定，征求意见，修改定稿。

5. 完成设计任务

按制图规范，完成墨线图，晒兰或复印，做苗木统计和预算方案。作为设计成果，评定成绩,或交建设单位施工。

(二)设计成果

(1)总体规划图。比例1:200~1:300,1~2号图(图中进行道路、广场、园林建筑小品等规划布局,并标注尺寸)。

(2)绿化设计图(含彩色平面图)。比例、图幅同总体规划图(1、2项可提供CAD设计图)。

(3)单位整体或局部的效果图(彩色图)。

(4)设计说明书。包括小游园园名、景名、分区功能及种植设计景观特征描述。

(5)植物名录及其他材料统计表。

(6)绿化工程预算方案。

四、评分标准

序号	项目与技术要求	配分	检测标准	实测记录	得分
1	功能要求	20	能结合环境特点,满足设计要求,功能布局合理,符合设计规范		
2	景观设计	25	能因地制宜合理地进行景观规划设计,景观序列合理展开,景观丰富,功能齐全,立意构思新颖巧妙		
3	植物配置	20	植物选择正确,种类丰富,配植合理,植物景观主题突出,季相分明		
4	方案可实施性	20	在保证功能的前提下,方案新颖,可实施性强		
5	设计表现	15	图面设计美观大方,能够准确地表达设计构思,符合制图规范		

项目四　公园规划设计

知识要求

了解公园的意义、功能和分类；了解公园的主要设施、功能分区和设计要点；掌握各类公园的规划设计要点和步骤。

能力目标

能应用公园设计的知识做出公园的规划设计方案。

一、设计任务

设计任务为完成某城市公园规划设计。

二、任务分析

(一)相关知识

完成任务所需要的相关知识包括：公园规划设计的原则和方法，公园设计的立意、构思和规划布局，公园的主要设施、功能分区和设计要点，公园的地形、道路和建筑小品的设计，植物选择和配置等。

(二)设计程序

进行一个完整的城市公园设计所需要采取的步骤如下。

1.调查研究、素材准备

1)自然条件、环境状况及历史沿革

(1)甲方对设计项目的理解，要求的设计标准及投资额度。

(2)从总体角度理解项目，弄清公园与城市绿地总体规划的关系。

(3)与周围市政的交通联系，车流、人流集散方向。这对确定公园出入口有决定性的作用。

(4)基地周边环境，未来发展情况，有无名胜古迹，自然资源及人文资源状况等。相关的周围城市景观，包括建筑形式、色彩、体量等。

(5)当地植物状况。了解和掌握地区内原有的植物种类、生态、群落组成，特别注意一些乡土树种，因为这些树种的巧妙运用往往可以带来良好的效果。

(6)该地段的能源(电源、水源等)情况，排污、排水设施条件，周围是否有污染源，如有毒有害的厂矿企业等。如有污染源，必须在公园设计中采取防护隔离措施。

2)图纸资料

(1)基地地形图。应明确显示以下内容：设计范围(红线范围、坐标数字)，园址范围内的地形、标高及现状物体的位置，四周环境情况，与市政交通联系的主要道路名称、宽度及标高等，周围机关、单位、居住区的名称、范围及今后发展状况等。

(2)现状植被分布图。主要标明现有植被基本状况，要保留树木的位置，并注明品种、生长状况，观赏价值的描述等。有较高观赏价值或特殊保护意义的树木最好附以彩色照片。

(3)地下管线图。

3)实地踏勘

实地踏勘是非常重要的，再详尽的资料也代替不了对现场的实地观察。公园设计包含了很多感性因素(特别在方案阶段)，要求对现场环境有直觉性的认知，这类信息无法通过别人准确传达。在现场踏勘的过程中，要注意那些在文本资料中难以体现的方面，比如视觉效果、视线走廊、场所的围合性等，重点要形成对基地环境的感知。还要注意可利用、可借景的景物和影响景观的物体，在规划过程中分别加以处理。进行实地摄影或摄像，以备开始设计时参考之用。

4)素材整理

设计者将所收集到的资料，经过分析、研究，定出总体设计原则和目标，编制出进行公园设计的要求和说明。通常在一个设计开始以前，设计者搜集到的素材是非常丰富多样的，甚至有些素材包含互相矛盾的方面。这些素材中哪些是必需的，哪些是可以合并的，哪些是可以忽略的，都需要预先作出判断。

2. 总体设计

1)立意、构思

中国古人在谈到绘画和园林时常说“意在笔先”。所谓立意，简单说就是指园林设计的总意图，是设计师想要表达的最基本的观点。对公园设计而言，每个设计师都有自己的思维方式，立意可大可小，大到反映对整个社会的态度，小到对某一设计手法的阐述。

著名的纽约中央公园的设计是一个典型的例子。公园的设计者奥姆斯特德认为，利用城市公园提供给每个人平等享受的利益可以缓解底层市民受压抑的心理。以田园风光、自然布置为特色，在纽约中央公园竞赛中，奥姆斯特德的“绿草地”方案获头奖。

另一个体现立意重要性的例子是美国首都华盛顿的“越战老兵纪念碑”。碑园形式十分简洁，一曲折线道路，沿路一侧为一垂直的黑色花岗岩碑壁，壁上刻阵亡将士的姓名，准确、简要地表达了美国人参加越南战争，只不过是在历史上走了一段“弯路”的客观结果。该方案以立意准确、构思巧妙而脱颖而出。

在明清江南私家园林中，扬州“个园”结合画理，以石为构思线索，从春、夏、秋、冬四季景色中寻求意境，由于构思立意不落俗套而能在众多优秀的古典宅第园林中占有一席之地。

2)布局

园林布局，即在园林立意构思的基础上，设计者在孕育园林作品过程中所进行的思维活动。主要任务包括：出入口位置的确定，功能分区，地形的利用和改造，建筑、广场及园路布局，植物种植设计，制定建园程序及造价估算等。

在布局阶段以草图为主，且应有两个以上的构思方向，称之为草案研究。草案研究是为研究可选方案所准备的，应当具有简明性和图解性，以便尽可能直接解释与特定场地的特性相关的规划构思。随着构思的不断成熟和布局草案的进展，进一步对它们的优缺点作比较分析，不合适的方案将被放弃或要加以修正，好的构思应当采纳并加以优化。当最适合实际的方案经过比较之后已初具轮廓可转化为初步规划。

3）总体设计图纸及文件

（1）位置图。属于示意性图纸，表示该公园在城市区域的位置。

（2）现状分析图。根据已掌握的全部资料，经分析、整理、归纳后对现状作综合评述。可用圆形、方形或抽象图形将其概括地表示出来。在现状图上，可分析公园设计中有利和不利因素，以便为功能分区提供参考依据。

（3）功能分区图。根据总体设计的原则、现状图分析，划出不同的空间，使不同空间和区域满足不同的功能要求，并使功能与形式尽可能统一。

（4）总平面图。包括以下内容：第一，公园与周围环境的关系：公园各出入口与市政关系，即面临街的名称、宽度，周围主要单位名称等；第二，公园主要、次要、专用出入口的位置、面积及规划形式，广场、停车场的布局；第三，公园的地形总体规划，道路系统规划；第四，全园建筑物、构筑物等布局情况；第五，全园植物设计构思。

（5）竖向设计图。地形是全园的骨架，要求能反映出公园的地形结构。以自然山水园而论，要求表达山体、水系的内在有机联系；同时，还要表示出湖、池、潭、港、湾、涧、溪、滩、沟以及堤、岛等水体造型，并要标明湖面的最高水位、常水位、最低水位线。此外，图上标明入水口、排水口的位置等，也要确定主要园林建筑所在地的地坪标高、广场高程等。

（6）道路系统图。首先，在图上确定公园的主要出入口、次要出入口与专用出入口，还有主要广场的位置及主要环路的位置，以及作为消防通道的专用通道。同时确定主干道、次干道等的位置以及各种路面的宽度、排水纵坡，并初步确定主要道路的路面材料、铺装形式等。图纸上用虚线画出等高线，再用不同粗细的线表示不同级别的道路及广场，并将主要道路的控制标高注明。

（7）种植设计图。根据规划设计原则，安排全园及各区的基调树种、骨干造景树种，确定不同地点的密林、疏林、林间空地、林缘等种植方式和孤植树、树群、树丛及花草栽植点等。

（8）管线综合图。以总体规划方案及树木规划为基础，规划上水水源的引进方式、总用水量、消防、生活、造景、树木喷灌、管网的大致分布、管径大小、水压高低，以及雨水、污水的排放方式等。如需供暖，则需考虑供暖方式、锅炉房的位置等。总用电量、分区供电设施、电缆的敷设以及各区各点的照明方式和广播、通信等的位置。

（9）表现图。表现图是总体规划设计阶段至为关键的部分。甲方往往对公园设计知之甚少，形象化的图纸是他们最感兴趣的。设计者通过 3Dmax、SketchUp、Photoshop 等软件绘制效果图或钢笔画、钢笔淡彩、水粉画等绘图形式表现，都会起到较好的效果（见图 2-4-1）。

（10）总体设计说明书。包括公园位置、现状、范围、面积，工程性质、规划设计原则，规划设计主要内容（空间构想、功能分区、景点分布、建筑布局、种植规划等），管线、电讯规划说明，总体估算。

(a)

(b)

(c)

图 2-4-1　环境表现图的例子

3. 详细设计

1) 分区平面图

根据公园的不同分区，划分成若干局部，进行局部详细设计。应表示园路、广场、建筑、水景、驳岸、乔灌木、花坛、山石、雕塑等。施工图则要表示坐标网及基点、基线，以便作为施工放线的依据。

2) 基地剖面图

好的公园设计往往具有起伏的地形和丰富的空间变化。为了更好地表达设计意图，应在地形变化复杂、立面层次丰富的部分做出剖面图。

3) 种植设计图

种植设计图应能较准确地画出常绿乔木、落叶乔木、针叶树、阔叶树、灌木、绿篱、花卉、草地等的位置、品种、数量、种植方式等。在植物造景特别重要的部分，还要画出植物立面图或效果图。施工图阶段应列苗木表，统计各种规格的树种数量。

4) 竖向设计图

竖向设计图上应标明制高点、山峰、丘陵、台地、平地、岛及湖池、溪流、驳岸、池底等的具体高程，以及入水口、出水口的标高。还要包括地形改造过程中的填方、挖方内容。

5) 详图

详图包括建筑设计图、道路断面、园林小品、驳岸做法、节点设计等内容。

6)管线图

表现出上水(造景、绿化、生活、卫生、消防)、下水(雨水、污水)、暖气、煤气等。主要注明每段管线的长度、管径、高程及如何接头,同时注明管线及各种井的具体位置、坐标。

7)概预算

土建部分,可按项目估价,算出汇总价;或按市政工程预算定额中园林附属工程定额计算。绿化部分,可按基本建设材料预算价格中苗木单价表及建筑安装工程预算定额的园林绿化工程定额计算。

三、相关资料的调研与收集

(一)公园的类型

中国城市公园主要分为综合性公园(市、区、居住区3级)、专类公园(植物园、动物园、儿童公园、纪念性公园、主题公园、森林公园、雕塑公园等)和花园3种类型。

1. 综合性公园

综合性公园面积较大,设施比较齐全,有一定的地形地貌、小型水体,有功能分区、景色分区,除植物外,还有一定比例的建筑、园林小品、休息设施和活动场地。它是群众性的文化教育、娱乐、休息场所,并对城市面貌、环境保护、社会生活起到重要的作用。

1)市级公园

为全市居民服务,是全市公共绿地中集中面积最大、活动内容和游憩设施最完善的绿地,面积随城市居民数量的多少而不同。服务半径一般为2~3 km,步行时间为30~50分钟。

2)区级公园

为市区内一定区域的居民服务,具有较丰富的活动内容和设施完善的绿地。服务半径为1~1.5 km,步行时间为15~25分钟。

3)居住区级公园

为一个居住区内的居民服务,具有一定的活动内容和设施,为居住区配套建设的集中绿地。服务半径为0.5~1.0 km,步行时间为5~15分钟。

2. 专类公园

专类公园是具有特定内容或形式,有一定游憩设施的公园。如植物园、动物园、儿童公园、纪念性公园等。

3. 花园

以观赏花卉为主的专类公园。

(二)综合公园规划设计

1. 功能分区规划

1)科学普及文化娱乐区

该区的功能是开展科学文化教育,使广大游人在游乐中受到文化科学、生产技能等教育。它具有活动场所多、形式多、人流多等特点,可以说是全园的中心。主要设施有展览馆、文艺宫、剧场、舞厅、青少年活动室等。该区应设在靠近主要出入口、地形较平坦的地方,要求有一定的分隔。该区的建筑物要适当集中,工程设备与生活服务设施要齐全,布局要有利于游人活动和内务管理。

在地形平坦、面积较大的地方，可采用规则式的方式进行布局，要求方向明确，有利于游人集散。在地形起伏、平地面积较小的地方，可以采用自然式进行布局，用园路进行联系，与风景园林相呼应。为了保持公园的风景特色，建筑物不宜过于集中，尽量利用绿化的环境开展各种文艺活动。

2）体育活动区

该区主要功能是便于广大青少年开展各项体育活动。它具有游人多、集散时间短、对其他项目干扰大等特点。在该区可设各种球类、溜冰、游泳、划船等场地，其布局要尽量靠近城市主要干道，或专门设置出入口，因地制宜设立各种活动场地。开阔水面上可开展划船活动，但码头要设在集散方便之处，并便于停船。游泳的水面要和划船的水面严格分开，以免互相干扰。另外，结合林间空地开设简易活动场地，以便进行武术、太极拳、羽毛球等活动。

3）儿童活动区

该区具有占地面积小、各种设施复杂的特点，其中设施要符合儿童心理，造型设计上应色彩鲜艳明快、尺度小。一般儿童游戏场设有秋千、滑梯、跷跷板和电动设施等。儿童体育场应有涉水、汀步、攀梯、吊绳、障碍跑、爬山等。少年之家应有阅览室、游戏室、展览厅等。该区多布置在公园出入口附近，其布置规划和分区道路应易于识别。

4）游览休息区

该区主要功能是供人们游览、休息、赏景或开展轻微体育活动。具有占地面积大、游人密度小的特点。该区应广布全园，尤其适宜设在距出入口较远、地形起伏、临水观景、视野开阔之处，应与体育活动区、儿童活动区、闹市区分隔。老人活动区一般设在此区，在林间可设立简易运动场所，便于老人轻微活动。也可设植物专类园，创造山清水秀、鸟语花香的环境，为游客服务。

5）公园管理区

主要功能是管理公园各项活动，具有内务活动多的特点。多设在专用出入口内部、内外交通联系方便处，周围用绿色植物与各区分隔。其主要设施有办公室、工具房、花圃、苗圃、温室、车库、变电站、水泵房及食堂、宿舍等。

2. 出入口的设立

公园出入口一般分主要出入口、次要出入口和专门出入口 3 种。一般主要出入口应与城市主要干道、游人主要来源以及公园用地的自然条件等诸因素协调后确定。合理的公园出入口，将使城市居民便捷地抵达公园。

主要出入口前设置集散广场，是为了避免大股游人出入时影响城市道路交通，并确保游人安全。为了满足大量游人在短时间内集散的功能要求，公园内的文娱设施如剧场、展览馆等多分布在主入口附近；或在上述设施设专门入口，以达到方便使用的目的。为方便游人，一般在公园四周不同方位选定不同出入口，如公园附近的小巷或胡同，可设立小门，免得周围居民要绕大圈才能入园之不便。

公园主要出入口的设计，应考虑它在城市景观中所起到的装饰美化的作用。在满足游人进出公园在此交汇、等候的功能需求的同时，公园主要出入口也要成为城市景观的亮点。

公园主要出入口的设计内容：公园内、外集散广场，园门，停车场，围墙等。在内、外广场有时也设置一些纯装饰性的花坛、水池、喷泉、雕塑、宣传牌和公园导游图等。入口前广场应退后于街道建筑红线以内，形式多种多样。广场大小取决于游人量，或因园林艺术构图的需要而定。

3. 公园容量计算

公园游人容量是指游览旺季高峰期时同时在公园内的游人数。公园游人容量是确定内部各种设施数量和规模的依据，也是公园管理上控制游人量的依据，通过游人数量的控制，避免公园因超容量接纳游人，造成人身伤亡和园林设施损坏等事故。

公园的游人量随季节、假日与平日、一日之中的高峰和低谷而变化，确定游人容量以游览旺季的星期日高峰时为标准。

计算公式为：

$$C = A/A_m$$

式中　C——公园游人容量，人；

A——公园总面积，m^2；

A_m——公园游人占地面积，m^2/人。

在我国，市、区级公园游人人均占有公园面积以 60 m^2 为宜，不得低于 15 m^2；风景名胜区游人人均占有面积宜大于 100 m^2。《公园设计规范》规定，水面面积与坡度大于 50% 的陡坡山地面积之和超过总面积 50% 的公园，游人人均占有公园面积应适当增加。

4. 公园中广场布局

公园中广场的主要功能是提供游人集散、活动、演出、娱乐、休息等，其形式主要有自然式和规则式两种。由于功能的不同，又可分为集散广场、休息广场和生产广场。

1) 集散广场

以集中、分散人流为主。可分布在出入口前后、大型建筑物前和主干道交叉口处。

2) 休息广场

以供游人休息为主。多布局在公园的僻静之处，与道路结合，方便游人到达。与地形结合，如在山间、林间、临水，借以形成幽静的环境。与休息设施结合，如廊、架、花台、草坪、树丛等，以利游人坐息赏景。

3) 生产广场

作为园务的晒场、堆场等。公园中广场排水的坡度应大于 1%。在树池四周的广场应采用透气性铺装，范围为树冠投影区。

5. 道路系统

园路联系着不同的分区、建筑、活动设施、景点，起着组织交通、引导游览的作用，便于识别方向。同时也是公园景观、骨架、景点纽带、构景的要素。

1) 园路的类型

(1) 主干道：全园的主道，通往公园各大区、主要活动建筑设施、风景点。要求方便游人集散，通畅、蜿蜒起伏、曲折，并组织景观。路宽 4 ~ 6 m，纵坡 8% 以下，横坡 1% ~ 4%。

(2) 次干道：公园各区内的主道，引导游人到各景点。自成体系，组织景观。

(3)专用道:多为园务管理使用,在园内与游览路分开,且应减少交叉,以免干扰游览。

(4)散步道:为游人散步使用,宽1.2~2 m。

2)园路布局

公园道路的布局要根据公园绿地内容和游人容量大小来定,要求主次分明,因地制宜地和地形密切配合。如山水公园的园路要环山绕水,但不应与水平行;平地公园的园路要弯曲柔和,密度可大,但不要形成方格网状;山地公园的园路纵坡12%以下,弯曲度大,密度应小,可形成环路,以免游人走回头路。

3)弯道的处理

路的转折、衔接要通顺,符合游人的行为规律。园路遇到建筑物、山、水、树、陡坡等障碍,必然会产生弯道。弯道有组织景观的作用,弯曲弧度要大,以外侧高、内侧低为宜,外侧应设栏杆,以防发生事故。

4)园路交叉口

两条园路交叉或干道分出两条小路时,必然会产生交叉口。两条主干道相交时,交叉口应作扩大处理,形成小广场,以方便行车。小路应斜交,但不应交叉过多;两个交叉口不宜太近,要主次分明,相交角度不宜太小。丁字交叉口是视线的交点,可点缀风景。

6. 种植设计

公园的绿化种植设计,是公园总体规划的组成部分,它指导局部种植设计,协调各期工程,使育苗和种植施工有计划地进行,创造最佳植物景观。

1)绿化布局

(1)形成统一的基调。2~3种树形成统一的基调。北方地区常绿树占30%~50%,落叶树占50%~70%;南方地区常绿树占70%~90%。

(2)创造与环境相适应的气氛。在娱乐区、儿童活动区,为创造热烈的气氛,可选用红、橙、黄等暖色调植物花卉;在休息区或纪念区,可选用绿、紫、蓝等冷色调植物花卉。在公园游览休息区,要形成季相动态构图,以利游览欣赏。

2)分区绿化

(1)科学普及文化娱乐区。要求地形平坦开阔,绿化以花坛、花境、草坪为主,便于游人集散。该区内可适当点缀几株大乔木,不宜多种灌木,以免妨碍游人视线。

(2)体育活动区。宜选择快长、高大挺拔、冠大荫浓的树种,以利夏季遮阳。球类场地四周的绿化要离场地5~6 m,树种色调要单纯,以便形成绿色的背景。在游泳池附近可设置花架、廊架,不可种夏季落花落果的花木。

(3)儿童活动区。乔木宜选用高大荫浓的种类,夏季庇荫面积应大于活动范围的50%,忌用有毒、有刺或有刺激性气味的植物。在出入口可设立雕塑、花坛、山石或小喷泉等,配以体形优美、色彩鲜艳的灌木和花卉,以增加趣味性。

(4)游览休息区。以生长健壮的几个树种为骨干,在植物配置上根据地形的高低起伏和天际线的变化,采用自然式布局。在林间空地可设置草坪、亭、廊、花架、坐椅等,在路边可设牡丹园、月季园、竹园等专类园。

(5)公园管理区。根据各项活动的不同功能,因地制宜地进行绿化。

(三)专类公园规划设计

1. 植物园

1)植物园的性质与任务

植物园是从事植物物种资源的收集、培育、保存等科学研究的机构。

植物园的主要任务如下:

(1)科学研究。转化野生植物为栽培植物,转化外来植物为当地植物,改变植物性状,培育新的优良植物种类为人类发展生产和城市园林、绿化服务等。

(2)观光旅游。结合植物科学的丰富内容,以公园的形式,创造优美的环境,供人们游览观光。

(3)科学普及。通过露地展览区、温室、陈列室、博物馆等室内外植物素材的展览,并结合园林艺术的布局,让广大群众在休息、游览中,通过植物进化系统以及植物分类系统的参观学习,寓教于游。

(4)科学生产。把最新的植物领域内的科研成果,应用到社会生产实践。

2)植物园的功能分区

一般植物园由三个部分组成:展览区、科研区和生活管理区。展览区一般分为植物分类区、专类园区、专属搜集区、主题花园和植物生态区等。

(1)植物分类区。按照植物的进化系统和植物的科、属分类结合起来布置。

(2)专类园区。按分类学内容丰富的属或种专门扩大收集,辟成专园展出;或按经济用途如药用、油料、纤维、淀粉等,收集在一起标明用途集中展出。这两大类均因内容丰富、具有特色才有必要收集到一起,给予游人集中学习的方便。如松柏园、竹园、月季园、百草园等。

(3)专属搜集区。对某一属或属中的某一种,如果观赏性强,品种特别丰富,受到社会上大量爱好者的欢迎,在植物园内相应地设立专属搜集区。常见的专属搜集区有芍药属、八仙花属、丁香属、苹果属、杜鹃花属、鸢尾属、菊属、玉簪属、萱草属等。

(4)主题花园。多以植物的某一固有特征,如芳香的气味、华丽的叶色、丰硕的果实或植物体本身的性状特点,突出某一主题的花园。

(5)植物生态区。按植物的生态习性、植物与外界环境的关系以及植物相互作用而布置的展览区。如岩生植物区、水生植物区、沼泽植物区、荫生植物区、高山植物区等。

(6)科研区。由实验地、引种驯化地、苗圃地、示范地、检疫地等组成。

(7)生活管理区。包括职工宿舍、餐厅、商店、卫生院、车库、仓库等。

3)植物园的设计要点

(1)功能分区及用地平衡。展览区用地最大,可占全园总面积的40%~60%,苗圃及试验区占25%~35%,其他占25%~35%。

(2)展览区是为群众开放使用的,用地应选择地形富于变化、交通联系方便、游人易到达的区域。

(3)苗圃是科研、生产场所,一般不向群众开放,应与展览区隔离。但是要与城市交通有方便的联系,并设有专用出入口。

(4)确定建筑数量及位置。植物园建筑有展览建筑、科学研究建筑及服务性建筑三类。展览建筑包括展览温室、植物博物馆、科普宣传廊、展览荫棚等。展览温室和植物博物馆是植物园的主要建筑,游人比较集中,应位于重要的展览区内,靠近主要入口或次要入口,常构成全园的中心。科学研究建筑包括实验室、标本室、资料室、工作间、气象站等。服务性建筑包括办公室、小卖部、食堂、厕所、停车场、休息亭廊、花架等。

(5)排灌工程。植物园的植物品种丰富,养护条件要求较高,因此在做总体规划时,必须做出排灌系统规划。一般利用地形起伏的自然坡度或暗沟,将雨水排入附近的水体中为主,但在距离水体较远或排水不顺的地段,必须铺设雨水管,辅助排出。

(6)绿化设计。在满足其性质和功能需要的前提下,讲究园林艺术构图,使全园具有绿色覆盖,形成较稳定的植物群落。在形式上,以自然式为主,创造各种密林、疏林、树群、树丛、孤植树、草地、花丛、花镜等。

2. 动物园

1)动物园的性质与任务

动物园是以野生动物展出为主要内容的城市绿地,是宣传普及有关野生动物的科学知识,对游人进行科普教育,对野生动物的习性、珍稀物种的繁育进行科学研究,同时为游人提供休息、活动的专类公园。根据《公园设计规范》,动物园应有适合动物生活的环境,游人参观、休息、宣传科普知识的设施,安全、卫生隔离的设施和绿带。

2)动物园的功能分区

(1)宣传教育、科学研究区。该区是科普、科研活动中心,由动物科普馆组成,设在动物出入口附近,交通方便。

(2)动物展览区。由各种动物笼舍组成,占地面积最大。以动物进化顺序,即由低等动物到高等动物进行布局,包括无脊椎动物、鱼类、两栖类、爬行类、鸟类、哺乳类。

(3)服务休息区。为游人设置的休息亭廊、接待室、小卖部、服务点等,便于游人使用。

(4)经营管理区。行政办公室、饲料站、检疫站应设在隐蔽处,用绿化与展区、科普区相隔离,但又要联系方便。

(5)职工生活区。为避免干扰和保持环境卫生,一般设在园外。

3)动物园绿化设计要点

(1)维护动物生活,结合动物生态习性和生活环境,创造自然的生态模式。

(2)要为游人创造良好的休息条件,创造动物、建筑、自然环境相协调的景致,形成山林、河湖、鸟语花香的美好境地。

(3)在园的外围应设置宽 30 m 的防风、防尘、杀菌林带。

(4)在陈列区,特别是兽舍旁,应结合动物的生态习性,表现动物原产地的景观,但不能阻挡游人的视线,又有利游人夏季遮阳的需求。

3. 儿童公园

1)儿童公园的性质与任务

儿童公园是城市中儿童游戏、娱乐、开展体育活动,并从中得到科学普及知识的专类公园。其主要任务是使儿童在活动中锻炼身体、增长知识、热爱自然、热爱科学、热爱祖国等。

2)儿童公园的功能分区

(1)幼儿游戏场。幼儿的概念指1.5~5岁的儿童。一般主要的游戏种类有沙坑、草坪、广场等静态的活动内容;到了5岁左右常喜欢玩转椅、小跷跷板、滑梯等;1.5~2岁的儿童必须有家长陪同,设休息亭廊、凉亭等供家长休息使用。幼儿游戏场周围常用绿篱或彩色矮墙围合,一般活动场所呈口袋型,出入口尽量少些。该区的活动器械宜光滑、简洁,尽可能做成圆角,避免碰伤。

(2)学龄儿童活动区。该区的服务对象主要为小学一二年级儿童。这时开始出现性别差异,各有所求,一般男孩的活动量比女孩要大些。一般的设施包括螺旋滑梯、秋千、攀登架、电动飞机等。此外,还要有供开展集体活动的场地及水上活动的涉水池。有条件的地方还可以设室内活动的少年之家、科普展览室、电动器械游戏室、图书阅览室、少年儿童书画室,以及动物角、植物角等。

(3)青少年活动区。小学四五年级及初中低年级学生,在体力和知识方面都要求在设施的布置上更有思想性,活动的难度更大些。上海海伦儿童公园的"勇敢者之路"、杭州儿童公园和湛江儿童公园都布置有"万水千山"青少年活动区。设施的主要内容包括爬网、高架滑梯、独木桥、越水、越障、索桥,还有爬峭壁、攀登高地等。开展上述活动的目的意在激励少年儿童奋发有为、百折不挠的精神,培养他们勇敢攀登、不怕艰险的意志。

(4)体育活动区。青少年儿童正值成长发育阶段,所以在儿童公园中体育活动区是十分重要的活动内容。体育活动项目包括健身房、运动场、游泳池、各类球场等。

(5)文化、娱乐、科学活动区。文化娱乐区主要培养儿童集体主义的感情,扩大知识领域,增强求知欲和对书籍的爱好;同时结合电影厅、音乐厅、游艺厅的节目安排,达到寓教于娱乐的目的。

(6)自然景观区。少年儿童渴望投身自然、接触自然,所以在有条件的情况下可考虑设计一些自然景观区,让天真烂漫的儿童回到山坡、回到水边、躺到草地上,聆听鸟语,细闻花香。如有天然水源的区域,布置曲溪、小湾、浅沼、镜池,创造一个小的自然绿角。

(7)办公管理区。为搞好儿童公园的服务工作,必须考虑完善的办公管理系统。管理工作包括园内卫生、服务、急救、保安工作。

3)儿童公园的设计要点

(1)创造优良的自然环境。绿化用地占全园用地的50%以上,保持全园绿化覆盖率在70%以上,并注意通风、日照。

(2)道路规划要求主、次路系统明确,尤其主路能起到辨别方向、寻找活动场所的作用,最好在道路交叉口处设图牌标注。园内路面宜平整,不设台阶,以便于推行车子和儿童骑小三轮车进行游戏。

(3)幼儿活动区最好靠近儿童公园出入口,以便幼儿入园后,很快地进入游戏场活动。

(4)儿童公园的建筑、雕塑、设施、园林小品、园路等要形象生动、造型优美、色彩鲜明。活动场地的题材要多样,主题多运用童话寓言、民间故事、神话传说,注重教育性、知识性、科学性、趣味性和娱乐性。

(5)儿童公园的地形、水体创造十分重要。地形的设计,要求造景和游戏内容相结合，使用功能和游园活动相协调。

4. 纪念性公园

1) 纪念性公园的性质与任务

纪念性公园是为当地的历史人物、革命活动发生地、革命伟人及有重大历史意义的事件而设置的公园，其任务就是供后人瞻仰、怀念、学习等，还可以供游人游览、休息和观赏。如南京雨花台烈士陵园、上海虹口公园、日本广岛和平纪念公园等。

2) 纪念性公园的功能分区

(1) 纪念区。该区由纪念馆、碑、塑像等组成。不论是主体建筑组群，还是纪念碑、雕塑等在平面构图上均用对称的布置手法，其本身也多采用对称均衡的构图手法来表现主体形象，创造严肃的纪念性意境，为群众开展纪念活动服务。

(2) 园林区。该区主要为游人创造良好的游览、观赏条件，供游人休息和开展游乐活动之用。全区地形处理、平面布置都要因地制宜，自然布置。以绿化为主，树木花卉种类的选择应丰富多彩，在色彩的搭配上要注意对比和季相变化，在层次上要富于变化。

3) 纪念性公园的设计要点

(1) 总体规划应采用规则式布局手法，不论地形高低起伏或平坦，都要形成明显的主轴线干道，主体建筑、雕塑等应布置在主轴的制高点上或视线的交点上，以利突出主体。其他附属性建筑物，一般也受主轴线控制，对称布置在主轴两旁。

(2) 出入口要集散大量游人，因此需要视野开阔，多用水泥、草坪广场来配合。而出入口、广场中心的雕塑或纪念形象周围可以花坛来衬托主体。主干道两旁多用排列整齐的常绿乔、灌木配置，创造庄严肃穆的气氛。

(3) 纪念碑、墓的环境多用常绿的松、柏等作为背景树林，其前点缀红叶树或红色的花卉，寓意烈士鲜血换来的今天幸福，激发后人奋发图强的爱国主义精神，象征烈士的爱国主义精神万古长青。

思考题

1. 简述公园的类型。
2. 简述综合性公园的功能分区。
3. 简述植物园的园址选择要求。
4. 简述动物园的绿化设计要点。
5. 简述儿童公园的功能分区。
6. 简述儿童公园的设计要点。
7. 简述纪念性公园的功能分区和设计要点。

优秀案例

案例一　中山岐江公园

建设地点:广东省中山市

建设时间:2001 年

设计单位:北京土人景观规划设计研究所　北京大学景观规划设计中心

(一) 场地分析

中山岐江公园位于广东省中山市石岐河以西、人民桥以北,占地 11 hm^2,为原粤中船厂厂址,场地内有大量造船、修船厂场地和大面积水面,沿江有许多大叶榕,场地基本为平地。

(二) 规划目的与原则

1. 规划的目的

具有时代特色和地方特色,反映场地历史,满足市民休闲、旅游和教育需求的综合性城市开放空间,使之成为中山市的一个亮点。

2. 规划的原则

1) 场地性原则

设计体现场地的历史与文化内涵,体现工业化时代的普遍性的含义,体现造船、修船的特色。

2) 功能性原则

满足市民的休闲、娱乐、教育等需求。

3) 生态原则

强调生态适应性和自然生态环境的维护和完善,因地制宜,利用乡土树种,形成可持续的生态群落。

4) 经济原则

保留和充分利用原有地形、厂房结构和植物,减少造价,同时创造富有特色的景观,通过功能性餐饮及茶座的经营,获得经济利益。

(三) 设计的主要内容

1. 整体格局

公园北部具有明显的城市肌理和功能性,集中体现设计的文化内涵;南部为自然的水、草、疏林空间,南北对比,而又有呼应;中间的大水面成为南北两部分的分隔和连接;充分利用原有水面,整形湖岸,疏通水系,形成一个完整的内部水系;公园边界挖水沟贯通全园,同时起边界分隔作用(见图 2-4-2、图 2-4-3)。

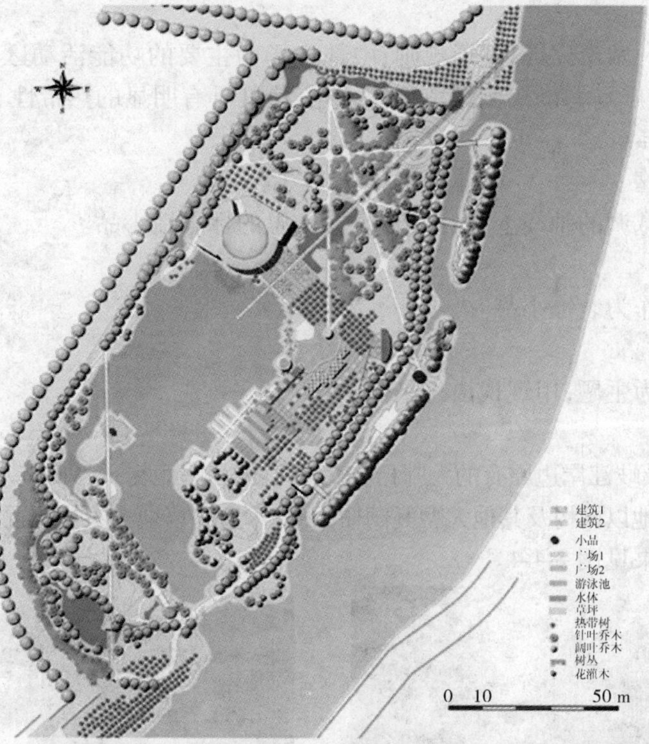

图 2-4-2　中山岐江公园平面图

图 2-4-3　中山岐江公园效果图

2. 道路系统

沿公园以一主环路贯通，满足消防及公园管理之行车需求，平时不通车；北部的步行道以两点最短距离为原则，采用自由、高效而简洁的“工业化”特征，生动明朗，具有现代风格；南部为自然式，流线形道路系统，与北部形成对比；园路按宽度和使用性质分为一级路（主环路）、二级路（直线形道路）与三级路（自由曲线形）。

3. 广场

主入口处为一城市广场，整形规则；中部广场为主要的功能活动区，连接两个建筑和儿童游戏场；所有广场均以棕榈科植物作绿化，使其具有明显的热带性、现代性及功能性。

4. 结点与小品

1）标志性雕塑

在以钢轨为基调的轴线上设置反映主题构思的标志性小品。

2）装饰小品

原有旧机器作为装饰小品。

3）静思空间

以回味历史为主题，用现代语言来表达。

5. 绿化设计

公园内路边及岐江岸边原有的大叶榕作为行道树和庭荫树；行列式广场以棕榈科植物列阵；自由式疏林草地以榕树及其他大型庭荫树为主；水边和草地上大量配置乡土植物群落。

公园实景效果见图 2-4-4。

(a)　(b)　(c)　(d)

图 2-4-4　中山岐江公园实景效果

案例二　徐家汇商业区中心公园规划设计

建设地点：上海徐家汇

设计日期：2000 年

设计单位：上海水石景观环境设计有限公司

（一）基地分析

徐家汇商业区中心公园位于上海市城市副中心徐家汇范围内，徐家汇广场东北部，北起衡山路，东邻宛平路，西靠天平路，南至肇嘉浜路，总用地面积6.67 hm^2。

公园周边是繁华的商业区与污染严重的工厂，仅有单薄的街头绿化。

（二）设计思想

设计中以“创造优美生态城市空间”为线索，以“开放型城市公共绿地，区域标志性绿化”功能定位为依据，最大程度地增加市区绿化，尽可能通过疏理交通，减少灰尘，净化空气，以绿化种植为主，提供一个安逸和舒适的生态环境，力求创造市民喜爱的、体现时代感的新型城市景观绿化空间。

（三）设计的主要内容

1. 整体布局

以绿化植物构成的空间作为整个空间的主特征。首先通过两侧均为大乔木与草坡限定的步道空间，展开一个静谧浓绿的空间，而后汇入到一个相对开敞的以色彩鲜艳的花卉、灌木、草地和小水面构成的绿色空间，“谷地”的空间形态更使其远离城市的喧闹，形成一个浪漫的花谷。步道和花谷之间又有一片成林的常绿色叶乔木混合林，作为一个浓厚的背景（见图2-4-5、图2-4-6）。

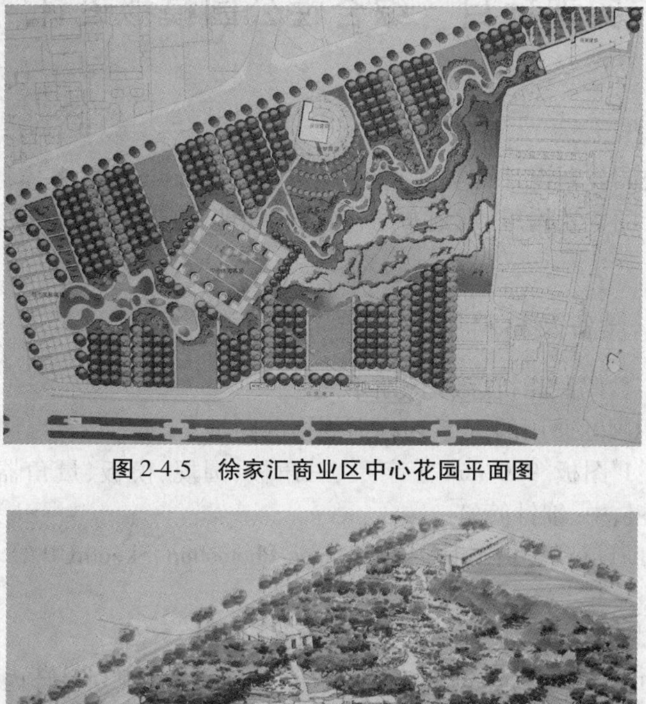

图2-4-5 徐家汇商业区中心花园平面图

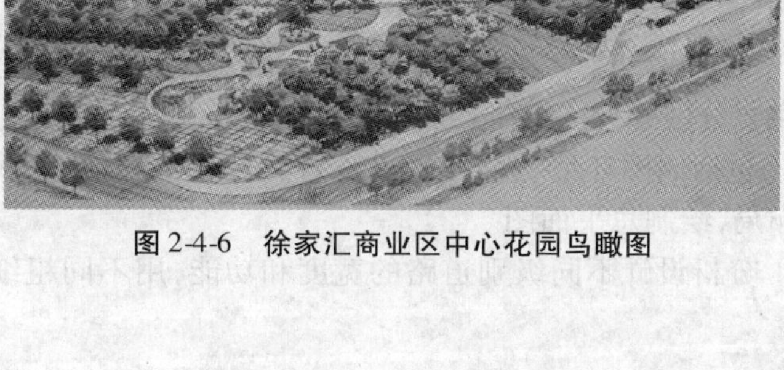

图2-4-6 徐家汇商业区中心花园鸟瞰图

2. 道路系统和活动空间划分

道路系统采用鱼骨状的步行结构，使人群可以多方位地离开城市街道，沉浸到一个舒适的绿色空间中。

进行各种活动的场所空间有集散场地、休憩沉思空间、聚会社交场所、锻炼健身场地、儿童游乐场、文化活动场所等。

3. 地形处理

沿肇嘉浜路和衡山路以规则的缓坡形式向中央起坡，到中央则形成一个流线型、宽窄不同的"谷地"，在地块的构图中心塑造出一个抬起的平台，整个地块的最宽处则形成一个自然的高地，形成坡地与谷地的对比、规则与自然地形的对比。

4. 绿化设计

重点以植被来表现自然，突出植物的主体地位。以大乔木为主，配以低矮的灌木、花卉与地被植物；大乔木以常绿为主（如香樟等），并配以色叶落叶乔木（如银杏等），形成丰富的季相特征；充分运用花卉的色彩形成亮丽的图案。

实训项目　综合性公园模拟设计

一、实训目的

通过综合性公园规划设计的实训，掌握城市公园设计的方法、基本原则和步骤。通过分析城市公园设计的立意构思、规划布局，确定各功能分区的划分和联系，合理选择与配置植物。

二、实训教学设备及材料用具

（1）测量仪器：数码照相机、激光测距仪等。

（2）图纸：采用国际通用的 A 系列幅面规格的图纸。

（3）绘图工具：1#图板、900 mm 丁字尺、三角板、圆规、模板、量角器、比例尺、绘图铅笔、彩铅、马克笔，粗、中、细针管笔。

（4）计算机辅助设计软件：AutoCAD、3Dmax、Photoshop、SkecthUP 等。

三、实训内容

以所在地区的某一综合性公园为例，以 3 ~ 5 人为小组，规划设计内容如下：

（1）场地分析。分析公园的位置、面积、周边环境（是否有可借景观和可屏蔽的景观）等，绘制场地分析图。

（2）功能分区。分析设计科学普及文化娱乐区、游览休息区、儿童活动区、体育活动区、公园管理区等主要分区并标注主要景点，绘制功能分区图。

（3）总平面图。包括周围环境、边界线、出入口、道路广场、地形、水系、建筑小品、种植类型、山石等的布局，绘制总平面图。

（4）道路系统。分析设计不同级别道路的宽度和功能，用不同粗细的线条表示主干道、次干道、专用道、散步道等,绘制道路系统分析图。

(5)局部亮点详图。选出两个以上能代表公园特色、景观优美的标志性局部景观进行详细设计,绘制局部平面图、立面图、剖面图、效果图、园林小品结构图等。

(6)设计说明书。

四、作业要求

(1)总体规划意图明显,符合园林绿地性质、功能要求,布局合理,自成系统。

(2)种植设计树种选择正确,能因地制宜地运用种植类型,符合构图要求,造景手法丰富,能与道路、地形地貌、山石水、建筑小品结合。空间效果较好,层次、色彩丰富。

(3)图面表现能力强,设计图种类齐全,构图合理,清洁美观,图例、文字标注、图幅符合制图规范。

(4)说明书语言流畅、言简意赅,能准确地对图纸补充说明,体现设计意图。

(5)方案绿化材料统计基本准确,有一定的可行性。

项目五　屋顶花园规划设计

知识要求

了解屋顶花园的功能、类型，屋顶花园的现状及发展前景；理解屋顶花园的概念、特征；熟悉屋顶花园的屋面面层基本构造，屋顶花园的防水、排水与荷载；掌握屋顶花园设计与营造的原则及要点。

能力目标

能根据屋顶结构资料判断是否适合营造屋顶花园；能根据造景需要并结合建筑物屋顶承重结构情况设计屋顶花园的屋面面层结构；能根据屋顶花园设计与营造的原则及要点进行初步方案设计；能够根据服务对象的要求及环境特点完成方案草图的快速设计。

一、设计任务

如图 2-5-1 所示是某高档住宅公寓平面图，面积约为 1 000 m^2，其中中间深色区域为预留的屋顶花园，也就是本任务的设计范围。

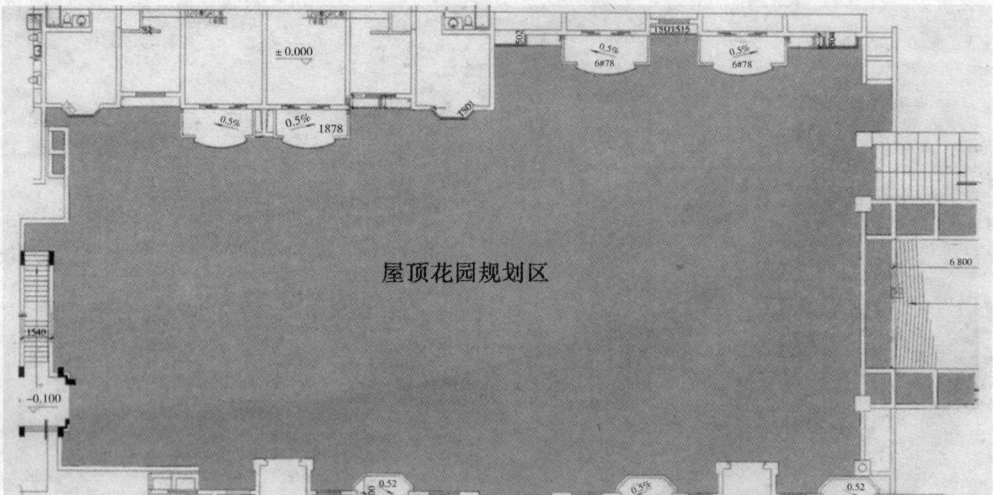

图 2-5-1　某公寓屋顶花园现状图

花园的南北两面与公寓的阳台和窗户相接，东西两面各设一个入口，供居户通行。建设单位要求将该区域营造成一个绿量充足、有现代生活情趣、可赏可憩的近距离户外活动空间。

二、任务分析

屋顶花园是一种特殊的园林形式，它是以建筑物顶部平台为依托，进行蓄水、覆土并营造园林景观的一种空间绿化、美化形式,涉及建筑、农林和园艺等专业学科,是一个系统工程,必须从设计、选材、施工与管理维护等方面进行综合研究和处理。根据建设单位的设计要求以及园林规划设计的程序,对于本次设计任务首先提出明确的设计目标,收集相关知识及资料,然后通过现场勘查及调查,了解当地的自然环境、社会环境、绿地现状等设计条件,通过与甲方座谈,掌握甲方的规划目的、设计要求等,构思设计思路,编制设计任务书,最后进行设计并完成图样绘制。

图2-5-2和图2-5-3所示是该屋顶花园的两个设计方案,前者以自然式构图为主,后者以规则式构图为主。共同的特点是:通过自然式绿地与色带图案的铺装地的有机结合,突出植物造景的重要性,以色带或色块形式种植,尽量保证阳台和窗户的采光;还应适当安置一些园林建筑小品,为居户提供方便。

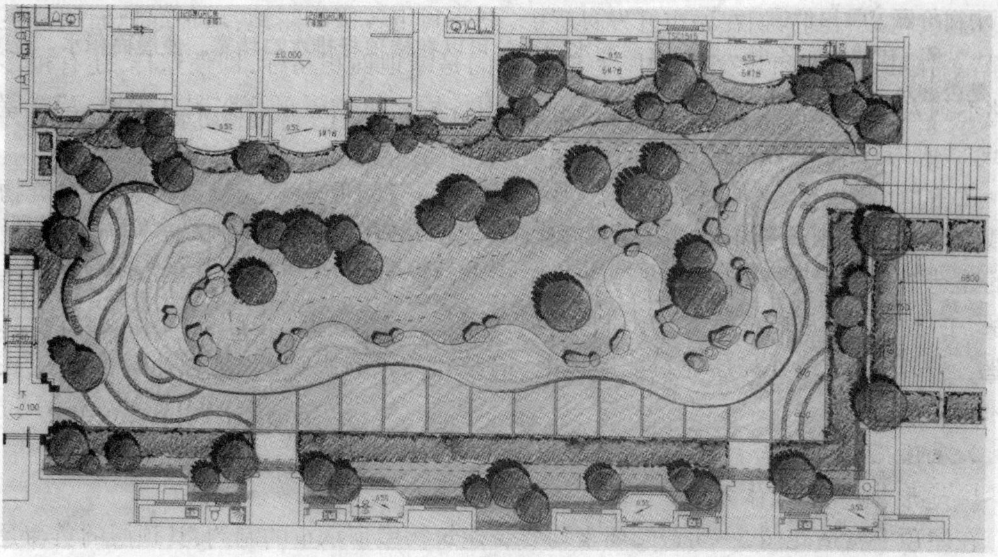

图2-5-2　某屋顶花园设计平面图(一)

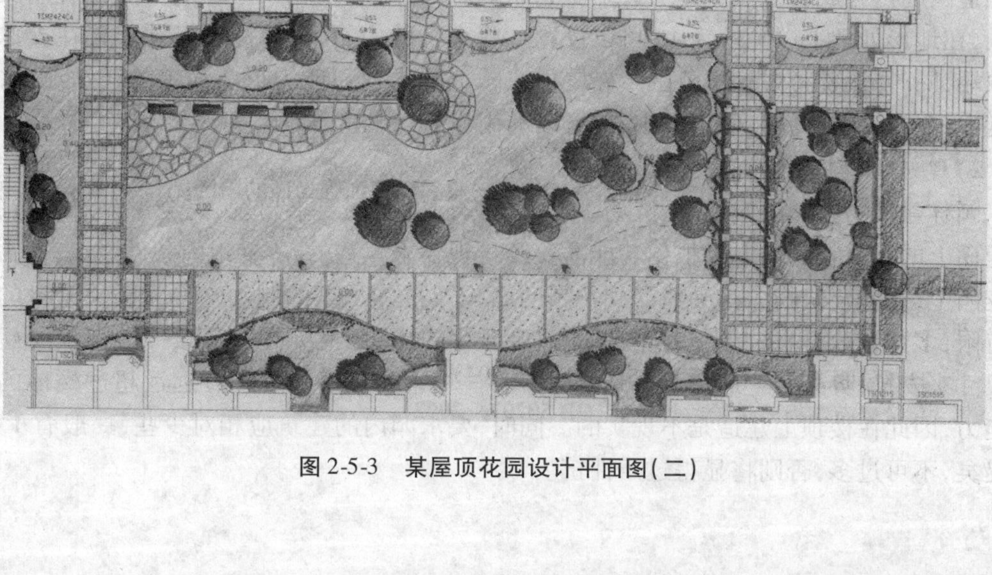

图2-5-3　某屋顶花园设计平面图(二)

三、相关资料的调研与收集

(一)屋顶花园的概念、特征与作用

1. 屋顶花园的概念

屋顶花园是指在各类建筑物的顶部(包括屋顶、楼顶、露台或阳台)栽植花草树木,建造各种园林小品所形成的绿地。

随着社会的进步和发展,人们的居住条件得到了较大改善,城市中高楼的密度越来越大,生活在城市中的人们更加渴望改善生态环境、增加绿地面积。屋顶花园的建造,使人们更加接近绿色环境。一般屋顶花园都与居室、起居室和办公室相连,比室外花园更接近生活。屋顶花园的发展趋势是将屋顶花园引入室内,形成绿色空间向建筑室内渗透的趋势。因此,可以看到人们在城市开发过程中,充分利用各边脚露地,增加绿地面积,“见缝插绿”。在城市规划和开发过程中,首先考虑的是绿地面积指标,即使这样,还有很多方面达不到人们预期的目的,在这种形势下,利用各种建筑物屋顶开辟园林绿地,营造屋顶花园,已成为各国城市建设中的一项重要内容。

在屋顶上造园是一种特殊的园林形式,其一切造园要素都受到支撑它的建筑物的承载力限制。屋顶花园植物生长的好坏,直接影响到屋顶花园的效果,因而也增加了它的建造难度。屋顶花园上建造园林建筑如亭、廊、花架及园林小品等,受到屋顶结构体系、主次梁及承重墙柱位置的限制,必须在满足房屋结构安全的前提下,进行布点和建造。另外,由于地处高层建筑物屋顶上,也受到大风的影响(较地面风速大),应注意抗风树种的选择。

2. 屋顶花园的特征

1)地形、地貌和水体方面

在屋顶上营造花园,一切造园要素均要受建筑物屋顶承重的制约,其顶层的负荷是有限的。一般土壤容重要在 1 500 ~ 2 000 kg/m^3,而水体的容重也为 1 000 kg/m^3,山石就更大了。因此,在屋顶上利用人工方法堆山理水,营造大规模的自然山水是不可能的。在地面上造园的内容放在屋顶花园上必然受到制约。因此,屋顶花园上一般不能设置过大的山景,在地形处理上以平地为主,可以设置一些小巧的山石,但要注意必须安置在支撑柱的顶端,同时,还要考虑承重范围。在屋顶花园上的水池一般为形状简单的浅水池,水的深度在 30 cm 左右为好,面积虽小,但可以利用喷泉来丰富水景。

2)建筑物、构筑物和道路、广场

园林建筑物、构筑物、道路、广场等是根据人们的实用要求出发,完全由人工创造的,在地面上的建筑物其大小是根据功能需要及景观要求建造的,不受地面条件制约,而在屋顶花园上,这些建筑物大小必然受到花园的面积及楼体承重的制约。因为楼顶本身的面积有限,多数在数百平方米左右,大的不过上千平方米,因此如果完全按照地面上所建造的尺寸来安排,势必会造成比例失调。另外,一些园林建筑(如石桥)远远超过楼体的承重能力,因此在楼顶上建造是不现实的。同时,要求园内的建筑应相对少些,一般有 1 ~ 3 个足矣,不可过多,否则将显得过于拥挤。

3）园内植物分布

由于屋顶花园的位置一般距地面高度较高，屋顶花园的生态环境是不完全同于地面的，其主要特点表现在以下几个方面：

（1）园内空气畅通，污染较少，屋顶空气湿度比地面低，同时，风力通常要比地面大得多，使植物本身的蒸发量加大，而且由于屋顶花园内种植土较薄，很容易使树木倒伏。

（2）屋顶花园的位置高，很少受周围建筑物遮挡，因此接受日照时间长，有利于植物的生长发育。另外，阳光强度的增加势必使植物的蒸发量增加，在管理上必须保证水的供应，所以在屋顶花园上选择植物应尽可能地选择那些阳性、耐旱、蒸发量较小的（一般为叶面光滑、叶面具有蜡质结构的树种，如南方的茶花、枸骨，北方的松柏、鸡爪槭等）植物为主，在种植层有限的前提下，可以选择浅根系树种，或以灌木为主，如需选择乔木，为防止被风吹倒，可以采取加固措施，以利于乔木生存。

（3）屋顶花园的温度与地面也有很大的差别。一般在夏季，白天花园内的温度比地面高出3～5 ℃，夜晚则低于地面3～5 ℃，温差大对植物进行光合作用是十分有利的。在冬季，北方一些城市其温度要比地面低6～7 ℃，致使植物在春季发芽晚、秋季落叶早，观赏期变短。因此，要求在选择植物时必须注意植物的适应性，应尽可能选择绿期长、抗寒性强的植物种类。

（4）植物在抗旱、抗病虫害方面也与地面不同。由于屋顶花园内植物所生存的土壤较薄，一般草坪为15～25 cm，小灌木为30～40 cm，大灌木为45～55 cm，乔木（浅根）为60～80 cm。这样使植物在土壤中吸收养分受到限制，如果每年不及时为植物补充营养，必然会使植物的生长势变弱。同时，一般在屋顶花园上的种植土为人工合成轻质土，其容重较小，土壤孔隙较大，保水性差，土壤中的含水量与蒸发量受风力和光照的影响很大，如果管理跟不上，很容易使植物因缺水而生长不良，生长势弱，必然使植物的抗病能力降低，一旦发生病虫害，轻者影响植物观赏价值，重则可使植物死亡。因此，在屋顶花园上选择植物时必须选择抗病虫害、耐瘠薄、抗性强的树种。

由于屋顶花园面积小，在植物种类上应尽可能选择观赏价值高、没有污染（不飞毛、落果少）的植物，要做到小而精，矮而观赏价值高，只有这样才能建造出精巧的花园来。

3. 屋顶花园的功能

1）改善生态环境，增加城市绿化面积

当今的城市越发达，其建筑密度就越大，其相对的绿地所占比例也随之变小，在我国发达的城市人口密度大，人均绿地面积少，北京人均绿地面积不足10 m^2/人，这与发达国家相比相差甚远。自1992年以来，仅北京地区的建筑面积，以每年数千万平方米的速度递增。在有限的土地面积制约下，绿地面积的增加是十分有限的。因此，屋顶绿化对一个城市来讲是提高绿化面积的一种十分有效的方法（见图2-5-4）。

2）美化环境，调节心理

屋顶花园与城市其他园林绿地一样对人们的生活环境赋予绿色的情趣享受，它对人们心理所产生的作用比其他物质享受更为重要。试想，对一个高度紧张工作的人来说，其周围的环境中除了灰色建筑外，没有任何象征生命力的绿树鲜花，这对他的心理会产生什么样的影响。

图 2-5-4　某大厦的屋顶花园

绿色植物能调节人的神经系统，使人们紧张疲劳的神经得到缓和，屋顶花园可以使生活或工作在高层建筑内的人们能够俯视到更多的绿色景观，观赏到优美的环境。

3）改善室内环境，调节室内温度

居住在顶层的人们，都会感到室内温度在夏季明显比非顶屋的要高出至少 2 ~ 3 ℃；而建造了屋顶花园后，其室内温度与其他楼层的温度基本相同。从这一点看，屋顶花园对调节顶层的室温是十分有效的。

4）提高楼体本身的防水作用

顶层防水技术在楼体建筑中十分重要，虽然现代科学技术发展十分迅速，楼顶防水材料也不断出新，但能够经受住时间考验、彻底解决漏水问题的防水材料却比较少，这主要是因为顶层的防水材料通常设置在隔热层之上，夏季阳光暴晒，冬季冰雪侵蚀，温度的变化使其经常处于热胀冷缩的状态，数年之后极易出现破裂造成顶层漏水。

另外，屋顶花园在营造过程中，增加了新的表面保护层——土壤和植物，这样使防水层处于保护层之内，延长了防水材料的使用寿命。

（二）屋顶花园规划设计的基本原则

屋顶花园的规划设计，应综合满足使用功能、绿化效益、园林艺术美和经济安全等多方面的要求。结合屋顶造园的设计实际，可按“安全、实用、精美”的基本设计原则指导屋顶花园的规划设计工作。

1. “安全”是屋顶花园的保证

在露地造园中，“安全”本不是突出问题，但屋顶花园是将露地的花园搬到建筑物的屋顶上，屋顶花园能否建造的先决条件是，建筑物是否能安全地承受屋顶花园所加的荷重。这里所指的“安全”包括结构承重和屋顶防水构造的安全使用，以及屋顶四周的防护栏杆的安全等。如果屋顶花园所附加的荷重超过建筑物结构构件——板、梁、柱墙、地基基础等的承受能力，则将影响房屋的正常使用和安全。建筑屋顶花园虽然有保护屋顶防水层的作用，但是，屋顶花园的造园过程是在已完成的屋顶防水层上进行的，在极为薄弱的屋顶防水层上进行园林小品土木工程施工和经常的种植耕种作业，极易造成破坏，使屋顶漏水，引起极大的经济损失，并影响屋顶花园的信誉，以至于成为建造屋顶花园的社会阻力。这一点应引起屋顶花园设计、施工和管理人员的足够重视。

屋顶花园另一方面的安全问题是屋顶四周的防护。屋顶上建造花园必须设有牢固的防护措施，以防人、物落下伤人，屋顶女儿墙虽可以起到栏杆作用，但其高度应超过 90 cm 才可保证人身安全。如若不足则应加高，并按结构计算校核其悬臂强度，为了在女儿墙上建造种植池增加绿化带，可结合女儿墙修砖石或混凝土条形种植池（见图 2-5-5）。值得注意的是，花池、花斗会产生倾覆荷载。屋顶花园四周使用镂空铁栏杆时，游人可扶栏杆观景，因此必须考虑人对栏杆产生的水平推力，应按 80 kg/m 的水平荷载验算悬臂栏杆的结构强度。

图 2-5-5　某屋顶花园结合女儿墙修建种植池

2. "实用"是屋顶花园的造园目的

建造屋顶花园（绿化）的目的是改善城市的生态环境，为人们提供良好的生活和休息场所。虽然屋顶花园的形式不同、使用要求不同，但是它的绿化作用应放在首位。衡量一座屋顶花园的好坏，除满足不同的使用要求外，绿化覆盖率指标必须保证在 30% ~70% 或以上。只有保证了一定数量的精品种植物，才能发挥绿化的生态效益、环境效益和经济效益。因此，从某种意义上讲，屋顶花园上的种植物多少是屋顶花园"实用"的先决条件。缺少基本绿色的屋顶花园，只能称其为屋顶游乐园或屋顶园林小品的展台而已。

3. "精美"是屋顶花园的特色

屋顶花园要为人们提供优美的游憩环境，它应比露地花园建造得更精美美观。屋顶花园的景物配置、植物选配均应是当地的精品，并精心设计植物造景的特色。由于场地窄小，道路迂回，屋顶上的游人路线、建筑小品的位置和尺度，更应仔细推敲，既要与主体建筑物及周围大环境保持协调一致，又要有独特的园林风格。因此，在屋顶花园上，"美观"应放在屋顶造园设计与建造的突出重要的位置，不仅在设计时，而且在施工管理和材料上均应处处精心。

4."经济"是屋顶花园设计与营造的基础

评价一个设计方案的优劣不仅仅是看营造的景观效果如何,还要看是否现实,也就是在投资上是否能够合理。再好的设想如果没有经济作保障也只能是一个设想而已。一般情况下,建造同样的花园在屋顶要比在地面上的投资高出很多。因此,这就要求设计者必须结合实际情况,做出全面考虑;同时,屋顶花园的后期养护也应做到"养护管理方便,节约施工与养护管理的人力物力",在经济条件允许的前提下建造出"实用、精美、安全"并有所创新的优秀花园来。

(三)屋顶花园设计要点

屋顶花园的设计手法和地面庭园大致相同,都是运用建筑、水体、山石和植物等要素组织庭园空间;运用组景、点景、借景和障景等基本技法去创造庭园空间。不同的是屋顶花园地处高空,应发挥它的视点高、视域广的高空特点。在设计时,宜敞则敞,鸟瞰四周,"俗则屏之,嘉则收之"。

游览性屋顶花园多半是在屋顶上铺草植树,修池垒石。设计时要注意庭园立意、布局、比例和尺度、色彩和质感等方面的设计方法与技巧。装饰性屋顶花园的设计重点是突出它的装饰性效果。可运用不同颜色的砾石和盆栽植物组成色彩鲜明的图案,也要注意铺地的色彩和纹样(见图 2-5-6)。有条件的可运用照明设施,使装饰性屋顶花园在夜晚更有魅力。

图 2-5-6　某屋顶花园设计效果图

屋顶花园的布局要有利于屋面的结构布置。要在尽量减轻屋面荷载的前提下,采取各种技术措施满足屋顶花园植物生态要求。这是屋顶花园和地面花园在造园技术方面的主要区别。

屋顶花园成败的关键在于减轻屋顶荷载,改良种植土、屋顶结构类型和植物的选择与植物设计等问题。设计时要做到以下几点:

(1)以植物造景为主,把生态功能放在首位。

(2)确保营造屋顶花园所增加的荷重不超过建筑结构的承重能力,屋面防水结构能安全使用。

(3)因为屋顶花园相对于地面的公园、游园等绿地来讲面积较小,必须精心设计,才能取得较为理想的艺术效果。

(4)尽量降低造价,从现有条件来看,只有较为合理的造价,才有可能使屋顶花园得到普及而遍地开花。

(四)屋顶花园绿化种植设计

1. 植物材料的选择

(1)选择耐旱、抗寒性强的矮灌木和草本植物。由于屋顶花园夏季气温高、风大、土层保湿性能差,冬季则保温性差,因而应选择耐干旱、抗寒性强的植物为主;同时,考虑到屋顶的特殊地理环境和承重的要求,应注意多选择矮小的灌木和草本植物,以利于植物的运输、栽种和管理。

(2)选择阳性、耐瘠薄的浅根性植物。屋顶花园大部分地方为全日照直射,光照强度大,植物应尽量选用阳性植物;但在某些特定的小环境中,如花架下面或靠墙边的地方,日照时间较短,可适当选用一些半阳性的植物种类,以丰富屋顶花园的植物品种;屋顶的种植层较薄,为了防止根系对屋顶建筑结构的侵蚀,应尽量选择浅根系的植物。因施用肥料会影响周围环境的卫生状况,故屋顶花园应尽量种植耐瘠薄的植物种类。

(3)选择抗风、不易倒伏、耐积水的植物种类。在屋顶上空风力一般较地面大,要是雨季或有台风来临时,风雨交加对植物的生存危害最大,加上屋顶种植土层薄,土壤的蓄水性能差,一旦下暴雨,易造成短时积水,故应尽可能选择一些抗风、不易倒伏,同时又能耐短时积水的植物。

(4)选择以常绿为主,冬季能露地越冬的植物。营建屋顶花园的目的是增加城市的绿化面积,美化"第五立面",屋顶花园的植物应尽可能以常绿为主,宜用叶形和株形秀丽的品种;为了使屋顶花园更加绚丽多彩,体现花园的季相变化,还可适当栽植一些色叶树种;在条件许可的情况下,可布置一些盆栽的时令花卉,使花园四季有花。

(5)尽量选用乡土植物,适当引种绿化新品种。乡土植物对当地的气候有高度的适应性,在环境相对恶劣的屋顶花园,选用乡土植物有事半功倍之效,同时考虑到屋顶花园的面积一般较小,为将其布置得较为精致,可选用一些观赏价值较高的新品种,以提高屋顶花园的档次。

(6)选择易成活、耐修剪、生长速度较慢的植物。屋顶的位置较高,植物生长的条件相对恶劣,要选择成活率较高的植物,减少补苗的成本。修剪能增加植物的观赏价值,提高屋顶花园的品位,但生长过快的植物会增加修剪等管理成本,且增加倒伏的风险。

2. 植物种植要点

(1)各类植物生存及生育的最低土壤厚度如图 2-5-7 所示。

(2)乔木、大灌木尽量种植在承重墙或承重柱上。

(3)屋顶花园一般土层较薄而风力又比地面大,易造成植物的"风倒"现象,所以一定要注意前述的植物选择原则。绿化栽植最好选取在背风处,至少不要位于风口或有很强穿堂风的地方。

(4)屋顶花园的日照要考虑周围建筑物对植物的遮挡,在阴影区应配置耐阴植物,还要注意防止由于建筑物对阳光的反射和聚光,致使植物局部被灼伤现象的发生。

类别	单位	地被	花卉小灌木	大灌木	浅根乔木	深根乔木
植物生存种植土最小厚度	cm	15	30	45	60	90~120
植物生育种植土最小厚度	cm	30	45	60	90	120~150
排水层厚度	cm	—	10	15	20	30
平均荷载（种植土容重按 1 000 kg/m³计）	kg/m^2（生存）	150	300	450	600	600~1 200
	kg/m^2（生育）	300	450	600	900	1 200~1 500

图 2-5-7　屋顶花园种植区植物生长的土层厚度与荷载值

3. 屋顶花园常用的植物种类

常见的有黑松、罗汉松、广玉兰、瓜子黄杨、大叶黄杨、雀舌黄杨、锦熟黄杨、金叶女贞、珊瑚树、火棘、枸骨、棕榈、蚊母、丝兰、栀子花、巴茅、龙爪槐、紫荆、紫薇、红叶李、海棠、黄刺玫、珍珠梅、榆叶梅、蜡梅、金丝梅、丁香、寿星桃、樱花、白玉兰、紫玉兰、南天竹、杜鹃、牡丹、茶花、含笑、月季、橘子、金橘、茉莉、美人蕉、大丽花、苏铁、百合、百枝莲、鸡冠花、枯叶菊、桃叶珊瑚、海桐、红瑞木、葡萄、紫藤、常春藤、爬山虎、六月雪、桂花、菊花、麦冬、葱兰、黄馨、迎春、紫叶小檗、佛甲草、天鹅绒草坪、荷花、刚竹等。可因时因地区确定使用材料。

(五)屋顶花园的构造和荷载

1. 屋顶花园的构造

一般屋顶花园屋面面层结构从上到下依次是植被层、种植土层、过滤层、排水层、防水层、保温隔热层和结构承重层等,如图 2-5-8 所示。

1)植被层

植物的选择要遵照适地适树原则,景点的设置要注意荷载不能超过建筑结构的承重力,同时要满足园林艺术要求。

2)种植土层

为使植物生长良好,同时尽量减轻屋顶的附加荷重,种植基质一般不直接用地面的自然土壤(主要是因为土壤太重),而是选用既含各种植物生长所需元素又较轻的人工基质,如蛭石、珍珠岩、泥炭及其与轻质土的混合物等。

国内外用于屋面花园的种植土种类很多,如日本采用人工轻质土壤,其土壤与轻骨料(蛭石、珍珠岩、煤渣和泥炭等)的体积比为 3∶1;它的密度约为 1 400 kg/m^3,根据不同植

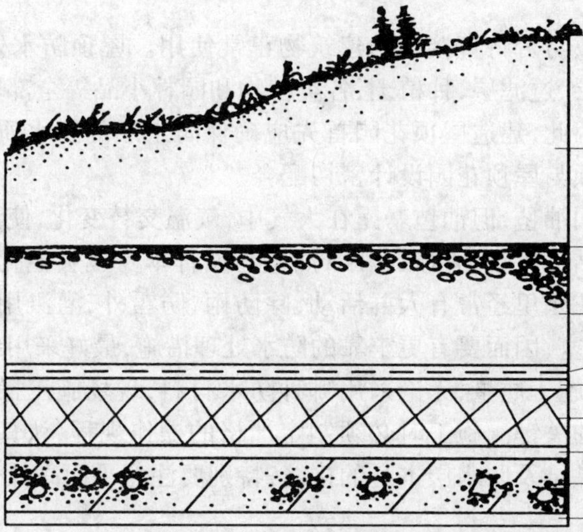

图 2-5-8　屋顶花园屋面面层结构剖面图

物的种植要求，轻质土壤的厚度为 15 ~ 150 cm。英国和美国均采用轻质混合人工种植土，主要成分是沙土、腐殖土、人工轻质材料。其密度为 1 000 ~ 1 600 kg/m^3。混合土的厚度一般不得少于 15 cm。

北京长城饭店的屋顶花园，在施工过程中对屋顶花园设计所采用的植物材料、基质材料和部分防水构造等，均结合北京具体情况作了考虑。种植土是采用我国东北林构的腐殖草炭土、蛭石和沙土配制而成的，其比例为 0.7∶0.2∶0.1，密度为 780 kg/m^3，厚度为 30 ~ 105 cm。新北京饭店贵宾楼屋顶花园，采用本地腐殖草炭土和沙壤土混合的人工基质，密度为 1 200 ~ 1 400 kg/m^3，厚度为 20 ~ 70 cm。

3）过滤层

为防止种植土中的细小颗粒及养料随水而流失，或堵塞排水管道，采用在种植土层下铺设过滤层的方法。过滤层的材料种类较多，美国 1959 年在加州建造的凯泽大楼屋顶花园，过滤层采用 30 mm 厚稻草；1962 年美国建造的另一个屋顶花园，则采用玻璃纤维布做过滤层。日本也有用 50 mm 厚的粗沙做屋顶过滤层的。北京长城饭店和新北京饭店屋顶花园，过滤层选用玻璃化纤布，这种材料既能渗漏水分又能隔绝种植土中的细小颗粒，而且耐腐蚀、易施工，工程造价也低廉。不论选用何种材料，所要达到的质量要求是，既可通畅排灌又可防止颗粒渗漏。

4）排水层

屋顶花园的排水层设在防水层之上、过滤层之下。其作用是排除上层积水和过滤水，但又储存部分水分供植物生长之用。通常的做法是在过滤层下用 100 ~ 20 mm 厚的轻质骨料材料铺成，排水层骨料可用砾石、焦渣和陶粒等。屋顶种植土的下渗水和雨水，通过排水层排入暗沟或管网，此排水系统可与屋顶雨水管道统一考虑。它应有较大的管径，以利清除堵塞。在排水层骨料选择上要尽量采用轻质材料，以减轻屋顶自重，并能起到一定的屋顶保温作用。美国加州太平洋电信大楼屋顶花园采用陶粒做排水层；北京长城饭店屋顶花园采用 200 mm 厚的陶粒做排水层；也有采用 50 mm 厚的焦渣做排水层的。

5）防水层

屋顶花园防水处理成败与否将直接影响建筑物正常使用。屋顶防水处理一旦失败，必须将防水层以上的排水层、过滤层、种植土、各类植物和园林小品等全部取出，才能彻底发现漏水的原因和部位。因此，建造屋顶花园首先应确保防水层的防水质量。建议在建筑物设计、施工过程中，必须与屋顶花园设计密切配合。

传统屋面防水材料多用油毡，但油毡暴露在大气中，气温交替变化，使油毡本身、油毡之间及与砂浆垫层之间黏结发生错动以致拉断；油毡与沥青本身也会老化，失去弹性，从而降低防水效果。而屋顶花园里经常有人群活动，除防雨、防雪外，灌溉用水和人工水池用水较多，排水系统又易堵塞，因而要有更牢靠的防水处理措施，最好采用新型防水材料。

另外，应确保防水层的施工质量，无论采用哪种防水材料，现场施工操作质量好坏是直接关系到屋顶花园成败的关键。施工时必须制定严格的操作规程，认真处理好材料与结构楼盖上水泥找平层的黏结及防水层本身的接缝，特别要注意平面高低变化处、转角及阴阳角的局部处理。

2. 屋顶花园的荷载

对于新建屋顶花园，需按屋顶花园的各层构造做法和设施，计算出单位面积上的荷载，然后进行结构梁、板、柱、基础等的结构计算。至于在原有屋顶上改建的屋顶花园，则应根据原有的建筑屋顶构造、结构承重体系、抗震级别和地基基础、墙柱及梁板构件的承载能力，逐项进行结构验算。不经技术鉴定或任意改建，将给建筑物安全使用带来隐患。

1）活荷载

上人屋顶的活荷载为 150 kg/m^2，荷载规范规定的上述数量是指一般办公居住建筑屋顶仅为少量本楼居民工间休息和晒衣物等的活动场所。如果在屋顶上建造花园，相对人流的数量和密度将会增加，特别是在屋顶花园中有可能进行某些小型演出或集会时，其荷载将超出 150 kg/m^2，最少应与公众较多的教室、食堂相近，这时，屋顶花园的活荷载选用 200 ~ 250 kg/m^2 为宜；如果屋顶花园处于城市中心主要干道两侧，屋顶花园还可能成为密集人群观看节日游行或夜晚观赏节日烟火等大型活动的场所，其活荷载应参考国家荷载规范，按挑出阳台和可能密集人群的临街公共建筑挑出阳台的活荷载（250 ~ 300 kg/m^2）具体确定。

屋顶花园的活荷载数值仅是屋顶设计荷载中的一部分，它与屋顶结构自重、防水层、找平层、保温隔热层和屋面铺装等静荷载相加，才是屋顶的全部荷载。值得指出的是，在屋顶花园设计中，屋顶花园的活荷载往往不是控制值，而屋顶花园中的种植区、水体等园林小品的平均荷载经常超过屋顶活荷载。屋顶楼板计算设计时，因为无法按曲曲折折的园路和不规则种植池等分别配筋或选用不同荷载型号的预制楼板，一般采用较大的平均荷载，也就是说，屋顶活荷载只是一项基本值，房屋结构梁板构件的计算荷载值要根据屋顶花园上各项园林工程的荷重大小最后确定。

2）静荷载

屋顶花园的静荷载包括植物种植土、排水层、防水层、保温隔热层、构件等自重及屋顶花园中常设置的山石、水体、廊架等的自重，其中以种植土的自重最大，其值随植物种植方式不同和采用何种种植土而异。

此外，对于高、大、重的乔木、假山、雕塑等，应位于受力的承重墙或相应的柱头上，并注意合理分散布置，以减轻楼板的承重。亭子、雕塑等要使用一些轻质材料制作（见图 2-5-9）。

图 2-5-9 使用木质材料制作的亭子

对屋顶承重能力和屋顶花园的各项荷载的分析，可总结如下：首先将屋顶花园中各项园林工程的荷载折算成每平方米重（kg/m^2）或集中（kg）、线分布重（kg/m），然后将这些荷载施加到建筑物的承重构件上，使这些结构构件有足够的承载能力来承受屋顶花园所附加的荷载。

思考题

1. 简述屋顶花园的特征。
2. 简述屋顶花园的功能。
3. 简述屋顶花园规划设计的基本原则。
4. 简述屋顶花园植物材料的选择要求。
5. 简述屋顶花园的构造。
6. 什么是屋顶花园的活荷载？
7. 什么是屋顶花园的静荷载？

优秀案例

明安绿苑翠庭屋顶花园设计

（一）环境分析

明安绿苑翠庭位于西安市南郊高新开发区内，占地 1.4 万 m^2，由四幢小高层楼和一幢高层楼组成楼群，小区容积率为 2.94，绿化覆盖率达 40%，楼群呈东向开口的围合式布局，中央有 600 m^2 的绿地。该地区年均气温 13 ℃,夏季高温,年均降水量约 600 mm,冬季干燥少雨,终年气温适宜。该楼为塔式,中部较高为 16 层,左右两翼为 14 层,其次为 13 层。

(二)设计目标

根据楼顶的条件与性质,在风格上采用了朴素简约、明快大方的总体设计风格,以求细致入微。该园以返璞归真为主题,多用可再生的天然材料,提倡环保。如木板、竹板、石材等,极少利用难以降解的人造材料和化学合成材料。植物以丰富多彩的宿根花卉和灌木为主,利用植物造景,突出自然情趣。

(三)设计指导思想

屋顶花园的规划设计,应综合满足使用功能、绿化效益、园林艺术美和经济、安全等多方面的要求,应体现实用、精美的设计原则。屋顶花园的设计和营造,因"顶"制宜,应巧妙地利用主体建筑物的屋顶、平台、阳台、窗台、女儿墙和墙面等开辟绿化场地,并使这些绿化具有园林艺术的感染力。即源于露地造园,又有别于露地,充分利用植物、微地形、水体和园林小品等造园要素,来合理组织屋顶花园的空间。采取借景、组景、点景、障景等造园技法,创造出不同使用功能和性质的屋顶花园空间环境,充分发挥屋顶花园居高临下、视点高且视域宽广的特点,对屋顶花园内外各种景物"嘉则收之"、"俗则屏之"。在明安绿苑翠庭顶层建造屋顶花园密切了人与自然的关系,可使顶层的居住环境更加舒适宜人,增加顶层的入住率。

(四)详细设计

明安绿苑翠庭屋顶花园依楼形而建,中部较高,东西两翼较低,花园可分为五个相对独立的区域。中部为掬月园,为该楼用户的公共庭园;两侧较低的四个庭园面积较小,为顶层用户的私家花园。由西到东依次为荷园、画绿园、馨园和简园。布局如图 2-5-10 所示。

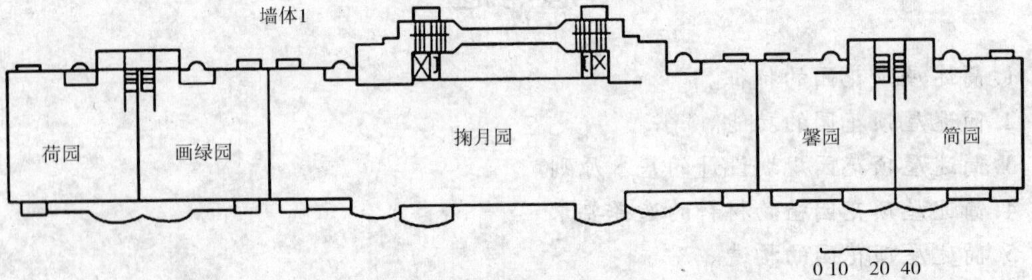

图 2-5-10　屋顶平面图

1. 掬月园

掬月园有东、西两个出入口,以木质栈板平台联系两个出入口作为景区间的过渡,亦可起疏散人流的作用。该园为开心型布局,中部设竹亭,起名为思翠亭,成为全园的主景,由此将全园分为东、西两个部分,西部景物疏朗,视野开阔,为休息活动区,东部景致丰富,以游赏为主。沿西部楼体轮廓设有花架廊,可供人休息,俯视低处园景。花架前部以条木网格、卵石镶嵌铺地,植以低矮草花,配合草坪形成开阔区域。中部思翠亭与南侧的喷泉和东侧的木板桥形成对景,亭前有卵石铺地和溪流,可保证水深 100 mm,不同粒径的卵石铺装使人产生溪流流经桥下,延伸到角落处的洗手钵下的错觉。如后期管理费用不够,也可形成枯山水,也是比较好的园林小景。环绕中部种植带的汀步,将游人引到竹排栈板之上，棚架及四周的种植使之形成闭合空间，棚下的仿秋千坐椅固定在栈板上，增加园内的活泼感与无限情趣。园内园林小景极为丰富，原木汀步、竹筒、悬吊的花盆、置石和木桶花槽等，显出园区内的精雅别致。具体设计见图 2-5-11。

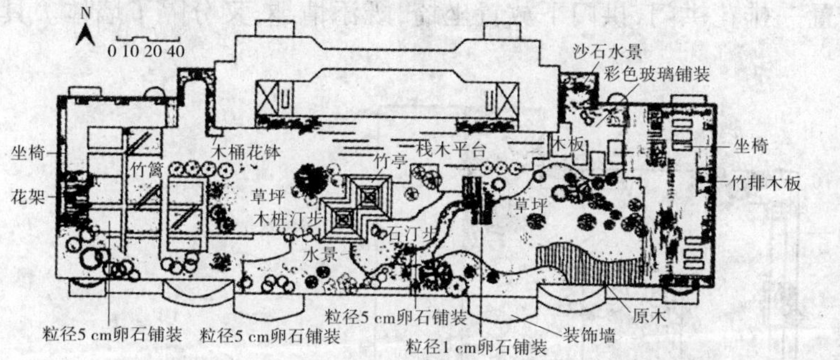

植物表

1	鸡爪槭	16	木香
2	南天竹	17	紫叶李
3	丰花月季	18	圆柏
4	美人蕉	19	连翘
5	鸢尾	20	紫薇
6	多花蔷薇	21	石竹
7	葡萄	22	贴梗海棠
8	蔷薇	23	紫藤
9	爬墙虎	24	三色草
10	紫菀	25	大丽花
11	圆叶牵牛	26	千瓣葵
12	碧桃	27	法国冬青
13	小叶女贞	28	木槿
14	矮牵牛	29	迎春
15	日本早樱	30	箬竹

图 2-5-11　掬月园平面图

2. 荷园

荷园以木花架和休息平台为主要构筑物，由于没有较高的植物，以仿竹花架为主景，种植悬垂植物以丰富立面景观效果。改造利用园内的死角布置滴水山泉可丰富园景。该泉与莲叶状水钵相映成趣，恰似荷花盛开，清新洒脱，园由此而得名。由于荷园的面积较小，园路使用贝壳类道沿或竹筒栅栏，另设酒桶花钵、原木汀步、玻璃珠铺装来增强景观，平添情趣。具体设计见图 2-5-12。

3. 画绿园

画绿园以流畅的曲线将园区分为铺装区和种植区，以醒目的原木汀步将视线引向架高的平台之上，作为全园的高点，弧形排列的花槽隔离出较为私密的休息空间，利用木棚架和蓝色玻璃珠铺装来弥补园内的死角，丰富园景，棚架之上悬挂花钵，雕花陶砖道沿使园区显得精致，用日式澡盆放养金鱼可使园区增添几分情趣。与入口对应的墙体进行垂直绿化，做出几面凹入的假窗，利用金属格网，凸出的毛面砖可供植物攀缘做画，也可悬挂花盆和鸟笼。具体设计见图 2-5-13。

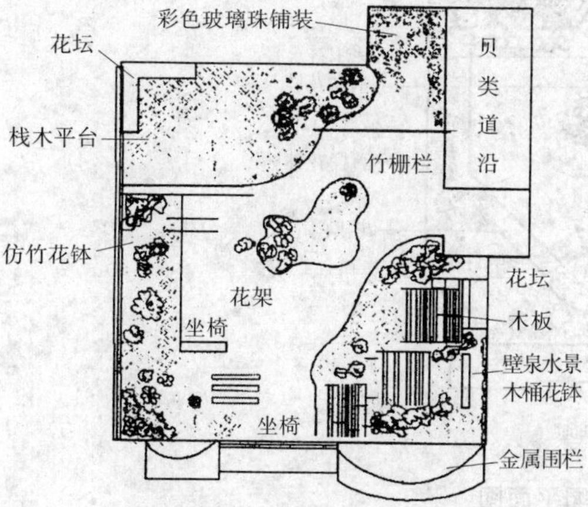

图 2-5-12　荷园平面图

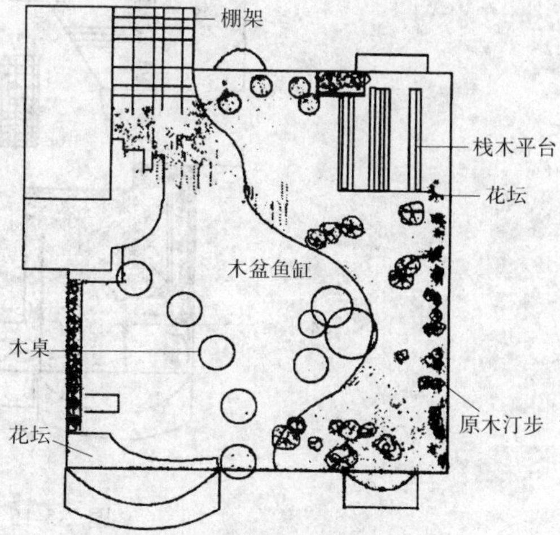

图 2-5-13　画绿园平面图

4. 馨园

馨园在园正中布景，以木花舟为主景，置于方形的沙池和草坪边沿，使人产生泛舟海上的感觉。全园以木栈铺地，供人休憩，正对入口的墙体直上直下，给人以压力，为缓和紧张的气氛，沿墙体边缘布置一排花拱门，拱门下放置坐椅，既添情趣，又分隔了墙体。具体设计见图 2-5-14。

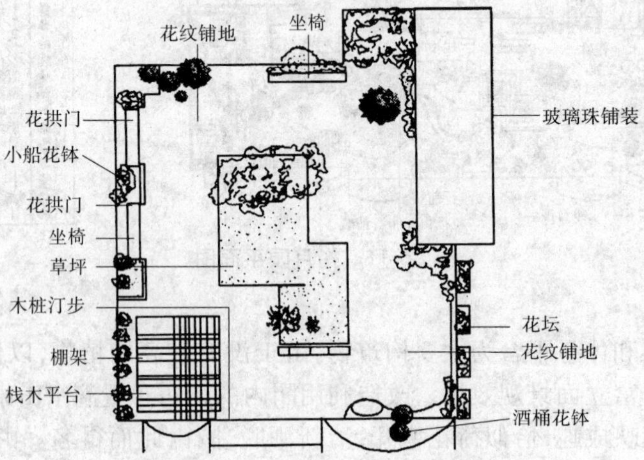

图 2-5-14　馨园平面图

5. 简园

简园以折线构图为主，以修剪绿篱为基调，简洁明快，入口对景处的泉和斜角处的花拱门，石雕为园内的主要景点，不同质感的木质铺装、木盆花钵，朴素柔和，便于维护。较为宽阔的栈木平台可供住户活动和户外就餐，该园为实用型的庭园。具体设计见图 2-5-15。

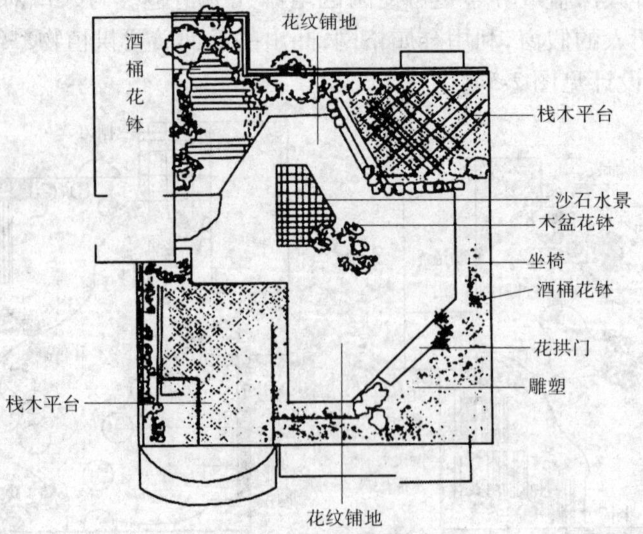

图 2-5-15　简园平面图

(五)植物设计

屋顶花园的绿化与一般地面的绿化基本相同,该花园的植物选择注重以下几点:适应种植土浅薄、少肥的花灌木;能忍受干燥、潮湿积水的品种;能忍受夏季高热风、冬季露地过冬的品种;抗风品种;移植易成活、耐修剪、生长较慢的品种;较低的养护管理要求;种植土多用人造土。这个花园的栽植层厚一般为35 cm左右,局部不超过60 cm,植物以花灌木和宿根花卉为主,小乔木、灌木多用盆栽,便于更换和管理,如紫薇、箬竹、木香类。

(六)花园的楼面处理

花园的楼面处理,要符合楼板荷载的要求,做好防水、排水处理。花园的铺装以木质铺装为主调,铺以卵石、草皮、彩色玻璃珠,变化丰富,有利于减轻荷载,也弱化了硬质线条,有亲切感。

(七)设计方案的表现

明安绿苑翠庭屋顶花园从业主的需求出发,为广大住户服务。设计过程中,除了满足良好的视觉景观效果外,还处处为使用者的方便与舒适着想,体现了设计者以人为本、体现生态的设计理念,反映出了设计者的人文情怀。另外通过精心的构思、巧妙的布局与组景,使住户在享受生活的同时,又平添不少情趣。

实训项目 某小型屋顶花园设计(种植设计、结构层次)

一、实训目的

了解屋顶花园的概念、特征及发展趋势,掌握屋顶花园设计遵循的原则、方法,掌握屋顶花园的构造和要求,掌握屋顶花园的植物种植设计。

二、实训教学设备及消耗材料

(1)测量仪器:全站仪、激光测距仪和地质罗盘仪。

(2)绘图工具:$1^{\#}$图板、900 mm丁字尺、45°及60°三角板、量角器、曲线板、模板、圆规、分规、比例尺、绘图铅笔、鸭嘴笔和针管笔等。

(3)计算机辅助设计:高配置电脑及相关绘图软件。

(4)其他:数码照相机、打印机、拷贝桌等各类辅助工具。

(5)图纸:采用国际通用的A系列幅面规格的图纸,以A2图幅为准,绘制平面效果图。

(6)现有的图纸及文字材料。

三、实训内容步骤

(1)以本校的办公楼或图书馆楼顶为设计对象进行屋顶绿化设计。

(2)以小组为单位,每组3~5人进行设计,查阅相关资料,每人提出各自的设计方案。

(3)对每人提出的设计方案进行小组内的讨论总结,写出最后的设计方案。确定屋顶花园的绿化形式。以植物种植设计为主,绘制办公楼或图书馆屋顶绿化平面图,并写出设计说明,附植物名录。

(4)绘制该屋顶花园的结构层次剖面图。

(5)写出实训报告。

四、作业

(1)实训报告。

(2)设计图纸一套。

要求:①符合屋顶绿地的性质及设计的原则和要求,充分考虑与周边环境的关系,有独到的设计理念,风格独特,特点鲜明,布局合理。②种植设计树种选择正确,能因地制宜地运用造景方法,与道路、建筑小品等结合好。③层次结构合理,安全性高。通过单独的剖面图纸表现。④图面表现能力强,图面效果好,设计图种类齐全,设计深度能满足施工的需要。线条流畅,清洁美观,图例、文字标注、图幅等符合制图规范。

(3)设计说明书一份。①语言流畅,言简意赅,能对图纸准确地补充说明,体现设计意图。②绿化材料统计基本准确,有一定的可行性。

附　录

附录一　城市绿化规划建设指标的规定

第一条　根据《城市绿化条例》第九条的授权，为加强城市绿化规划管理，提高城市绿化水平，制定本规定。

第二条　本规定所称城市绿化规划指标包括人均公共绿地面积、城市绿化覆盖率和城市绿地率。

第三条　人均公共绿地面积，是指城市中每个居民平均占有公共绿地的面积。

计算公式：人均公共绿地面积(m^2) = 城市公共绿地总面积 ÷ 城市非农业人口。

人均公共绿地面积指标根据城市人均建设用地指标而定：

（一）人均建设用地指标不足 75 m^2 的城市，人均公共绿地面积到 2000 年应不少于 5 m^2；到 2010 年应不少于 6 m^2。

（二）人均建设用地指标 75～105 m^2 的城市，人均公共绿地面积到 2000 年应不少于 6 m^2；到 2010 年应不少于 7 m^2。

（三）人均建设用地指标超过 105 m^2 的城市，人均公共绿地面积到 2000 年应不少于 7 m^2；到 2010 年应不少于 8 m^2。

第四条　城市绿化覆盖率，是指城市绿化覆盖面积占城市面积的比率。

计算公式：城市绿化覆盖率(%) = (城市内全部绿化种植垂直投影面积 ÷ 城市面积) × 100%。

城市绿化覆盖率到 2000 年应不少于 30%，到 2010 年应不少于 35%。

第五条　城市绿地率，是指城市各类绿地（含公共绿地、居住区绿地、单位附属绿地、防护绿地、生产绿地、风景林地等六类）总面积占城市面积的比率。

计算公式：城市绿地率(%) = (城市六类绿地面积之和 ÷ 城市总面积) × 100%。

城市绿地率到 2000 年应不少于 25%，到 2010 年应不少于 30%。

为保证城市绿地率指标的实现，各类绿地单项指标应符合下列要求：

（一）新建居住区绿地占居住区总用地比率不低于 30%。

（二）城市道路均应根据实际情况搞好绿化。其中主干道绿带面积占道路总用地比率不低于 20%，次干道绿带面积所占比率不低于 15%。

（三）城市内河、海、湖等水体及铁路旁的防护林带宽度应不少于 30 m。

（四）单位附属绿地面积占单位总用地面积比率不低于 30%，其中工业企业、交通枢纽、仓储、商业中心等绿地率不低于 20%；产生有害气体及污染工厂的绿地率不低于

30%,并根据国家标准设立不少于 50 m 的防护林带;学校、医院、休疗养院所、机关团体、公共文化设施、部队等单位的绿地率不低于 35%。因特殊情况不能按上述标准进行建设的单位,必须经城市园林绿化行政主管部门批准,并根据《城市绿化条例》第十七条规定,将所缺面积的建设资金交给城市园林绿化行政主管部门按统一安排绿化建设作为补偿,补偿标准应根据所处地段绿地的综合价值由所在城市具体规定。

(五)生产绿地面积占城市建成区总面积比率不低于 2%。

(六)公共绿地中绿化用地所占比率,应参照 CJJ 48—92《公园设计规范》执行。属于旧城改造区的,可对本条(一)、(二)、(四)项规定的指标降低 5 个百分点。

第六条　各城市应根据自身的性质、规模、自然条件、基础情况等分别按上述规定具体确定指标,制定规划,确定发展速度,在规划的期限内达到规定指标。

城市绿化指标的确定应报省、自治区、直辖市建设行政主管部门核准,报建设部备案。

第七条　各地城市规划行政主管部门和城市园林绿化行政主管部门应按上述标准审核及审批各类开发区、建设项目绿地规划,审定规划指标和建设计划,依法监督城市绿化各项规划指标的实施。

城市绿化现状的统计指标和数据以城市园林绿化行政主管部门提供、发布或上报统计行政主管部门的数据为准。

第八条　本规定由建设部负责解释。

第九条　本规定由 1994 年 1 月 1 日起实施。

附录二　国家园林城市标准

一、组织管理(10 分)

1. 认真执行国务院《城市绿化条例》;
2. 市政府领导重视城市绿化美化工作,创建活动动员有力,组织保障,政策资金落实;
3. 创建指导思想明确,实施措施有力;
4. 结合城市园林绿化工作实际,创造出丰富经验,对全国有示范、推动作用;
5. 城市园林绿化行政主管部门的机构完善,职能明确,行业管理到位;
6. 管理法规和制度健全、配套;
7. 执法管理落实、有效,无非法侵占绿地、破坏绿化成果的严重事件;
8. 园林绿化科研队伍和资金落实、科研成果显著。

二、规划设计(10 分)

1. 城市绿地系统规划编制完成,获批准并纳入城市总体规划,严格实施规划,取得良好的生态、环境效益;
2. 城市公共绿地、居住区绿地、单位附属绿地、防护绿地、生产绿地、风景林地及道路

绿化布局合理、功能健全,形成有机的完善系统;

3. 编制完成城市规划区范围内植物物种多样性保护规划;

4. 认真执行《公园设计规范》,城市园林的规划、建设、养护管理达到先进水平,景观效果好。

三、景观保护(8 分)

1. 突出城市文化和民族特色,保护历史文化措施有力,效果明显,文物古迹及其所处环境得到保护;

2. 城市布局合理,建筑和谐,容貌美观;

3. 市古树名木保护管理法规健全,古树名木保护建档立卡,责任落实,措施有力;

4. 户外广告管理规范,制度健全完美,效果明显。

四、绿化建设(30 分)

(一)指标管理

1. 城市园林绿化工作成果达到全国先进水平,各项园林绿化指标最近 5 年逐渐增长;

2. 经遥感技术鉴定核实,城市绿化覆盖率、建成区覆盖率、人均公共绿地面积指标达到基本指标;

3. 各城区之间的绿化指标差距逐年缩小,城市绿化覆盖率、绿地率相差在 5 个百分点,人均公共绿地面积相差在 2 m^2 以内。

(二)道路绿化

1. 城市街道绿化按道路长度普及率、达标率分别在 95% 和 80% 以上;

2. 市区干道绿化面积不少于道路用地总面积的 25%;

3. 全市形成林荫路系统,道路绿化、美化具有本地区特点,江、河、湖、海等水体沿岸绿化良好,具有特色,形成城市特有的风光带。

(三)居住区绿化

1. 新建居住小区绿化面积占总用地的 30% 以上,辟有休息活动园地,改造旧居住区绿化面积也不少于改造前总用地面积的 25%;

2. 全市园林式居住区占 60% 以上;

3. 居住区园林绿化养护管理资金落实,措施得当,绿化种植维护落实,设施保护完整,标准科学管理。

(四)绿化单位

1. 市内各单位重视庭院绿化美化,开展“园林式单位”评选活动,制度严格,成效显著;

2. 达标单位占 70% 以上,先进单位占 20% 以上;

3. 各单位和居民个人积极开展庭院、阳台、屋顶、墙面、室内绿化及认养绿化美化活动,获得良好的效果。

（五）苗圃建设

1. 全市生产绿地总面积占城市建成区面积的2%以上；

2. 城市各项绿化美化工程所用苗木自给率达80%以上，并且合格，质量符合城市绿化栽植工程需要；

3. 园林植物引种、育种工作成绩显著，培育出一批适应当地条件的具有特性、抗性优良品种。

（六）城市全民义务植树

城市全民义务植树成活率和保存率不低于85%，尽责率在80%以上。

（七）立体绿化

垂直绿化普遍展开，积极推广屋顶绿化，景观效果好。

五、园林建设（12分）

1. 城市建设精品多，标志性设施有特色，水平高；

2. 城市公园绿地布局合理，分布均匀，设施齐全，维护良好，特色鲜明；

3. 公园设计突出植物景观，绿化面积应占陆地总面积的70%以上，绿化种植植物群落富有特色，维护管理良好；

4. 推行按绿地生物量考核绿地质量，园林绿化水平不断提高，绿地维护管理良好；

5. 城市广场建设要突出以植物造景为主，植物配置要乔、灌、草相配合，建筑小品、城市雕塑要突出城市特色，与周围环境协调美观，充分展示城市历史文化风貌。

六、生态建设（15分）

1. 城市大环境绿化扎实开展，效果明显，形成城乡一体的优良环境，形成城市独有的独特自然、文化风貌；

2. 按照城市卫生、安全、防火、环保等要求建设防护绿地，维护管理措施落实，城市热岛效应缓解，环境效益良好；

3. 环境综合治理工作扎实开展，效果明显；

4. 生活垃圾无害化处理率达60%以上；

5. 污水处理率达35%以上；

6. 城市大气污染指数达到二级标准，地表水环境质量标准达到三类以上；

7. 城市规划区内的河、湖、渠全面整治改造，形成城市园林景观，效果显著。

七、市政建设（15分）

1. 燃气普及率80%以上；

2. 万人拥有公交运营车辆达10辆（标台）以上；

3. 实施城市亮化工程，效果显著，城市主次干道灯光亮灯率97%以上；

4. 人均拥有道路面积9 m^2 以上；

5. 用水普及率98%以上；

6. 水质综合合格率100%。

八、特别条款

1. 经遥感技术鉴定核实，达不到基本指标，不予验收；

2. 城市绿地系统规划未编制，或未按规定获批准纳入城市总体规划的，暂缓验收；

3. 连续发生重大破坏绿化成果的行为，暂缓验收；

4. 城市园林绿化单项工作在全国处于领先水平的，加1分；

5. 城市园林覆盖率、建成区绿地率每高出2个百分点或人均公共绿地面积每高于1 m^2，加1分，最高加5分；

6. 城市园林基本指标最近5年逐年增加低于0.5%或0.5 m^2，倒扣1分；

7. 城市生产绿地总面积低于城市建成区面积的1.5%的，倒扣1分；

8. 城市园林绿化行政主管部门的机构不完善，行业管理职能不到位以及管理体制未理顺的，倒扣2分；

9. 有严重破坏绿化成果的行为，视情况倒扣分。

园林城市基本指标表

项目	地区	大城市	中等城市	小城市
人均公共绿地（m^2）	秦岭—淮河以南	6.5	7	8
	秦岭—淮河以北	6	6.5	7.5
绿地率（%）	秦岭—淮河以南	30	32	34
	秦岭—淮河以北	28	30	32
绿化覆盖率（%）	秦岭—淮河以南	35	37	39
	秦岭—淮河以北	33	35	37

直辖市园林城区验收基本指标按中等城市执行。以下项目不列入验收范围：

1. 城市绿地系统规则编制完成，获批准并纳入城市总体规划，规则得到实施和严格管理，取得良好的生态、环境效益；

2. 城市公共绿地、居住区绿地、单位附属绿地、防护绿地、生产绿地、风景林地及道路绿化布局合理、功能健全，形成有机的、完善的系统；

3. 编制完成城市规划区范围内植物种植多样性规划；

4. 城市大环境绿化扎实开展，效果明显，形成城乡一体的优良环境，形成城市独有的独特自然、文化风貌；

5. 按照城市卫生、安全、防灾、环保等要求建设防护绿地，维护管理措施落实，城市热岛效应缓解，环境效益良好。

附录三　常用园林植物一览表

序号	中文名	科名	适用地区	高度(m)	生态习性	观赏特性	园林用途
				1　常绿乔木			
1	罗汉松	罗汉松科	长江以南各省	20	半耐阴,喜湿润土壤,抗有害气体能力较强	树冠广卵形,种子卵圆形,熟时紫红色,着生于肥厚肉质种托上似罗汉	庭荫树,绿篱,污染地区绿化树种
2	油松	松科	东北南部,华北,西北,四川	25	喜光,耐干旱,耐碱,耐寒,耐瘠薄土壤,抗性不强	树冠广卵形渐成伞状,树干粗壮直立或弯曲多姿,苍劲有力	庭荫树,行道树,造林和防护林带
3	黑松	松科	山东、江苏、浙江、安徽	30~35	喜光,耐潮风,不耐碱,抗性弱	树冠广卵形	庭荫树,行道树,防潮林
4	雪松	松科	长江流域,青岛,大连	50~70	喜光,不耐烟尘和水湿,抗有害气体能力不强	干挺直,老枝铺散,小枝稍下垂,树冠幼年圆锥形	庭荫树,片植,防风固土林
5	柳杉	杉科	长江以南各省	40	中性,喜空气湿润	树冠圆锥形	庭荫树
6	侧柏	柏科	华北及其以南各省	20	喜光,耐修剪,耐湿,耐干,是长绿针叶树中抗烟尘最强的树种	树冠圆锥形、圆球形、倒卵形	庭荫树,行道树,绿篱,防护林和污染地区绿化树种
7	桧柏	柏科	东北南部及其以南各省	20	为中性偏阴性树种,有一定抗性和吸收有害气体能力,防尘隔音效果良好	树冠幼时圆锥形,老年成圆球形、扁球形,干粗壮,侧枝水平或弯曲	庭荫树,墓道树,绿篱和防护林
8	龙柏	柏科	华北南部至华中	5~6	喜光,不耐烟,抗有害气体能力强,有吸硫能力,滞尘能力强	树冠圆柱形,侧枝稍有螺旋状,弯曲向内生长似龙体	庭荫树,片植,对植,污染地区绿化树种
9	广玉兰	木兰科	长江至珠江流域	30	喜光,不耐碱土,抗烟,有一定抗毒和吸硫能力,滞尘能力强	花大,白色,芳香,花期5~8月,树冠广圆锥形	庭荫树,行道树和污染地区绿化树种

续表

序号	中文名	科名	适用地区	高度(m)	生态习性	观赏特性	园林用途
10	白兰花	木兰科	华南	7	喜光,不耐碱土,忌积水风寒,喜肥沃酸性土壤	花白色,浓香,花期4~9月	庭荫树,行道树,盆栽
11	樟树	樟科	长江至珠江流域	20~50	耐阴,稍耐涝,耐潮风,对有害气体抗性较强,抗臭氧能力极强	树冠卵圆形	庭荫树,行道树,沿海及工厂区绿化
12	冬青	冬青科	长江流域各省	10	喜光,耐潮湿,耐修剪,对二氧化硫抗性较强	果深红,冬叶紫红	庭荫树,绿篱,大气污染区绿化树种
13	蚊母	金缕梅科	浙江,江苏,江西,福建,四川,湖北,台湾等		抗有毒气体和吸收有害气体能力强,对二氧化硫抗性很强	花期3~4月	工厂区抗污染绿化树种
14	红花羊蹄甲	豆科	华南	7~8	宜湿润肥沃土壤,忌北风	花紫红色,大而香	庭荫树,植水边,固堤岸
15	细叶榕	桑科	华南	15~20	宜湿润肥沃土壤,耐烟性强,对二氧化硫和气体抗性中等	树冠广大,分枝多,有气根	庭荫树,行道树,污染地区绿化树种
16	印度橡皮树	桑科	华南		宜湿润肥沃土壤,抗酸性强	树冠直径6~8 m	庭荫树
17	棕榈	棕榈科	长江以南各省	15	耐阴,忌强风,抗有害气体能力强,对二氧化硫抗性中等,对氯气抗性较强	树干挺直,叶大扇形,花期5~6月	庭荫树,片植,污染区绿化树种
18	蒲葵	棕榈科	中国南方各省	20	喜温暖,对二氧化硫抗性中等,对氯气抗性较强	树姿美观,大型叶,肾状扇形	庭荫树,片植,污染地区绿化树种

续表

序号	中文名	科名	适用地区	高度(m)	生态习性	观赏特性	园林用途
				2　落叶乔木			
19	金钱松	松科	长江流域	40	喜光,不耐石灰质土	树冠圆锥形	庭荫树,行道树
20	水松	杉科	华南,广西,江西	25	喜光,喜湿润土壤	树冠圆锥形	庭荫树
21	水杉	杉科	华南,华中,华东,西南	35~50	喜光,喜酸性土、湿润地,抗性弱	树冠塔形	庭荫树,行道树
22	落羽松	杉科	长江流域	50	喜光,喜水湿,对有害气体抗性不强	幼树树冠圆锥形,老树则为伞形	行道树
23	银杏	银杏科	华北,华中,东南,西南	35~40	喜光,深根,耐寒,耐旱,不耐积水,受有害气体污染后,容易落叶,但萌生新叶能力强,有吸收二氧化硫和抗臭氧能力	树干端直高大,树姿优美,叶形美观,秋季变黄	庭荫树,行道树,污染地区绿化树种
24	垂柳	杨柳科	长江流域南至广东	18	喜光,不耐阴,喜水湿,抗性不强,但吸收二氧化硫能力特强	小枝细长下垂,树冠倒卵形	庭荫树,行道树,用于大气污染较轻地区的绿化
25	鹅掌楸	木兰科	中国中部,西部	40	喜光,喜肥土,喜温暖湿润气候,抗性较强	花黄绿色,花期5~6月,叶形似马褂	庭荫树,行道树,防污染绿化树种
26	檫木	樟科	长江以南各省	35	喜光	花期3月,树冠广卵状、椭圆形	庭荫树
27	枫香	金缕梅科	长江以南各省	40	喜光,幼树略耐阴	秋叶红色,树冠端直、高耸,树冠广卵形或略扁平	庭荫树,行道树

续表

序号	中文名	科名	适用地区	高度(m)	生态习性	观赏特性	园林用途
28	悬铃木(法国梧桐)	悬铃木科	华北南部至长江流域	30~40	喜光,不耐阴,抗烟尘力强,对有害气体抗性不强	树冠阔球形	庭荫树,行道树,可在有尘烟污染和有害气体污染较轻地区绿化
29	垂丝海棠	蔷薇科	华东,华中,西南	5~8	喜光	花红色,花期4~5月,树冠疏散	庭荫树
30	红叶李	蔷薇科	华东,华中	8	喜光	叶紫红色(观叶),花淡粉红色	庭荫树
31	杏	蔷薇科	南北各省	10	喜光,耐寒,耐旱不耐涝,抗性弱	花粉白,花期3~4月,果黄,果期6月,树冠球形	庭荫树
32	桃	蔷薇科	东北南部至广东	8	喜光树,稍耐阴,抗性弱	花红,粉白,花期4~5月,树冠球形,扁球形	
33	梅	蔷薇科	黄河以南各省	10	喜光,不耐涝	花粉红(有紫、红、白等变种),花期12~3月,先叶开放,有香气	庭荫树,片植,盆景
34	樱花	蔷薇科	华北南部,长江流域	25	喜光,不耐烟,对有害气体抗性较强,有一定的吸污能力	花粉、红、白,花期4~5月,树冠球形,扁球形	庭荫树,行道树,防污绿化树种
35	合欢	豆科	黄河至珠江流域	16	喜光,不耐水湿,对有害气体、烟尘抗性较强	花粉、红,花期6~7月,清香,树冠扁球形,结构疏松	庭荫树,行道树,污染地区绿化树种
36	大花紫薇	千屈菜科	华南	8	喜光	花紫红,花期夏、秋	庭荫树,行道树
37	楝树	楝科	华北南部至珠江流域	20	喜光不耐阴,抵抗和吸收有害气体及粉尘能力较强	花紫堇色,有香味	庭荫树,行道树,大气污染区绿化树种

续表

序号	中文名	科名	适用地区	高度(m)	生态习性	观赏特性	园林用途
38	重阳木	大戟科	长江流域及以南各省	15	喜光,稍耐阴,耐水湿	春叶、秋叶红色	庭荫树,行道树,堤岸树
39	乌桕	大戟科	黄河以南各省	15	喜光,耐风,耐湿,抗性较强	树冠球形,秋叶紫红,坠以白色种子	庭荫树,堤岸树,防污树种
40	三角枫	槭树科	华东,长江流域	5~10	喜光,耐半阴	秋叶红色	庭荫树
41	鸡爪槭	槭树科	华东,华中	10	喜光,对有害气体抗性弱	秋叶红色	庭荫树
42	栾树	无患子科	中国北部至中部	10	喜光,耐半阴,耐寒,耐旱和短期水浸,抗烟尘力较强	花黄色,花期6~8月,果橘红,果期9月,树冠近球形或伞形,枝叶秀丽,茂密,秋叶橙黄色	庭荫树,行道树,造林及厂区绿化树种
43	无患子	无患子科	长江流域及以南各省	15	喜光,喜干燥沙质土,酸性土、钙质土上均能生长	树冠广卵形或扁球形	庭荫树,行道树
44	梧桐	梧桐科	华北南部至广西	15~20	喜光,不耐碱,不耐涝,对有害气体抗性强,能吸收有害气体	树冠卵圆形,叶大,形美,干皮绿色	庭荫树,行道树和中度污染地区绿化树种
3 常绿灌木及小乔木							
45	苏铁	苏铁科	华南,西南	5	喜暖热湿润气候	花黄褐色,花期7~8月,树冠棕榈状	庭植,盆栽
46	十大功劳	小檗科	长江以南各省	1.5	耐阴,喜湿润	花黄,果暗蓝色,花期秋季,叶形秀丽	庭植,绿篱
47	阔叶十大功劳	小檗科	中国中部	4	耐阴,喜湿润	花黄,花期4~5月,果黑,果期9~10月	庭植,盆栽,绿篱

续表

序号	中文名	科名	适用地区	高度(m)	生态习性	观赏特性	园林用途
48	南天竹	小檗科	中国中部	2	耐半阴,喜湿润	花白,花期5~7月,果鲜红色,果期9~10月,枝叶秀丽雅致	庭植,盆栽
49	含笑	木兰科	长江流域及其以南各省	2~5	喜光,不耐旱	花淡黄,芳香,花期3~7月	庭植,盆栽
50	狭叶火棘	蔷薇科	长江流域各省	3	喜光,耐修剪	花白,花期5~6月,果红,果期9~10月	庭植,绿篱
51	石楠	蔷薇科	长江流域及其以南各省	12	喜光,对有害气体抗性中等,或较强	树冠球形,枝叶浓密,花白色,花期5~7月,果红色,果期10月	庭植,绿篱,污染较轻地区绿化树种
52	小叶黄杨	黄杨科	长江流域及其以南各省	0.6~1	耐阴,畏烈日,对二氧化硫、硫化氢、氯化氢等有害气体都有较强的抗性和吸收能力	枝、叶紧密	庭植,绿篱,盆栽
53	大叶黄杨	卫矛科	长江流域及其以南各省	5~6	喜光,耐阴,性喜温暖湿润,也较耐寒,抗有害气体能力强	枝叶紧密,叶面深绿有光泽	庭植,绿篱,优良抗污树种
54	杜鹃	杜鹃花科	中国南北各省	3	喜光,耐阴,喜酸性土壤	花色红至玫瑰红色,花期5~6月,为美丽的观花灌木	庭植,盆栽,花篱
55	山茶	山茶科	长江流域以南,华东	10	喜半阴及湿润空气,对有害气体抗性很强,特别是吸收氟的能力强	花紫、红、白,花期2~4月,有重瓣	庭植,盆栽,大气污染区绿化树种
56	桂花	木犀科	黄河流域以南各地,西南	10~12	喜光,喜湿润,对氯气抗性较强,还有滞尘消声作用	树冠卵形,花黄、白,芳香,花期8~9月	庭荫树,丛植,片植,可在污染不严重地区栽培

续表

序号	中文名	科名	适用地区	高度(m)	生态习性	观赏特性	园林用途
57	女贞	木犀科	长江流域以南各省,主产华中	6~12	喜光,稍耐阴,耐修剪,吸收和抵抗有害气体能力较强,滞尘能力很强	花白,微香,花期5~6月	行道树,绿篱,可推广做防污绿化树种及防尘隔声树种
58	小叶女贞	木犀科	华东,华中	2~3	喜光,稍耐阴,耐修剪,抗有害气体能力强	花期8~9月,有香气	庭植,绿篱,优良防污染净化树种
59	夹竹桃	夹竹桃科	长江以南各省	6	喜光,喜温暖、湿润土壤,对有害气体抗性和吸收能力均较强,对烟尘抵抗和吸滞能力强	花粉、白,鲜艳美丽,花期长,5~11月	庭植,盆栽,抗污绿化树种
60	栀子花	茜草科	长江以南各省	2~3	喜光,稍耐阴,喜温润土壤,对有害气体有一定的抗性和吸收能力,稍有滞尘作用	花大,白色,芳香,花期7月	庭植,花篱,污染不太严重地区绿化树种
61	珊瑚树	忍冬科	长江流域以南各省	6	稍耐阴,喜温润,抗有害气体能力很强,有一定的吸收有害气体和滞尘能力,耐火力强	花白,花期6月,果红,叶革质,茂密,呈球状	庭植,高篱,防火,防尘,隔声林,污染严重区绿化树种,防火林
62	海桐	海桐科	长江以南各省	3	喜光,略耐阴,抗有害气体能力很强,吸尘、隔声能力较好	花白,花期4月,芳香,叶革质	庭植,绿篱,防尘隔声林,污染严重区绿化树种
63	红背桂	大戟科	华南	1	半耐阴,不耐旱,对二氧化硫、氯气抗性较强	叶面绿色,叶背紫红色	庭植,绿篱
64	扶桑	锦葵科	华南	4~6	喜光,稍耐阴	花粉、红、紫、黄、白,花期4季	庭植,花篱
65	凤尾兰	百合科	华东,华中	5	对有害气体抗性强,有一定的吸收有毒气体能力	花白色,下垂	庭植,工矿区防污绿化植物

续表

序号	中文名	科名	适用地区	高度(m)	生态习性	观赏特性	园林用途
4 落叶灌木及小乔木							
66	木兰	木兰科	长江流域及其以南各省	3~5	喜光,华北须防寒	花期3~4月,先叶开放	庭植
67	玉兰	木兰科	全国各地均有栽培	15	喜光,稍耐阴,对有害气体抗性和吸收能力均较强	花大,白色,芳香,花期3~4月,先叶开放,树冠球形、长圆形	庭植,片植,行道树,污染较轻地区绿化树种
68	蜡梅	蜡梅科	北京以南各省	3	喜光,稍耐阴,较耐寒耐旱	花蜡黄,花期初冬至初春,树冠扁球形、球形	庭植,盆栽
69	金缕梅	金缕梅科	长江流域	9	喜光,稍耐阴	花金黄,花期1~3月	庭植
70	绣线菊	蔷薇科	长江流域	1.5	喜光,稍耐阴	花粉红,花期6~7月	庭植,花镜
71	花楸	蔷薇科	东北南部,华北,华中	8	喜光,较耐阴	花白,花期5月,果红,果期10月	庭植
72	贴梗海棠	蔷薇科	华北南部以南各省	2	喜光,较耐阴	花大红、粉、红白,花期3~4月	庭植,花篱
73	棣棠	蔷薇科	华北南部至华南各省	1.5~2	喜半阴,湿润土	花黄,枝条翠绿色	庭植,花篱
74	月季	蔷薇科	华北南部至华南各省	1	喜光,稍耐阴	花红、粉,或近白色,花期6~10月,芳香	庭植,花篱,花坛,花境,专类花坛
75	玫瑰	蔷薇科	东北,华北,华东,华中	2	喜光,阴地花少,耐寒,不耐渍水	花紫、粉红至白色,花期5~6月,芳香	庭植,花篱,花坛,营造玫瑰园
76	榆叶梅	蔷薇科	华北至长江流域	5	喜光,耐寒、旱、碱,稍耐阴,忌涝	花粉红,单瓣或重瓣,花期4~5月,先叶开放,密集于枝条上	庭植,花篱

续表

序号	中文名	科名	适用地区	高度(m)	生态习性	观赏特性	园林用途
77	紫荆	豆科	华北及其以南各省	3~5	喜光,耐阴,怕水渍	花紫红,花期4~5月,先叶开放,开花时全树紫红色	庭植
78	龙爪槐	豆科	华北,华中	3~5	喜光,稍耐阴	花黄白色,树冠成伞形或球形,枝条下垂	庭植
79	黄栌	漆树科	中国北部至中部	5	喜光,耐半阴,耐寒,耐旱,耐瘠薄,不耐水渍	叶型美丽,秋季火红,多干型主枝,细长弓形弯曲下垂,形成疏散的圆球形树冠	庭植,山地造林先锋树种
80	木槿	锦葵科	全国各地	3~4	喜光,耐半阴,对有害气体抗性较强,有吸收有害气体的能力	花紫、白、红,花期6~9月,树冠长圆形,呈扫帚状	庭植,绿篱,污染区绿化树种
81	木芙蓉	锦葵科	华中至华南	5~6	喜光,喜湿润土	花白、红、紫,花期8~11月,花朵大,鲜艳	庭植,丛植,亦水边栽植
82	紫薇	千屈菜科	华北南部及其以南各省	7	喜光不耐涝,对有害气体抗性和吸收能力均较强,有滞尘能力	树冠长圆形,花红、紫、白,花期6~10月,正值缺花季节,具有特殊的观赏价值	庭植,盆栽,污染区绿化树种
83	石榴	安石榴科	长江流域及其以南各省	5	喜光,具有一定的抗性和滞尘能力	花朱红、红、白,花期6~8月	庭植,盆栽,花篱,污染区绿化树种
84	连翘	木犀科	南北各省	3~4	喜光,耐半阴,耐寒,抗旱,不耐水渍	花金黄,色重而艳,花期4~5月,树冠开展,枝条弯曲下垂	庭植,花篱,坡地、河岸栽植
85	金钟花	木犀科	长江流域	1~2	喜光	花黄色	庭植,花篱
86	迎春	木犀科	中国中部、北部	4	喜光,稍耐阴,怕涝	花淡黄,花期2~4月,小枝细小拱形	庭植,花篱,盆栽
87	木绣球	忍冬科	华北南部至福建,四川	4	喜光,稍耐阴	花白,花期5~6月	庭植

续表

序号	中文名	科名	适用地区	高度(m)	生态习性	观赏特性	园林用途
5　藤本							
88	野蔷薇	蔷薇科	华北南部至华南各省	3~4	喜光,稍耐阴,半常绿	花白、粉,花期5~6月	攀缘篱栅、山石
89	木香	蔷薇科	长江流域(华北引栽)	6	喜光	花白或黄,花期4~5月	攀缘篱栅、棚架
90	紫藤	豆科	辽南,华北及其以南各省		喜光,略耐阴,落叶藤本,抗性强	花紫、淡紫,花期5月	棚架、山石或工厂污染区垂直绿化材料
91	葡萄	葡萄科	南北各省	30	喜光,不耐阴,落叶性,抗性弱	花黄绿,花期6月,果期8~9月	攀缘棚架、篱栅
92	爬山虎	葡萄科	南北各省		喜湿润,落叶性,对二氧化硫、氯气、氯化氢、氟化氢抗性均较强	秋叶黄色、橙黄色	攀缘山石、墙壁
93	五叶地锦	葡萄科	南北各地		喜阴湿,攀缘力弱,落叶性,对氯和氯化氢抗性强	秋叶红色或橙黄色,颇为美观	攀缘山石、棚架、墙壁上的垂直绿化具有较好的保护和改善环境效果
94	常春藤	五加科	中国中部,南部	30	耐阴性强,忌强光,常绿性	花期8~9月,果黑色,叶三角状	攀缘山石、墙壁
95	络石	夹竹桃科	长江流域		耐阴性强,喜湿润,常绿性	花白,花期4~5月,芳香	攀缘山石、墙壁
96	凌霄	紫葳科	华北及其以南各省	10	喜光,稍耐阴	花橙红,花期7~8月(花粉伤眼睛)	攀缘山石、墙壁、棚架
97	美国凌霄	紫葳科	华北及其以南各省	10	喜光,喜湿润、肥沃、排水良好土壤	花大,橘红、鲜红,花期7~9月	攀缘山石、墙壁、棚架
98	炮仗花	紫葳科	华南,滇南		喜肥沃、湿润土,常绿性	花红,花期春季,花冠外翻形如炮仗	攀缘山石、墙壁、棚架
99	金银花	忍冬科	华北南部至长江流域,西南		喜光,稍耐阴,半常绿性,抗氟化氢和二氧化硫	花黄白,芳香,花期5~7月	攀缘山石、墙壁、棚架
100	叶子花	紫茉莉科	华南,滇南	10	喜光,常绿性,喜温暖气候	花红、紫,三朵聚生枝顶,苞片形状似叶,颜色似花,大而美丽,花期冬春	攀缘山石、墙壁,盆架,北方盆栽

续表

序号	中文名	科名	适用地区	高度(m)	生态习性	观赏特性	园林用途
				6 竹类			
101	毛竹	禾本科	山东,河南,长江以南各省	10~25	竹类喜肥沃、湿润而排水良好的壤土或沙壤土	杆散生,乔木状	庭植,造林
102	紫竹	禾本科	长江流域(北京引栽)	10	多砾石之处生长不良	杆新竹绿色,后变紫色	庭植
103	淡竹(水竹)	禾本科	长江流域	6~21		杆淡黄色	庭植
104	刚竹(苦竹)	禾本科	山东,河南,淮河及长江流域			黄色嵌碧玉为其有名变种	庭植
105	佛肚竹	禾本科	华南	2.5		杆节间膨大,状如佛肚	庭植,盆栽
106		禾本科	长江以南各省	1~1.6		杆簇状散生	庭植
107	凤尾竹	禾本科	江浙一带	1.2		杆丛生,枝叶细密,有婆娑之状	庭植
				7 一、二年生花卉			
108	鸡冠花	苋科	全国各地	0.3~0.9	喜炎热干燥气候,不耐寒,抗氯化氢	花白、红、橙黄,花期长,花色久而不变	花坛,花境
109	千日红	苋科	全国各地	0.2~0.6	不择土壤,宜有充分阳光	花深红、紫红、淡红或白色,花色、花形经久不变	花坛,切花
110	一串红	唇形科	全国各地	0.3~0.8	喜光,喜疏松肥沃土壤,耐半阴,抗氯化氢	花朵繁密,色彩鲜艳,花期7~10月	花丛,花坛,自然式栽培
111	百日菊	菊科	全国各地	0.5~0.9	喜光,耐半阴,耐干旱,不择土壤,但在深厚肥沃土壤上生长发育更好	花大,花色鲜艳丰富,花期6~10月	花坛,花境,花丛,切花

续表

序号	中文名	科名	适用地区	高度(m)	生态习性	观赏特性	园林用途
112	万寿菊	菊科	全国各地	0.6~0.9	喜光,对土壤要求不严,抗性强	花有乳白、黄、橙至橘红等深浅不一,花期6~10月	花坛,花丛,花境
113	孔雀草	菊科	全国各地	0.2~0.4	同万寿菊	舌状花,黄色有紫斑	同万寿菊
114	金盏菊	菊科		0.3~0.6	喜光,耐寒性较弱,抗二氧化硫、三氧化硫	花黄、淡黄、橘红及橙色,花期5~7月	春季花坛
115	福禄考	花葱科		0.15~0.3	喜光,耐寒性差,抗二氧化硫	花有白、粉红、红、深红、紫红、蓝紫等色,花期5~6月	花坛,花境,岩石园,切花
116	雁来红	苋科	全国各地	1以上	喜湿润、向阳及通风良好环境,耐旱,耐寒	初秋顶部叶变为鲜红,亦有深黄或橙色品种	秋季花坛
117	三色堇	堇菜科	全国各地	0.15~0.25	好凉爽环境,略耐半阴	每朵花有蓝、黄、白三色,花期4~6月	毛毡花坛,花坛、花丛、花境等镶边用
118	紫罗兰	十字花科	全国各地	0.2~0.6	喜光,耐半阴,耐寒	花带紫色或黄色,花期1~5月	花坛,盆栽,切花
119	花羽衣甘蓝	十字花科	分布较广	0.3~0.4	耐寒	叶色丰富,有蓝、紫红、粉红、牙黄、蓝绿等色	花坛
120	矮牵牛	茄科		0.2~0.45	喜光,喜温暖,不耐寒,忌雨涝	花有白、粉、红、紫等色,花期6~8月	花丛,花境,花坛,自然式栽植
121	飞燕草	毛茛科		0.5~1.2	喜光,较耐寒,喜高燥,忌积涝,要求通风良好的凉爽环境	花紫蓝,亦有紫红、粉白色,花期4~6月	花境,花坛
122	石竹类	石竹科	华北,江浙一带有野生	0.2~0.6	喜光,耐寒,性强健,抗二氧化硫、三氧化硫	花色多,富于变化	春季花坛,花境,岩石园

续表

序号	中文名	科名	适用地区	高度(m)	生态习性	观赏特性	园林用途
			8　宿根花卉				
123	玉簪	百合科	全国各地		喜湿环境和漫射光	花洁白,清香,花期夏至初秋,叶基生成丛	林下,建筑物背面,庭院角隅等处
124	麦冬类	百合科	中国中部、南部	0.3	喜生于山谷、林下、隐蔽处,长江流域至山东、河南一带可露地越冬	常绿草本,叶多数簇生,线形,浓绿色	地被植物,花坛镶边,点缀山石或台阶,盆栽
125	沿阶草	百合科	全国各地		喜半阴湿环境,稍耐寒	常绿草本,叶丛生,下线形	林下,小径旁,山石墙基,阶前自然散植,花坛镶边,盆栽
126	吉祥草	百合科	中国中部、南部各省		喜半阴及湿润环境	叶狭长,端尖,簇生	覆盖植物,大片栽植,盆栽
127	万年青	百合科	浙江,福建,云南,四川		要求土壤阴湿、深厚,但不耐积水	叶斜出簇生,倒披针形,硬厚革质,常绿而有光泽,浆果秋季熟时鲜红色	盆栽,丛林下栽植(上海、杭州)
128	萱草类	百合科	中国大部分地区	1.2	喜光,亦可耐半阴,耐寒,抗氟化氢	花橙黄、橘红、黄等,花期6~8月	丛植草地,花境,大片栽植
129	兰花类	兰科	长江以南,台湾		性喜阴湿和通风良好的环境,喜排水良好而含腐殖质的沙土	叶姿优美,花香袭人	盆栽,温暖地区也可引为林下地被植物
130	蜀葵	锦葵科	全国各地	3	喜光,耐寒,抗二氧化硫、三氧化硫、氯化氢	花大红、深紫、浅紫、粉红、墨紫及黄、白等,花期长,5~10月	房前、屋后、围篱四周

续表

序号	中文名	科名	适用地区	高度(m)	生态习性	观赏特性	园林用途
			9　球根花卉				
131	唐菖蒲	鸢尾科	全国各地	0.6~1	喜光,避免闷热及土壤冷湿,抗二氧化硫	花朵大,色彩绚丽,品种繁多,叶剑形	切花、水养
132	苍兰	鸢尾科		花茎 0.3~0.45	性喜冷凉湿润,南方可露地越冬	叶线形,根际丛生	花坛边缘镶边,片植,切花
133	鸢尾类	鸢尾科	中国中部,陕西,湖北,四川,浙江等省	0.3	抗二氧化硫	花蓝、白、紫等,花色丰富,花姿美丽,有微香	草地边缘,建筑物前及灌木丛旁,切花
134	大丽花	菊科	全国各地	0.4~2	既不耐寒也不忌炎夏酷热,需水量多,但又怕涝	品种极为繁多,花朵大,花色富于变化	花坛,花境,盆栽,切花
135	水仙类	石蒜科		花茎 0.25~0.45	适应性强,背风向阳处生长好,抗氟化氢	花色洁白,叶子清秀,芳香	疏林下地被花卉,花境,盆栽,切花
136	葱兰类	石蒜科			喜半阴,稍耐寒,南方各省可露地栽培,抗氟化氢、氯化氢	植株低矮,花朵繁多,叶基生	花坛,路牙镶边或花境前沿丛植等
137	晚香玉	石蒜科	全国各地		喜光,稍耐寒,好肥喜湿,于低湿而不积水之地生长良好	花白色或微有红晕,晚上香更浓	主要供切花,或散置在石旁路边及花丛间
138	美人蕉类	美人蕉科	全国各地	0.6~2	喜光,喜湿暖、炎热气候,有一定抗寒力,对有害气体抗性较强	叶大,花鲜,花期长,从"五一"延续到"十一"	花带,花坛,花境,盆栽,可在轻度污染区种植
139	郁金香	百合科	全国各地	花茎 0.2~0.4	耐寒性强	花鲜红、黄、白、褐等深浅不一,或变色	花境,花坛
140	百合类	百合科	全国各地	0.3~2	多数喜酸性土及半阴之地,空气应湿润,排水必须良好	品种多,花期长,花色多,花大且香	疏林下片植,花坛中心,花境背景,花坛、花境前沿,盆栽

续表

序号	中文名	科名	适用地区	高度(m)	生态习性	观赏特性	园林用途
				10　水生植物			
141	荷花	睡莲科	中国南北各省	0.3	多年生草本，喜温暖湿润气候	叶阔花大，花色粉红或白、芳香，花期6～8月	水景
142	睡莲类	睡莲科	黄河以南各省，东北有野生耐寒品种		多年生草本，喜光，喜腐殖质多的黏质土壤	花黄白、淡紫、浅深红，花期7～8月	点缀静水水面或盆栽置于水中
143	菖蒲类	天南星科		0.3～0.7或更矮	多年生，喜光，耐寒	叶细长，剑形，顶生肉穗花序	水景适于山涧浅水、石旁或溪流旁的岩石缝中
144	凤眼莲	雨久花科	全国各地		喜光，南方一年四季均能生长，可净化水体和吸收某些金属元素	叶先绿，花蓝紫色	绿化池塘，盆栽
				11　草坪植物			
145	结缕草	禾本科	全国名地		适应性强，喜光，不耐阴，耐高温，耐践踏	匍匐茎发达	草坪植物，固土护坡植物
146	细叶结缕草天鹅绒草	禾本科	黄河流域以南		喜光，不耐阴，耐寒力不强	匍匐茎很发达，草丛密茂	草坪植物，观赏性草为主
147	狗牙根	禾本科	华北以南		耐旱，耐热，耐淹，不耐寒，耐践踏	匍匐茎发达，蔓延力强	草坪植物，各类运动场
148	天堂草	禾本科	华北以南		喜光，喜湿，耐干旱，稍耐寒	匍匐茎发达，叶丛密集低矮	草坪植物，各类运动场
149	野牛草	禾本科	全国各地		耐寒，耐热，耐旱，耐践踏，萌生力强	匍匐茎	草坪植物
150	假俭草	禾本科	长江流域以南		喜光，耐干旱，耐瘠薄，耐寒力弱	草丛低矮，匍匐茎贴地面	各类运动场，固土护坡植物
151	地毯草	禾本科	华东南部，华南，西南		耐半阴，耐寒力弱，耐践踏	草丛低矮，匍匐茎贴地	草坪植物，固土护坡植物

续表

序号	中文名	科名	适用地区	高度(m)	生态习性	观赏特性	园林用途
152	高羊茅	禾本科	南北过渡地带		适应性强,耐寒,耐热,耐旱,不耐阴	密丛型植株,叶色淡绿	草坪植物,大片种植
153	草地早熟禾	禾本科	淮河以北地区		耐寒力极强,耐旱及耐热性较差,稍耐阴	叶色墨绿	草坪植物,林间隙地
154	多年生黑麦草	禾本科	华北,华东		不耐酷暑,不耐干旱,抗二氧化硫	草丛生,质地细柔、亮绿	草坪植物,冬季补播,保持冬季草坪的绿色
155	马蹄金	旋花科	长江流域以南		喜温,稍耐寒,耐半阴,不耐干旱	植株低矮,具匍匐茎	草坪植物,庭院小型绿地
156	白车轴草(白三叶)	豆科	全国各地		喜光,耐半阴,耐寒,耐旱	分枝多,匍匐茎	草坪植物,固土护坡,公路绿地

参考文献

[1] 宁妍妍. 园林规划设计学[M]. 北京:白云出版社,2003.

[2] 周初梅. 城市园林绿地规划[M]. 北京:中国农业出版社,2006.

[3] 谷康,李晓颖,朱春艳. 园林设计初步[M]. 南京:东南大学出版社,2003.

[4] 万叶,叶永元,等. 园林美学[M]. 北京:中国林业出版社,2001.

[5] 黄东兵. 园林绿地规划设计[M]. 北京:高等教育出版社,2006.

[6] 黄东兵. 园林规划设计[M]. 北京:中国科学技术出版社,2003.

[7] 胡先祥,肖创伟. 园林规划设计[M]. 北京:机械工业出版社,2007.

[8] 刘福智,等. 景园规划与设计[M]. 北京:机械工业出版社,2003.

[9] 辽宁省林业学校. 园林规划设计[M]. 北京:中国林业出版社,1995.

[10] 付美云. 园林艺术[M]. 北京:化学工业出版社,2009.

[11] 王晓俊. 风景园林设计[M]. 南京:江苏科学技术出版社,2000.

[12] 周初梅. 园林建筑设计与施工[M]. 北京:中国农业出版社,2002.

[13] 徐峰. 城市园林绿地设计与施工[M]. 北京:化学工业出版社,2002.

[14] 刘新燕. 园林规划设计[M]. 北京:中国社会劳动保障出版社,2009.

[15] 赵建民. 园林规划设计[M]. 北京:中国农业出版社,2001.

[16] 赵彦杰. 园林规划设计[M]. 北京:中国农业大学出版社,2007.

[17] 胡长龙. 园林规划设计[M]. 北京:中国农业出版社,2002.

[18] 张刚,杨睿,等. 明安绿苑翠庭屋顶花园设计[J]. 陕西林业科技,2005(3).

[19] 徐峰,等. 屋顶花园设计与施工[M]. 北京:化学工业出版社,2006.

[20] 杜汝俭,李恩山,刘管平. 园林建筑[M]. 北京:中国建筑工业出版社,1986.

[21] 李敏. 中国现代公园发展与评价[M]. 北京:北京科学技术出版社,1987.

[22] 唐学山,等. 园林设计[M]. 北京:中国林业出版社,1997.

[23] 黄晓鸾. 园林绿地与建筑小品[M]. 北京:中国建筑工业出版社,1996.

[24] 杨赉丽,等. 城市园林绿地规划[M]. 北京:中国林业出版社,1995.

[25] 梁永基,王莲清. 居住区园林绿地设计[M]. 北京:中国林业出版社,2001.

[26] 尹公. 城市绿地建设工程[M]. 北京:中国林业出版社,2001.

[27] 北京市园林局. 公园设计规范[M]. 北京:中国建筑工业出版社,1992.

[28] 赵世伟,张佐双. 园林植物景观设计与营造[M]. 北京:中国城市出版社,2001.

[29] 刘志成,等. 园林规划设计[M]. 北京:中央广播电视大学出版社,2002.

[30] 贾建中. 城市绿地规划设计[M]. 北京:中国林业出版社,2001.

[31] 郑强,卢圣. 城市园林绿地规划[M]. 北京:气象出版社,2001.

[32] 胡长龙. 城市园林绿化设计[M]. 上海:上海科学技术出版社,2003.

[33] 张国强,贾建中. 风景园林设计——中国风景园林规划设计作品集粹[M]. 北京:中国建筑工业出版社,2003.

[34] 明庆忠. 旅游地规划[M]. 北京:科学出版社,2003.

[35] 周武忠. 风景名胜与园林规划[M]. 北京:中国农业出版社 ,1999.

[36] 周初梅.园林规划设计[M].重庆:重庆大学出版社,2006.
[37] 胡长龙.园林规划设计[M].北京:中国农业出版社,1995.
[38] 孟刚,李岚,李瑞冬,等.城市公园设计[M].上海:同济大学出版社,2003.
[39] 胡长龙.城市园林绿化设计[M].上海:上海科学技术出版社,2003.
[40] 俞孔坚,庞伟.理解设计:中山岐江公园工业旧址再利用[J].建筑学报,2002(8):47-53.
[41] 俞孔坚,凌世红,李向华,等.从区域到场所:景观设计实践的几个案例[J].建筑创作,2003(7):70-80.